Manual del
INGENIERO

Métodos, mecánica, electricidad, termodinámica, gráficos y estadísticas

ISBN: 9798389981959

Edición EMD

Contenido

La función del análisis en ingeniería

Objetivos

Después de leer este capítulo usted aprenderá:

- Qué es el análisis en ingeniería.
- Que el análisis es un componente importante de los estudios en la materia.
- Cómo se utiliza el análisis en el diseño en ingeniería.
- Cómo el análisis ayuda a los ingenieros a prevenir y diagnosticar fallas.

1.1 INTRODUCCIÓN

¿Qué es el **análisis**? Una definición de diccionario indicaría lo siguiente:

> Separación de los componentes de un todo, o examen de los elementos de un sistema complejo y sus relaciones.

Con base en esta definición general, el análisis puede referirse a cualquier cosa, desde al estudio del estado mental de una persona (psicoanálisis), hasta a la determinación de la cantidad de elementos en una aleación metálica desconocida (análisis elemental). Sin embargo, el *análisis en ingeniería* tiene un significado específico. Una definición concisa de trabajo indica que es:

> La solución analítica de un problema de ingeniería utilizando las matemáticas y los principios científicos.

Así, el análisis en ingeniería se basa fundamentalmente en las **matemáticas básicas**, como álgebra, trigonometría, cálculo y estadística. También puede recurrir a las **matemáticas avanzadas**, como álgebra lineal, ecuaciones diferenciales y variables complejas. Los principios y leyes de las **ciencias físicas**, en particular la física y la química, también son ingredientes clave del análisis.

En este sentido, más que buscar una ecuación que se adapte a un problema, el análisis en ingeniería implica conectar los números en una ecuación y "darle vuelta a la palanca" para generar una respuesta. Es decir, no es un simple procedimiento de *"plug and chug"* (sumergirse en la manipulación de fórmulas sin tratar de comprender el problema), sino que el análisis requiere un pensamiento lógico y sistemático acerca del problema. El ingeniero primero tiene que definir éste de manera clara, lógica y concisa. Así que debe entender el comportamiento físico del sistema que está analizando e identificar qué principios científicos aplicar, reconociendo cuáles herramientas matemáticas debe utilizar y cómo aplicarlas, a mano o en computadora. En consecuencia, debe ser capaz de generar una solución consistente con el problema definido y cualquier supuesto que lo simplifique, y después confirmar que la solución es razonable y no contiene errores.

Se puede considerar el análisis en ingeniería como un tipo de **modelado** o *simulación*. Por ejemplo, suponga que un ingeniero civil desea conocer el esfuerzo de tensión que debe soportar el cable de un puente suspendido que se está diseñando. El puente sólo existe en el papel, por lo que el esfuerzo no se puede medir en forma directa. En consecuencia, podría construir un modelo a escala del puente y tomar la medida del esfuerzo a través del modelo, pero éste es costoso y toma mucho tiempo construirlo. Una mejor aproximación es crear un modelo analítico del puente, o de una porción de éste que incluya el cable. A partir de este modelo se puede calcular el esfuerzo de tensión.

Los cursos de ingeniería que se concentran en el análisis, como la estática, dinámica, mecánica de materiales, termodinámica y circuitos eléctricos se consideran *fundamentales* en el plan de estudios de la materia. Ya que usted tomará muchos de estos cursos, es vital que adquiera un conocimiento básico de qué es el análisis y, lo más importante, cómo realizarlo con propiedad. Como se ilustra en el ejemplo del puente, el análisis es parte integral del diseño en ingeniería y componente clave del estudio de las fallas.

A quienes realizan análisis de ingeniería de manera regular se les conoce como *analistas de ingeniería*, o *ingenieros de análisis*. Estos títulos se utilizan para diferenciar el análisis de otras funciones de la ingeniería, como la investigación y el desarrollo (R&D, por sus siglas en inglés), el diseño, prueba, producción, ventas y mercadeo. En algunas compañías del ramo se establecen claras distinciones entre las diversas funciones de la ingeniería y la gente que trabaja en ellas. Dependiendo de la estructura organizacional y el tipo de productos que manejen, las grandes empresas pueden crear un departamento independiente, o asignar la función de analistas a un grupo de ingenieros. A los ingenieros dedicados al análisis se les considera especialistas. Con esta capacidad, por lo general suelen trabajar como apoyo para el diseño en ingeniería. Así, no es poco común que se combinen las funciones de diseño y análisis en un solo departamento, ya que están relacionadas estrechamente. En las pequeñas firmas que emplean a unos cuantos ingenieros, con frecuencia éstos asumen la responsabilidad de muchas funciones técnicas, incluyendo el análisis.

Éxito profesional

Elección de una especialidad en ingeniería

Quizá la pregunta más importante que enfrenta el nuevo estudiante de ingeniería (además de la clásica de "¿cuánto dinero ganaré después de graduarme?") es: "¿en qué campo de la ingeniería debo especializarme?" Esta disciplina profesional abarca un área muy amplia, por lo que el estudiante que inicia tiene numerosas opciones y debe estar consciente de algunos de los siguientes hechos. Primero, todas las especialidades de la materia tienen el potencial de prepararlo para una satisfactoria y gratificante carrera. Como profesión, la ingeniería ha gozado históricamente de un mercado muy estable y bien pagado. En las décadas recientes ha habido fluctuaciones en el mercado, pero la demanda de ingenieros en todas las disciplinas importantes es elevada y el futuro luce brillante para ellos. Segundo, todas las especialidades de ingeniería son académicamente desafiantes, pero algunas pueden serlo más que otras. Analice las diferencias entre los diversos programas de ingeniería. Compare los requisitos que exige cada uno de ellos examinando la lista de cursos en su escuela o en el catálogo de la universidad. Pregunte a los encargados de los departamentos cuáles son las similitudes y diferencias entre sus programas de ingeniería y los de otros departamentos. (Tenga en cuenta que es posible que los profesores estén deseosos de decirle que su disciplina es la mejor.) Hable con los profesionales que la practican en sus diversas especialidades y pregúnteles acerca de sus experiencias educativas. Aprenda todo lo que pueda, de todas las fuentes que pueda, sobre las diferentes ramas de la profesión. Tercero, y éste es el punto más importante, trate de responder la siguiente pregunta: "¿Qué tipo de ingeniería será la más gratificante para mí?" No tiene sentido dedicar cuatro o más años de intenso estudio a la especialidad X sólo porque es la mejor pagada, porque su tío Vinny es un ingeniero X, porque la ingeniería X es el programa más fácil de su escuela, o porque alguien le dijo que es un ingeniero X, y usted también debería serlo.

En general, las ingenierías se pueden clasificar en genéricas o especializadas. Las genéricas son muy amplias y constituyen carreras tradicionales que han existido por décadas (o incluso por siglos) y que se ofrecen en la mayoría de las grandes escuelas y universidades. Muchas instituciones no ofrecen títulos de ingeniería en algunas especialidades. Se considera que la ingeniería química, civil, de computación, eléctrica y mecánica son las ramas genéricas fundamentales. Éstas incorporan amplios contenidos temáticos y representan a la mayoría de los ingenieros practicantes. Las disciplinas especializadas, por su parte, se concentran en un tema particular de la ingeniería, combinando componentes específicos de las carreras genéricas. Por ejemplo, la ingeniería biomédica puede fusionar aspectos de la ingeniería eléctrica y mecánica con elementos de la biología. Los ingenieros en construcción pueden combinar elementos de la ingeniería civil y de negocios, o convenios de construcción. Otras especialidades incluyen ingeniería de materiales, aeronáutica y espacial, ambiental, nuclear, en cerámica, geológica, de manufactura, automotriz, metalúrgica, de la corrosión, oceánica y de costos y seguridad.

¿Se graduará en un área genérica o en una especialidad? Lo más seguro, en particular si está indeciso acerca de qué disciplina estudiar, es graduarse en una genérica. Al hacerlo, recibirá una educación general de ingeniería que le permitirá ingresar al mercado de una amplia industria. Por otro lado, graduarse en una especialidad puede llevarlo a una carrera extremadamente satisfactoria, en particular si su área de conocimientos, tan específica como pueda serlo, tiene gran demanda. Quizá su decisión la determine en gran medida por cuestiones geográficas. Es posible que las carreras especializadas no se ofrezcan en la escuela a la que desea asistir. Éstas son cuestiones importantes a considerar cuando se selecciona un ramo de la ingeniería.

1.2 ANÁLISIS Y DISEÑO EN INGENIERÍA

El diseño es el corazón de la ingeniería. Desde la antigüedad, el hombre ha reconocido la necesidad de protegerse de los elementos naturales, de recolectar y utilizar el agua, encontrar y cultivar alimentos, transportarse y defenderse de la hostilidad de algunos semejantes. Hoy, aunque el mundo es mucho más avanzado y complejo que el de nuestros ancestros, nuestras necesidades básicas son fundamentalmente las mismas. A través de la historia, los ingenieros han diseñado diversos dispositivos y sistemas para satisfacer las cambiantes necesidades de la sociedad. La siguiente es una definición concisa del **diseño en ingeniería**:

Proceso de producción de un componente, sistema u operación que satisface una necesidad específica.

La palabra clave en esta definición es *proceso*. El proceso de diseño es como un mapa de carretera que guía al diseñador desde el reconocimiento de una necesidad hasta la solución del problema. Los ingenieros de diseño toman decisiones con base en un conocimiento profundo de los fundamentos de la ingeniería, limitaciones del diseño, costos, confiabilidad, manufactura y factores humanos. El conocimiento de los *principios* del diseño se puede adquirir en la escuela o abrevarse de profesores y libros, pero para convertirse en un buen ingeniero de diseño, usted debe *practicarlo*. Los expertos en ese campo son como los artistas y arquitectos que se arman con sus potencias creadoras y sus habilidades para crear esculturas y edificios. Los productos finales de los ingenieros de diseño pueden ser más funcionales que artísticos, pero su producción también requiere conocimiento, imaginación y creatividad.

El diseño en ingeniería es un proceso por medio del cual los ingenieros satisfacen las necesidades de la sociedad. Se puede describir de diversas formas, pero por lo común consiste en la secuencia sistemática de pasos mostrada en la figura 1.1.

El diseño siempre ha formado parte de los programas de ingeniería en escuelas y universidades. Históricamente la materia se ha impartido en los cursos de apertura y finales. En algunos colegios se posponen hasta los últimos años, cuando los estudiantes desarrollan un "proyecto avanzado de diseño", o un "proyecto final de diseño". En años recientes la práctica tradicional de incluir estos cursos en la última mitad del plan de estudios ha sido sometida a revisión. El reconocimiento de que el diseño es de hecho el corazón de la ingeniería y de que los estudiantes necesitan una introducción temprana al tema, ha obligado a escuelas y universidades ha modificador sus programas curriculares para incorporar esta materia al inicio de los planes de estudio, quizá tan pronto como en el curso de introducción. Al incorporarse la asignatura de diseño al nivel en que se imparten los cursos iniciales de matemáticas y ciencias, los jóvenes se benefician de un método más integrado con su aprendizaje de la ingeniería y logran un mejor entendimiento de *cómo* utilizar las matemáticas y la ciencia en el diseño de sistemas de ingeniería. El análisis se está insertando en el diseño para enseñar a los alumnos aplicaciones más prácticas y reales de las matemáticas y la ciencia.

¿Cuál es la relación entre el análisis y el diseño en ingeniería? Como definimos antes, el análisis es la *solución analítica de un problema de ingeniería empleando las matemáticas y los principios de la ciencia.* La noción falsa de que la ingeniería es simplemente matemáticas y ciencia aplicada está ampliamente difundida en muchos estudiantes principiantes. Esto puede llevarlos a creer que el diseño en ingeniería es el equivalente a la "historia de un problema" contenido en los libros de matemáticas de preparatoria. Sin embargo, a diferencia de los de matemáticas, los problemas de diseño tienen un "final abierto". Esto significa, entre otras cosas, que no ofrecen una sola solución "correcta", sino muchas posibles soluciones, dependiendo de las *decisiones* que tome el ingeniero de diseño. La meta principal del diseño en ingeniería es obtener la *mejor* solución, o la *óptima*, en el marco de la especificidad y limitaciones del problema.

¿Cómo encaja el análisis en esto? Uno de los pasos en el proceso de diseño es obtener un concepto del *diseño*. (Observe que en este caso la palabra *diseño* se refiere al componente, sistema u operación real que se está creando.) En este punto, el ingeniero comienza a investigar alternativas de diseño. Éstas son diferentes aproximaciones u

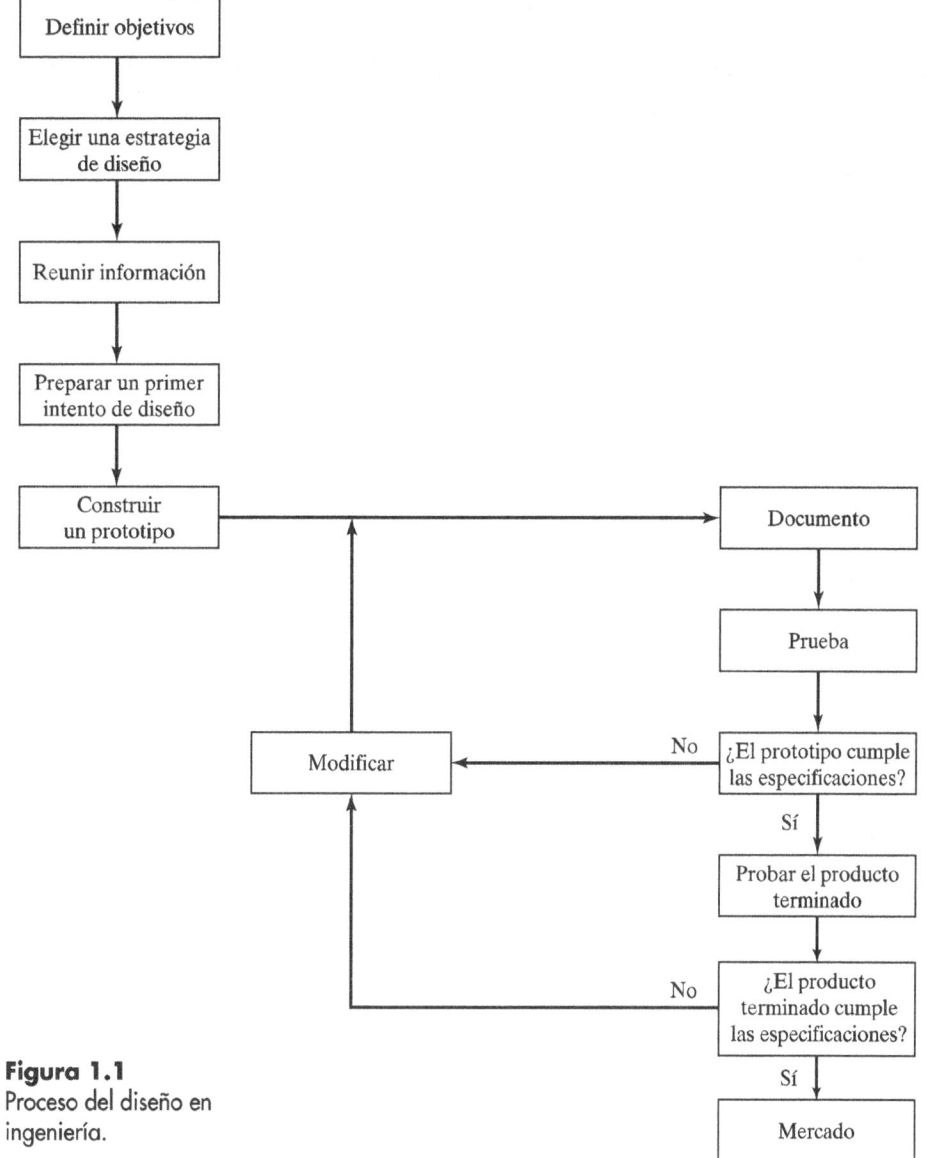

Figura 1.1
Proceso del diseño en ingeniería.

opciones que éste considera viables en la etapa conceptual del diseño. Por ejemplo, se pueden utilizar algunos de estos conceptos para diseñar una mejor trampa ratonera:

- Usar un detector mecánico o electrónico.
- Incluir queso o mantequilla de maní como cebo.
- Construir una jaula de madera, plástico o metal.
- Instalar una alarma audible o visible.
- Matar, o atrapar y liberar al ratón.

El análisis es una *herramienta de toma de decisiones* para evaluar un conjunto de alternativas de diseño. Al realizarlo, el ingeniero se concentra en aquellas que rinden una solución óptima, mientras que elimina las que violan las limitaciones de diseño o producen soluciones inferiores. En el diseño de la ratonera, un análisis dinámico puede mostrar que un detector mecánico en la trampa es demasiado lento y retrasa el cierre de la puerta, lo que favorece la liberación del ratón. Entonces se elige un detector electrónico porque rinde una solución superior.

La siguiente aplicación ilustra cómo se utiliza el análisis para diseñar el componente de una máquina.

APLICACIÓN

Diseño del componente de una máquina

Una de las tareas más importantes de los ingenieros mecánicos es diseñar máquinas. Éstas pueden constituir sistemas muy complejos y constar de numerosos componentes móviles. Para que una máquina trabaje apropiadamente, cada uno de sus componentes se debe diseñar de manera que cumpla una función específica al unísono con los otros componentes, como soportar fuerzas específicas, vibraciones, temperaturas, corrosión y otros factores mecánicos y ambientales. Un aspecto importante del diseño de máquinas es determinar las *dimensiones* de sus partes mecánicas.

Considere un componente que consista de una varilla circular de 20 cm de largo, como se muestra en la figura 1.2. Al funcionar la máquina, la varilla se somete a una fuerza de tensión de 100 kN. Una de las limitaciones del diseño es que la deformación axial (cambio de longitud) de la varilla no puede exceder los 0.5 mm para asegurar que se conecte de forma adecuada con un componente de ensamble. Tomando la longitud de la varilla y aplicando una fuerza de tensión como las que se muestra, ¿cuál es el diámetro mínimo requerido para la varilla?

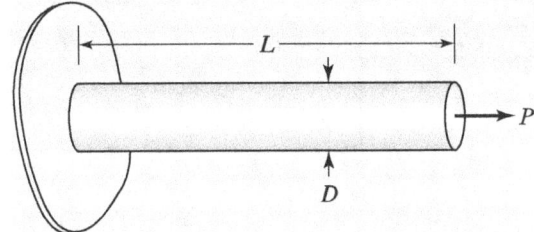

Figura 1.2
Componente de máquina.

Para resolver este problema, usamos una ecuación de la mecánica de materiales,

$$\delta = \frac{PL}{AE}$$

donde

δ = deformación axial (m)

P = fuerza de tensión axial (N)

L = longitud original de la varilla (m)

$A = \pi D^2/4$ = área de la sección transversal de la varilla (m^2)

E = módulo de elasticidad (N/m^2)

El uso de esta ecuación asume que el material se comporta de manera elástica (es decir, no sufre una deformación permanente cuando se somete a una fuerza). Sustituyendo en

12

la ecuación la fórmula para el área de la sección transversal de la varilla, y resolviendo para el diámetro D de la varilla, obtenemos:

$$D = \sqrt{\frac{4\,PL}{\pi\delta E}}.$$

Conocemos la fuerza de tensión P, la longitud original de la varilla L y la máxima deformación axial δ, pero para hallar el diámetro D también debemos conocer el módulo de elasticidad E. El módulo de elasticidad es una propiedad del material, una constante definida por la relación esfuerzo-deformación. Suponga que elegimos aluminio 7075-T6 para la varilla. Este material tiene un módulo de elasticidad de $E = 72$ GPa. (*Nota:* Una unidad de esfuerzo, la cual es la fuerza dividida por el área, es el pascal (Pa). De este modo, 1 Pa = 1 N/m^2, y 1 GPa = 10^9 Pa.) Sustituyendo valores en la ecuación, obtenemos el siguiente diámetro:

$$D = \sqrt{\frac{4(100 \times 10^3\,\text{N})(0.20\,\text{m})}{\pi(0.0005\,\text{m})(72 \times 10^9\,\text{N/m}^2)}}$$

$$= 0.0266\,\text{m} = 26.6\,\text{mm}.$$

Como parte del proceso de diseño, deseamos considerar otros materiales para la varilla. Identifiquemos el diámetro para una varilla de acero estructural ($E = 200$ GPa). Para el acero estructural, el diámetro de la varilla es:

$$D = \sqrt{\frac{4(100 \times 10^3\,\text{N})(0.20\,\text{m})}{\pi(0.0005\,\text{m})(200 \times 10^9\,\text{N/m}^2)}}$$

$$= 0.0160\,\text{m} = 16.0\,\text{mm}.$$

Nuestro análisis muestra que el diámetro mínimo de la varilla depende del material elegido. Ya sea aluminio 7075-T6 o acero estructural, funcionarán de cierto modo en términos de su deformación, aunque deben considerarse otros factores, como el peso, la resistencia, el desgaste, la corrosión y el costo. El punto importante a aprender aquí es que el análisis es un paso fundamental en el diseño de una máquina.

Como ilustra el ejemplo de aplicación, el análisis sirve para determinar qué características de diseño se requieren para hacer *funcional* un componente o sistema. Por ejemplo, se utiliza para dimensionar el cable de un puente suspendido, seleccionar el ventilador de enfriamiento de una computadora, dimensionar los elementos de calefacción para curar una pieza plástica en una planta de manufactura y para diseñar los tableros solares que convierten energía solar en eléctrica en una nave espacial. El análisis es parte crucial de virtualmente cada tarea de diseño, porque guía al ingeniero en una secuencia de decisiones que finalmente lo llevan al diseño óptimo. Es importante puntualizar que, en este trabajo, no es suficiente producir un *plano* o modelo CAD (diseño asistido por computadora, por sus siglas en inglés) del componente o sistema. Un plano por sí mismo, aunque revela las características visuales y dimensionales del diseño, dice muy poco, o nada, acerca de su funcionalidad. El análisis debe incluirse en el proceso de diseño si el ingeniero requiere saber si éste trabajará en realidad cuando se ponga en servicio. De la misma manera, una vez que se ha construido un prototipo de trabajo del diseño, se realizan pruebas de desempeño para validar el análisis y ayudar al refinamiento del diseño.

1.3 EL ANÁLISIS Y LA FALLA EN INGENIERÍA

Con la posible excepción de los granjeros, los ingenieros son probablemente las personas más conocidas en el mundo. Virtualmente, todos los productos y dispositivos fabricados por el hombre que utiliza la gente en su vida personal y profesional han sido diseñados por ingenieros. Piense un momento. ¿Qué fue lo primero que hizo cuando se levantó de la cama esta mañana? ¿Apretó el botón para apagar su despertador? La alarma de su reloj fue diseñada por ingenieros. ¿Qué hizo después: ir al baño quizá? Los accesorios del baño: lavabo, tina, regadera y taza de baño, fueron diseñados por ingenieros. ¿Utilizó un electrodoméstico para preparar el desayuno? Su tostadora, *wafflera*, horno de microondas, refrigerador y otros electrodomésticos también fueron diseñados por ingenieros. Incluso si sólo comió cereal frío para el desayuno, obtuvo beneficios de la ingeniería, porque los ingenieros diseñaron los procesos mediante los cuales se produjo el cereal y la leche, ¡e incluso la maquinaria para fabricar la caja del cereal y el recipiente para la leche! ¿Qué hizo después de desayunar? Si se cepilló los dientes, puede agradecer a los ingenieros que diseñaron el tubo de la pasta de dientes y el cepillo, e incluso la formulación de la pasta. Antes de salir para la escuela, se vistió: los ingenieros diseñaron las máquinas que fabricaron su ropa. ¿Condujo automóvil para ir al colegio o utilizó una bicicleta? En cualquier caso, los ingenieros diseñaron ambos artefactos de transporte. ¿Qué hizo cuando llegó a la escuela? Se sentó en su silla favorita del salón, sacó una pluma o un lápiz y un cuaderno de su mochila y comenzó otro día de aprendizaje. La silla en la que se sentó, el instrumento de escritura que usó para tomar notas, el cuaderno sobre el que escribió y la mochila que usó para cargar libros, carpetas, papel, plumas y lápices, además de otros numerosos dispositivos, fueron diseñados por ingenieros.

Valoramos a los ingenieros, pero les exigimos mucho. Esperamos que todo lo que diseñen —incluyendo despertadores, plomería, tostadoras, automóviles, sillas y lápices—, trabaje, y que trabaje todo el tiempo. Por desgracia, esto no es así. Cuando el calefactor de nuestro tostador se quema, experimentamos un inconveniente relativamente menor, pero cuando se colapsa un puente, se estrella una aeronave comercial, o explota un transbordador espacial y la gente se lesiona o muere, la historia se convierte en noticia, y los ingenieros se ven súbitamente lanzados a los reflectores del escrutinio público. ¿Se les debe culpar de cada falla que sucede? Algunas ocurren porque la gente usa de forma incorrecta los productos. Por ejemplo, si usted persiste en recurrir a un desarmador para abrir latas o excavar el jardín para sembrar semillas, o como cincel de albañilería, es posible que ese utensilio pronto deje de funcionar como desarmador. Aunque los ingenieros tratan de diseñar productos "a prueba de gente", los tipos de fallas de los que se responsabilizan fundamentalmente son aquellos generados por diversas causas durante la fase de diseño. Después de todo, la ingeniería es una empresa humana, y los humanos cometen errores.

Nos guste o no, la **falla** es parte de la ingeniería. Es un componente del proceso de diseño. Cuando los ingenieros diseñan un nuevo producto, éste en raras ocasiones funciona la primera vez exactamente como se esperaba. Es posible que los componentes mecánicos no se ajustaron de manera apropiada o que las piezas eléctricas se conectaron de forma incorrecta; también pueden ocurrir problemas técnicos con el *software*, o los materiales pueden ser incompatibles. La lista de causas potenciales de falla es larga, y es probable que la de un error específico en un diseño sea inesperada, porque de otra manera el ingeniero la habría tomado en cuenta en su momento. Las fallas siempre serán parte de la ingeniería, pues los expertos no pueden anticipar todos los mecanismos por los cuales ocurrirán *éstas*. Ellos hacen un esfuerzo coordinado para diseñar sistemas sin errores, y si éstos surgen, idealmente se revelan durante la fase de diseño, y se pueden corregir antes de que el producto entre en servicio. Uno de los sellos distintivos de un buen ingeniero de diseño es que convierte la falla en un éxito.

La función del análisis de la falla es doble en ingeniería. *Primero*, como se comentó antes, el análisis es parte crucial del diseño y una de las principales herramientas para la toma de decisiones en la exploración de alternativas. El análisis ayuda a establecer la funcionalidad del diseño; por tanto, se puede considerar como una herramienta de *prevención de fallas*. La gente espera que los electrodomésticos de cocina, automóviles, aeronaves, televisiones y otros sistemas trabajen como se supone que deben hacerlo, por lo que los ingenieros hacen todos los intentos razonables para diseñar productos confiables. Como parte de la fase de diseño, usan el análisis con el fin de determinar cuáles deben ser las características físicas del sistema para evitar que falle en un periodo específico de tiempo. ¿Alguna vez los ingenieros diseñan productos para que fallen a propósito? Sorprendentemente la respuesta es sí. Algunos dispositivos se basan en este factor para su propia operación. Por ejemplo, un fusible "falla" cuando la corriente eléctrica que fluye por él excede un amperaje específico. Cuando esto ocurre, se funde una pieza metálica en el fusible para abrir el circuito y proteger al personal o el equipo eléctrico. Los pasadores de seguridad en los sistemas de transmisión protegen los ejes, engranes y otros componentes cuando la fuerza de corte excede cierto valor. Algunos postes de servicios y señales de carreteras son diseñados para romperse cuando los golpea un automóvil.

La *segunda función* del análisis de la falla en ingeniería se refiere a situaciones en las que los defectos no son detectados durante la fase de diseño, sólo para revelarse después de que el producto se ha puesto en servicio. En esta función, el análisis se utiliza para responder las preguntas: ¿por qué ocurrió la falla?, y ¿cómo se puede evitar en el futuro? A este tipo de trabajo de detección se le conoce a veces como *ingeniería forense*. En las investigaciones de fallas se utiliza el análisis como herramienta de diagnóstico para la reevaluación y reconstrucción de un producto. Después de la explosión del transbordador espacial *Challenger* en 1986, los ingenieros en Thiokol utilizaron el análisis (y la prueba) para reevaluar el diseño de la junta de los motores de combustible sólido. Su análisis y pruebas demostraron que, bajo las inusuales condiciones frías del día del lanzamiento, los anillos-O de hule responsables de mantener el sello entre los segmentos de uno de los motores de combustible sólido perdieron elasticidad y, por tanto, la capacidad para contener los gases a alta presión dentro del motor. Los gases calientes que se fugaron pasando los anillos-O desarrollaron en el interior una corriente de choque dirigida contra el tanque externo (de hidrógeno líquido) y un soporte inferior que sujetaba el motor al tanque externo. En segundos cayó todo el domo de proa del tanque, liberando cantidades masivas de hidrógeno líquido. El *Challenger* se vio envuelto inmediatamente en una explosión que destruyó el vehículo y mató a siete astronautas. Tras el desastre del transbordador los ingenieros utilizaron de forma extensa el análisis para rediseñar la junta del motor de combustible sólido.

APLICACIÓN

Falla del puente Tacoma Narrows

El colapso del puente Tacoma Narrows es una de las fallas más sensacionales en la historia de la ingeniería. Este puente suspendido fue el primero en su tipo extendido sobre el río Puget Sound para conectar el estado de Washington con la Península Olympic. En comparación con los puentes suspendidos existentes hasta entonces, el Tacoma Narrows tenía un diseño no convencional. Se componía de una estrecha vía de dos carriles y la estructura rígida de las trabes de la carretera no era muy profunda. Este diseño inusual le daba al puente una apariencia esbelta y graciosa, pero aunque era visualmente atractivo, tenía un problema: oscilaba con el viento. Durante los cuatro meses siguientes a su apertura

Figura 1.3
El puente Tacoma Narrows se torcía con el viento.

al tráfico el 1 de julio de 1940, el puente se ganó el mote de "el galopante Gertie". Los conductores sentían como si recorrieran una montaña rusa gigante cuando cruzaban el tramo central de 2 800 pies (véase la figura 1.3). Los ingenieros de diseño no reconocieron que su puente podría comportarse más como el ala de un avión sometida a una severa turbulencia, que como una estructura unida a la tierra y que sujetaba una carga estable. Los ingenieros fallaron al no considerar los aspectos aerodinámicos del diseño, lo que provocó la destrucción del puente el 7 de noviembre de 1940 durante una tormenta en la que el viento corría a 42 millas por hora (véase la figura 1.4). Afortunadamente, ninguna persona se lesionó o murió. Un editor de periódicos que perdió el control de su auto entre las torres por las violentas ondulaciones, pudo ponerse a salvo trastrabillando y arrastrándose. Alcanzó a voltear para ver cómo se desprendía el puente de los cables de suspensión y se hundía en el río junto con su automóvil, y presumiblemente su perro, al que no pudo salvar.

Aunque el puente fue destruido por el ventarrón, los ingenieros estuvieron probando un modelo a escala en la Universidad de Washington en un intento por entender el problema. A los pocos días de la pérdida de la estructura, Theodore von Karman, un reconocido especialista en dinámica de fluidos que trabajaba en el California Institute of Technology, envió una carta a la revista *Engineering News-Record* exponiendo un análisis aerodinámico del puente. Utilizó una ecuación diferencial para una sección idealizada del puente deformándose como un ala de avión cuando las fuerzas de elevación del viento tendían a torcerla en un sentido, mientras que el acero del puente la obligaba a torcerse en otro. Su análisis demostró que el puente Tacoma Narrows de hecho debía haber mostrado una inestabilidad aerodinámica más pronunciada que ningún otro puente suspendido existente. De manera notable, los cálculos "sobre las rodillas" de von Karman predecían peligrosos niveles de vibración para velocidades del viento de 10 millas por hora, menores a la que llevaba el viento en la mañana del 7 de noviembre de 1940. La dramática caída del Galopante Gertie estableció para siempre la importancia del análisis aerodinámico en el diseño de los puentes suspendidos.

Figura 1.4
El tramo central del puente Tacoma Narrows se hunde en el río Puget Sound.

El puente fue rediseñado finalmente con una estructura de tirantes más profundos y abiertos que permitían el paso del aire. El nuevo puente Tacoma Narrows, más seguro, se abrió al público nuevamente el 14 de octubre de 1950.

Éxito profesional

Aprender de las fallas

El puente Tacoma Narrows y otras incontables fallas de ingeniería enseñan una invaluable lección:

> *Aprende de tus propias fallas y de los errores de otros ingenieros.*

Por desgracia, los diseñadores del puente Tacoma Narrows no aprendieron de las fallas de otros. De haber estudiado la historia de los puentes suspendidos a principios del siglo XIX, habrían descubierto que 10 puentes suspendidos sufrieron severos daños, o destrucción, a causa de los vientos.

La NASA y Thiokol aprendieron que el diseño de los sellos a presión de la junta del motor de combustible sólido del *Challenger* era muy sensible a una variedad de factores como la temperatura, las dimensiones físicas, el uso repetido y la carga sobre la junta. No sólo aprendieron algunas lecciones técnicas duras, también aprendieron lecciones en el dictamen de la ingeniería. Comprendieron que el proceso de toma de decisiones que culminó con el lanzamiento del transbordador espacial había sido deficiente. Para corregir ambos tipos de desaciertos, en los dos años siguientes a la catástrofe del *Challenger* rediseñaron la junta, implantaron medidas adicionales relacionadas con la seguridad y mejoraron el proceso de toma de decisiones que conducía al lanzamiento de los transbordadores.

En otra falla catastrófica, la NASA determinó que los fragmentos de aislamiento que se separaron del tanque de combustible externo durante el lanzamiento del transbordador espacial *Columbia* impactaron el ala izquierda del vehículo, perjudicando severamente el extremo frontal del ala. El daño provocó una abertura en la superficie del ala que, durante el retorno del *Columbia*, precipitó una quemadura gradual hacia el interior y produjo una pérdida de control del vehículo. El *Columbia* se despedazó en el suroeste de Estados Unidos, sacrificando a los siete astronautas que llevaba a bordo.

Si vamos a aprender de las fallas de ingeniería, la *historia* de la disciplina se vuelve tan importante para nuestra educación como el diseño, el análisis, las matemáticas y las artes. Las lecciones aprendidas no sólo de nuestras propias experiencias, sino también de quienes nos han antecedido, contribuyen en gran medida al mejoramiento de nuestra tecnología y al avance de la ingeniería como profesión. Los errores de juicio cometidos por los ingenieros romanos y egipcios todavía son importantes en los tiempos modernos, a pesar de un inventario de herramientas científicas y matemáticas enormemente mejorado. Los ingenieros han cometido y seguirán cometiendo errores. Debemos aprender de ellos.

TÉRMINOS CLAVE

análisis
análisis en ingeniería
ciencias físicas

diseño en ingeniería
falla
matemáticas avanzadas

matemáticas básicas
modelado

REFERENCIAS

Adams, J. L., *Flying Buttresses, Entropy and O-rings: The World of an Engineer*, Harvard University Press, Cambridge, Massachussets, 1991.

Horenstein, M. N., *Design Concepts for Engineers*, 3a. ed., Prentice Hall, Upper Saddle River, Nueva Jersey, 2006.

Howell, S. K., *Engineering Design and Problem Solving*, 2a. ed., Prentice Hall, Upper Saddle River, Nueva Jersey, 2002.

Hyman, B., *Fundamentals of Engineering Design*, 2a. ed., Prentice Hall, Upper Saddle River, Nueva Jersey, 2002.

Petroski, H., *Design Paradigms: Case Histories of Error and Judgment in Engineering*, Cambridge University Press, Cambridge, Reino Unido, 1994.

_____, *To Engineer is Human: The Role of Failure in Success Design*, Vintage Books, Nueva York, 1992.

_____, *Success Through Failure: The Paradox of Design*, Princeton University Press, Princeton, Nueva Jersey, 2006.

_____, *The Evolution of Useful Things*, Knopf Publishing Group, Nueva York, 1994.

_____, *Pushing the Limits: New Adventures in Engineering*, Knopf Publishing Group, Nueva York, 2004.

_____, *Small Things Considered: Why There is no Perfect Design*, Random House Publishing Group, Nueva York, 2004.

Wright, P. H., *Introduction to Engineering*, 3a. ed., John Wiley and Sons, Nueva York, 2003.

Análisis y diseño en ingeniería

1.1 Es común encontrar los siguientes dispositivos básicos en un hogar o en una oficina típica. Comente cómo podría utilizarse el análisis para diseñar estos artículos.

(a) Quita grapas.

(b) Tijera.

(c) Tenedor.

(d) Portaminas.

(e) Bisagra para puerta.

(f) Sujetador para papel.

(g) Taza de baño.

(h) Lámpara de luz incandescente.

(i) Caja para cereal.

(j) Gancho para ropa.

(k) Carpeta de tres argollas.

(l) Interruptor para luz.

(m) Perilla para puerta.

(n) Engrapadora.

(o) Abrelatas.

(p) Llave para agua.

(q) Fregadero para cocina.

(r) Enchufe eléctrico.

(s) Ventana.

(t) Puerta.

(u) Plato para comida.

(v) Silla.

(w) Mesa.

(x) Caja para CD.

(y) Corredera para cajón.

(z) Sujetalibros.

1.2 Una viga en voladizo de un 1 m de largo de sección transversal rectangular soporta una carga uniforme de $w = 15$ kN/m. Las especificaciones de diseño exigen una deflexión máxima de 5 mm en el extremo de la viga. Ésta se va a construir con abeto ($E = 13$ GPa). Mediante el análisis, determine cuando menos cinco combinaciones de altura h y ancho b de la viga que cumplan las especificaciones. Utilice la ecuación:

$$y_{\text{máx}} = \frac{wL^4}{8EI}$$

donde

$y_{\text{máx}}$ = deflexión del extremo de la viga (m)

w = carga uniforme (N/m)

L = longitud de la viga (m)

E = módulo de elasticidad de la viga (Pa)

$I = bh^3/12$ = momento de inercia de la sección transversal de la viga (m^4)

Nota: 1 Pa = 1 N/m^2; 1 kN = 10^3 N, y 1 GPa = 109 Pa.

¿Qué conclusiones de diseño puede obtener acerca de la influencia de la altura y el ancho de la viga sobre la deflexión máxima? ¿La deflexión es más sensible a h o a b?

Si la viga fuera construida con un material diferente, ¿cómo cambiaría la deflexión? Vea la figura P1.2 que ilustra la viga.

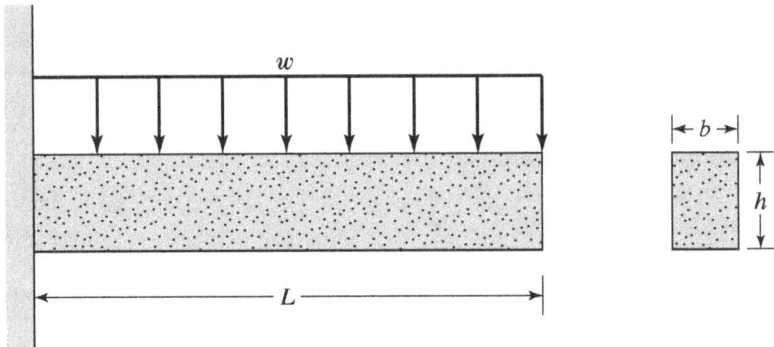

Figura P1.2

Análisis y falla en ingeniería

1.3 Identifique un dispositivo que haya fallado, según su propia experiencia. Comente cómo falló y cómo podría utilizarse el análisis para rediseñarlo.

1.4 Investigue las siguientes fallas notables en ingeniería. Comente cómo se utilizó el análisis, o cómo pudo haber sido utilizado para investigar la falla.

(a) Hotel Hyatt, Kansas City, 1981.

(b) Titanic, Atlántico Norte, 1912.

(c) Planta de energía nuclear en Chernobyl, ex Unión Soviética, 1986.

(d) Planta de energía nuclear en Three Mile Island, Pennsylvania, 1979.

(e) Centro cívico Hartford, Connecticut, 1978.

(f) Planta Union Carbide, India, 1984.

(g) Dirigible *Hindenburg*, Nueva Jersey, 1937.

(h) Telescopio espacial *Hubble*, 1990.

(i) Autopista I-880, terremoto en Loma Prieta, California, 1989.

(j) DC-10 de American Airlines, Chicago, 1979.

(k) *Skylab*, 1979.

(l) Incendio en la cápsula del *Apollo 1*, Cabo Cañaveral, Florida, 1967.

(m) Puente Dee, Inglaterra, 1847.

(n) Radio telescopio Green Bank, West Virginia, 1989.

(o) Explosiones de calderas, Estados Unidos, 1870-1910.

(p) DC-9 de ValuJet Airlines, Miami, 1996.

(q) Tanques de gas de Ford Pinto, década de 1970.

(r) Presa Teton, Idaho, 1976.

(s) *Apolo 13*, 1970.

(t) Orbitador climático de Marte, 1999.

(u) Transbordador espacial *Challenger*, 1986.

(v) Transbordador espacial *Columbia*, 2003.

(w) Diques, Nueva Orleáns, Lousiana, 2005.

Dimensiones y unidades

2.1 INTRODUCCIÓN

Suponga por un momento que alguien le pide que vaya rápido a la tienda y compre algunos comestibles para la cena de hoy. Usted se sube a su automóvil, lo enciende y conduce por la calle. De inmediato nota algo extraño. ¡No hay números o divisiones en su velocímetro! Al acelerar y desacelerar, la aguja cambia de posición, pero usted no identifica a qué velocidad conduce porque no existen marcas que leer. Sorprendido, observa que también le falta información numérica a los límites de velocidad y otras señales en la calle entre su casa y la tienda. Al recordar que le dijeron que llegara a casa con los víveres a las 6 p.m., echa un vistazo a su reloj digital sólo para descubrir que el indicador ¡está en blanco! Al llegar a la tienda revisa su lista: 1 libra de carne molida, 4 onzas de setas frescas y una lata de 12 onzas de puré de tomate. Primero va a la sección de carnes, pero la etiqueta de cada paquete no muestra el peso del producto. Toma lo que parece ser un paquete de 1 libra y procede a la siguiente sección. Tomando un puñado de setas, las coloca en una báscula para pesarlas, pero la báscula se ve como su velocímetro: ¡tampoco tiene marcas! Una vez más, hace una estimación. Le falta un artículo: el puré de tomate. El pasillo de productos enlatados está repleto de latas, pero sus etiquetas no tienen información numérica: ni peso, ni volumen, o algo que le permita conocer la cantidad de puré de tomate que contiene cada recipiente. Hace su compra, conduce a casa y entrega los artículos desconcertado y estremecido por la experiencia.

Desde luego que la historia anterior, parecida a la *Dimensión Desconocida*, es ficticia, pero ilustra de forma dramática qué extraño sería nuestro mundo sin medidas de las cantidades físicas. La velocidad es una cantidad física que se mide en los velocímetros de nuestros automóviles y en los radares de los oficiales de tránsito. El tiempo es una cantidad física que se mide con el reloj en nuestra muñeca o en el que está apostado en la pared. El peso es una cantidad física que se mide con la báscula en la tienda de abarrotes o en el centro de salud. Nuestros ancestros reconocieron la necesidad de medir y basaron sus estándares de longitud en la amplitud o palma de la mano, la longitud del pie o la distancia del codo a la punta del dedo medio (a la que se conocía como

21

codo). Estos estándares de medición eran cambiantes y perecederos porque se basaban en las dimensiones humanas. En los tiempos modernos se han adoptado estándares de medición que nos ayudan a cuantificar el mundo físico. Los ingenieros y científicos los utilizan para analizar los fenómenos físicos aplicando las leyes de la naturaleza, como la conservación de la energía, las leyes de la termodinámica y la ley de la gravitación universal. Cuando los ingenieros diseñan nuevos productos y procesos aplicando estas leyes, utilizan dimensiones y unidades para describir las cantidades físicas involucradas. Por ejemplo, el diseño de un puente comprende fundamentalmente las dimensiones de longitud y fuerza. Las unidades utilizadas para expresar las magnitudes de estas cantidades por lo general son el metro y el newton, o el pie y la libra. El diseño térmico de una caldera comprende fundamentalmente las dimensiones de presión, temperatura y transferencia de calor, que se expresan en unidades de pascales, grados Celsius y watts, respectivamente. Las dimensiones y unidades son tan importantes para los ingenieros como las leyes físicas que describen. Por ello es de vital importancia que los estudiantes de ingeniería aprendan cómo trabajar con las dimensiones y unidades. Sin ellas, los análisis de los sistemas de ingeniería tienen poco significado.

2.2 DIMENSIONES

Para la mayoría de la gente, el término *dimensión* denota una medida de longitud. Ciertamente, la longitud es un tipo de dimensión, pero este vocablo tiene un significado más amplio. Una **dimensión** es una *variable física utilizada para describir o especificar la naturaleza de una cantidad mensurable*. Por ejemplo, la masa de un engrane en una máquina es una dimensión del engrane. Obviamente, el diámetro también es una dimensión del engrane. La fuerza de compresión en una columna de concreto que sostiene un puente es una dimensión estructural de la columna. La presión y temperatura de un líquido en un cilindro hidráulico son dimensiones termodinámicas del líquido. La velocidad de una sonda espacial que orbita un planeta distante también es una dimensión. Podrían darse muchos otros ejemplos. Cualquier variable que los ingenieros utilicen para especificar una cantidad física es, en sentido general, una dimensión de la cantidad física. De ahí que existan tantas dimensiones como cantidades físicas. Los ingenieros siempre las utilizan en su trabajo analítico y experimental. Para especificar completamente una dimensión, deben darse dos características. Primero, se requiere el *valor numérico* de la dimensión. Segundo, debe asignarse la *unidad* apropiada. Una dimensión que carezca de cualquiera de estos dos elementos está incompleta y por tanto los ingenieros no pueden utilizarla. Si el diámetro de un engrane se da como 3.85, preguntaríamos: "¿3.85 qué? ¿Pulgadas? ¿Metros?" De forma similar, si la fuerza de compresión en una columna de concreto está dada como 150,000, preguntaríamos: "¿150,000 qué? ¿Newtons? ¿Libras?"

Las dimensiones se clasifican en *básicas* o *derivadas*. Una **dimensión básica**, que a veces se denomina dimensión *fundamental*, es aquella aceptada internacionalmente como la dimensión más básica de una cantidad física. Existen siete dimensiones básicas formalmente definidas para su uso en la ciencia y la ingeniería:

1. Longitud L.
2. Masa M.
3. Tiempo t.
4. Temperatura T.
5. Corriente eléctrica I.
6. Cantidad de sustancia n.
7. Intensidad lumínica i.

Una **dimensión derivada** se obtiene mediante cualquier combinación de las dimensiones básicas. Por ejemplo, el volumen es una longitud al cubo, la densidad es la masa divi-

Tabla 2.1 Dimensiones derivadas expresadas en términos de dimensiones básicas

Cantidad	Nombre de la variable	Dimensiones básicas
Área	A	L^2
Volumen	V	L^3
Velocidad	v	Lt^{-1}
Aceleración	a	Lt^{-2}
Densidad	ρ	ML^{-3}
Fuerza	F	MLt^{-2}
Presión	P	$ML^{-1}t^{-2}$
Esfuerzo	σ	$ML^{-1}t^{-2}$
Energía	E	ML^2t^{-2}
Trabajo	W	ML^2t^{-2}
Potencia	P	ML^2t^{-3}
Flujo másico	$\dot{m}$	Mt^{-1}
Calor específico	c	$L^2t^{-2}T^{-1}$
Viscosidad dinámica	μ	$ML^{-1}t^{-1}$
Masa molar	M	Mn^{-1}
Voltaje	V	$ML^2t^{-3}I^{-1}$
Resistencia	R	$ML^2t^{-3}I^{-2}$

dida entre la longitud al cubo, y la velocidad es la longitud dividida entre el tiempo. Obviamente, existen numerosas dimensiones derivadas. En la tabla 2.1 se relacionan las más utilizadas en ingeniería, expresadas en términos de las dimensiones básicas.

Las letras de la tabla 2.1 son símbolos que designan cada dimensión básica. Estos símbolos son útiles para verificar la consistencia dimensional de las ecuaciones. Cada relación matemática utilizada en la ciencia y en la ingeniería debe ser **dimensionalmente consistente**, o *dimensionalmente homogénea*. Esto significa que la dimensión al lado izquierdo del signo de igualdad debe ser la misma que la dimensión del lado derecho. La igualdad en cualquier ecuación denota no sólo una equivalencia numérica sino también dimensional. Para usar una simple analogía, usted no puede decir que cinco manzanas es igual a cuatro manzanas, ni que cinco manzanas es igual a cinco naranjas. Sólo puede decir que cinco manzanas es igual a cinco manzanas.

Los siguientes ejemplos ilustran el concepto de consistencia dimensional.

EJEMPLO 2.1

La dinámica es una rama de la mecánica en ingeniería que trata del movimiento de las partículas y de los cuerpos rígidos. El movimiento en línea recta de una partícula, bajo la influencia de la gravedad, puede analizarse utilizando la ecuación:

$$y = y_0 + v_0 t - \frac{1}{2}gt^2.$$

donde:

> y = altura de la partícula en el tiempo t
>
> y_0 = altura inicial de la partícula (en $t = 0$)
>
> v_0 = velocidad inicial de la partícula (en $t = 0$)
>
> t = tiempo
>
> g = aceleración gravitacional

Verifique que esta ecuación es dimensionalmente consistente.

Solución

Verificamos la consistencia dimensional de la ecuación determinando las dimensiones en ambos lados del signo igual. Las alturas, y_0 y y son coordenadas unidimensionales de la partícula, por lo que estas cantidades tienen una dimensión de longitud L. La velocidad inicial v_0 es un dimensión derivada consistente de una longitud L dividida entre un tiempo t. La aceleración gravitacional g también es una dimensión derivada que consiste en una longitud L dividida entre un tiempo al cuadrado t^2. Desde luego, el tiempo t es una dimensión básica. Escribiendo la ecuación en su forma dimensional tenemos:

$$L = L + Lt^{-1}t - Lt^{-2}t^2$$

Observe que el factor $^1/_2$, frente al término gt^2 es sólo un número, y por tanto no tiene dimensión. En el segundo término del lado derecho del signo igual, la dimensión t se cancela, y queda L. De manera similar, en el tercer término a la derecha del signo igual la dimensión t^2 se cancela, y queda la longitud L. Esta ecuación es dimensionalmente consistente porque todos los términos tienen la dimensión de la longitud L.

EJEMPLO 2.2

La aerodinámica es el estudio de las fuerzas que actúan sobre los cuerpos que se mueven en el aire. Podría utilizarse un análisis aerodinámico para determinar la fuerza de elevación sobre el ala de un avión, o la fuerza de resistencia sobre un automóvil. Una ecuación que por lo común se utiliza en la aerodinámica relaciona la fuerza total de resistencia que actúa sobre un cuerpo con la velocidad del aire que se acerca a él. Esta ecuación es:

$$F_D = \frac{1}{2}C_D A \rho U^2$$

donde:

> F_D = fuerza de resistencia
>
> C_D = coeficiente de resistencia
>
> A = área frontal del cuerpo
>
> ρ = densidad del aire
>
> U = velocidad del aire corriente arriba

Determine las dimensiones del coeficiente de resistencia, C_D.

Solución

La dimensión del coeficiente de resistencia C_D se puede encontrar escribiendo la ecuación en la forma dimensional y simplificándola combinando las dimensiones semejantes.

Utilizando la información de la tabla 2.1 escribimos la ecuación dimensional como:

$$MLt^{-2} = C_D L^2 ML^{-3} L^2 t^{-2}$$
$$= C_D\, MLt^{-2}$$

Compare la combinación de las dimensiones básicas a la izquierda y derecha del signo igual. Son idénticas. Esto sólo puede significar que el coeficiente C_D no tiene dimensiones. Si las tuviera, la ecuación no sería dimensionalmente consistente. Por tanto, decimos que C_D es *adimensional*. En otras palabras, el coeficiente de resistencia C_D tiene un valor numérico, pero no dimensional. Esto no es tan extraño como parece. En ingeniería existen muchos ejemplos, particularmente en las disciplinas de mecánica de fluidos y transferencia de calor, donde una cantidad física es adimensional. Las cantidades adimensionales permiten a los ingenieros formar relaciones especiales que revelan ciertas perspectivas físicas dentro de las propiedades y los procesos. En este caso, el coeficiente de resistencia se interpreta físicamente como un "esfuerzo al corte" sobre la superficie del cuerpo, lo que significa que existe una fuerza aerodinámica que actúa sobre el cuerpo, paralela a su superficie, que tiende a retardar el movimiento del cuerpo a través del aire. En un curso de mecánica de fluidos aprenderá más acerca de este importante concepto.

EJEMPLO 2.3

Para la siguiente ecuación dimensional encuentre las dimensiones de la cantidad k:

$$MLt^{-2} = k\, Lt.$$

Solución

Para encontrar las dimensiones de k multiplicamos ambos lados de la ecuación por $L^{-1}t^{-1}$ con el fin de eliminar las dimensiones del lado derecho de la ecuación, dejando sola a k. Entonces obtenemos:

$$MLt^{-2}L^{-1}t^{-1} = k$$

la cual, después de aplicar la ley de los exponentes, se reduce a:

$$Mt^{-3} = k$$

Un examen más cuidadoso de la ecuación dimensional dada revela que se trata de la segunda ley de Newton:

$$F = ma.$$

Donde F es la fuerza, m la masa y a la aceleración. Si consultamos la tabla 2.1, vemos que la fuerza tiene las dimensiones MLt^{-2}, que es una masa M multiplicada por la aceleración Lt^{-2}.

¡Practique!

1. Para la siguiente ecuación dimensional, encuentre las dimensiones básicas del parámetro k:

$$ML^2 = kLtM^2.$$

Respuesta: $LM^{-1}t^{-1}$.

2. Para la siguiente ecuación dimensional, determine las dimensiones básicas del parámetro g:

$$T^{-1}tL = gL^{-2}.$$

Respuesta: L^3tT^{-1}.

3. Para la siguiente ecuación dimensional, encuentre las dimensiones básicas del parámetro h:

$$It^{-1}h = N.$$

Respuesta: $IN^{-1}t^{-1}$.

4. Para la siguiente ecuación dimensional, defina las dimensiones básicas del parámetro f:

$$MM^{-3} = a\cos(fL).$$

Respuesta: L^{-1}.

5. Para la siguiente ecuación dimensional, encuentre las dimensiones básicas del parámetro p:

$$T = T\log(T^{-2}t\,p).$$

Respuesta: T^2t^{-1}.

2.3 UNIDADES

Una **unidad** es una *subdivisión de tamaño arbitrariamente elegido por medio de la cual se expresa la magnitud de una dimensión.* Por ejemplo, la dimensión L puede expresarse en unidades de metro (m), pie (ft), milla (mi), milímetro (mm) y otras. La dimensión temperatura T se expresa en unidades de grados Celsius (°C), Fahrenheit (°F), Rankine (°R) o Kelvin (K). (Por convención, el símbolo de grado (°) no se utiliza para la escala Kelvin de temperatura.) En Estados Unidos existen dos sistemas de unidades de uso común. El primero, y el único aceptado como estándar internacional, es el **sistema de unidades SI** (Sistema Internacional de Unidades), al que se conoce comúnmente como sistema *métrico*. El segundo es el **sistema inglés de unidades** (o **británico**), al que algunas veces se denomina *Sistema de Unidades Comunes de Estados Unidos* (*USCS, United States Customary System*). Con excepción de este país, la mayoría de las naciones industrializadas en el mundo utiliza exclusivamente el sistema SI, que se prefiere sobre el inglés porque es un estándar aceptado internacionalmente y porque se basa en las simples potencias de 10. En medida limitada, a nivel federal en Estados Unidos se ha ordenado una transición al SI. Por desgracia, esta transición es muy lenta, aunque muchas compañías estadounidenses están usando el sistema SI para mantener su competitividad internacional. Hasta que este país se adapte completamente al sistema, sus estudiantes de ingeniería deberán manejar ambos sistemas de unidades y saber cómo convertirlas.

Las siete dimensiones básicas se expresan en términos de las unidades en el SI que se basan en **estándares físicos**. Estos estándares se definen de manera que las unidades en el SI correspondientes, excepto la unidad de masa, se puedan reproducir en un laboratorio en cualquier lugar del mundo. La reproducción de estos estándares es importante, porque cualquier laboratorio equipado de la forma adecuada tiene acceso a los mismos estándares. De ahí que todas las cantidades físicas, independientemente del lugar en el mundo en que se midan, se basan en estándares idénticos. Esta universalidad de los estándares físicos elimina el antiguo problema de basar las dimensiones en los cambiantes atributos físicos de reyes, gobernadores y magistrados, que reinaban por un tiempo finito. Los estándares

Tabla 2.2 Dimensiones básicas y sus unidades en el SI

Cantidad	Unidad	Símbolo
Longitud	metro	m
Masa	kilogramo	kg
Tiempo	segundo	s
Temperatura	kelvin	K
Corriente eléctrica	ampere	A
Cantidad de sustancia	mole	mol
Intensidad lumínica	candela	cd

modernos se basan en constantes de la naturaleza y en atributos físicos de la materia y la energía.

En la tabla 2.2 se resumen las siete dimensiones básicas y sus unidades en el SI correspondientes. Observe el símbolo para cada unidad. Estos símbolos son las convenciones aceptadas para la ciencia y la ingeniería. Las siguientes líneas describen los estándares físicos en los que se definen las unidades básicas.

Longitud

La unidad de longitud en el (sistema) SI es el *metro* (m). Como se ilustra en la figura 2.1, el metro se define como la distancia recorrida por la luz en el vacío durante un intervalo de tiempo de 1/299,792,458 s. Esta definición se basa en un estándar físico: la velocidad de la luz en el vacío, que es de 299,792,458 m/s. Por tanto, la luz recorre un metro en un intervalo de tiempo que es el recíproco de este número. Desde luego, la unidad de tiempo, el *segundo* (s), es por sí mismo una unidad básica.

Masa

La unidad de masa en el (sistema) SI es el *kilogramo* (kg). A diferencia de las otras unidades, no se basa en un estándar físico reproducible. El estándar del kilogramo es un cilindro de aleación de platino-iridio que se conserva en el International Bureau of Weights and Measures en París, Francia. Estados Unidos guarda un duplicado de este cilindro en el National Institute of Standards and Technology (NIST). (Véase la figura 2.2.)

La masa es la única dimensión básica definida por un artefacto. Un artefacto es un objeto fabricado por el hombre que no se reproduce tan fácilmente como los otros estándares en el laboratorio.

Tiempo

La unidad de tiempo en el (sistema) SI es el *segundo* (s). Se define como la duración de 9,192,631,770 ciclos de radiación del átomo de cesio. El NIST resguarda un reloj atómico que incorpora este estándar. (Véase la figura 2.3.)

Temperatura

La unidad de temperatura en el (sistema) SI es el *kelvin* (K), el cual se define como la fracción 1/273.16 de la temperatura del punto triple del agua. El punto triple es la combinación

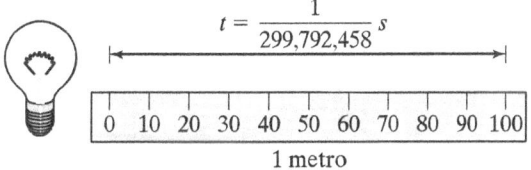

$$t = \frac{1}{299,792,458}\, s$$

1 metro

Figura 2.1
El estándar físico para el metro se basa en la velocidad de la luz en el vacío.

27

Figura 2.2
Un duplicado del estándar del kilogramo es un cilindro de platino-iridio resguardado en el NIST. (© Copyright Robert Rathe. Cortesía del National Institute of Standards and Technology, Gaithersburg, Maryland.)

de presión y temperatura a la cual el agua existe como sólido, líquido y gas al mismo tiempo. (Véase la figura 2.4.) Esta temperatura es de 273.16 K, 0.01 °C, o 32.002 °F. El cero absoluto es la temperatura a la que toda actividad molecular cesa, y tiene un valor de 0 K.

Corriente eléctrica

La unidad de corriente eléctrica en el (sistema) SI es el *ampere* (A). Como se muestra en la figura 2.5, el ampere se define como la corriente estable que, si se mantiene entre dos alambres rectos paralelos de longitud infinita y sección transversal circular despreciable, colocados con un metro de separación en el vacío, produce una fuerza de 2×10^{-7} newtons por metro de longitud del alambre. Utilizando la ley de Ohm, $I = V/R$, un ampere también se puede describir como la corriente que fluye cuando se aplica un volt a través de una resistencia de 1 ohm.

Figura 2.3
Un reloj atómico con fuente de cesio que alberga el NIST, mantiene el tiempo con una exactitud de un segundo en 60 millones de años. (*Fuente*: National Institute of Standards and Technology, Boulder, Colorado.)

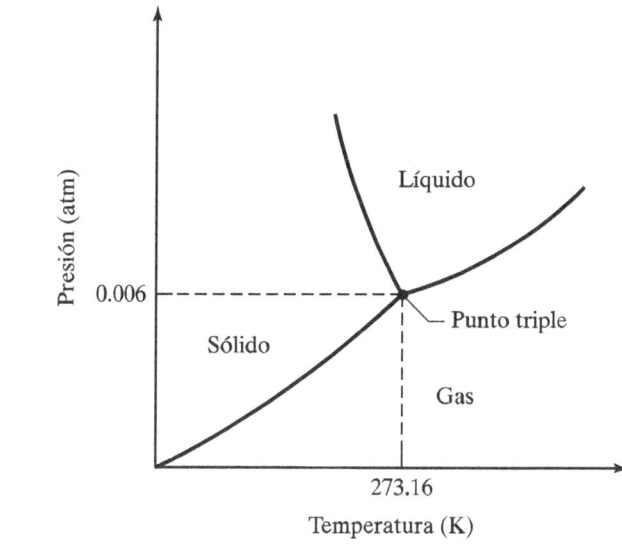

Figura 2.4
Un diagrama de fases para el agua muestra el punto triple en el cual se basa el estándar de la temperatura kelvin.

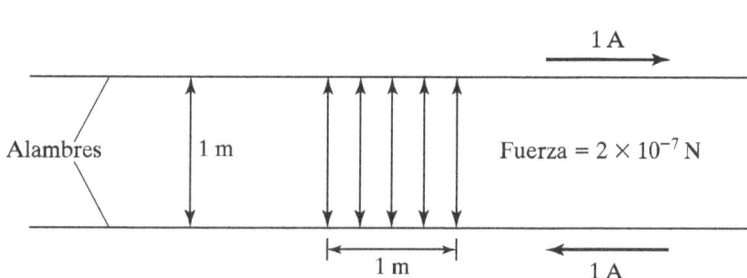

Figura 2.5
El estándar para el ampere se basa en la fuerza eléctrica producida entre dos alambres paralelos, cada uno de los cuales porta 1 A, con una separación de 1 m.

Cantidad de sustancia

La unidad utilizada para denotar la cantidad de sustancia es el *mole* (mol). Un mole contiene el mismo número de elementos que los átomos existentes en 0.012 kg de carbono 12. A este número se le llama *número de Avogadro*, y tiene un valor aproximado de 6.022×10^{23}. (Véase la figura 2.6.)

Intensidad lumínica

La unidad de intensidad lumínica es la *candela* (cd). Como se ilustra en la figura 2.7, una candela es la intensidad lumínica de una fuente que emite radiación de luz a una frecuencia de 540×10^{12} Hz, la cual proporciona una potencia de 1/683 watts (W) por estereorradián. Un estereorradián es un ángulo sólido que, teniendo su vértice en el centro de una esfera, subtiende (corta) un área de ésta igual a la de un cuadrado, cuyos lados son de igual longitud al radio de la esfera.

La unidad para la intensidad lumínica, la candela, utiliza el estereorradián, una dimensión que puede ser poco familiar para la mayoría de los estudiantes. Al *radián* y al *estereorradián* se les denomina dimensiones *suplementarias*. Estas cantidades, resumidas en la

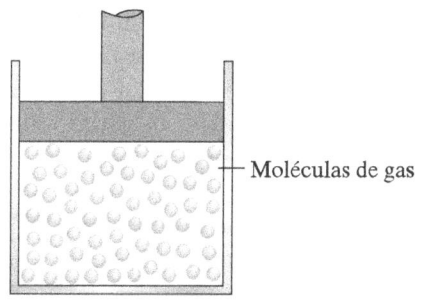

Moléculas de gas

Figura 2.6
Un mole de moléculas de gas en un dispositivo pistón-cilindro contiene 6.022×10^{23} moléculas.

Tabla 2.3 Dimensiones suplementarias

Cantidad	Unidad	Símbolo
Ángulo plano	Radián	rad
Ángulo sólido	estereorradián	sr

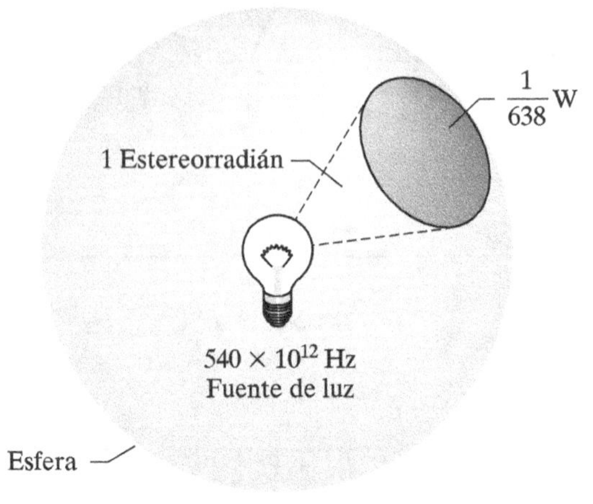

1 Estereorradián

$\dfrac{1}{638}$W

540×10^{12} Hz
Fuente de luz

Esfera

Figura 2.7
Estándar de una candela para la intensidad lumínica.

tabla 2.3, se refieren a los ángulos y plano sólido, respectivamente. El radián se utiliza con frecuencia en ingeniería, y se define como el ángulo plano entre dos radios de un círculo que subtienden a la circunferencia de un arco con igual longitud que el radio. De la trigonometría usted puede recordar que existen 2π radianes en un círculo (es decir, 2π radianes es igual a 360°). Por tanto, un radián es aproximadamente igual a 57.3°. El estereorradián, por su parte, se usa fundamentalmente para expresar cantidades de radiación, como la intensidad de la luz, y otros parámetros electromagnéticos. Estas unidades son adimensionales en las mediciones.

2.4 UNIDADES SI

En todo el mundo civilizado, miles de compañías de ingeniería diseñan y manufacturan productos en beneficio del hombre. La compra y venta internacional de estos productos es parte integral de una red global de países industrializados, y la riqueza económica de estas naciones, incluyendo Estados Unidos, depende en gran medida del comercio internacional. Industrias como la automotriz y electrónica están fuertemente involucradas en el comercio internacional, por lo que han adoptado con rapidez el sistema de unidades del SI para ser económicamente competitivas. En las compañías estadounidenses la adopción general de este sistema ha sido lenta, pero los imperativos económicos globales las están empujando a seguir los pasos de las otras naciones industrializadas del mundo. En la actualidad, las unidades en el SI son un lugar común en los contenedores de alimentos y bebidas, bombas de gasolina y velocímetros de los automóviles. El (sistema de unidades) SI es el estándar aceptado internacionalmente. Sin embargo, en Estados Unidos aún se utiliza ampliamente el sistema inglés. Ya comentamos que sólo es cuestión de tiempo para que las compañías estadounidenses utilicen exclusivamente las unidades en el SI. Hasta entonces, la carga de aprender ambos sistemas de unidades la tiene usted, el estudiante de ingeniería. Sin embargo, descubrirá con gusto que la mayoría de los libros de texto enfatizan las unidades en el SI, aunque proporcionan una lista de conversiones de unidades entre este sistema y el inglés.

En la tabla 2.2 se resumieron las siete dimensiones básicas y sus unidades en el SI, y en la tabla 2.3 se incluyen las dimensiones suplementarias y sus unidades. Las dimensiones derivadas constituyen combinaciones de las básicas y suplementarias. Algunas veces las unidades de una dimensión derivada reciben un nombre específico. Por ejemplo, la dimen-

Tabla 2.4 Dimensiones derivadas y unidades en el SI con nombres específicos

Cantidad	Unidad SI	Nombre de la unidad	Unidades básicas
Frecuencia	Hz	hertz	s^{-1}
Fuerza	N	newton	$kg \cdot m \cdot s^{-2}$
Presión	Pa	pascal	$kg \cdot m^{-1} \cdot s^{-2}$
Esfuerzo	Pa	pascal	$kg \cdot m^{-1} \cdot s^{-2}$
Energía	J	joule	$kg \cdot m^2 \cdot s^{-2}$
Trabajo	J	joule	$kg \cdot m^2 \cdot s^{-2}$
Calor	J	joule	$kg \cdot m^2 \cdot s^{-2}$
Potencia	W	watt	$kg \cdot m^2 \cdot s^{-3}$
Carga eléctrica	C	coulomb	$A \cdot s$
Potencial eléctrico (voltaje)	V	volt	$kg \cdot m^2 \cdot s^{-3} \cdot A^{-1}$
Resistencia eléctrica	Ω	ohm	$kg \cdot m^2 \cdot s^{-3} \cdot A^{-2}$
Flujo magnético	Wb	weber	$kg^{-1} \cdot m \cdot s^{-2} \cdot A^{-1}$
Flujo lumínico	lm	lumen	$cd \cdot sr$

sión derivada *fuerza* consiste de las unidades básicas SI $kg \cdot m \cdot s^{-2}$. A esta combinación se le llama *newton,* y se abrevia N. Observe que el nombre de la unidad, en honor de Isaac Newton, no tiene inicial mayúscula cuando se escribe como nombre de unidad. La misma regla se aplica para las otras unidades nombradas en honor de personajes, como hertz (Hz), kelvin (K) y pascal (Pa). Otro ejemplo es el *joule,* que es la unidad del SI para energía, trabajo y calor, la cual se abrevia como J y consiste de las unidades básicas $kg \cdot m^2 \cdot s^{-2}$. En la tabla 2.4 se resumen las dimensiones derivadas del SI más comúnmente usadas, así como sus respectivos nombres.

La mayoría de las dimensiones derivadas no tiene nombres específicos en el SI, pero sus unidades pueden contener denominaciones de unidades específicas. Por ejemplo, el *flujo másico* es la masa de un fluido que fluye por un punto en un tiempo dado. Las unidades en el SI para el flujo másico son $kg \cdot s^{-1}$, que se definen como "kilogramos por segundo". Observe que las unidades se ubican en el denominador, esto es, las que tienen un signo negativo en el exponente también se pueden escribir con una línea de división. Por tanto, las unidades de flujo másico se pueden escribir como kg/s. Sin embargo, debe tenerse cuidado al utilizar este tipo de notación para algunas unidades. Por ejemplo, las unidades SI para la conductividad térmica, cantidad utilizada en transferencia de calor, son $W \cdot m^{-1} \cdot K^{-1}$. ¿Cómo escribimos estas unidades con una línea de división? ¿Las escribimos como W/m/K? ¿Como W/m · K? Cualquier opción podría provocar alguna confusión. ¿Un "watt por metro por kelvin" significa que la unidad kelvin se ha invertido dos veces y por tanto va sobre la línea de división? Un vistazo a las unidades escritas como $W \cdot m^{-1} \cdot K^{-1}$ nos dice que la unidad de temperatura corresponde a la parte de "abajo" porque K tiene exponente negativo. Si la unidad kelvin se colocara sobre la línea de división y se usara la conductividad térmica en una ecuación, generaría una inconsistencia dimensional. La segunda opción requiere estar de acuerdo en que la multiplicación tiene precedencia sobre la división. Debido a que las unidades metro y kelvin se localizan a la derecha de la línea de división y están separadas por un punto, se interpreta que ambas pertenecen al denominador. Pero para evitar cualquier ambigüedad se utilizan los paréntesis para agrupar las unidades arriba o debajo de la línea de división. Las unidades para conductividad térmica se escribirían entonces como W/(m · K). En cualquier caso, debe colocarse un punto o un guión entre unidades adyacentes para separarlas, independientemente de si se encuentran arriba o debajo de la línea de división. En la tabla 2.5 se ofrecen algunas dimensiones derivadas y sus unidades en el SI.

Tabla 2.5 Dimensiones derivadas y unidades en el SI

Cantidad	Unidades (SI)
Aceleración	$m \cdot s^{-2}$
Aceleración angular	$rad \cdot s^{-2}$
Velocidad angular	$rad \cdot s^{-1}$
Área	m^2
Concentración	$mol \cdot m^{-3}$
Densidad	$kg \cdot m^{-3}$
Fuerza de campo magnético	$V \cdot m^{-1}$
Energía	$N \cdot m$
Entropía	$J \cdot K^{-1}$
Calor	J
Transferencia de calor	W
Fuerza de campo magnético	$A \cdot m^{-1}$
Flujo másico	$kg \cdot s^{-1}$
Momento de fuerza	$N \cdot m$
Intensidad radiante	$W \cdot sr^{-1}$
Energía específica	$J \cdot kg^{-1}$
Tensión superficial	$N \cdot m^{-1}$
Conductividad térmica	$W \cdot m^{-1} \cdot K^{-1}$
Velocidad	$m \cdot s^{-1}$
Viscosidad, dinámica	$Pa \cdot s$
Viscosidad, cinemática	$m^2 \cdot s^{-1}$
Volumen	m^3
Flujo volumétrico	$m^3 \cdot s^{-1}$
Longitud de onda	m
Peso	N

Cuando una cantidad física tiene un valor numérico muy grande o muy pequeño, es engorroso escribir el número en la forma decimal estándar. La práctica general en ingeniería es expresar los valores numéricos entre 0.1 y 1000 en forma decimal estándar. Si un valor no se puede expresar dentro de este rango, debe utilizarse un *prefijo*. Ya que el sistema de unidades del SI se basa en potencias de 10, es más conveniente expresar dichos números con prefijos. El prefijo es la letra colocada enseguida de un número que denota múltiplos de 10. Por ejemplo, si la fuerza interna en una viga I es de 3 millones 750 mil newtons, sería complicado escribir este número como 3,750,000 N. Es preferible escribir la fuerza como 3.75 MN, que se lee: "3.75 meganewtons". El prefijo "M" denota el múltiplo de un millón. De ahí que 3.75 MN sea igual a 3.75×10^6 N. La corriente eléctrica es un buen ejemplo de una cantidad representada por un número pequeño. Suponga que la corriente que fluye en un alambre es de 0.0082 A. Esta cantidad se expresaría como 8.2 mA, que se leería como "8.2 miliamperes". El prefijo "m" denota el múltiplo de un milésimo, o 1×10^{-3}. Un término que oímos con frecuencia en relación con las computadoras personales es la capacidad de almacenamiento de los discos duros. Cuando las primeras PC aparecieron a principios de 1980, la mayoría de los discos duros contenía aproximadamente

Tabla 2.6 Prefijos estándar para unidades del SI

Múltiplo	Forma exponencial	Prefijo	Símbolo del prefijo
1,000,000,000,000	10^{12}	tera	T
1,000,000,000	10^{9}	giga	G
1,000,000	10^{6}	mega	M
1000	10^{3}	kilo	k
0.01	10^{-2}	centi	c
0.001	10^{-3}	mili	m
0.000 001	10^{-6}	micro	μ
0.000 000 001	10^{-9}	nano	n
0.000 000 000 001	10^{-12}	pico	p

10 a 20 MB (megabytes) de información. En la actualidad es común que puedan mantener 10 mil veces esa cantidad. Quizá en unos cuantos años más la capacidad característica de almacenamiento del disco duro de una computadora personal sea del orden de los TB (terabytes). En la tabla 2.6 se listan los prefijos estándar para las unidades en el SI.

Como se observa en la tabla, los prefijos utilizados más ampliamente en cantidades científicas y de ingeniería son múltiplos de mil. Por ejemplo, esfuerzo y presión, que por lo general son cantidades grandes para la mayoría de las estructuras y los recipientes a presión, normalmente se expresan en unidades de kPa, MPa o GPa. Las frecuencias de las ondas electromagnéticas para radio, televisión y telecomunicaciones también son números grandes, de ahí que por lo general se expresen en unidades de kHz, MHz o GHz. Por otro lado, las corrientes eléctricas con frecuencia se expresan en cantidades pequeñas, por lo que es usual que se indiquen en unidades de μA o mA. Ya que las frecuencias de la mayoría de las ondas electromagnéticas son cantidades grandes, sus longitudes de onda son pequeñas. Por ejemplo, el intervalo de longitud de onda de la región lumínica visible del espectro electromagnético es de aproximadamente 0.4 μm a 0.75 μm. Es importante hacer notar que la unidad de masa kilogramo (kg) SI es la única unidad básica con prefijo.

A continuación se listan algunas reglas sobre la forma en que se deben usar de manera apropiada las unidades del SI que toda persona que comienza a estudiar ingeniería debe saber:

1. El símbolo de una unidad jamás se escribe como plural con una "s". Si se pluraliza una unidad, la "s" puede confundirse con la unidad segundo (s).
2. Nunca se usa punto después de los símbolos de unidad, a menos que el símbolo se encuentre al final de una oración.
3. No se utilizan símbolos inventados de unidades. Por ejemplo, el símbolo de la unidad para "segundo" es (s), no (seg), y el símbolo de la unidad "ampere" es (A), no (amp).
4. Los símbolos de las unidades siempre se escriben con letras minúsculas, con dos excepciones. La primera se aplica a las unidades nombradas en honor de algún personaje, como newton (N), joule (J) y watt (W). La segunda excepción aplica a las unidades con los prefijos M, G y T (véase la tabla 2.6).
5. Una cantidad que consiste de varias unidades debe separarse por puntos o guiones para evitar confusión con los prefijos. Por ejemplo, si no se usa un punto para expresar las unidades de "metro-segundo" (m · s), las siglas podrían interpretarse como "milisegundo" (ms).
6. Una potencia exponencial de una unidad con prefijo se refiere a ambos: al prefijo y a la unidad. Por ejemplo, $ms^2 = (ms)^2 = ms \cdot ms$.

33

Tabla 2.7 Formas correctas e incorrectas del uso de las unidades en el SI

Correcta	Incorrecta	Reglas
12.6 kg	12.6 kgs	1
450 N	450 Ns	1
36 kPa	36 kPa.	2
1.75 A	1.75 amps	1, 3
10.2 s	10.2 seg	3
20 kg	20 Kg	4
150 W	150 w.	2, 4
4.50 kg/m · s	4.50 kg/ms	5
750 GN	750 MkN	7
6 ms	6 kμs	7
800 Pa · s	800Pa · s	8
1.2 MΩ	1.2 M Ω	9
200 MPa	200 M Pa	9
150 μA	150 μ A	9
6 MN/m	6 N/μm	10

7. No se deben utilizar prefijos compuestos. Por ejemplo, un "kilo megapascal (kMPa) debe escribirse como GPa, ya que el producto de "kilo" (10^3) y "mega" (10^6) es igual a "giga" (10^9).
8. Entre el valor numérico y el símbolo de la unidad debe mediar un espacio.
9. No se pone espacio entre un prefijo y el símbolo de la unidad.
10. No se deben utilizar prefijos en el denominador de unidades compuestas. Por ejemplo, las unidades N/mm deben escribirse como kN/m.
    La tabla 2.7 ofrece algunos ejemplos adicionales de estas reglas.

APLICACIÓN

Derivación de fórmulas a partir de consideraciones sobre las unidades

A quien comienza a estudiar ingeniería puede parecerle que existe un infinito número de fórmulas por aprender. Éstas contienen cantidades físicas con valores numéricos y unidades. Ya que las fórmulas se escriben como igualdades, deben ser numérica y dimensionalmente equivalentes a ambos lados del signo igual. ¿Puede utilizarse esta característica para ayudarnos a derivar fórmulas que no conocemos o que hemos olvidado? Suponga que deseamos conocer la masa de la gasolina del tanque de un automóvil. El tanque tiene un volumen de 70 L, y un manual de propiedades de fluidos señala que la densidad de la gasolina es de 736 kg/m^3. (*Nota:* 1 L = 10^{-3} m^3). Entonces escribimos:

$$\rho = 736 \text{ kg/m}^3, \quad V = 70 \text{ L} = 0.070 \text{ m}^3.$$

Si se llena completamente el tanque con combustible, ¿cuál es la masa de la gasolina? Suponga que hemos olvidado que la densidad se define como masa por volumen, $\rho = m/V$. Ya que nuestra respuesta será una masa, la unidad de nuestra respuesta debe ser kilogramos (kg). Observando las unidades de las cantidades de entrada, vemos que si multiplicamos la densidad ρ por el volumen V, se elimina la unidad de volumen (m^3) dividiéndose entre sí, quedando sólo la masa (kg). De ahí que la fórmula para la masa en términos de ρ y V es:

$$m = \rho V$$

por tanto, la masa de la gasolina es:

$$m = (736 \text{ kg/m}^3)(0.070 \text{ m}^3) = 51.5 \text{ kg}.$$

Éxito profesional

Uso de las unidades del SI en la vida diaria

El sistema de unidades del SI se utiliza comercialmente en Estados Unidos hasta cierto punto, por lo que la persona promedio no conoce el límite de velocidad en las carreteras en kilómetros por hora, su peso en newtons, la presión atmosférica en kilopascales, o la temperatura exterior en kelvin o grados Celsius. Es irónico que la nación industrializada líder en el mundo todavía tenga que adoptar este estándar internacional. Hay que reconocer sin embargo que los contenedores de bebidas estadounidenses muestran normalmente el volumen del producto líquido en litros (L) o mililitros (mL), las bombas de gasolina con frecuencia registran los litros de combustible entregado, los velocímetros pueden indicar la velocidad en kilómetros por hora (km/h), y los neumáticos de los automóviles exhiben en la cara lateral la presión de inflado en kilopascales (kPa). En cada uno de estos productos, y en muchos otros parecidos, se encuentra escrita una unidad inglesa junto a la unidad en el SI. El contenedor de bebida muestra pintas o cuartos; la bomba de gasolina, galones; los velocímetros, millas por hora, y los neumáticos, libras por pulgada cuadrada. Se supone que el etiquetado doble en los productos estadounidenses con unidades del SI e inglesas ayuda a la gente a aprender el sistema en el SI "destetándola" del anticuado sistema inglés y anticipándola al tiempo en que ocurra una conversión completa a las unidades en el SI. Esta transición es análoga al proceso de dejar de fumar de forma gradual. Más que renunciar "en seco", empleamos parches, goma de mascar y otros sustitutos de nicotina hasta que terminamos con el hábito. Por lo que tal vez se pregunte: ¿por qué no hacemos una conversión total ahora? ¿Es tan doloroso como dejar de fumar súbitamente? Probablemente sí. Como quizá imagine, el problema es más bien económico. Una conversión completa a las unidades del SI podría no ocurrir hasta que estén dispuestos a pagar el precio en dólares corrientes. La gente podría aprender el (sistema) SI bastante rápido si la conversión se hiciera súbitamente, pero esto implicaría un compromiso financiero enorme.

Es evidente que mientras se emplee el doble etiquetado de unidades en los productos en Estados Unidos, la mayoría de la gente tenderá a ignorar la unidad en el SI y sólo verá la inglesa, con la cual está más familiarizada. No obstante, en las escuelas estadounidenses de ingeniería se enfatizan las unidades en el SI, por lo que el estudiante de esta carrera no es la persona promedio de la calle que no conoce o no sabe cómo calcular su peso en newtons. Entonces, ¿cómo pueden los estudiantes de ingeniería en Estados Unidos acelerar el proceso de conversión? Un buen lugar para empezar es en ellos mismos, utilizando las unidades del SI en su vida diaria. Cuando compren algo en la tienda, sólo deben ver las unidades en el SI en la etiqueta. Mediante la práctica de la inspección deben aprender cuántos mililitros de producto líquido están empacados en su contenedor favorito. Deben abandonar el uso de pulgadas, pies, yardas y millas hasta donde sea posible. ¿Cuántos kilómetros hay entre su casa y la escuela? ¿Cuánto es 65 millas por hora en kilómetros por hora? ¿Cuál es la masa de su automóvil en kilogramos? Deben determinar su estatura en metros, su masa en kilogramos y su peso en newtons. ¿Cuánto mide su brazo o su cintura en centímetros? ¿Cuál es la temperatura ambiente en grados Celsius? La mayoría de los restaurantes de comida rápida ofrece un "cuarto de libra" en su menú. Sucede que 1 N = 0.2248 lb, casi un cuarto de libra. En la siguiente visita a su lugar favorito de comida rápida deberán ordenar un "newton de hamburguesa" con papas fritas. (Véase la figura 2.8.)

Figura 2.8
Un estudiante de ingeniería ordena su almuerzo (ilustración por Kathryn Hagen).

¡Practique!

1. Un ingeniero de estructuras señala que una viga I en un soporte tiene un esfuerzo de diseño de "5 millones 600 mil pascales". Escriba este esfuerzo usando el prefijo apropiado para la unidad en el SI.
   Respuesta: 5.6 MPa.

2. El cable de energía de una cortadora eléctrica de hilos consume una corriente de 5.2 A. ¿Cuántos miliamperes representa esto? ¿Cuántos microamperes?
   Respuestas: 5.2×10^3 mA, 5.2×10^6 μA.

3. Escriba la presión 13.8 GPa en notación científica.
   Respuesta: 13.8×10^9 Pa.
4. Escriba el voltaje 0.00255 V usando el prefijo apropiado de la unidad del SI.
   Respuesta: 2.55 mV.
5. En la siguiente lista, varias cantidades se escribieron usando las unidades del SI de manera incorrecta.
   Reescríbalas usando la notación apropiada.

   a. 4.5 mw

   b. 8.75 M pa

   c. 200 Joules/seg

   d. 20 W/m^2 K

   e. 3 Amps.

   Respuestas:

   a. 4.5 mW

   b. 8.75 MPa

   c. 200 J/s

   d. 20 W/m$^2 \cdot$ K

   e. 3 A.

2.5 UNIDADES INGLESAS

Al sistema de unidades inglesas se le conoce de varias maneras: Sistema de Unidades Comunes de Estados Unidos (USCS, por sus siglas en inglés), sistema británico o sistema pie-libra-segundo (FPS, por sus siglas en inglés). Este sistema se usa ampliamente en Estados Unidos, aunque el resto del mundo industrializado, incluyendo Gran Bretaña, ha adoptado el SI. Las unidades inglesas tienen una historia larga y colorida. En la antigüedad, las medidas de longitud se basaban en dimensiones humanas. El pie comenzó como la longitud real de un pie humano, pero no todos los hombres tenían el mismo tamaño de pie, y su longitud variaba hasta en tres o cuatro pulgadas. Una vez que el hombre antiguo comenzó a utilizar los pies y los brazos para medir distancias, fue sólo cuestión de tiempo para que comenzaran a recurrir a manos y dedos. La unidad de longitud a la que nos referimos hoy en día como *pulgada* era originalmente el ancho del pulgar humano. Alguna vez también se definió la pulgada como la distancia entre la punta y la primera articulación del dedo índice. Doce veces esa distancia hacía un pie. Tres veces la longitud de un pie era la distancia de la punta de la nariz del hombre al extremo de su brazo estirado. Esta distancia se aproxima estrechamente a lo que ahora conocemos como *yarda*. Dos yardas equivalen a una braza, que se definía como la distancia entre los brazos extendidos de una persona. Media yarda era el codo de 18 pulgadas, al que se llamaba *palmo*, y la mitad del palmo era una mano.

La denominación de la libra, que utiliza el símbolo lb, proviene de la antigua unidad romana de peso llamada *libra*. El imperio británico conservó este símbolo hasta los tiempos modernos. Actualmente existen dos tipos de unidades libra: una para la masa y otra para el peso y la fuerza. La primera se llama libra-masa (lb$_m$), y la segunda, libra fuerza (lb$_f$). Ya que la masa y el peso no son la misma cantidad, las unidades lb$_f$ y lb$_m$ son diferentes.

Como se comentó antes, las siete dimensiones básicas son la longitud, masa, tiempo, temperatura, corriente eléctrica, cantidad de sustancia e intensidad lumínica. En la tabla 2.8 se muestran estas dimensiones básicas junto con sus unidades inglesas correspondientes. Al igual que en el SI, las unidades inglesas no llevan mayúsculas iniciales. El slug, que

Tabla 2.8 Dimensiones básicas y sus unidades inglesas

Cantidad	Unidad	Símbolo
Longitud	pie	ft
Masa	slug [1]	slug
Tiempo	segundo	s
Temperatura	rankine	°R
Corriente eléctrica	ampere [2]	A
Cantidad de sustancia mole	mole	mol
Intensidad lumínica	candela [2]	cd

(1) También se utiliza la unidad libra masa (lb_m). 1 slug = 32.174 lb_m.

(2) No existen unidades inglesas para la corriente eléctrica y la intensidad lumínica. Se presentan aquí las unidades del SI sólo para completar.

no tiene símbolo abreviado, es la unidad de masa del sistema inglés, pero con frecuencia se utiliza la libra masa (lb_m). La corriente eléctrica se basa en las unidades del SI del metro y el newton, y la intensidad lumínica en las unidades del SI es el (del) watt. De ahí que estas dos dimensiones básicas no tengan unidades inglesas *per se*; estas cantidades rara vez se utilizan en combinación con otras unidades inglesas.

Recuerde que las dimensiones derivadas consisten en una combinación de dimensiones básicas y suplementarias. La tabla 2.9 resume las dimensiones derivadas comunes expresadas en unidades inglesas. Observe que esta tabla es la contraparte de la versión para el SI de la tabla 2.5. La unidad inglesa más notable con un nombre especial es la unidad térmica británica (Btu, por sus siglas en inglés), que es de energía. Un Btu se define como la energía requerida para cambiar la temperatura de 1 lb_m de agua a una tempera-

Tabla 2.9 Dimensiones derivadas y unidades inglesas

Cantidad	Unidades inglesas
Aceleración	$ft \cdot s^{-2}$
Aceleración angular	$rad \cdot s^{-2}$
Velocidad angular	$rad \cdot s^{-1}$
Área	ft^2
Concentración	$mol \cdot ft^{-3}$
Densidad	$slug \cdot ft^{-3}$
Fuerza de campo eléctrico	$V \cdot ft^{-1}$
Energía	Btu
Entropía	$Btu \cdot slug^{-1} \cdot °R^{-1}$
Fuerza	lb_f
Calor	Btu
Transferencia de calor	$Btu \cdot s^{-1}$
Fuerza de campo magnético	$A \cdot ft^{-1}$
Flujo másico	$slug \cdot s^{-1}$

Momento de fuerza	$lb_f \cdot ft$
Intensidad radiante	$Btu \cdot s^{-1} \cdot sr^{-1}$
Energía específica	$Btu \cdot slug^{-1}$
Tensión superficial	$lb_f \cdot ft^{-1}$
Conductividad térmica	$Btu \cdot s^{-1} \cdot ft^{-1} \cdot °R$
Velocidad	$ft \cdot s^{-1}$
Viscosidad, dinámica	$slug \cdot ft^{-1} \cdot s^{-1}$
Viscosidad, cinemática	$ft^2 \cdot s^{-1}$
Volumen	ft^3
Flujo volumétrico	$ft^3 \cdot s^{-1}$
Longitud de onda	ft

tura de 68 °F en 1 °F. Un Btu es aproximadamente la energía liberada al quemar totalmente un fósforo. Las magnitudes del kilojoule y el Btu son casi iguales (1 Btu = 1.055 kJ). A diferencia del kelvin (K), la unidad de temperatura en el (sistema) SI, el rankine (°R), emplea el símbolo de grado como las unidades Celsius (°C) y Fahrenheit (°F). En las unidades inglesas se aplican las mismas reglas para escribir unidades del SI, con una excepción importante: *en el sistema inglés por lo general no se utilizan los prefijos.* Por tanto, no deben manejarse unidades como el kft (kilopie), Mslug (megaslug) o y GBtu (gigaBtu). Los prefijos son atributos particulares de las unidades del SI. Dos excepciones son el ksi, el cual se refiere a un esfuerzo de 1000 psi (libras por pulgada cuadrada, por sus iniciales en inglés) y al kip, nombre especial con que se designa una fuerza de 1000 lb_f (libra fuerza).

Existen algunas unidades que no son del SI y que se usan comúnmente en Estados Unidos y en otros lugares. En la tabla 2.10 se listan algunas de ellas y un valor equivalente en el SI. La pulgada es una unidad común de longitud, que se encuentra virtualmente en

Tabla 2.10 Unidades no del SI usadas comúnmente en Estados Unidos

Cantidad	Nombre de la unidad	Símbolo	Equivalente SI
Longitud	pulgada	in	0.0254 m [1]
	yarda	yd	0.9144 m (36 in)
Masa	tonelada métrica	t	1000 kg
	tonelada corta	t	907.18 kg (2000 lb_m)
Tiempo	minuto	min	60 s
	hora	h	3600 s
	día	d	86,400 s
Ángulo plano	grado	°	$\pi/180$ rad
	minuto	'	$\pi/10,800$ rad
	segundo	"	$\pi/648,000$ rad
Volumen	litro	L	10^{-3} m^3
Área de terreno	hectárea	ha	10^4 m^2
Energía	electrón-volt	eV	1.602177×10^{-19} J

[1]Conversión exacta.

cada regla escolar y en la cinta métrica de carpintero en Estados Unidos. Existen exactamente 2.54 centímetros por pulgada. Las pulgadas aún se utilizan como unidad fundamental de longitud en muchas compañías de ingeniería. La yarda es comúnmente empleada para medir tela, tapetes y cargas de concreto (yardas cúbicas), así como el avance del balón en el futbol americano. La tonelada se emplea en numerosas industrias, incluyendo las de embarque, construcción y transporte. Las subdivisiones en los relojes se miden en horas, minutos y segundos. Los radianes y grados son las unidades más comunes para designar ángulos planos, mientras que los minutos y los segundos se utilizan fundamentalmente en aplicaciones de navegación cuando se refieren a la latitud y longitud sobre la superficie terrestre. El litro ha avanzado mucho en la cultura estadounidense, y se le encuentra en los contenedores de bebidas y de alimentos, y en muchas bombas de gasolina. Virtualmente todos los estadounidenses han visto la unidad litro en un producto y muchos saben que un galón equivale a 4 litros (en realidad, 1 gal = 3.7854 L), pero poca gente sabe que 1000 L = 1 m^3.

2.6 MASA Y PESO

Los conceptos de *masa* y *peso* son fundamentales para el uso apropiado de las dimensiones y unidades en el análisis de ingeniería. La masa, como ya se ha mencionado, es una de las siete dimensiones básicas utilizadas en la ciencia y la ingeniería. Es básica porque no se puede descomponer en dimensiones más fundamentales. La **masa** se define como *cantidad de materia*; esta sencilla definición se puede ampliar explorando sus propiedades básicas. Toda la materia posee masa. La magnitud de una masa dada es una medida de su resistencia al cambio de velocidad. A esta propiedad de la materia se le llama *inercia*. Una masa grande ofrece más resistencia al cambio de velocidad que una masa pequeña, por lo que la primera tiene mayor inercia que la segunda. La masa se puede considerar de otra manera. Ya que toda la materia tiene masa, toda materia ejerce una atracción gravitacional sobre otra. Después de formular sus tres leyes del movimiento, sir Isaac Newton postuló la ley que gobierna la atracción gravitacional entre dos masas. La ley de la gravitación universal de Newton se define matemáticamente como:

$$F = G\frac{m_1 m_2}{r^2} \tag{2.1}$$

donde:

F = fuerza gravitacional entre masas (N)

G = constante de gravitación universal = 6.673×10^{-11} m^3/kg·s^2

m_1 = masa del cuerpo 1 (kg)

m_2 = masa del cuerpo 2 (kg)

r = distancia entre los centros de las dos masas (m)

De acuerdo con la ecuación (2.1), entre dos masas cualesquiera existe una fuerza de atracción gravitacional cuya magnitud varía inversamente al cuadrado de la distancia entre ellas. Ya que la ley de la gravitación universal de Newton se aplica a dos masas *cualesquiera*, aplicamos la ecuación (2.1) a un cuerpo en reposo sobre la superficie terrestre. En consecuencia, permitamos que $m_1 = m_e$ la masa de la Tierra, y que $m_2 = m$ la masa del cuerpo. La distancia r entre el cuerpo y la Tierra se puede tomar como el radio medio de la Tierra, r_e. Las cantidades m_e y r_e tienen los valores aproximados:

$$m_e = 5.979 \times 10^{24} \text{ kg} \qquad r_e = 6.378 \times 10^6 \text{ m.}$$

Por consiguiente, tenemos

$$F = G\frac{m_e m}{r_e^2}$$

$$= \frac{(6.673 \times 10^{-11} \text{ m}^3/\text{kg} \cdot \text{s}^2)(5.979 \times 10^{24} \text{ kg})}{(6.378 \times 10^6 \text{ m})^2} m$$

$$= (9.808 \text{ m/s}^2) \, m.$$

Podemos ver que al sustituir los valores, el término Gm_e/r_e^2 da aproximadamente 9.81 m/s², la aceleración normal de la gravedad en la superficie terrestre. Redefiniendo este término como g, y permitiendo que $F = W$, expresamos la ley de la gravitación universal en una forma especial como:

$$W = mg \tag{2.2}$$

donde:

W = peso del cuerpo (N)

m = masa del cuerpo (kg)

g = aceleración normal de la gravedad = 9.81 m/s²

Esta derivación muestra claramente la diferencia entre la masa y el peso. Por tanto, podemos establecer la definición de **peso** como *una fuerza gravitacional ejercida por la Tierra sobre un cuerpo*. Ya que la masa se define como cantidad de materia, la masa de un cuerpo es independiente de su ubicación en el Universo. Un cuerpo tiene la misma masa independientemente de si se ubica en la Tierra, la Luna, Marte, o en el espacio exterior. Sin embargo, su peso depende de su ubicación. La masa de un astronauta de 80 kg es la misma si se encuentra en la Tierra o en una órbita sobre ella. El astronauta pesa aproximadamente 785 N sobre la superficie terrestre, pero cuando está en órbita "no tiene peso": éste es de cero mientras orbita la Tierra, porque continuamente está "cayendo" hacia ella. Una condición similar de falta de peso, o "cero g", la experimenta un paracaidista cuando comienza a caer.

La mayor fuente de confusión acerca de la masa y el peso para quien comienza a estudiar ingeniería no es el concepto físico, sino las unidades utilizadas para expresar cada cantidad. Para ver cómo se relacionan la masa y el peso entre sí, empleamos un principio científico bien conocido como la **segunda ley de Newton** del movimiento, la cual establece que *un cuerpo con una masa* m, *sobre el cual actúa una fuerza no equilibrada* F, *experimenta una aceleración* a *que tiene la misma dirección de la fuerza y una magnitud que es directamente proporcional a la fuerza*. Matemáticamente, esta ley es define como:

$$F = ma \tag{2.3}$$

donde:

F = fuerza (N)

m = masa (kg)

a = aceleración (m/s²)

Observe que esta relación se asemeja a la ecuación (2.2). El peso es un tipo particular de fuerza, y la aceleración debida a la gravedad es un tipo particular de aceleración, por lo que la ecuación (2.2) es un caso especial de la segunda ley de Newton dado por la ecuación (2.3). En el sistema de unidades del si el newton (N) *se define* como la fuerza que acelera 1 kg masa a razón de 1 m/s². De ahí que podamos escribir la segunda ley de Newton dimensionalmente como:

$$1 \text{ N} = 1 \text{ kg} \cdot \text{m/s}^2$$

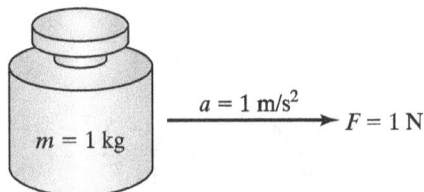

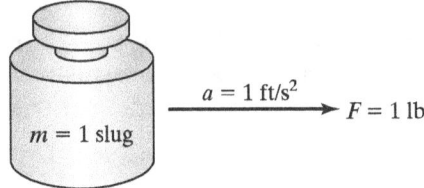

Figura 2.9
Definiciones de las unidades de fuerza newton (N) y libra fuerza (lb$_f$).

En el sistema de unidades inglesas la libra fuerza (lb$_f$) se *define* como la fuerza que acelerará una masa de 1 slug a razón de 1 ft/s^2. De ahí que podemos escribir la segunda ley de Newton dimensionalmente como:

$$1 \text{ lb}_f = 1 \text{ slug} \cdot \text{ft/s}^2$$

Vea la figura 2.9 como ilustración de la segunda ley de Newton. La confusión surge del intercambio descuidado de la unidad inglesa de masa, libra masa (lb$_m$), con la unidad inglesa de fuerza, libra fuerza (lb$_f$). ¡Estas unidades no son lo mismo! De acuerdo con nuestras definiciones de masa y peso, la libra masa se refiere a una cantidad de materia, mientras que la libra fuerza remite a una fuerza o un peso. Para escribir la segunda ley de Newton en términos de libra masa en lugar de slug, rescribimos la ecuación (2.3) como:

$$F = \frac{ma}{g_c} \tag{2.4}$$

donde g_c es una constante requerida para hacer dimensionalmente consistente la segunda ley de Newton cuando la masa m se expresa en lb$_m$ en lugar de en slug. Como se estableció previamente, la unidad inglesa para la fuerza es lb$_f$ y la unidad inglesa para la aceleración es ft/s^2 y, como la tabla 2.8 indica, 1 slug = 32.174 lb$_m$. Por tanto, la constante g_c es:

$$g_c = \frac{ma}{F}$$
$$= \frac{(32.174 \text{ lb}_m)(\text{ft/s}^2)}{\text{lb}_f}$$
$$= 32.174 \frac{\text{lb}_m \cdot \text{ft}}{\text{lb}_f \cdot \text{s}^2}$$

Por lo general, este valor se redondea a:

$$g_c = 32.2 \frac{\text{lb}_m \cdot \text{ft}}{\text{lb}_f \cdot \text{s}^2}$$

Observe que g_c tiene el mismo valor numérico que g, la aceleración normal de la gravedad en la superficie terrestre. La segunda ley de Newton, como se expresa en la ecuación (2.4), es dimensionalmente consistente cuando se utiliza la unidad inglesa de masa lb$_m$.

Para verificar que funciona la ecuación (2.4), recordamos que la libra fuerza se define como la fuerza que acelera una masa de 1 slug a razón de 1 ft/s². Así, reconociendo que 1 slug = 32.2 lb_m, tenemos que:

$$F = \frac{ma}{g_c}$$

$$= \frac{(32.2\ lb_m)(1\ ft/s^2)}{32.2 \dfrac{lb_m \cdot ft}{lb_f \cdot s^2}} = 1\ lb_f$$

Observe que en esta expresión todas las unidades, excepto la lb_f, se cancelan. De ahí que la libra fuerza (lb_f) se *define* como la fuerza que acelera una masa de 32.2 lb_m a razón de 1 ft/s². Por tanto, podemos escribir la segunda ley de Newton dimensionalmente como:

$$1\ lb_f = 32.2\ lb_m \cdot ft/s^2$$

Para tener consistencia dimensional cuando se involucran unidades inglesas, la ecuación (2.4) *debe* utilizarse cuando la masa m se expresa en lb_m. Sin embargo, cuando la masa se expresa en slugs no se requiere el uso de g_c en la segunda ley de Newton para tener consistencia dimensional, porque 1 lb_f ya se definió como la fuerza que acelera una masa de 1 slug a razón de 1 ft/s². Más aún, dado que 1 N ya está definido como la fuerza que acelera una masa de 1 kg a razón de 1 m/s², no es necesario el uso de g_c para la consistencia dimensional en el (sistema de unidades) SI de unidades. *Por tanto, la ecuación (2.3) es suficiente para todos los cálculos, excepto para aquellos en los cuales la masa se expresa en lb_m; en este caso, debe utilizarse la ecuación (2.4).* Sin embargo, esta ecuación puede utilizarse universalmente cuando se reconozca que el valor numérico y las unidades para g_c se pueden definir de manera que funcione cualquier sistema de unidades consistente. Por ejemplo, sustituyendo $F = 1$ N, $m = 1$ kg y $a = 1$ m/s² en la ecuación (2.4) y resolviendo para g_c obtenemos:

$$g_c = \frac{1\ kg \cdot m}{N \cdot s^2}$$

Ya que el valor numérico de g_c es 1, podemos usar satisfactoriamente la ecuación (2.3) mientras reconozcamos que 1 N es la fuerza que acelerará una masa de 1 kg a razón de 1 m/s².

Algunas veces las unidades libra-masa (lb_m) y libra-fuerza (lb_f) se intercambian casualmente porque un cuerpo con una masa de 1 lb_m tiene un peso de 1 lb_f (es decir, la masa y el peso son *numéricamente equivalentes*). Veamos cómo funciona: por definición, cuando un cuerpo con una masa de 32.2 lb_m (1 slug) se acelera a razón de 1 ft/s², tiene un peso de 1 lb_f. Por tanto, utilizando la segunda ley de Newton en la forma $W = mg$, también podemos decir que cuando un cuerpo con una masa de 1 lb_m se acelera a razón de 32.2 ft/s² (el valor normal de g), tiene un peso de 1 lb_f. Nuestro razonamiento para hacer tal declaración es que mantuvimos el mismo valor numérico en el lado derecho de la segunda ley de Newton asignando a la masa m un valor de 1 lb_m, y a la aceleración gravitacional g el valor normal de 32.2 ft/s². Los valores numéricos de la masa y el peso son iguales aunque una libra-masa y una libra-fuerza sean cantidades conceptualmente diferentes. Sin embargo, debe enfatizarse que la masa en una libra-masa y el peso en una libra-fuerza son numéricamente equivalentes sólo cuando se utiliza el valor normal

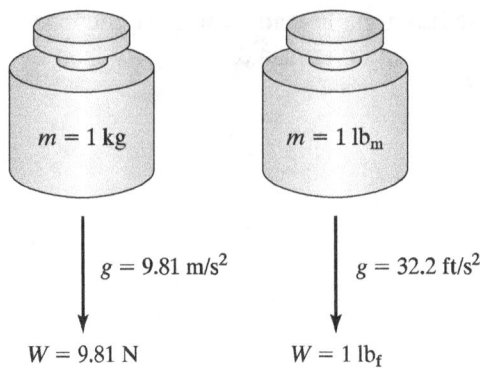

Figura 2.10
Definiciones de peso
para el valor normal
de la aceleración
gravitacional.

$g = 32.2$ ft/s^2. Vea la figura 2.10 como una ilustración de lo anterior. El siguiente ejemplo ilustra el uso de g_c.

EJEMPLO 2.4

Encuentre el peso de algunos objetos con las siguientes masas:

a. 50 slug
b. 50 lb$_m$
c. 75 kg

Solución

Para encontrar el peso usamos la segunda ley de Newton, donde a es la aceleración normal de la gravedad y $g = 9.81$ m/s$^2 = 32.2$ ft/s^2.

a. La unidad de masa slug es la unidad estándar para la masa en el sistema de unidades inglés. El peso es:

$$W = mg$$

$$= (50 \text{ slug})(32.2 \text{ ft/s}^2) = 1610 \text{ lb}_f$$

b. Cuando la masa se expresa en términos de lb$_m$, debemos utilizar la ecuación (2.4):

$$W = \frac{mg}{g_c} = \frac{(50 \text{ lb}_m)(32.2 \text{ ft/s}^2)}{32.2\dfrac{\text{lb}_m \cdot \text{ft}}{\text{lb}_f \cdot \text{s}^2}} = 50 \text{ lb}_f$$

Observe que la masa y el peso son numéricamente equivalentes. Esto sólo es verdad en casos en los que se utiliza el valor normal de g, lo que significa que un objeto con una masa de x lb$_m$ siempre tendrá un peso de x lb$_f$ sobre la superficie terrestre.

c. La unidad de masa kg es la unidad estándar para la masa en el sistema de unidades SI. El peso es:

$$W = mg$$

$$= (75 \text{ kg})(9.81 \text{ m/s}^2) = 736 \text{ N}.$$

Alternativamente, podemos encontrar el peso utilizando la ecuación (2.4):

$$W = \frac{mg}{g_c} = \frac{(75\ \text{kg})(9.81\ \text{m/s}^2)}{1\dfrac{\text{kg}\cdot\text{m}}{\text{N}\cdot\text{s}^2}} = 736\ \text{N}$$

Ahora que entendemos la diferencia entre masa y peso, y sabemos cómo utilizar ambas unidades en el sistema inglés y en el SI, volvamos al astronauta comentado anteriormente. (Véase la figura 2.11.) La masa del astronauta es de 80 kg, que equivale aproximadamente a 5.48 slugs. Su masa no cambia, independientemente de dónde se encuentre. Antes de partir en un viaje a la Luna, él pesa 785 N (176 lb$_f$). ¿Cuál es la masa del astronauta en libras masa? Tres días después su vehículo desciende en la Luna y comienza a construir una base permanente para futuras misiones planetarias. El valor de la aceleración gravitacional en la Luna es de sólo 1.62 m/s^2 (5.31 ft/s^2). La masa del astronauta es aún de 80 kg, pero su peso es de sólo 130 N (29.1 lb$_f$) debido al menor valor de g. ¿La masa y el peso del astronauta en libras-masa y en libras-fuerza es numéricamente equivalente? No, porque no se utiliza el valor normal de g.

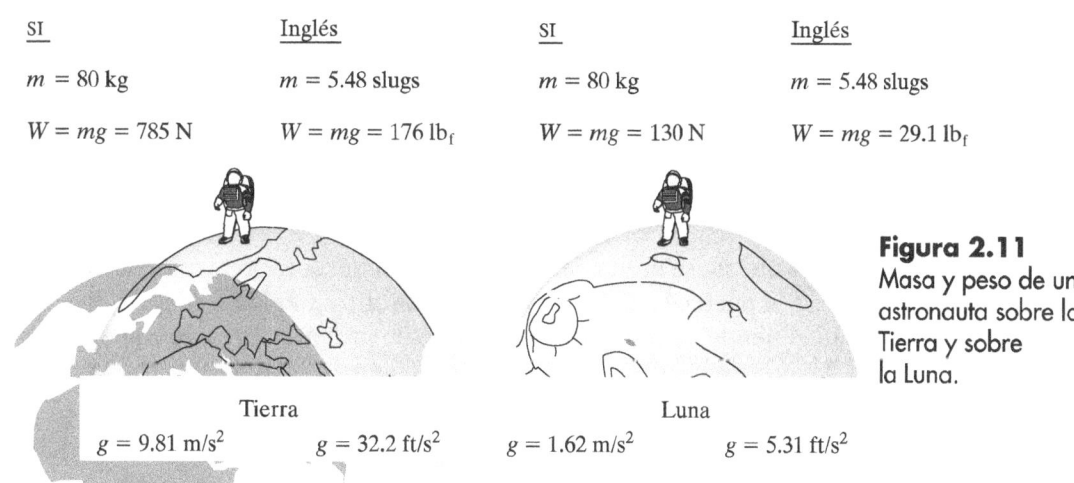

Figura 2.11
Masa y peso de un astronauta sobre la Tierra y sobre la Luna.

EJEMPLO 2.5

En los talleres de reparación automotriz se utilizan montacargas para levantar motores. Como se ilustra en la figura 2.12, un motor de 200 kg es suspendido en una posición fija con una cadena sujeta al brazo transversal de un malacate para motores. Si despreciamos el peso de la propia cadena, ¿cuál es la tensión en la parte AD de la cadena?

Solución

Este ejemplo es un sencillo problema de estática. La estática es la rama de la ingeniería mecánica que estudia las fuerzas que actúan sobre los cuerpos en reposo. La cadena sostiene el motor en una posición fija, por lo que es claro que el motor está en reposo; es decir, no se encuentra en movimiento. Este problema se puede resolver reconociendo que la parte AD de la cadena soporta todo el peso del motor (también se puede calcular la tensión en las porciones AB y AC, pero se requeriría un análisis de equilibrio completo). De

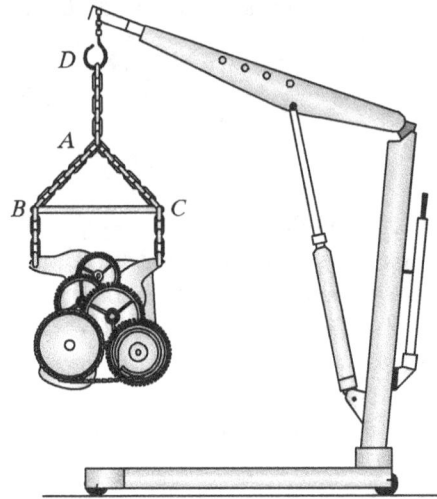

Figura 2.12
Montacargas
para motor del
ejemplo 2.5.

ahí que la tensión, que es la fuerza que tiende a alargar la cadena, es equivalente al peso del motor. Utilizando la ecuación (2.2), tenemos:

$$F = mg$$

$$= (200 \text{ kg})(9.81 \text{ m/s}^2) = 1962 \text{ N}.$$

Por tanto, la tensión en la porción AD de la cadena es de 1962 N, el peso del motor.

¡Practique!

1. Se suele decir que no se entiende totalmente un concepto técnico básico a menos que se le pueda explicar en términos lo suficientemente simples como para que lo entienda un niño de segundo año de primaria. Escriba una explicación de la diferencia entre la masa y el peso para un niño de este grado.

2. ¿Qué es mayor, un slug o una libra-masa?
   Respuesta: un slug.

3. Considere a un jugador de línea profesional que pesa 310 lb$_f$. ¿Cuál es su masa en slugs?
   Respuesta: 9.63 slugs.

4. Una sola cuerda sostiene una roca ($\rho = 2300 \text{ kg/m}^3$). Suponiendo que la roca es esférica con un radio de 15 cm, ¿cuál es la tensión en la cuerda?
   Respuesta: 319 N.

2.7 CONVERSIÓN DE UNIDADES

Aunque (el) las (sistema de) unidades del SI es la norma internacional, en Estados Unidos se usan ampliamente las unidades inglesas. En general, los estadounidenses están mucho más familiarizados con las segundas que con las primeras. No obstante, los estudiantes de ciencia e ingeniería en las escuelas de este país trabajan fundamentalmente con unidades del SI en sus cursos porque la mayoría de los libros de texto y los profesores enseñan con base en ellas y enfatizan su uso. Desafortunadamente, cuando los estudiantes de estas disciplinas realizan sus actividades diarias fuera del ambiente académico, tienden a regresar al modelo de unidades inglesas al igual que el resto de los estadounidenses. Parece como si los estudiantes tuvie-

46

ran un "interruptor de unidades" en su cerebro. Cuando están en el salón de clases o en el laboratorio, el interruptor cambia a la "posición del SI". Cuando están en casa, en la tienda o conduciendo su auto, el interruptor cambia a la "posición inglesa". Idealmente, no debería existir este interruptor, pero en tanto los programas de ciencia e ingeniería en los colegios y universidades enfaticen las unidades del SI y la cultura estadounidense enfatice las unidades inglesas, su interruptor cerebral de unidades estará cambiando. En esta sección se proporciona un método sistemático para convertir unidades entre los sistemas del SI e inglés.

Una **conversión de unidades** nos permite convertir un sistema de unidades al otro utilizando **factores de conversión**. Un factor de conversión es una relación de equivalencia que tiene un *valor unitario* de 1. Para decirlo de otra manera, un factor de conversión simplemente relaciona la misma cantidad física en dos diferentes sistemas de unidades. Por ejemplo 0.0254 m y 1 in son cantidades de longitud equivalentes porque 0.0254 m = 1 in. La relación de estas dos cantidades tiene un valor unitario de 1 porque físicamente son la misma cantidad. Obviamente, el valor numérico de la relación no es 1, sino que depende del valor numérico de cada cantidad individual. Por tanto, cuando multiplicamos una cantidad dada por uno o más factores de conversión, sólo alteramos el valor numérico del resultado, pero no su dimensión. En la tabla 2.11 se resumen algunos factores comunes de conversión utilizados en el análisis en ingeniería. En el apéndice B se proporciona una amplia lista de conversiones de unidades.

Un procedimiento sistemático para convertir la cantidad de un sistema de unidades a otro es el siguiente:

2.7.1 Procedimiento de conversión de unidades

1. Escriba la cantidad dada en términos de su valor numérico y unidades. Utilice una línea horizontal para dividir las unidades en el numerador (arriba) de las del denominador (abajo).
2. Determine las unidades a las cuales desea hacer la conversión.

Tabla 2.11 Algunas conversiones comunes de unidades del SI a las inglesas

Cantidad	Conversión de unidades
Aceleración	$1 \text{ m/s}^2 = 3.2808 \text{ ft/s}^2$
Área	$1 \text{ m}^2 = 10.7636 \text{ ft}^2 = 1550 \text{ in}^2$
Densidad	$1 \text{ kg/m}^3 = 0.06243 \text{ lb}_m/\text{ft}^3$
Energía, trabajo, calor	$1055.06 \text{ J} = 1 \text{ Btu} = 252 \text{ cal}$
Fuerza	$1 \text{ N} = 0.22481 \text{ lb}_f$
Longitud	$1 \text{ m} = 3.2808 \text{ ft} = 39.370 \text{ in}$
	$0.0254 \text{ m} = 1 \text{ in}^{(1)}$
Masa	$1 \text{ kg} = 2.20462 \text{ lb}_m = 0.06852 \text{ slug}$
Potencia	$1 \text{ W} = 3.4121 \text{ Btu/h}$
	$745.7 \text{ W} = 1 \text{ hp}$
Presión	$1 \text{ kPa} = 20.8855 \text{ lb}_f/\text{ft}^2 = 0.14504 \text{ lb}_f/\text{in}^2$
Calor específico	$1 \text{ kJ/kg} \cdot {}^\circ\text{C} = 0.2388 \text{ Btu/lb}_m \cdot {}^\circ\text{F}$
Temperatura	$T(\text{K}) = T({}^\circ\text{C}) + 273.16 = T({}^\circ\text{R})/1.8 = [T({}^\circ\text{F}) + 459.67]/1.8$
Velocidad	$1 \text{ m/s} = 2.2369 \text{ mi/h}$

[1] Conversión exacta.

3. Multiplique la cantidad dada por uno o más factores de conversión que, al cancelar unidades, lleve a las unidades deseadas. Utilice una línea horizontal para dividirlas en el numerador y en el denominador de cada factor de conversión.
4. Dibuje una línea sobre todas las unidades canceladas.
5. Realice los cálculos numéricos en una calculadora, manteniendo la mayor exactitud del lugar del punto decimal al final de los cálculos.
6. Escriba el valor numérico de la cantidad convertida utilizando el número deseado de cifras significativas (la práctica normal en ingeniería es de tres cifras significativas) con las unidades deseadas.

Los ejemplos 2.6, 2.7 y 2.8 ilustran el procedimiento de conversión de unidades.

EJEMPLO 2.6

A un estudiante de ingeniería se le hace tarde para llegar a su clase matutina, por lo que corre a través del campus a una velocidad de 9 mi/h. Determine su velocidad en unidades de m/s.

Solución

La cantidad dada, expresada en unidades inglesas, es de 9 mi/h, pero deseamos una respuesta en unidades del sι de m/s. Por tanto, necesitamos un factor de conversión entre mi y m, y un factor de conversión entre h y s. Para ilustrar mejor el procedimiento, utilizaremos dos factores de conversión de longitud en lugar de uno. Siguiendo el procedimiento descrito, tenemos:

$$9 \, \frac{\text{mi}}{\text{h}} \times \frac{5280 \, \text{ft}}{1 \, \text{mi}} \times \frac{1 \, \text{m}}{3.2808 \, \text{ft}} \times \frac{1 \, \text{h}}{3600 \, \text{s}} = 4.02 \, \frac{\text{m}}{\text{s}}$$

| ↑ | ↑ | ↑ |
| cantidad dada | factores de conversión | respuesta |

El aspecto clave del proceso de conversión de unidades es que los factores de conversión deben escribirse de manera que las unidades apropiadas de los factores de conversión cancelen las de la cantidad dada. Si invertimos el factor de conversión entre ft y mi, escribiéndolo mejor como 1 mi/5280 ft, no se cancelaría la unidad mi y nuestro ejercicio de conversión de unidades no funcionaría, porque terminaríamos con unidades mi^2 en el numerador. De manera similar, el factor de conversión entre m y ft se escribió de manera que la unidad ft se cancelara a sí misma en el primer factor de conversión. También el factor de conversión entre h y s se escribió de modo que la unidad h se cancelara con la unidad h en la cantidad dada. Escribir factores de conversión con las unidades en la ubicación apropiada, "arriba" o "abajo", requiere cierta práctica, pero después de realizar varios problemas de conversión, la colocación correcta de las unidades se volverá como su segunda naturaleza. Observe que nuestra respuesta se expresa con tres cifras significativas.

EJEMPLO 2.7

El plomo tiene una de las mayores densidades de todos los metales puros. La densidad del plomo es de 11,340 kg/m^3. ¿Cuál es la densidad del plomo en unidades de lb$_m$/in^3?

Solución

Puede existir un factor directo de conversión de kg/m^3 a lb$_m$/in^3, pero para ilustrar un aspecto importante de la conversión de unidades con exponentes usaremos una serie de factores de conversión para cada unidad de longitud y masa. Por tanto, escribimos nuestra conversión de unidades como:

$$11{,}340\,\frac{\text{kg}}{\text{m}^3} \times \left(\frac{1\,\text{m}}{3.2808\,\text{ft}}\right)^3 \times \left(\frac{1\,\text{ft}}{12\,\text{in}}\right)^3 \times \frac{2.20462\,\text{lb}_\text{m}}{1\,\text{kg}} = 0.410\,\text{lb}_\text{m}/\text{in}^3.$$

Utilizamos dos factores de conversión de longitud, un factor entre m y ft, y otro entre ft e in. Pero la cantidad dada es una densidad que tiene una unidad de volumen. Cuando realizamos conversiones de unidades que comprenden exponentes, *tanto* el valor numérico *como* la unidad deben elevarse a la potencia del exponente. Un error común que cometen los estudiantes es elevar la unidad a la potencia del exponente, lo cual cancela las unidades de manera apropiada, pero se olvidan de elevar también el valor numérico. Si no se eleva el valor numérico a la potencia del exponente, se produce una respuesta numérica errónea aunque las unidades de la respuesta sean correctas. Utilizando el factor de conversión directa obtenido en el apéndice B logramos el mismo resultado:

$$11{,}340\,\text{kg}/\text{m}^3 \times \frac{3.6127 \times 10^{-5}\,\text{lb}_\text{m}/\text{in}^3}{1\,\text{kg}/\text{m}^3} = 0.410\,\text{lb}_\text{m}/\text{in}^3.$$

EJEMPLO 2.8

El calor específico se define como la energía requerida para elevar 1 grado la temperatura de la masa unitaria de una sustancia. El aluminio puro tiene un calor específico de aproximadamente 900 J/kg · °C. Convierta este valor en unidades de Btu/lb$_\text{m}$ · °F.

Solución

Siguiendo el procedimiento de conversión de unidades, escribimos la cantidad dada y después la multiplicamos por los factores de conversión apropiados, los cuales se pueden encontrar en el apéndice B:

$$\frac{900\,\text{J}}{\text{kg} \cdot °\text{C}} \times \frac{1\,\text{Btu}}{1055.06\,\text{J}} \times \frac{1\,\text{kg}}{2.20462\,\text{lb}_\text{m}} \times \frac{1\,°\text{C}}{1.8\,°\text{F}} = 0.215\,\text{Btu}/\text{lb}_\text{m} \cdot °\text{F}.$$

La unidad de temperatura °C en la cantidad original tiene una interpretación única. Ya que el calor específico es la energía requerida para elevar la masa unitaria de una sustancia en 1 grado, la unidad de temperatura en esta cantidad denota un *cambio* de temperatura, no un valor absoluto de temperatura. Un cambio de temperatura de 1 °C es equivalente a un cambio de temperatura de 1.8 °F. Otras propiedades térmicas, como la conductividad, comprenden la misma interpretación del cambio de temperatura.

Este ejemplo también se puede realizar aplicando un solo factor de conversión de 1 kJ/kg · °C = 0.2388 Btu/lb$_\text{m}$ · °F, el cual produce el mismo resultado.

Éxito profesional

Conversión de unidades y calculadoras

Las calculadoras científicas de bolsillo han evolucionado desde las simples versiones electrónicas de las máquinas sumadoras hasta complejas computadoras portátiles. Las más recientes tienen hoy numerosas capacidades, incluyendo programación, graficación, métodos numéricos y matemáticas simbólicas. La mayoría también cuenta con una extensa compilación de factores de conversión, ya sea almacenados dentro de la calculadora misma, o disponibles como un módulo de aplicación conectable. ¿Por qué, entonces, los estudiantes deben aprender a realizar conversiones de unidades a mano si las calculadoras hacen el trabajo? Esta pregunta está en la raíz de una pregunta más fundamental: ¿por qué los estudiantes deben realizar *cualquier* tarea de cómputo a mano si las calculadoras o las computadoras hacen el trabajo? ¿Es porque en los "viejos días" los ingenieros no tenían el lujo de contar con sofisticadas herramientas computacionales por lo que los profesores, que quizá vivieron en esos "viejos días", obligan a los estudiantes a hacer cosas a la vieja usanza? No en realidad.

Los estudiantes siempre necesitan aprender ingeniería *pensando* y *razonando* para resolver un problema, independientemente de si éste exige una conversión de unidades o un cálculo de esfuerzos en el componente de una máquina. Las computadoras, y el *software* que corre en ellas, no sustituyen el proceso del pensamiento. La calculadora, al igual que la computadora, no debe volverse nunca una "caja negra" para el estudiante. Una caja negra es un dispositivo misterioso cuyo trabajo interior es desconocido en gran medida, pero que, sin embargo, da una salida para cada entrada que se le proporciona. Para cuando usted obtenga un grado en ingeniería, o seguramente para el tiempo en que tenga algunos años de práctica profesional, se dará cuenta de que existe un programa de calculadora o un paquete de *software* computacional para resolver muchos tipos de problemas de ingeniería. Esto no significa que deba aprender cada uno de estos programas y paquetes de *software*. Significa que debe ser eficiente en el uso de esas herramientas que pertenecen a su campo particular de ingeniería *después* de aprender las bases implícitas en cada una de ellas. De cualquier manera, utilice una calculadora para realizar conversiones de unidades, pero primero *aprenda* como hacerlas a mano para que gane confianza en sus propias habilidades de cómputo y tenga una forma de verificar los resultados de su calculadora.

¡Practique!

1. Un microinterruptor es un interruptor eléctrico que sólo requiere una pequeña fuerza para ser accionado. Si un microinterruptor se activa con una fuerza de 0.25 oz, ¿cuál es la fuerza en unidades de N que lo activa?
   Respuesta: 0.0695 N.

2. A la temperatura de una habitación, el agua tiene una densidad de aproximadamente 62.4 lb_m/ft^3. Convierta este valor en unidades de $slug/in^3$ y kg/m^3.
   Respuesta: 1.12×10^{-3} $slug/in^3$, 999.5 kg/m^3.

3. Durante su lanzamiento, el cohete *Saturno V* que llevó a los astronautas a la Luna desarrolló un impulso de 5 millones de libras. ¿Cuál es el impulso en unidades de MN?
   Respuesta: 22.2 MN.

4. Los bulbos estándar de luz incandescente producen más calor que luz. Asumiendo que una casa común tiene 20 bulbos de 60 W continuamente encendidos, ¿cuánto calor, en unidades de Btu/h, suministran los bulbos de luz a la casa si 90% de la energía producida por los bulbos es en forma de calor?
   Respuesta: 3685 Btu/h.

5. Algunas propiedades del tejido animal (incluyendo el humano) se pueden aproximar utilizando las del agua. Utilizando la densidad del agua a la temperatura ambiente, $\rho = 62.4$ lb_m/ft^3, calcule el peso de un humano masculino aproximándolo a un cilindro con una longitud y diámetro de 6 ft y 1 ft, respectivamente.
   Respuesta: 294 lb_f.

6. La frecuencia normal de la energía eléctrica en Estados Unidos es 60 Hz. Para un dispositivo eléctrico que funciona con esta energía, ¿cuántas veces alterna la corriente en un año?
Respuesta: 1.89×10^9.

REFERENCIAS

Cardarelli, F., *Encyclopaedia of Scientific Units, Weights and Measures: Their SI Equivalences and Origins*, 3a. ed., Springer-Verlag, Nueva York, 2003.

Lewis, R., *Engineering Quantities and Systems of Units*, Halsted Press, Nueva York, 1972.

Lide, D. R. (ed.), *CRC Handbook of Chemistry and Physics*, 87a. ed., CRC Press, Boca Ratón, Florida, 2006.

PROBLEMAS

Dimensiones

2.1 En las siguientes ecuaciones dimensionales, encuentre las dimensiones básicas de parámetro k:

(a) $MLt^{-2} - kML^{-1}t^{-2}$

(b) $MLt^{-2}L^{-1} = k\,Lt^{-3}$

(c) $L^2t^{-2} = k\,M^4T^2$

(d) $ML^2t^{-3} = k\,LT$

(e) $nLL^3k = T^2M^{-2}L$

(f) $MI^2k = nTM^{-3}L^{-1}$

(g) $IL^2t = k^2M^4t^2$

(h) $k^3T^6M^3L^{-5} = T^{-3}t^{-6}L$

(i) $T^{-1/2}L^{-1}I^2 = k^{-1/2}t^4T^{-5/2}L^{-3}$

(j) $MLt^{-2} = MLt^{-2}\,\text{sen}(kL^{-2}M^{-1})$

(k) $T^2n = T^2n\,\ln(knT^{-1})$

2.2 ¿Es dimensionalmente consistente la siguiente ecuación? Explique.

$$ML = ML\cos(Lt).$$

2.3 ¿Es dimensionalmente consistente la siguiente ecuación? Explique.

$$t^2LT = tLT\log(tt^{-1}).$$

2.4 ¿Es dimensionalmente consistente la siguiente ecuación? Explique.

$$TnT = TnT \exp(MM^{-1}).$$

Unidades

2.5 En la siguiente lista se han escrito varias cantidades utilizando de manera incorrecta las unidades del SI. Escríbalas en forma apropiada.

(a) 10.6 segs

(b) 4.75 amp

(c) 120 M hz

(d) 2.5 kw

(e) 0.00846 kg/ms

(f) 90 W/m² K

(g) 650 mGPa

(h) 25 MN.

(i) 950 Joules

(j) 1.5 m/s/s.

2.6 La dimensión *momento*, a la que algunas veces se le llama *par motor*, se define como una fuerza multiplicada por una distancia y se expresa en unidades del SI de newton-metro (N · m). Además del momento, ¿qué otras cantidades físicas se expresan en las unidades del SI de N · m? ¿Qué nombre especial recibe esta combinación de unidades?

2.7 Considere un bulbo de luz de 40 W. Un watt (W) se define como un joule por segundo (J/s). Escriba la cantidad 40 W en términos de las unidades newton (N), metro (m) y segundo (s).

2.8 Una fórmula usada comúnmente en el análisis de circuitos eléctricos es $P = IV$, donde la potencia (W) es igual a la corriente (A) multiplicada por el voltaje (V). Utilizando la ley de Ohm, escriba una fórmula para la potencia en términos de la corriente I y la resistencia R.

2.9 Una partícula sufre una aceleración promedio de 5 m/s² al viajar entre dos puntos durante un intervalo de tiempo de 2 s. Utilizando consideraciones sobre las unidades, derive una fórmula para la velocidad promedio de la partícula en términos de la aceleración promedio y el intervalo de tiempo. Calcule la velocidad promedio de la partícula para los valores numéricos dados.

2.10 Una grúa levanta una plataforma grande de materiales desde el piso hasta la parte superior de un edificio. Al elevar esta carga, la grúa hace un trabajo de 250 kJ durante un intervalo de tiempo de 5 s. Utilizando consideraciones sobre las unidades, derive la fórmula para la potencia en términos de trabajo e intervalo de tiempo. Calcule la potencia consumida por la grúa para levantar la carga.

Masa y peso

2.11 Un tanque esférico con un radio de 0.25 m es llenado con agua ($\rho = 1000$ kg/m³). Calcule la masa y el peso del agua en unidades del SI.

2.12 Una arena grande para deportes bajo techo tiene forma cilíndrica. La altura y el diámetro del cilindro son de 120 m y 180 m, respectivamente. Calcule la masa y el peso del aire contenido en la arena en unidades del SI considerando que la densidad del aire es $\rho = 1.20$ kg/m³.

2.13 Un biólogo astronauta que pesa 90 kg busca vida microbiana en Marte, donde la aceleración de la gravedad es $g = 3.71$ m/s². ¿Cuál es el peso del astronauta en unidades de N y lb$_f$?

2.14 Un biólogo astronauta que pesa 90 kg coloca una muestra de roca de 4 lb$_m$ en dos tipos de básculas para medir su peso. La primera es una balanza que funciona comparando las masas. La segunda funciona por la compresión de un resorte. Calcule el peso de la muestra de roca en unidades de lb$_f$ utilizando: (*a*) la balanza y (*b*) la báscula de resorte.

2.15 Una placa de cobre que mide 1.2 m × 0.8 m × 3 mm tiene una densidad de $\rho = 8940$ kg/m^3. Encuentre la masa y el peso de la placa en unidades del si.

2.16 Un tubo circular de polietileno ($\rho = 930$ kg/m^3) tiene un radio interior de 1.2 cm y un radio exterior de 4.6 cm. Si el cilindro tiene 40 cm de largo, ¿cuál es su masa y peso en unidades del si?

2.17 La densidad de la porcelana es $\rho = 144$ lb$_m$/ft^3. Aproximando un plato de porcelana para comida como un disco plano con un diámetro y espesor de 9 in y 0.2 in respectivamente, encuentre la masa del plato en unidades de slugs y lb$_m$. ¿Cuál es el peso del plato en unidades de lb$_f$?

2.18 En un esfuerzo por reducir la masa de una mampara de aluminio para una nave espacial, un operario taladra orificios en ella. La mampara tiene forma de placa triangular con una base y una altura de 2.5 m y 1.6 m respectivamente, y un espesor de 7 mm. ¿Cuántos orificios de 5 cm de diámetro debe perforar en la mampara para reducir su masa en 8 kg? Utilice $\rho = 2800$ kg/m^3 como densidad del aluminio.

Conversión de unidades

2.19 Un velocista de clase mundial puede correr 100 m en 10 s, una velocidad promedio de 10 m/s. Convierta esta velocidad en mi/h.

2.20 Un corredor de una milla de clase mundial puede correr 1 mi en 4 min. ¿Cuál es la velocidad promedio del corredor en unidades de mi/h y m/s?

2.21 Una casa común se calienta con un horno de aire forzado que quema gas natural o combustóleo. Si la salida de calor del horno es de 150,000 Btu/h, ¿cuál es la salida de calor en kW?

2.22 Calcule la temperatura a la cual las escalas Celsius (°C) y Fahrenheit (°F) son numéricamente iguales.

2.23 Un contenedor grande para embarque, lleno con rodamientos de bolas, se suspende con un cable en una planta de manufactura. La masa combinada del contenedor y los rodamientos de bolas es de 3 250 lb$_m$. Encuentre la tensión en el cable en unidades de N.

2.24 Un adulto humano típico pierde aproximadamente 65 Btu/h · ft^2 en una caminata ligera. Aproximando el cuerpo humano adulto a un cilindro con una altura y diámetro de 5.8 ft y 1.1 ft, respectivamente; encuentre la cantidad total de calor perdido en unidades de J si la caminata se mantiene por un periodo de 1 h. Incluya los dos extremos del cilindro en el cálculo del área de la superficie.

2.25 Una viga I simétrica de acero estructural ($\rho = 7860$ kg/m^3) tiene la sección transversal mostrada en la figura P2.25. Calcule el peso por longitud unitaria de la viga I en N/m y lb$_f$/ft.

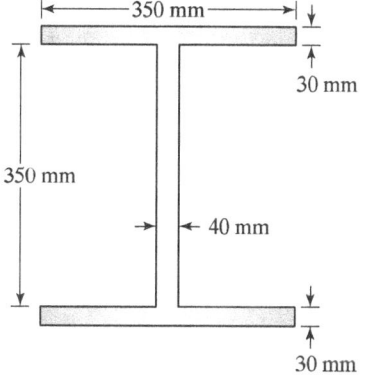

Figura P2.25

53

2.26 Un tubo de drenaje evacua el desperdicio de un edificio comercial en un flujo másico de 6 kg/s. ¿Cuál es este flujo en unidades de lb_m/s y slug/h?

2.27 A la razón a la que un área unitaria intercepta la radiación solar se le llama *flujo de calor solar*. Apenas fuera de la atmósfera terrestre, el flujo de calor solar es de aproximadamente 1350 W/m². Determine el valor de este flujo de calor solar en unidades de Btu/h $\cdot$ ft².

2.28 Durante un día característico de verano en las áridas regiones del suroeste de Estados Unidos la temperatura del aire en el ambiente puede variar de 115 °F durante la tarde, hasta 50 °F varias horas después de la puesta del Sol. ¿Cuál es el intervalo de esta temperatura en unidades de °C, K y °R?

2.29 Un viejo dicho (en Estados Unidos) señala que "una onza de prevención vale una libra de remedio". Rescriba este dicho en términos de la unidad newton del (sistema) SI.

2.30 ¿Cuántos segundos existen en el mes de octubre?

2.31 ¿Cuál es su edad aproximada en segundos?

2.32 Un letrero en una autopista está soportado por dos postes como se muestra en la figura P2.32. La señal está construida con un material comprimido de alta densidad ($\rho = 900$ kg/m³) y tiene un espesor de 2 cm. Asumiendo que cada poste carga la mitad del peso del letrero, calcule la fuerza de compresión en los postes en unidades de N y lb_f.

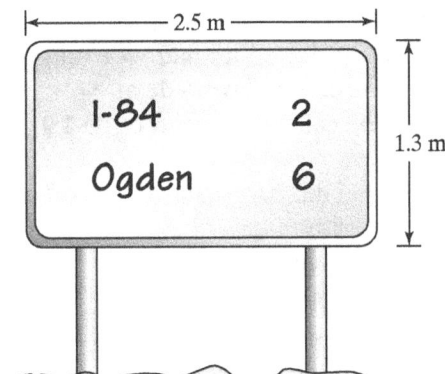

Figura P2.32

2.33 Una caldera es un recipiente que contiene agua u otro fluido a alta temperatura y presión. Considere una caldera que contiene agua a una temperatura y presión de 300 °C y 5 MPa, respectivamente. ¿Cuál es la temperatura y presión en unidades de K y psi, respectivamente?

2.34 Un manómetro diseñado para medir pequeñas diferencias de presión en conductos de aire tiene un intervalo de operación de 0 a 16 in de H_2O. ¿Cuál es este intervalo de presión en unidades Pa y psi?

2.35 Las resistencias son dispositivos eléctricos que retardan el flujo de la corriente. Estos dispositivos es clasifican por la máxima potencia que son capaces de disipar, como el calor del área circundante. ¿Cuánto calor disipa una resistencia de 25 W en unidades de Btu/h si la resistencia opera a su máxima capacidad? Utilizando la fórmula $P = I^2R$, ¿cuál es el flujo de corriente I en la resistencia si tiene una resistencia 100 Ω?

2.36 Las reacciones químicas pueden generar calor. Con frecuencia, a este tipo de producción de calor se le conoce como *generación volumétrica de calor*, porque el calor lo produce cada pequeña parcela de químicos de manera interna. Considere una reacción química que genera calor a razón de 125 MW/m³. Convierta esta generación volumétrica de calor en unidades de Btu/h $\cdot$ ft³.

2.37 Un vehículo deportivo tiene un motor que produce 290 hp. ¿Cuánta potencia produce el motor en unidades de KW y Btu/h?

2.38 Un tubo subterráneo conduce agua a la cocina de una casa con un caudal de 5 gal/min. Determine el caudal en m^3/s y ft^3/h.

2.39 La conductividad térmica es una propiedad que describe la capacidad de un material para conducir calor. Un material con alta conductividad térmica transporta calor con facilidad, mientras que un material con baja conductividad tiende a retardar el flujo de calor. Los aislamientos de fibra de vidrio y plata tienen conductividades térmicas de 0.046 W/m · °C y 429 W/m · °C, respectivamente. Convierta estos valores en unidades de Btu/h · ft · °F.

2.40 Un bulbo estándar de luz incandescente de 60 W tiene una vida promedio de 1000 h. ¿Cuál es la cantidad total de energía que produce este bulbo de luz durante su vida útil? Exprese la respuesta en unidades de J, Btu y cal.

2.41 Una planta termoeléctrica produce 750 MW de potencia. ¿Cuánta energía produce en un año? Exprese su respuesta en unidades de J y Btu.

2.42 Se estima que aproximadamente 60 millones de estadounidenses siguen una nueva dieta cada año. Si cada una de estas personas reduce 300 cal de su dieta diaria, ¿cuántos bulbos de luz de 100 W podrían encenderse con esta energía?

2.43 La aceleración normal de la gravedad en la superficie terrestre es $g = 9.81$ m/s^2. Convierta esta aceleración en unidades de ft/h^2 y mi/s^2.

2.44 A la temperatura ambiente el aire tiene un calor específico de 1.007 kJ/kg · °C. Convierta este valor en unidades de J/kg · K y Btu/lb$_m$ · °F.

2.45 El esfuerzo de fluencia del acero estructural es de aproximadamente 250 MPa. Convierta este valor en unidades de psi.

Metodología de análisis

Objetivos

Después de leer este capítulo, usted aprenderá:

- Cómo hacer cálculos del orden de magnitudes.
- El manejo apropiado de las cifras significativas.
- Cómo realizar un análisis de forma sistemática.
- El método adecuado para la presentación de un análisis.
- Las ventajas y desventajas del uso de computadoras para el análisis.

3.1 INTRODUCCIÓN

Una de las habilidades más importantes que aprende un estudiante de ingeniería durante su programa de estudios es cómo concentrarse en un problema de manera sistemática y lógica. En este sentido, el estudio de la ingeniería es de alguna manera similar al de la ciencia, en que un estudiante de ciencias aprende a pensar como científico utilizando el método científico. Éste es un proceso por medio del cual se establecen hipótesis acerca del mundo físico, se formulan teorías, se recolectan y evalúan datos y se construyen modelos matemáticos. Se puede pensar que el **método de ingeniería** es un proceso para la resolución de problemas por medio del cual se satisfacen necesidades de la sociedad mediante el diseño y manufactura de dispositivos y sistemas. El análisis de ingeniería es parte importante de este proceso de resolución de problemas. Ciertamente, la ingeniería y la ciencia no son lo mismo, porque cada una cumple una función diferente en nuestra sociedad técnica. La ciencia busca explicar cómo funciona la naturaleza mediante investigaciones fundamentales sobre la materia y la energía, mientras que el objetivo de la ingeniería es más pragmático, pues utilizando la ciencia y las matemáticas como herramientas, busca diseñar y construir productos y procesos que mejoran nuestro nivel de vida. En general, los principios científicos implícitos en el funcionamiento de cualquier dispositivo de ingeniería se derivaron y establecieron *antes* de que éste fuera diseñado. Por ejemplo, las leyes del movimiento de Newton y de las órbitas de Kepler fueron principios científicos bien establecidos mucho antes de que las naves espaciales orbitaran la Tierra u otros planetas. A pesar de sus contrastantes objetivos, tanto la ingeniería como la ciencia emplean metodologías que han sido sometidas a prueba y que se han demostrado como ciertas, a la vez que han permitido a quienes trabajan en cada uno de esos campos resolver una variedad de problemas. Para hacer ciencia, el científico debe saber cómo emplear el método científico. Para hacer ingeniería, el ingeniero debe saber cómo emplear el "método de ingeniería".

El análisis de ingeniería es la solución a un problema mediante el uso de las matemáticas y los principios de la ciencia. Debido a la estrecha asociación entre análisis y diseño, el análisis es uno de los pasos clave en el proceso de diseño, y juega un papel importante en el estudio de las fallas en ingeniería. El método de ingeniería para conducir un análisis es un procedimiento sistemático y lógico, caracterizado por un formato bien definido. Este procedimiento, cuando se aplica de manera correcta y consistente, lleva a la solución satisfactoria de cualquier problema analítico en esta disciplina. Los ingenieros en activo han utilizado con éxito este procedimiento de análisis por décadas, y se espera que los graduados en la carrera sepan cómo aplicarlo al incorporarse a la fuerza de trabajo técnico. Por tanto, le corresponde al estudiante aprender el método de ingeniería lo más concienzudamente posible. La mejor manera de hacerlo es practicar resolviendo problemas analíticos. Conforme avance en sus cursos de ingeniería, tendrá amplias oportunidades de aplicar la metodología de análisis descrita en este capítulo. Materias como la estática, dinámica, mecánica de materiales, termodinámica, mecánica de fluidos, transferencia de calor y masa, circuitos eléctricos e ingeniería económica son intensivos en el análisis. Estos cursos, y otros parecidos, se concentran casi exclusivamente en resolver problemas de ingeniería de naturaleza analítica. Ése es el carácter de estos temas. La metodología de análisis presentada aquí es un procedimiento *general* que se puede utilizar para resolver problemas en cualquier tema analítico. Es claro que el análisis de ingeniería comprende de manera muy importante el uso de cálculos numéricos.

3.2 CÁLCULOS NUMÉRICOS

Como estudiante, está muy consciente de la rica diversidad de programas académicos y cursos ofrecidos en instituciones de alto nivel. Debido a que usted estudia una especialidad en ingeniería, quizá esté más familiarizado con el género de cursos de ingeniería, ciencia y matemáticas, que con los de humanidades, como sociología, filosofía, psicología, música y lenguas. El tenor de las humanidades es muy diferente al de la ingeniería. Suponga por un momento que se ha matriculado en una clase de literatura estudiando el gran libro de Herman Melville *Moby Dick*. Al comentar la relación entre la ballena y el capitán Ahab, su profesor de literatura pregunta en clase: "¿Cuál es su impresión de la actitud del capitán Ahab hacia la ballena?" Como especialista en ingeniería, le sorprenderá la aparente amplitud de esta pregunta. Usted está acostumbrado a responder preguntas que requieren una respuesta cuantitativa, no una "impresión". ¿Cómo sería la ingeniería si sus respuestas fueran "impresiones"? Imagine a un profesor preguntando en clase de termodinámica: "¿Cuál es su impresión de la temperatura del vapor sobrecalentado a la entrada de la turbina?" Una pregunta más apropiada sería: "¿Cuál *es* la temperatura del vapor sobrecalentado a la entrada de la turbina?" Obviamente, la literatura y otras disciplinas de humanidades funcionan de un modo totalmente distinto al de la ingeniería. Por su propia naturaleza, esta última disciplina se basa en información cuantitativa específica. Una respuesta de "caliente" a la segunda pregunta sobre termodinámica sería cuantitativa, pero no específica y, por tanto, insuficiente. La temperatura del vapor sobrecalentado a la entrada de la turbina podría calcularse realizando un análisis termodinámico de la turbina, proporcionando entonces un valor *específico* para la temperatura, 400 °C por ejemplo. El análisis por medio del cual se obtuvo la temperatura puede consistir de varios cálculos numéricos que comprenden diferentes cantidades termodinámicas. Los cálculos numéricos son operaciones matemáticas que representan cantidades físicas como temperatura, esfuerzo, voltaje, masa, flujo, etc. En esta sección aprenderá las técnicas apropiadas de cálculo numérico para el análisis de ingeniería.

3.2.1 Aproximaciones

Con frecuencia es útil, particularmente durante las primeras etapas del diseño, calcular una respuesta aproximada para un problema dado cuando la información proporcionada es incierta o hay poca disponible. Se puede utilizar una aproximación para establecer los aspectos someros de un diseño y determinar si se requiere un cálculo más preciso. Por lo común, las aproximaciones se basan en supuestos, que deben modificarse o eliminarse durante las últimas etapas del diseño. A menudo a las aproximaciones en ingeniería se les llama "suposiciones", "cálculos aproximados" o "cálculos de servilleta". Un nombre más apropiado para ellas es cálculos del **orden de magnitudes**. El término *orden de magnitud* significa una *potencia de* 10. Por tanto, un cálculo del orden de magnitudes comprende cantidades cuyos valores numéricos son estimados dentro de un factor de 10. Por ejemplo, si la estimación de un esfuerzo en una estructura cambia de aproximadamente 1 kPa a aproximadamente 1 MPa, decimos que el esfuerzo ha cambiado tres órdenes de magnitud, porque 1 MPa es mil veces (10^3) 1 kPa. Con frecuencia los ingenieros efectúan cálculos de este tipo para determinar si sus conceptos iniciales de diseño son viables. Por tanto, los cálculos del orden de magnitudes no requieren uso de calculadora, porque todas las cantidades tienen valores simples de potencias de 10, por lo que las operaciones aritméticas se pueden realizar a mano, con lápiz y papel, o incluso mentalmente. El siguiente ejemplo ilustra un cálculo del orden de magnitudes.

EJEMPLO 3.1

Un almacén con dimensiones aproximadas de 200 ft × 150 ft × 20 ft se ventila con 12 grandes sopladores industriales. Para mantener una calidad aceptable del aire en el local, los sopladores deben proveer dos cambios de aire por hora, lo que significa que todo el volumen del aire del interior debe rellenarse con aire fresco del exterior dos veces por hora. Utilizando un análisis del orden de magnitudes, encuentre el flujo volumétrico requerido que cada soplador debe producir, asumiendo que todos ellos comparten por igual el flujo total.

Solución

Para empezar, estimamos el volumen del almacén. Su longitud, ancho y altura asciende a 200 ft, 150 ft y 20 ft, respectivamente. Estas longitudes tienen valores del orden de magnitud de 10^2, 10^2 y 10^1, respectivamente. Se requieren dos cambios de aire por hora. Por tanto, el flujo volumétrico total de aire para el almacén, incluyendo el factor de dos cambios de aire por hora, es:

$$Q_t \approx (10^2 \text{ ft})(10^2 \text{ ft})(10^1 \text{ ft})(2 \text{ cambios de aire/h}) = 2 \times 10^5 \text{ ft}^3/\text{h}.$$

(Note que los "cambios de aire" no es una unidad, por lo que no aparece en la respuesta.) El número de sopladores (12) tiene un valor del orden de magnitud de 10^1. Con base en el supuesto de que cada soplador produce el mismo flujo, el flujo por soplador es el flujo volumétrico total dividido entre el número de sopladores:

$$Q = Q_t/N = (2 \times 10^5 \text{ ft}^3/\text{h})(10^1 \text{ sopladores})$$
$$= 2 \times 10^4 \text{ ft}^3/\text{h} \cdot \text{soplador} \approx 10^4 \text{ ft}^3/\text{h} \cdot \text{soplador}.$$

Nuestro cálculo del orden de magnitudes muestra que cada soplador debe proveer 10^4 ft^3/h de aire exterior al almacén.

¿Cómo se compara la respuesta del orden de magnitudes con la respuesta exacta? Ésta es:

$$Q = (200 \text{ ft})(150 \text{ ft})(20 \text{ ft})(2 \text{ cambios de aire/h})/(12 \text{ sopladores}) = 1 \times 10^5 \text{ ft}^3/\text{h} \cdot \text{soplador}.$$

Dividiendo la respuesta exacta entre la aproximada, vemos que esta última difiere de la primera por un factor de 10.

3.2.2 Cifras significativas

Después de los cálculos del orden de magnitudes, los ingenieros efectúan cálculos más precisos para refinar su diseño o caracterizar mejor un modo de falla. Los cálculos exactos demandan más del ingeniero que un simple seguimiento de potencias de 10. Los parámetros del diseño definitivo deben determinarse con tanta exactitud como sea posible para lograr el diseño óptimo. En este sentido, una **cifra significativa**, o *dígito significativo*, se define como *un dígito que se considera confiable como resultado de una medición o cálculo*. El número de cifras significativas en la respuesta de un cálculo indica el número de dígitos que se pueden utilizar con confianza, proporcionando así una forma de decirle al ingeniero qué tan exacta es su respuesta. Ninguna cantidad física se puede especificar con precisión infinita porque *ninguna* es conocida con tal precisión. Incluso constantes de la naturaleza como la velocidad de la luz en el vacío *c*, y la constante gravitacional *G*, sólo se conocen con la precisión con la cual se pueden medir en un laboratorio. De manera similar, las propiedades de los materiales de ingeniería, como densidad, módulo de elasticidad y calor específico sólo se conocen hasta la precisión con la que se pueden medir. Un error común en este contexto es utilizar más cifras significativas en una respuesta de las que se justifican, dando la impresión de que la respuesta es *más exacta* de lo que en realidad es. Pero lo cierto es que ninguna respuesta puede ser más exacta que los números utilizados para generarla.

¿Cómo determinamos cuántas cifras significativas (a las que se conoce de manera coloquial como "sig fig" en inglés) tiene un número? Se ha establecido un conjunto de reglas para determinarlo. (Todas las cifras significativas están subrayadas en los ejemplos dados para cada regla que se lista a continuación.)

Reglas para las cifras significativas

1. Todos los dígitos *diferentes de cero* son significativos. Ejemplos: 8.936, 456, 0.257.

2. Todos los ceros *entre* las cifras significativas son significativos. Ejemplos: 14.06, 5.0072.

3. Para números no decimales mayores a 1, todos los ceros colocados *después* de las cifras significativas *no* son significativos. Ejemplos: 2500, 8,640,000. Estos números se pueden escribir con notación científica como 2.5×10^3 y 8.64×10^6, respectivamente.

4. Si se utiliza un punto decimal *después* de un número no decimal mayor a 1, los ceros son significativos. El punto decimal establece la precisión del número. Ejemplos: 3200., 550,000.

5. Los ceros colocados *después* de un punto decimal que *no son necesarios* para colocar el punto decimal, son significativos. Los ceros adicionales establecen la precisión del número. Ejemplos: 359.00, 1000.00.

6. Para números menores a 1, todos los ceros colocados *antes* de las cifras significativas *no* son significativos. Estos ceros sólo sirven para establecer la ubicación del punto decimal. Ejemplos: 0.0254, 0.000609.

No confunda el número de cifras significativas con el número de posiciones decimales en un número. El número de cifras significativas en una cantidad se establece por medio de la precisión con la cual se puede hacer una medición de esa cantidad. La excepción fundamental a esto son los números como π y la base neperiana *e*, que se derivan de expresiones matemáticas. Estos números son exactos hasta un número infinito de cifras significativas, pero se aproximan de manera adecuada mediante decimales de 10 dígitos.

Veamos cómo se utilizan las reglas de las cifras significativas en los cálculos.

59

Deseamos calcular el peso de un objeto de 25 kg. Utilizando la segunda ley de Newton $W = mg$, encontramos el peso del objeto en unidades de N. Exprese la respuesta utilizando el número apropiado de cifras significativas.

Solución

Tenemos que $m = 25$ kg y $g = 9.81$ m/s^2. Suponga que nuestra calculadora está configurada para mostrar seis lugares a la derecha del punto decimal. Entonces multiplicamos los números 25 y 9.81. En la pantalla de la calculadora vemos el número 245.250000. ¿Cuántos dígitos se justifican al escribir esta respuesta? El número en la calculadora implica que la respuesta es exacta a seis lugares decimales (es decir, a una millonésima de newton). Obviamente, no se justifica este tipo de exactitud. La regla sobre las cifras significativas para la *multiplicación* y *división* es que *el producto o el cociente deben contener el número de cifras significativas contenidas en el número con la menor cantidad de cifras significativas*.

Otra forma de establecer esta regla señala que la cantidad con el menor número de cifras significativas *gobierna* el número de cifras significativas en la respuesta. La masa m contiene dos y la aceleración de la gravedad g contiene tres. Por tanto, sólo se justifica escribir el peso utilizando dos cifras significativas, que es el menor número de ellas en nuestros valores dados. La respuesta se puede escribir de dos formas. Primera, podemos escribir el peso como 250 N. Según la regla 3, el cero no es significativo, por lo que nuestra respuesta tiene dos cifras significativas, el "2" y el "5". Segunda, podemos escribir el peso utilizando notación científica, como 2.5×10^2 N. En esta forma podemos ver de inmediato que se utilizan dos cifras significativas sin referirnos a las reglas. Observe que en ambos casos hemos *redondeado* la respuesta *hacia arriba* al siguiente lugar de las decenas, porque el valor del primer dígito redondeado es 5 o mayor. Si nuestra respuesta hubiera sido inferior a 245 N, habríamos redondeado *hacia abajo*, a 240 N, pero si hubiera sido precisamente 245 N, las reglas del redondeo sugieren llevar la cifra hacia arriba, por lo que nuestra respuesta sería nuevamente 250 N.

El ejemplo precedente muestra cómo se utilizan las cifras significativas para la multiplicación y la división, pero ¿cómo se utilizan para la *suma* y la *resta*?

Dos fuerzas colineales (que actúan en la misma dirección) de 875.4 N y 9.386 N actúan sobre un cuerpo. Sume estas dos fuerzas expresando el resultado con el número apropiado de cifras significativas.

Solución

La mejor forma de mostrar cómo se utilizan las cifras significativas en la suma y la resta es hacer el problema a mano. Tenemos:

$$
\begin{array}{r}
875.4 \ \ \text{N} \\
+ \ \ \ 9.386 \, \text{N} \\
\hline
884.786 \, \text{N}
\end{array}
$$

Ambas fuerzas tienen cuatro cifras significativas, pero la primera tiene un lugar después del punto decimal, mientras que la segunda tiene tres lugares después del punto decimal.

La respuesta se escribe con seis cifras significativas. ¿Se justifican seis? Ya que la suma y la resta son operaciones aritméticas que requieren la alineación del punto decimal, la regla para las cifras significativas en el caso de la *suma* y la *resta* es diferente a la de la multiplicación y la división. Para las dos primeras, la respuesta debería mostrar *cifras significativas a la derecha sólo hasta el lugar del número menos preciso en el cálculo*. El número menos preciso es la fuerza 875.4 N, porque muestra exactitud al primer lugar decimal, mientras que la segunda fuerza, 9.386 N, es exacta hasta el tercer lugar decimal. No se justifica escribir la respuesta como 884.786 N. Podemos escribirla sólo usando el mismo número de lugares después del punto decimal que los de la fuerza menos precisa. De ahí que nuestra respuesta, escrita con el número apropiado de cifras significativas, es 884.8 N. Observe que una vez más redondeamos la respuesta hacia arriba porque el valor del primer dígito redondeado es 5 o mayor.

En las operaciones *combinadas* donde se realizan multiplicaciones y divisiones, al tiempo que sumas y restas en la misma operación, primero deben efectuarse las multiplicaciones y divisiones, estableciendo el número apropiado de cifras significativas en las respuestas intermedias, y luego las sumas y las restas, para después redondear la respuesta al número apropiado de cifras significativas. Este procedimiento, aunque aplicable a operaciones realizadas a mano, no debe utilizarse en aplicaciones con la calculadora o la computadora, porque el redondeo intermedio es engorroso y puede llevar a serios errores en la respuesta. En este caso, realice todo el cálculo permitiendo que la calculadora o el *software* de la computadora manejen la precisión numérica y después exprese la respuesta final con el número deseado de cifras significativas:

> *Es una práctica normal en ingeniería expresar las respuestas finales en tres (y algunas veces cuatro) cifras significativas, porque los valores dados de entrada para geometría, cargas, propiedades materiales y otras cantidades comúnmente se dan con esta precisión.*

Las calculadoras y el *software* de computadora, como las hojas de cálculo y los solucionadores de ecuaciones, dan seguimiento y pueden mostrar un gran número de dígitos. ¿Cuántos muestra su calculadora? Se puede establecer el número de dígitos dados por una calculadora científica fijando el punto decimal, o especificando el formato numérico. Por ejemplo, si se fija el número decimal en 1, el número 28.739 se muestra como 28.7. De manera similar, el número 1.164 aparece como 1.2. Ya que el primer dígito redondeado es mayor que 5, la calculadora redondea de manera automática la respuesta hacia arriba. Los números pequeños y grandes deben expresarse en notación científica. Por ejemplo, la cifra 68,400 debe escribirse como 6.84×10^4 y el número 0.0000359 debe expresarse como 3.59×10^{-5}. Las calculadoras científicas también tienen un ajuste de pantalla con *notación de ingeniería*, porque los prefijos de las unidades SI se definen fundamentalmente por múltiplos de un millar (10^3). En notación de ingeniería, el número 68,400 puede aparecer como 68.4×10^3 y 0.0000359 como 35.9×10^{-6}. Independientemente de la forma en que los números se muestren en las calculadoras o en las computadoras, el estudiante de ingeniería que utiliza estas herramientas de cómputo debe entender que las cifras significativas tienen un significado físico basado en nuestra capacidad para medir cantidades científicas y de ingeniería. El manejo informal o descuidado de esas cifras en el análisis de ingeniería puede llevar a soluciones inexactas, en el mejor de los casos, y totalmente erróneas, en el peor.

Calcular la viscosidad utilizando el método de la esfera que cae

Por experiencia, usted sabe que algunos fluidos son más espesos o más "pegajosos" que otros. Por ejemplo, el jarabe de los panqués y el aceite para motores lo son más que el agua y el alcohol. El término técnico que utilizamos para describir la magnitud del espesor de un fluido es la *viscosidad*. Ésta es una propiedad de los fluidos que caracteriza su resistencia al flujo. El agua y el alcohol fluyen más fácilmente que el jarabe para panqués y el aceite para motor bajo las mismas condiciones. De ahí que los dos últimos sean más viscosos que los dos primeros. Los gases también tienen viscosidades, pero éstas son mucho más pequeñas que las de los líquidos.

Una de las técnicas clásicas para medir la viscosidad de los líquidos se llama *método de la esfera que cae*. En este método, la viscosidad de un líquido se calcula midiendo el tiempo que se toma una pequeña esfera para caer una distancia prescrita en un contenedor grande de líquido, como se ilustra en la figura 3.1. Al caer la esfera en el líquido bajo la influencia de la gravedad, acelera hasta que la fuerza hacia abajo (el peso de la esfera) se equilibra exactamente con la fuerza de flotación y la fuerza de resistencia que actúan hacia arriba. A partir de este momento la esfera cae a velocidad constante, a la cual se le llama *velocidad terminal*. La fuerza de flotación, que es igual al peso del líquido desplazado por la esfera, es usualmente pequeña en comparación con la fuerza de resistencia, originada en forma directa por la viscosidad. La velocidad terminal de la esfera es inversamente proporcional a la viscosidad, ya que la esfera emplea más tiempo para caer una distancia dada en un líquido muy viscoso, como el aceite para motores, que en uno menos viscoso, como el agua. Empleando un equilibrio de fuerzas sobre la esfera e invocando algunas relaciones simples de la mecánica de fluidos, obtenemos la fórmula:

$$\mu = \frac{(\gamma_s - \gamma_f)D^2}{18v}$$

donde

μ = viscocidad dinámica del líquido (Pa·s)

γ_s = peso específico de la esfera (N/m^3)

γ_f = peso específico del líquido (N/m^3)

D = diámetro de la esfera

v = velocidad terminal de la esfera (m/s)

Figura 3.1
Configuración experimental del método de la esfera que cae para medir la viscosidad.

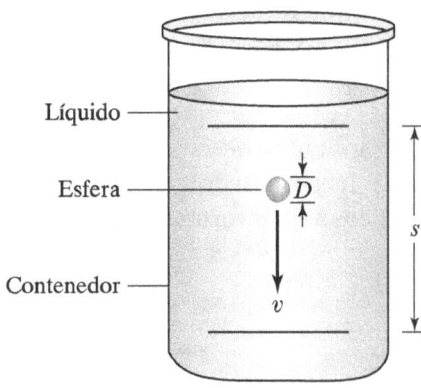

Líquido

Esfera

D

Contenedor

s

v

Observe que la cantidad *peso específico* es similar a *densidad*, excepto porque es un peso por volumen, más que una masa por volumen. La palabra *dinámica* se utiliza para evitar confusión con otra medida de la viscosidad conocida como viscosidad *cinemática*.

Utilizando el método de la esfera que cae, calculemos la viscosidad de la glicerina, un líquido muy viscoso utilizado para producir una variedad de productos químicos. Colocamos un cilindro grande de vidrio y hacemos dos marcas sobre la superficie externa, con un espacio *s* de 200 mm de separación. Las marcas se colocan lo suficientemente abajo en el cilindro para asegurar que la esfera alcance la velocidad terminal antes de llegar a la marca superior. Para la esfera utilizamos un rodamiento de bolas de acero ($\gamma_s = 76,800$ N/m^3) con un diámetro de 2.381 mm (medido con un micrómetro). De una medición previa, el peso específico de la glicerina es $\gamma_f = 12,400$ N/m^3. Ahora sostenemos la esfera de acero sobre la superficie de la glicerina en el centro del cilindro y la soltamos. Con toda la exactitud que podamos determinar con nuestra vista, iniciamos un cronómetro de mano cuando una parte de la esfera llegue a la marca superior. De manera similar, detenemos el cronómetro cuando la misma parte de la esfera llegue a la marca inferior. Nuestro cronómetro es capaz de mostrar centésimas de segundo, y muestra 11.32 s. Aunque el cronómetro puede medir el tiempo al segundo lugar de los decimales, nuestro rudimentario método de cronometraje visual no justifica utilizar un intervalo de tiempo con esta precisión. Fuentes de incertidumbre como el tiempo de reacción humana y la respuesta del pulgar no justifican el segundo decimal. Por tanto, nuestro intervalo de tiempo se registra como 11.3 s, que tiene tres cifras significativas. Sabemos que la velocidad terminal es distancia dividida entre tiempo:

$$v = \frac{s}{t} = \frac{0.200 \text{ m}}{11.3 \text{ s}} = 0.0177 \text{ m/s}$$

La distancia se midió al milímetro más cercano, por lo que la cantidad *s* tiene tres cifras significativas. Por tanto, la velocidad terminal puede ser escrita con tres cifras. (Recuerde que el cero, según la regla 6, no es significativo.) Los valores de las cantidades dadas para nuestro cálculo se resumen de la siguiente manera:

$$\gamma_s = 76{,}800 \text{ N/m}^3 = 7.68 \times 10^4 \text{ N/m}^3$$

$$\gamma_f = 12{,}400 \text{ N/m}^3 = 1.24 \times 10^4 \text{ N/m}^3$$

$$v = 0.0177 \text{ m/s} = 1.77 \times 10^{-2} \text{ m/s}$$

$$D = 2.381 \text{ mm} = 2.381 \times 10^{-3} \text{ m.}$$

Cada cantidad, tiene tres cifras significativas, con excepción de *D*, que tiene cuatro. Sustituyendo valores en la ecuación para la viscosidad dinámica obtenemos:

$$\mu = \frac{(\gamma_s - \gamma_f)D^2}{18v}$$

$$= \frac{(76{,}800 - 12{,}400) \text{ N/m}^3 \, (2.381 \times 10^{-3} \text{ m})^2}{18(0.0177 \text{ m/s})}$$

$$= 1.1459 \text{ Pa} \cdot \text{s.}$$

(¿De dónde proviene la unidad de presión Pa?) De acuerdo con las reglas de las cifras significativas para la multiplicación y la división, nuestra respuesta debe contener el mismo número de cifras significativas que el número con la menor cantidad de ellas. Nuestra respuesta, por tanto, tiene tres cifras significativas, por lo que la viscosidad dinámica de la glicerina, expresada con el número apropiado de cifras significativas, se registra como:

$$\mu = 1.15 \, \text{Pa} \cdot \text{s}.$$

Observe que debido a que el valor del primer dígito es 5, redondeamos la respuesta hacia arriba.

Éxito profesional

Aprenda a utilizar su calculadora

Como estudiante de ingeniería necesita una calculadora científica. Si aún no tiene una de calidad, cómprela tan pronto como sea posible para aprender a utilizarla. No puede tener éxito en la escuela sin una de ellas. No escatime en costo. Probablemente sólo necesite una calculadora para toda su carrera académica, así que compre una que ofrezca el mayor número de funciones y características. Los profesores y sus compañeros de estudio pueden aconsejarle qué calculadora comprar. Incluso es posible que su propio departamento o escuela de ingeniería le pida utilizar una en particular porque tengan integrado de manera importante su uso al plan de estudios, y sería muy engorroso adaptarse a varios tipos de calculadoras. La biblioteca de su escuela o la tienda local de artículos para oficina puede tener dos o tres marcas que hayan servido a los estudiantes y profesionales de la ingeniería por muchos años. En la actualidad, las calculadoras científicas son herramientas notables para la ingeniería. Una avanzada tiene cientos de funciones integradas, gran potencial de almacenamiento, capacidades de graficación y conexiones para comunicación con otras calculadoras o computadoras personales.

Sin importar qué calculadora científica posea, o planee comprar, *aprenda cómo usarla*. Comience con las operaciones aritméticas básicas y las funciones matemáticas y estadísticas estándar. Aprenda cómo establecer el número de posiciones decimales en la pantalla y cómo mostrar números en notación científica y de ingeniería. Una vez que se sienta seguro realizando conversiones de unidades a mano, aprenda cómo hacerlas con su calculadora, y cómo escribir programas simples en ella. Esta habilidad será con frecuencia muy útil a lo largo de sus trabajos durante el curso. Aprenda cómo usar las funciones para la resolución de ecuaciones, operaciones con matrices y rutinas de cálculo. Para cuando conozca la mayoría de las operaciones de la calculadora, probablemente le haya dedicado muchas horas. El tiempo empleado en dominar su equipo es quizá tan valioso como el tiempo empleado en asistir a conferencias, realizar experimentos en un laboratorio, resolver problemas en casa o estudiar para los exámenes. Conocer profundamente su computadora le ayudará a tener éxito en su programa de ingeniería. Sus cursos serán lo suficientemente desafiantes. No los haga más desafiantes por no aprender a utilizar de manera adecuada su principal activo de cómputo: su calculadora.

3.3 PROCEDIMIENTO GENERAL DE ANÁLISIS

Los ingenieros son personas que resuelven problemas. Para resolver un problema de análisis de manera completa y exacta, los ingenieros emplean un método de solución sistemático, lógico y ordenado. Este método, cuando se aplica de forma consistente y correcta, lleva al ingeniero a la solución satisfactoria del problema analítico en cuestión. El método para la resolución de problemas es parte integral del proceso mental de un buen ingeniero. Para este profesionista, el procedimiento es como su segunda naturaleza. Cuando lo reta un nuevo análisis, un buen ingeniero sabe con precisión cómo abordar el problema. Éste puede ser muy corto y sencillo, o extremadamente largo y complejo. Independientemente del tamaño o complejidad del problema, se aplica el mismo método de solución. Debido a la naturaleza *general* del procedimiento, se utiliza para problemas analíticos asociados con *cualquier* disciplina de ingeniería: química, civil, eléctrica, mecánica, u otra. Los ingenieros en activo de todas las disciplinas han usado el **procedimiento general de análisis** de una forma u otra por largo tiempo, y la historia de los logros de la ingeniería es un testamento para su éxito. Mientras sea estudiante, es de vital importancia que aprenda los pasos del procedimiento general de análisis. Una vez que los haya aprendido y se sienta confiado de que puede utilizarlos para resolver problemas, aplíquelos en su trabajo analítico del curso. Ejérzalos religiosamente. Practique el procedimiento una y otra vez hasta que se vuelva un hábito. Establecer buenos hábitos mientras se está en la escuela hará que sea mucho más fácil la transición exitosa a la práctica profesional de la ingeniería.

Procedimiento general de análisis

El procedimiento general de análisis consiste de los siguientes siete pasos.

1. **Definición del problema**   La definición del problema es una descripción escrita del problema analítico a resolver. Debe escribirse de manera clara, concisa y lógica. La definición del problema resume la información dada, incluyendo todos los datos de entrada provistos para resolverlo. La definición del problema también establece lo que se debe determinar al realizar el análisis.

2. **Diagrama**   Es un croquis, dibujo o esquema del sistema que se está analizando. De manera característica, es una representación gráfica simplificada del sistema real, que sólo muestra aquellos aspectos del sistema que son necesarios para realizar el análisis. El diagrama debe mostrar toda la información dada contenida en la definición del problema, como geometría, fuerzas aplicadas, flujos de energía, flujos másicos, corrientes eléctricas, temperaturas u otras cantidades físicas, según se requiera.

3. **Supuestos**   Casi siempre el análisis en ingeniería involucra algunos supuestos. Éstos son afirmaciones particulares acerca de las características físicas del problema que simplifican o refinan el análisis. Un problema analítico muy complejo sería difícil o incluso imposible de resolver sin establecer algunos supuestos.

4. **Ecuaciones determinantes**   Todos los sistemas físicos pueden ser descritos mediante relaciones matemáticas. Las ecuaciones determinantes son aquellas relaciones matemáticas que se refieren específicamente al sistema físico que se está analizando. Estas ecuaciones pueden representar leyes físicas, como las leyes del movimiento de Newton, de conservación de la masa, conservación de la energía, o la ley de Ohm; o pueden representar definiciones fundamentales de ingeniería, como velocidad, esfuerzo, momento de una fuerza y flujo de calor. Las ecuaciones también pueden ser fórmulas básicas matemáticas o geométricas, que comprenden ángulos, líneas, áreas y volúmenes.

5. **Cálculos**   En este paso se genera la solución. Primero se desarrolla de manera algebraica hasta donde sea posible. Después los valores numéricos de las cantidades físicas conocidas se sustituyen en las correspondientes variables algebraicas. Se realizan todos los cálculos necesarios usando una calculadora o computadora para producir un resultado numérico con las unidades correctas y el número apropiado de cifras significativas.

6. **Verificación de la solución**   Este paso es crucial. Inmediatamente después de obtener el resultado, se le examina con cuidado. Utilizando los conocimientos establecidos o soluciones analíticas similares y el sentido común, se busca determinar si el resultado es razonable. Sin embargo, sea que el resultado parezca razonable o no, se verifica dos veces cada paso del análisis. En esta fase el experto se deshace de dia-

gramas defectuosos, supuestos equivocados, ecuaciones aplicadas de manera errónea, manipulaciones numéricas incorrectas y uso inapropiado de unidades.

7. **Discusión** Después de que la solución se ha verificado completamente y corregido, se comenta el resultado. El comentario puede incluir una evaluación de los supuestos, un resumen de las principales conclusiones, una propuesta sobre la forma en la que se pudiera verificar el resultado experimentalmente en un laboratorio, o en un estudio paramétrico que demuestre la sensibilidad del resultado a una gama de parámetros de entrada.

Ahora que se ha resumido el procedimiento de siete pasos, se ofrecen comentarios adicionales sobre cada uno.

1. Definición del problema Por lo general, en su libro de texto de ingeniería la definición del problema se plantea en forma de un problema o pregunta al final de cada capítulo. Estas definiciones las escriben los autores de los libros, o bien los profesores o ingenieros en activo que tienen experiencia en el área en cuestión. La gran mayoría de los problemas expuestos al final del capítulo en los textos de ingeniería están bien organizados y bien escritos, por lo que usted no se tiene que preocupar demasiado acerca de la definición del problema. Alternativamente, su profesor puede proporcionarle algunas definiciones provenientes de fuentes externas al libro de texto, o de su propia experiencia profesional. En cualquier caso, la definición del problema debe estar bien planteada, contener toda la información necesaria de entrada y establecer con claridad qué se va a determinar con el análisis. También debe ser debidamente identificado qué se conoce o no se conoce del problema. Si la definición de éste tiene algún defecto de cualquier tipo, es imposible un análisis significativo.

2. Diagrama El viejo dicho de "Una imagen vale más que mil palabras" es ciertamente aplicable al análisis en ingeniería. Un diagrama completo del sistema que se está analizando es crítico. Un buen diagrama ayuda al ingeniero a visualizar los procesos físicos o característicos del sistema. También lo ayuda a identificar supuestos razonables y las ecuaciones determinantes apropiadas. Un diagrama incluso podría revelar defectos en la definición del problema, o métodos alternativos de solución. Los ingenieros emplean una variedad de diagramas en su trabajo analítico. Uno de los utilizados más ampliamente en ingeniería es el *diagrama de cuerpo libre*, que sirve para resolver problemas de mecánica (estática, dinámica, mecánica de materiales). A estos esquemas se les llama diagramas de "cuerpo libre" porque representan un cuerpo específico, aislado de todos los demás cuerpos que están en contacto con él o que se encuentran en su vecindad. Las influencias de los cuerpos cercanos se representan como fuerzas externas que actúan sobre el cuerpo analizado. De ahí que un diagrama de cuerpo libre es un croquis del cuerpo en cuestión que muestra todas las fuerzas externas aplicadas a él. Asimismo, es una representación gráfica de un "equilibrio de fuerzas" sobre el cuerpo. Los diagramas también se utilizan en el análisis de sistemas térmicos. A diferencia del de cuerpo libre, que muestra las fuerzas aplicadas al cuerpo, un diagrama de un sistema térmico muestra las diferentes formas de energía que entran y salen del sistema y es una representación gráfica del "balance de energía" en el sistema. Otro tipo de diagrama representa un sistema que transporta masa a razones conocidas. Los ejemplos comunes incluyen sistemas de tubos y ductos, transportadores y sistemas de almacenamiento. Un diagrama para estos sistemas muestra toda la masa que entra o sale de ellos. Este tipo de diagramas es una representación gráfica de un "balance de masa" en el sistema. Otro tipo más de diagrama es el esquema de circuito eléctrico, que muestra cómo se conectan los componentes y las corrientes, voltajes y otras cantidades eléctricas en el circuito. En la figura 3.2 se muestran algunos ejemplos de diagramas utilizados en el análisis.

3. Supuestos En una ocasión un "científico atmosférico" que estudiaba diversos procesos que ocurrían en la alta atmósfera impartió una conferencia, donde comentó un logro

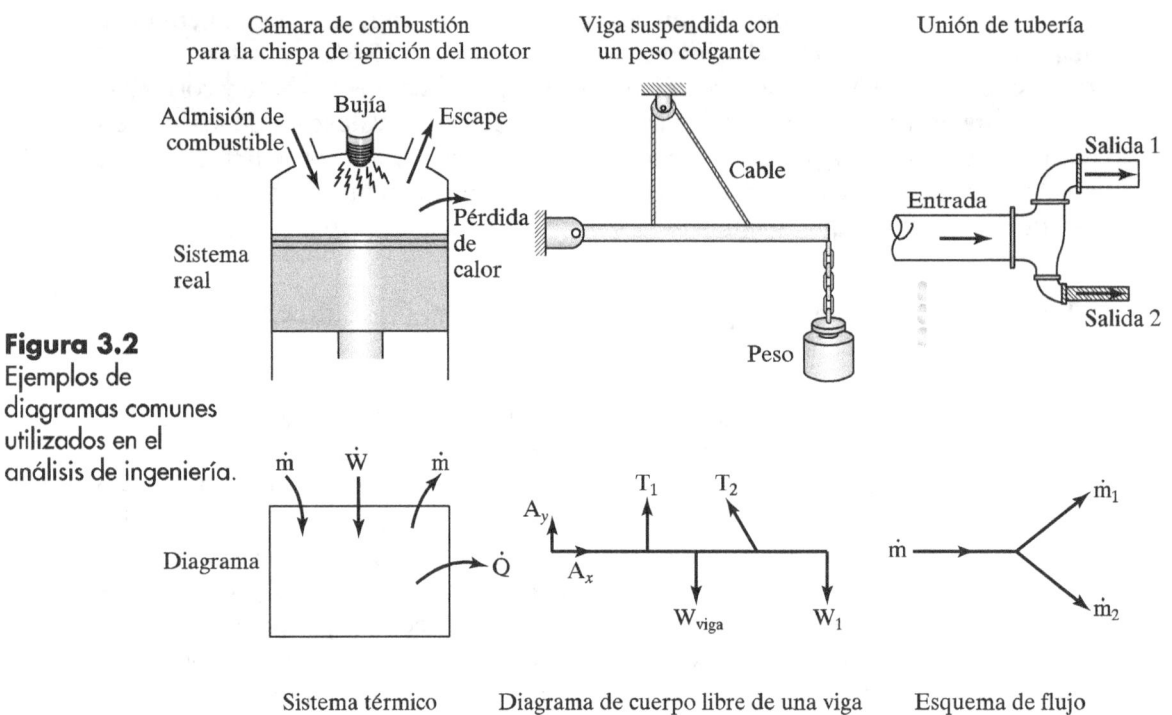

Figura 3.2
Ejemplos de diagramas comunes utilizados en el análisis de ingeniería.

Cámara de combustión para la chispa de ignición del motor

Viga suspendida con un peso colgante

Unión de tubería

Admisión de combustible

Bujía

Escape

Pérdida de calor

Sistema real

Cable

Peso

Salida 1

Entrada

Salida 2

$\dot{m}$ $\dot{W}$ $\dot{m}$

Diagrama

$\dot{Q}$

A_y

A_x

T_1 T_2

W_{viga} W_1

$\dot{m}$

$\dot{m}_1$

$\dot{m}_2$

Sistema térmico   Diagrama de cuerpo libre de una viga   Esquema de flujo

que parecía realmente notable. Después de convencer a la audiencia de que los procesos atmosféricos son algunos de los fenómenos más complejos en física, presumió que había desarrollado, en un periodo de unos cuantos meses, un método analítico de la alta atmósfera que *no* contenía supuestos. Sólo había un problema: su modelo tampoco tenía solución. Al incluir en él cada mecanismo físico hasta el menor detalle, su análisis era tan intrincado matemáticamente que no podía generar una solución. De haber incorporado algunos supuestos simplificadores, su modelo atmosférico podría haber funcionado aunque los resultados fueran aproximados.

De manera rutinaria, los ingenieros y los científicos emplean supuestos para simplificar un problema. Como ilustra esta historia, una respuesta aproximada es mejor que la falta de respuesta. No poder invocar uno o más supuestos simplificadores en el análisis, en particular en uno complejo, puede aumentar lo intrincado del problema en un orden de magnitud que conduce al ingeniero por un muy largo camino sólo para llevarlo a un extremo sin salida. ¿Cómo determinamos qué supuestos utilizar y si nuestros supuestos son buenos o malos? En gran medida, la aplicación de supuestos adecuados es una habilidad adquirida, una habilidad que llega con la experiencia en ingeniería. Sin embargo, usted puede comenzar a aprenderla en la escuela por medio de la aplicación repetida del procedimiento general de análisis en sus cursos de la materia. Conforme aplique el procedimiento a una variedad de problemas de ingeniería, ganará un entendimiento básico de la forma como se utilizan los supuestos en el análisis. Después, una vez que se gradúe y acepte una posición en una firma de ingeniería, usted podrá refinar esta habilidad conforme aplique el procedimiento de análisis para resolver problemas específicos en su compañía. Algunas veces los supuestos pueden restringir demasiado un problema, de manera que se simplifica hasta el punto en que se vuelve muy inexacto e incluso sin importancia. Por tanto, el ingeniero debe ser capaz de aplicar el *número* apropiado, así como el *tipo* apropiado de supuestos en un análisis dado. En la figura 3.3 se muestra un supuesto común que se hace en el análisis de esfuerzos de una columna.

4. Ecuaciones determinantes Las ecuaciones determinantes son los "caballos de batalla" del análisis. Deben seleccionarse de manera que describan a la mano el problema físi-

68

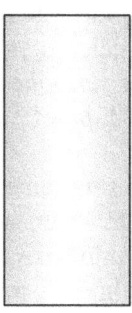 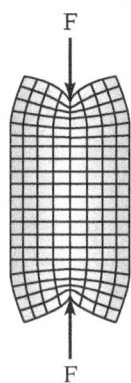 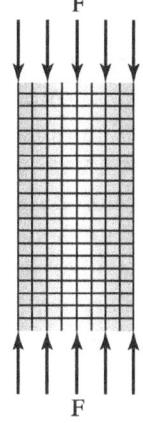

Figura 3.3
Supuesto común planteado en el análisis de esfuerzos de una columna.

Una columna

Cuando se aplica una fuerza concentrada a la columna, los esfuerzos se concentran cerca de los puntos de aplicación, pero los esfuerzos alejados de los extremos son casi uniformes.

Para simplificar el análisis de esfuerzos, se supone que la fuerza concentrada se distribuye de manera uniforme, produciendo así un esfuerzo uniforme en todas las regiones de la columna.

co de forma adecuada. Si se utilizan las ecuaciones determinantes equivocadas, el análisis puede llevar a un resultado que no refleje la verdadera naturaleza física del problema, o tal vez ni siquiera sea posible realizar el análisis porque las ecuaciones determinantes no están en armonía con la definición del problema o con los supuestos. Al usar una ecuación determinante para resolver un problema, el ingeniero debe definir si la ecuación que se está utilizando *realmente* se aplica al problema específico a mano. Como ejemplo extremo (y probablemente absurdo), imagine a una ingeniero tratando de utilizar la segunda ley de Newton $F = ma$ para calcular la pérdida de calor de una caldera. ¿Qué tal si se trata de aplicar la ley de Ohm $V = IR$ para encontrar el esfuerzo en una columna de concreto que soporta la cubierta de un puente? El problema de hacer coincidir las ecuaciones determinantes con el problema en cuestión es por lo general más sutil. En termodinámica, por ejemplo, el ingeniero debe determinar si el sistema térmico es "cerrado" o "abierto" (es decir, si el sistema permite que la masa cruce la frontera del mismo). Una vez que se ha identificado el tipo de sistema térmico, se eligen las ecuaciones termodinámicas que se aplican a ese tipo de sistema, y se procede con el análisis. Las ecuaciones determinantes también deben ser consistentes con los supuestos. Es contraproducente invocar supuestos simplificadores si las ecuaciones determinantes no permiten tolerancias para ellos. Algunas ecuaciones determinantes, en particular las que se derivan de forma experimental, tienen restricciones incorporadas que limitan el uso de las ecuaciones para valores numéricos específicos de variables clave. Un error común que se comete en la aplicación de una ecuación determinante en esta situación es no reconocer las restricciones, forzando la ecuación a aceptar valores numéricos que quedan fuera de su intervalo de aplicación.

5. Cálculos   Una práctica común, en particular entre los estudiantes principiantes, es sustituir *demasiado pronto* valores numéricos de cantidades en las ecuaciones durante los cálculos. Parece que algunos estudiantes se sienten más cómodos trabajando con *números* que con *variables algebraicas*, por lo que su primer impulso es sustituir valores numéricos en todos los parámetros al inicio del cálculo. Evite este impulso. Hasta donde sea práctico, desarrolle la solución de *manera analítica* antes de asignar valores numéricos a cantidades físicas. Antes de apresurarse a "insertar" números en las ecuaciones, examínelas con cuidado para ver si se pueden manipular matemáticamente para producir expresiones más simples. Con frecuencia una variable de una ecuación puede sustituir a otra en otra ecuación para reducir el número total de variables. Quizá una expresión se puede simplificar mediante factorización. Si primero desarrolla la solución de forma analítica, usted podría descubrir ciertas características físicas del sistema, o incluso facilitar la resolución del problema. Se supone que las habilidades analíticas que aprendió en sus cursos de álgebra, trigonometría y cálculo eran para utilizarse en la realización de operaciones matemáticas sobre cantidades *simbólicas*, no sobre números. Cuando emprenda análisis de ingeniería, no guarde sus habilidades matemáticas en un cajón para que se empolven: *utilícelas*.

El paso de los cálculos demanda de un ingeniero más que la habilidad de simplemente "triturar números" en una calculadora o computadora. Los números deben tener un significado, y las ecuaciones que los contienen deben entenderse totalmente y utilizarse de forma apropiada. Todas las relaciones matemáticas tienen que ser dimensionalmente consistentes, y todas las cantidades físicas deben tener un valor numérico además de las unidades correctas. He aquí una sugerencia respecto de las unidades que le ahorrará tiempo y le ayudará a evitar errores: *si las cantidades dadas en la definición del problema se expresan en términos de un conjunto consistente de unidades, convierta todas las cantidades a un conjunto consistente de unidades antes de realizar cualquier cálculo*. Si algunos de los parámetros de entrada se expresan como una mezcla de unidades si e inglesas, convierta todos los parámetros a unidades si o unidades inglesas, y después realice los cálculos. Los estudiantes tienden a cometer más errores cuando intentan efectuar conversiones de unidades *dentro* de las ecuaciones determinantes. Si todas las conversiones se realizan antes de sustituir los valores numéricos en las ecuaciones, se asegura la consistencia de las unidades a lo largo del resto de los cálculos, porque un conjunto consistente de unidades se establece desde el principio. Sin embargo, de cualquier manera debe verificarse la consistencia dimensional sustituyendo todas las cantidades junto con sus unidades en las ecuaciones determinantes.

6. Verificación de la solución   Quizá este paso es el que se omite con mayor facilidad. Incluso los buenos ingenieros algunas veces rehúsan verificar completamente su solución. A primera vista, la solución puede "parecer" buena, pero un simple vistazo no es suficiente. Es claro que se han invertido muchos esfuerzos para formular la definición del problema, construir diagramas del sistema, determinar el número y tipo apropiado de supuestos, invocar ecuaciones determinantes y realizar una serie de cálculos. Todo este trabajo puede servir para nada si la solución no se revisa con cuidado. Verificar la solución de un análisis de ingeniería es análogo a verificar la operación de un automóvil inmediatamente después de una reparación importante. Siempre es una buena idea que el mecánico verifique si el vehículo trabaja antes de entregarlo a su propietario.

Existen dos aspectos principales en la verificación de la solución. Primero, debe examinarse el propio resultado. Hágase la pregunta: ¿este resultado es razonable? Existen varias formas de responder esta pregunta. El resultado debe ser consistente con la información dada en la definición del problema. Por ejemplo, suponga que desea calcular la temperatura del chip del microprocesador de una computadora. En la definición del problema, la temperatura del aire ambiental está dada como 25 °C, pero su análisis indica que la temperatura del chip es de sólo 20 °C. Este resultado no es consistente con la información dada, porque es físicamente imposible que un componente que produce calor, un chip microprocesador en este caso, tenga una temperatura menor que la del ambiente circundante. Si la respuesta hubiera sido 60 °C, cuando menos sería consistente con la definición del problema, aunque tal vez fuera incorrecta. Otra forma de verificar el resultado es compararlo con uno de un análisis similar realizado por usted u otros ingenieros. Si no cuenta con el resultado de un análisis similar, puede ser necesario uno alternativo que utilice un método de solución diferente. En algunos casos es posible que se necesite una prueba de laboratorio para verificar la solución de manera experimental. De cualquier forma, las pruebas son una parte normal del diseño en ingeniería, por lo que una prueba para verificar un resultado analítico puede ser habitual.

El segundo aspecto de la verificación de la solución es una inspección y revisión meticulosa de cada paso del análisis. Regresando a nuestro ejemplo del microprocesador, si no se cometen errores matemáticos o numéricos, la respuesta de 60 °C puede considerarse correcta por lo que se refiere a los cálculos, pero podría ser errónea debido a supuestos equivocados. Por ejemplo, suponga que el chip del microprocesador se enfría con aire mediante un pequeño ventilador, por lo que afirmamos que la convección forzada es el mecanismo dominante por medio del cual se transfiere el calor del chip. En consecuencia, asumimos que la transferencia de calor por conducción y radiación es despreciable, por lo que no incluimos estos mecanismos en el análisis. Una temperatura de 60 °C parece un poco elevada, por lo que revisamos nuestros supuestos. Un segundo análisis que incluye la conducción y la radiación revela que el chip microprocesador está mucho más frío, aproximadamente a 42 °C. Saber si los supuestos son buenos o malos es consecuencia de la acumulación de conocimientos sobre los procesos físicos y de la experiencia práctica en la ingeniería.

7. Comentarios   Este paso es valioso desde el punto de vista de comunicar a otros lo que significan los resultados del análisis. Al comentar el análisis, en realidad está escribiendo un "mini informe técnico". Este informe resume las conclusiones importantes del análisis. En el ejemplo anterior, la conclusión principal puede ser que 42 °C se encuentra debajo de la temperatura recomendada de operación para el chip y, por tanto, éste funcionará de manera confiable en la computadora por un mínimo de 10,000 horas antes de fallar. Si la temperatura del chip se midió realmente como 45 °C poco después de realizar el análisis, los comentarios podrían incluir un examen de por qué difieren las temperaturas predicha y medida, y en particular por qué la temperatura predicha es menor que la temperatura medida. Se puede incluir un breve estudio paramétrico que muestre cómo varía la temperatura del chip en función de la temperatura ambiental. Los comentarios pueden incluir un análisis totalmente independiente que predice la temperatura del chip en caso de fallar el ventilador. En la fase de los comentarios el ingeniero tiene la última oportunidad de obtener reflexiones adicionales sobre el problema.

Éxito profesional

Definición de problemas reales

Los programas de estudio de la ingeniería tratan de ofrecer a los estudiantes un sentido de lo que realmente significa practicarla en el "mundo real"; pero *estudiar* ingeniería en la escuela y *practicarla* en el mundo real no son la misma cosa. Una diferencia se ilustra ampliamente al considerar los orígenes de las definiciones de problemas para el análisis. En la escuela es común encontrar definiciones de problemas en los textos de ingeniería al final de cada capítulo (incluso las respuestas a muchos de estos problemas se incluyen en la parte posterior del libro). Algunas veces sus profesores las obtienen de otros textos, o inventan nuevas (particularmente para los exámenes). En cualquier caso, las definiciones de problemas se le presentan como un pequeño paquete claro y cómodo, listo para que usted resuelva los casos.

Si los libros de texto y los profesores proveen definiciones de problemas a los estudiantes en la escuela, ¿quién o qué provee de definiciones de problemas a los ingenieros en activo en la industria? Por lo común, los problemas de ingeniería del mundo real no se encuentran en los libros de texto (tampoco se encuentran las respuestas en la parte trasera del libro) y sus profesores de ingeniería no van a seguirlo acompañando después que se haya graduado. Entonces,

¿de dónde provienen las definiciones de los problemas reales? Las *formula* el ingeniero que va a realizar el análisis. Como se dijo antes, el análisis es una parte integral del diseño en ingeniería. Al madurar un diseño, comienzan a emerger los parámetros cuantitativos que lo caracterizan. Cuando se requiere un análisis, estos parámetros se entretejen en la definición de un problema, a partir del cual se conducirá el análisis. El ingeniero debe ser capaz de formular una definición de problema coherente y lógica a partir de la información de diseño disponible. Ya que el diseño en ingeniería es un proceso intuitivo, los valores de algunos, o de todos los parámetros de entrada pueden ser inciertos. Por tanto, el ingeniero debe ser capaz de escribir la definición del problema de manera que tenga en cuenta estas incertidumbres. El análisis tendrá que repetirse varias veces hasta que los parámetros ya no se encuentren en estado de flujo, momento en el cual el diseño se habrá completado.

El procedimiento de los siete pasos para realizar un análisis de ingeniería es un método probado en el tiempo. Para comunicar de manera eficaz un análisis a otros debe presentarse en un formato que se pueda leer y seguir con facilidad. A los ingenieros se les conoce por su habilidad para presentar análisis y diversa información técnica con claridad, de manera meticulosa, limpia y cuidadosa. Como estudiante de ingeniería, usted puede comenzar a desarrollar esta habilidad aplicando de manera consistente el procedimiento de análisis descrito en esta sección. Sus profesores de ingeniería insistirán en que siga el procedimiento, o un procedimiento similar, en sus cursos de la materia. Probablemente se le califique no sólo por la forma en que realiza el propio análisis, sino por la forma de *presentarlo* en el papel. Esta práctica de calificar tiene por objeto convencer a los estudiantes de la importancia de las normas de presentación en la ingeniería y ayudarlos a desarrollar buenas capacidades de presentación. El análisis de ingeniería tiene poco valor para cualquiera a menos que se pueda leer y entender. Un buen análisis es aquel que otros pueden leer con facilidad. Si parece "rasguños de gallo" o "jeroglíficos extraterrestres" que requieren un intérprete, el análisis es inútil. Aplique los lineamientos de presentación planteados en esta sección hasta que se conviertan en parte de su naturaleza. Después, una vez que se haya graduado y comience a practicar la ingeniería, usted puede pulir sus habilidades de presentación conforme gane experiencia en la industria.

Los 10 lineamientos siguientes le ayudarán a presentar un análisis de ingeniería de manera completa y clara. Estos lineamientos son aplicables al trabajo de análisis en la escuela, así como en la práctica de la ingeniería en la industria. Debe hacerse notar que el lineamiento aplica específicamente a los análisis realizados a mano con el uso de lápiz y papel, en lugar de a los análisis generados por computadora.

Lineamientos de presentación de análisis

1. Una práctica normal de los ingenieros que hacen análisis es utilizar un tipo especial de *papel*. Por lo general, éste se conoce como "block de cálculos de ingeniería", o "papel para cálculos de ingeniería". Es de color verde claro y debe estar disponible en la librería de su escuela o universidad. La parte posterior de la hoja está reglada horizontal y verticalmente con cinco cuadros por pulgada, sólo con encabezado y márgenes en la parte frontal. Las líneas del reverso son ligeramente visibles a través del papel para ayudar al ingeniero a mantener la posición y orientación apropiada de la escritura, diagramas y gráficas. (Véase la figura 3.4.) Todo el trabajo se realiza en la *parte frontal*. La cara posterior no se utiliza. Por lo común, el papel viene perforado con

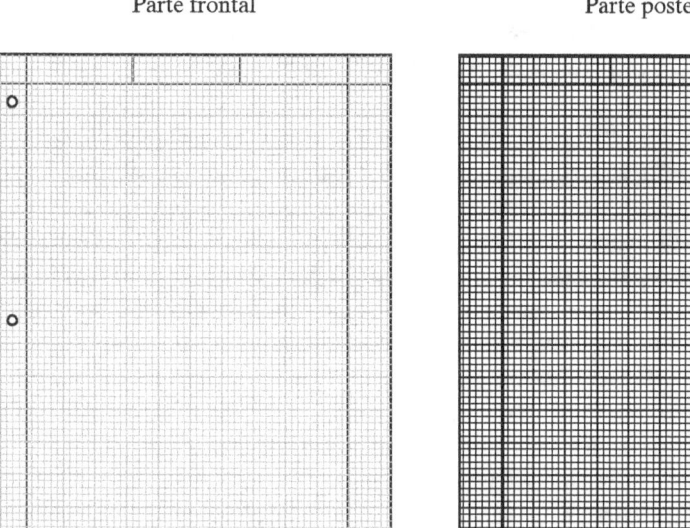

Parte frontal　　　　　　　Parte posterior

Figura 3.4
El papel para cálculos
de ingeniería es un
material estándar
para el trabajo de
análisis.

un patrón estándar de tres orificios en el extremo izquierdo para que pueda ser insertado en una carpeta de tres argollas.

2. No debe escribirse más de *un* problema en una página. Esta práctica ayuda a garantizar la claridad manteniendo separados problemas diferentes. Incluso si un problema ocupa una pequeña parte de una página, el siguiente problema debe iniciarse en una hoja separada.

3. El área del *encabezado* en la parte superior de la hoja debe indicar su nombre, fecha, número del curso y número de tarea. Por lo general, la esquina superior derecha del área del encabezado se reserva para el número de la página. Para alertar al lector sobre el número total de páginas incluidas, con frecuencia se escriben por ejemplo como "1/3", que se lee: "página 1 de 3". La página 1 es la actual y se contabilizan un total de tres páginas. Cuando se utilizan múltiples hojas, deben engraparse en la esquina superior izquierda. De cualquier manera, cada página debe identificarse con su nombre, en el poco probable caso de que éstas se separen.

4. La *definición del problema* debe escribirse completamente, no en forma resumida o condensada. También deben mostrarse todas las figuras que la acompañan. Si la definición del problema se origina en un libro de texto, debe transcribirse tal como aparece *en la forma original* para evitar que el lector tenga que remitirse al libro de texto para buscar la versión completa. Una forma de hacerlo es fotocopiar la definición del problema junto con cualquier figura dada, y después cortarla y anexarla utilizando pegamento o cinta adhesiva transparente directamente debajo del área de encabezado del papel para cálculos de ingeniería. También se puede "escanear" (explorar) electrónicamente la definición del problema e imprimirla directamente sobre el papel.

5. El trabajo debe realizarse sólo con *lápiz*, no con tinta. Todos cometemos errores. Si el análisis se escribe con lápiz, los errores se pueden borrar y corregir con facilidad. Si se escribe con tinta, se tienen que tachar los errores y la presentación no tendrá una apariencia limpia. Para evitar manchones, utilice una mina de lápiz de la dureza apropiada. Todas las marcas deben ser lo suficientemente oscuras para reproducir una copia legible si se requieren fotocopias. Si todavía utiliza un lápiz estándar de madera, tírelo. Los portaminas son superiores. No requieren afilado, tienen minas

para varios meses en una variedad de diámetros que se adaptan a sus necesidades de escritura, así como borradores reemplazables y no generan desperdicios.

6. Los caracteres deben ser *impresos*. El estilo de letra tiene que ser consistente en todo el documento.

7. Deben utilizarse *ortografía* y *gramática* correctas. Incluso si los aspectos técnicos de la presentación no tienen errores, el ingeniero pierde algo de credibilidad si la redacción es deficiente.

8. Existen siete pasos en el procedimiento general de análisis. Estos pasos deben *espaciarse* lo suficiente como para que el lector pueda seguir con facilidad desde la definición del problema hasta los comentarios. Una forma de proveer esta separación es dibujar una línea horizontal a través de la página.

9. Es obligatorio dibujar buenos *diagramas*. Se debe usar una regla recta, plantillas de dibujo y otras herramientas de dibujo manual. En los diagramas debe mostrarse toda la información cuantitativa pertinente, como geometría, fuerzas, flujos de energía, flujos de masa, corrientes eléctricas y presiones.

10. Las respuestas deben marcarse con *doble subrayado* o encerrarse en un *círculo* para su fácil identificación. Para realizar el efecto, se pueden utilizar lápices o marcadores de colores.

Estos 10 lineamientos para la presentación del análisis se recomiendan al estudiante de ingeniería. Es posible que el departamento de ingeniería de su colegio en particular, o sus profesores, prefieran lineamientos ligeramente diferentes. Pero en cualquier caso, siga los que le marquen. Es posible que sus profesores tengan razones particulares para enseñar a sus estudiantes ciertos métodos de presentación de análisis. Éstos pueden variar de alguna manera de profesor a profesor, pero aun así deben reflejar los puntos importantes contenidos en los lineamientos dados en esta sección.

Los siguientes cuatro ejemplos ilustran el procedimiento general de análisis y los lineamientos recomendados para su presentación. Cada ejemplo representa un análisis básico tomado de las áreas de estática, circuitos eléctricos, termodinámica y mecánica de fluidos. Es probable que usted aún no haya tomado cursos de estas materias, así que no se preocupe demasiado si no entiende todos los aspectos técnicos de los ejemplos. Por tanto, no se concentre en los detalles teóricos y matemáticos. Concéntrese mejor en *cómo* se utiliza el procedimiento general de análisis para resolver problemas de diferentes áreas de ingeniería y la forma sistemática en la que se presentan los análisis.

EJEMPLO 3.4

| 12 OCT. 2007 | EJEMPLO 3.4 | BERT DILLON | 1/1 |

Definición del problema

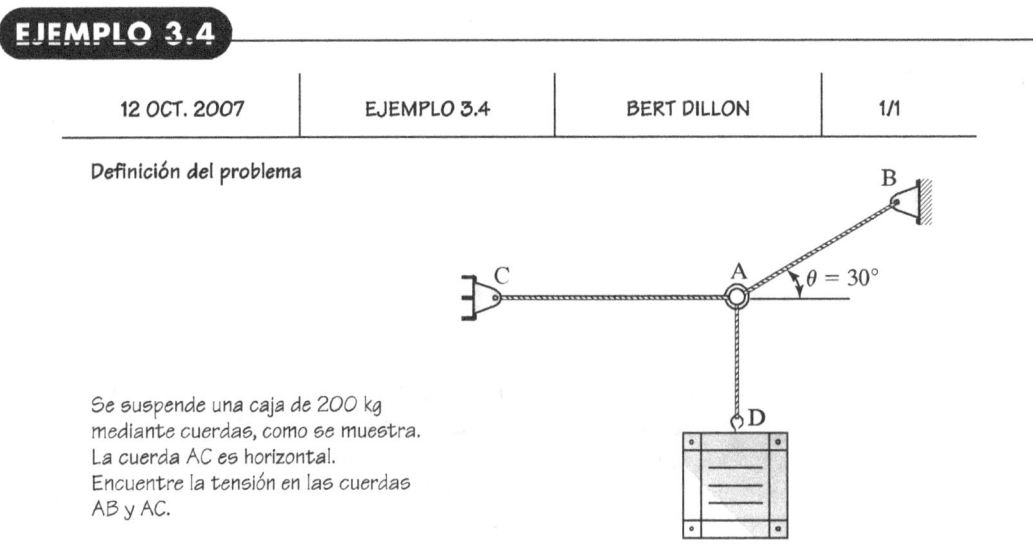

Se suspende una caja de 200 kg mediante cuerdas, como se muestra. La cuerda AC es horizontal. Encuentre la tensión en las cuerdas AB y AC.

74

Diagrama (diagrama de cuerpo libre)

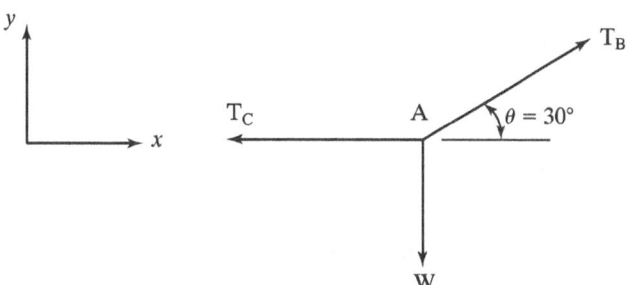

Supuestos
1. Las fuerzas en las cuerdas AB, AC y AD son concurrentes en el punto A.
2. Se desprecia la masa de las cuerdas.

Ecuaciones determinantes
$W = mg$
$\Sigma F_x = 0$
$\Sigma F_y = 0$

Cálculos
$W = mg = (200 \text{ kg})(9.81 \text{ m/s}^2) = 1962 \text{ N}$
$\Sigma F_x = 0 = T_B \cos(30°) - T_C$ (1)
$\Sigma F_y = 0 = T_B \text{sen}(30°) - W$ (2)
Resolviendo la Ec. (2) para T_B y sustituyendo en la Ec. (1) para obtener T_C resulta
$T_B = 3924 \text{ N} = \underline{3.92 \text{ kN}}$, $T_C = 3398 \text{ N} = \underline{3.40 \text{ kN}}$

Verificación de la solución
No se encontraron errores. Las tensiones se pueden verificar sustituyéndolas en las Ecs. (1) y (2).

$3924 \cos(30°) - 3398 = 0.3 \approx 0$
$3924 \text{ sen}(30°) - 1962 = 0$

El resultado despreciable diferente de cero en la Ec. (1) se debe al redondeo.

Comentarios
Al aumentar θ disminuyen T_B y T_C. Cuando $\theta = 90°$.
$T_C = 0$ (la cuerda AC está floja) y $T_B = W = 1962 \text{ N}$.

EJEMPLO 3.5

03 ENE. 2008	EJEMPLO 3.5	MARIE NORTON	1/2

Definición del problema
Dos resistencias de 5 Ω y 50 Ω se conectan en paralelo a una batería de 10 V. Encuentre la corriente en cada resistencia.

Diagrama (esquema eléctrico)

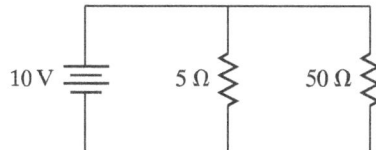

Supuestos
1. Se desprecia la resistencia de los alambres.
2. El voltaje de la batería es constante a 10 **V**.

Ecuaciones determinantes (ley de Ohm)

$$V = IR$$

$V = \text{Voltaje } (\mathbf{V})$
$I = \text{Corriente } (\mathbf{A})$
$R = \text{Resistencia } (\Omega)$

Cálculos

Reajustando la ley de Ohm: $I = \dfrac{V}{R}$.

Se define: $R_1 = 5\,\Omega, R_2 = 50\,\Omega$
Ya que las resistencias están conectadas en paralelo con la batería:
$V = V_1 = V_2 = 10\,V$.

$$\therefore I_1 = \frac{V_1}{R_1} = \frac{10\,V}{5\,\Omega} = \underline{\underline{2\,\text{A}}}, I_2 = \frac{V_2}{R_2} = \frac{10\,V}{50\,\Omega} = \underline{\underline{0.2\,\text{A}}}$$

Verificación de la solución
Los supuestos son razonables y no existen errores en los cálculos.

---

03 ENE. 2008	EJEMPLO 3.5	MARIE NORTON	2/2

Comentarios
El flujo de corriente en una resistencia es inversamente proporcional a la resistencia.
La corriente total se divide de acuerdo con la relación de las resistencias:

$$\frac{I_1}{I_2} = \frac{R_2}{R_1} = \frac{2\,\text{A}}{0.2\,\text{A}} = \frac{50\,\Omega}{5\,\Omega} = 10$$

Corriente total:

$$I_T = I_1 + I_2$$
$$= 2\,\text{A} + 0.2\,\text{A} = 2.2\,\text{A}$$

También se puede determinar la corriente total encontrando la resistencia total y utilizando después la ley de Ohm. Las resistencias en paralelo son las siguientes:

$$R_T = \frac{1}{\dfrac{1}{R_1} + \dfrac{1}{R_2}} = \frac{1}{\dfrac{1}{5} + \dfrac{1}{50}}$$

$$R_T = 4.5455\,\Omega$$

$$I_T = \frac{V}{R_T} = \frac{10\,V}{4.5455\,\Omega} = 2.2\,\text{A}$$

EJEMPLO 3.6

24 MAR. 2007	EJEMPLO 3.6	CY BRAYTON	1/2

Definición del problema
Se está acondicionando el aire en un salón de clases para 50 estudiantes con unidades de acondicionamiento empotradas en las ventanas, cuya potencia es de 4 kW. El salón cuenta con 20 lámparas fluorescentes, cada una de 60 W. Sentado en su pupitre, cada estudiante disipa 100 W. Si la transferencia de calor hacia el salón de clases a través de techo, paredes y ventanas es de 5 kW, ¿cuántas unidades de acondicionamiento de aire se requieren para mantener el salón de clases a una temperatura constante de 22°C?

Diagrama (sistema termodinámico)

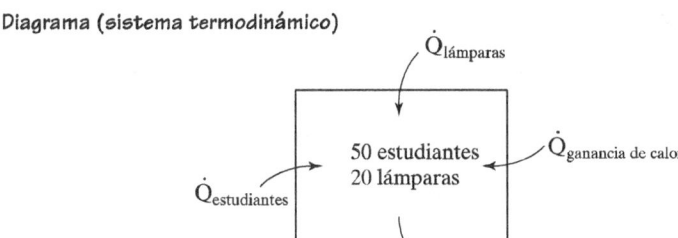

Supuestos

1. El salón de clases es un sistema cerrado, es decir, no existe flujo de masa.
2. Todos los flujos de calor son estables.
3. No existen otras fuentes de calor en el salón de clases, como computadoras, televisiones, etcétera.

Ecuaciones determinantes (conservación de energía)

$$\dot{E}_{\text{entrada}} - \dot{E}_{\text{salida}} = \Delta E_{\text{sistema}}$$

Cálculos

$$\dot{E}_{\text{entrada}} = \dot{Q}_{\text{estudiantes}} + \dot{Q}_{\text{lámparas}} + \dot{Q}_{\text{ganancia de calor}}$$
$$= (50)(100\ \text{W}) + (20)(60\ \text{W}) + 5000\ \text{W} = 11{,}200\ \text{W} = 11.2\ \text{kW}$$

$\Delta E_{\text{sistema}} = 0$ (la clase se mantiene a temperatura constante)

$$\dot{E}_{\text{salida}} = \dot{Q}_{\text{enfriamiento}}$$

Por tanto,

$$\dot{E}_{\text{entrada}} = \dot{Q}_{\text{enfriamiento}}$$

El número de unidades de acondicionamiento de aire requeridas $= \dfrac{\dot{Q}_{\text{enfriamiento}}}{4\ \text{kW}} = \dfrac{11.2\ \text{kW}}{4\ \text{kW}} = 2.8$

Es imposible tener fracciones de unidades de acondicionamiento, por lo que se redondea la respuesta al siguiente entero.

24 MAR. 2007	EJEMPLO 3.6	CY BRAYTON	2/2

Número de unidades de acondicionamiento de aire requeridas = 3.

Verificación de la solución

Para mantener una temperatura constante, la transferencia neta de calor al salón de clases debe ser equivalente al calor retirado por el acondicionador de aire. Al revisar los supuestos, ecuaciones y cálculos, no se encontraron errores.

Comentarios

En el cálculo no se utilizó la temperatura del salón de clases de 22 °C porque esta temperatura, así como la del aire exterior, está implícita en la ganancia dada de calor antes del análisis de transferencia de calor.

Suponiendo que el salón de clases tiene un laboratorio de cómputo con 30 computadoras, cada una disipando 250 W, eliminamos el supuesto 3 para incluir la entrada de calor de las computadoras.

$$\dot{Q}_{\text{enfriamiento}} = \dot{Q}_{\text{estudiantes}} + \dot{Q}_{\text{lámparas}} + \dot{Q}_{\text{ganancia de calor}} + \dot{Q}_{\text{computadoras}}$$
$$= 11{,}200\ \text{W} + 30(250\ \text{W}) = 18{,}700\ \text{W} = 18.7\ \text{kW}$$

El número de unidades de acondicionamiento de aire requeridas $= \dfrac{\dot{Q}_{\text{enfriamiento}}}{4\ \text{kW}} = \dfrac{18.7\ \text{kW}}{4\ \text{kW}} = 4.7$

Número de unidades de acondicionamiento de aire requeridas = 5.

Este ejemplo ilustra el efecto de las computadoras en los requerimientos de acondicionamiento de aire.

EJEMPLO 3.7

Definición del problema

Entra agua en una unión de tubería con un flujo másico de 3.6 kg/s. Si el flujo másico en la derivación pequeña es de 1.4 kg/s, ¿cuál es el flujo másico en la derivación grande? Si el diámetro interior del tubo de la derivación grande es de 5 cm, ¿cuál es la velocidad en este tubo?

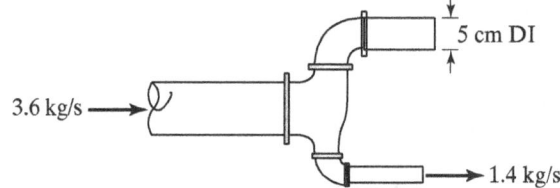

Diagrama (esquema de flujo)

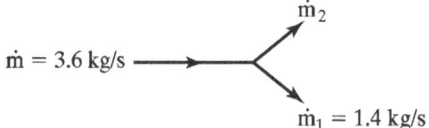

Supuestos
1. Flujo incompresible estable
2. Densidad del agua: $\rho = 1000 \ \text{kg/m}^3$

Ecuaciones determinantes

Conservación de la masa: $\dot{m}_{\text{entrada}} = \dot{m}_{\text{salida}}$ $\dot{m} =$ flujo másico (kg/s)

Flujo másico: $\dot{m} = \rho A v$ $\rho =$ densidad del fluido (kg/m^3)

$A =$ área de la sección transversal del flujo (m^2)

$v =$ velocidad (m/s)

Cálculos

$$\dot{m} = \dot{m}_1 + \dot{m}_2$$
$$\dot{m}_2 = \dot{m} - \dot{m}_1 = 3.6 \ \text{kg/s} - 1.4 \ \text{kg/s}$$
$$= 2.2 \ \text{kg/s}$$

$$\dot{m}_2 = \rho A_2 v_2 = \rho \frac{\pi D_2^{\ 2}}{4} v_2$$

$$v_2 = \frac{4 \, \dot{m}_2}{\pi \rho D_2^{\ 2}} = \frac{4 \, (2.2 \ \text{kg/s})}{\pi (1000 \ \text{kg/m}^3)(0.05 \ \text{m})^2}$$

$$= \underline{1.12 \ \text{m/s}}$$

Verificación de la solución

El valor calculado para la velocidad en la derivación grande parece razonable para un sistema de plomería común. No se encontraron errores en los cálculos.

Comentarios

La velocidad es un valor promedio porque existe un perfil de velocidades a través del tubo. Este perfil lo genera la viscosidad. Si la condición del flujo es laminar, el perfil de velocidades es parabólico, como se muestra en el siguiente croquis.

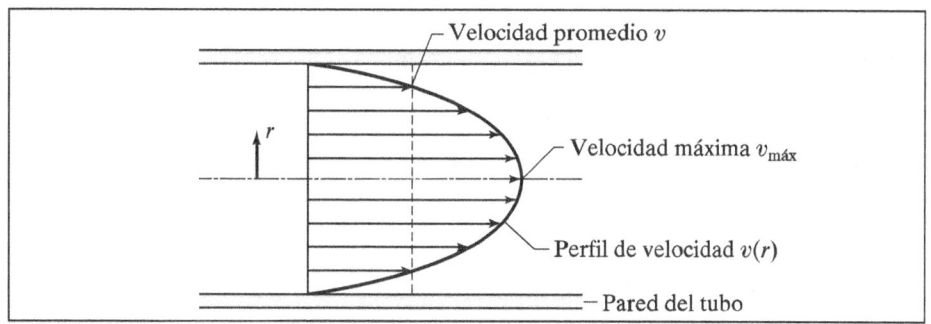

Velocidad promedio v

Velocidad máxima $v_{\text{máx}}$

Perfil de velocidad $v(r)$

Pared del tubo

En contraste con los ejemplos 3.4 a 3.7, que ilustraban cálculos a mano, este ejemplo incorpora la herramienta de análisis por computadora TK Solver. Este *software* es un solucionador de ecuaciones (véase la sección 3.4.2), útil para ejecutar la fase de los cálculos en el procedimiento general de análisis. Los otros pasos del procedimiento se realizan de la forma usual.

EJEMPLO 3.8

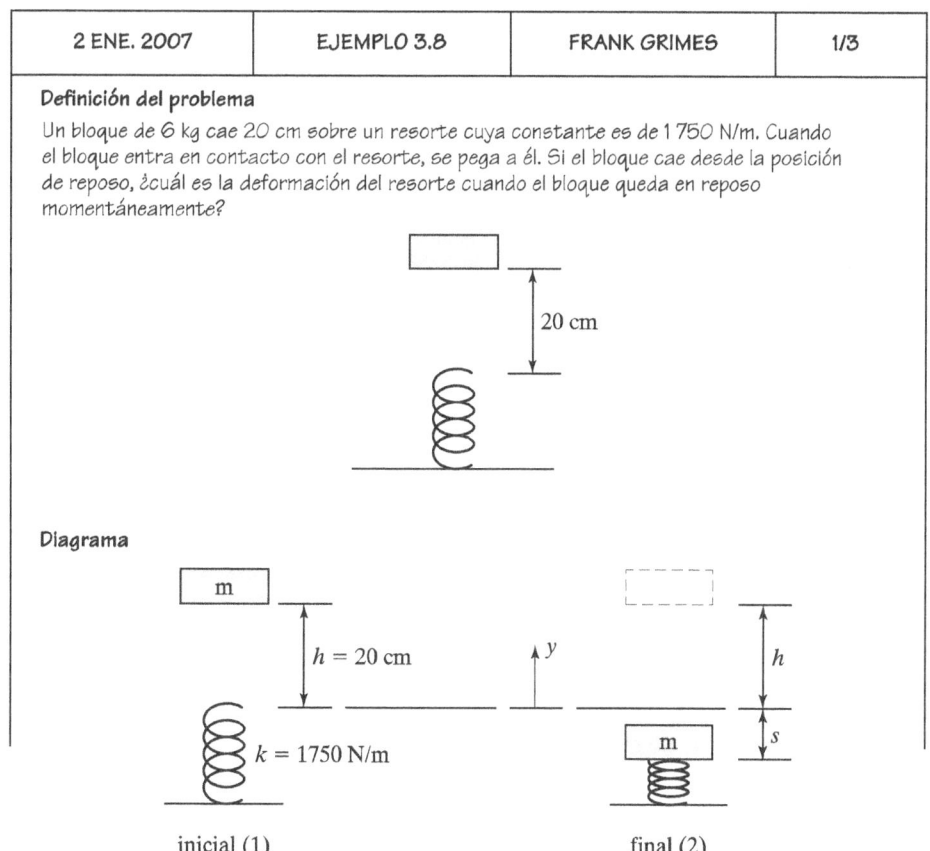

2 ENE. 2007	EJEMPLO 3.8	FRANK GRIMES	1/3

Definición del problema

Un bloque de 6 kg cae 20 cm sobre un resorte cuya constante es de 1 750 N/m. Cuando el bloque entra en contacto con el resorte, se pega a él. Si el bloque cae desde la posición de reposo, ¿cuál es la deformación del resorte cuando el bloque queda en reposo momentáneamente?

20 cm

Diagrama

m

$h = 20$ cm

$k = 1750$ N/m

inicial (1)

y

h

m

s

final (2)

Ecuaciones determinantes

Conservación de la energía: $V_1 + T_1 = V_2 + T_2$

Energía potencial gravitacional: $V = mgh$

Energía potencial del resorte: $V = \frac{1}{2}ks^2$

Cálculos

La *hoja de reglas* muestra las ecuaciones determinantes y la *hoja de variables* muestra las entradas y salidas de todas las cantidades físicas. El TK Solver no requiere que el usuario realice alguna manipulación algebraica; el *software* es capaz de resolver las ecuaciones determinantes en su forma original. Debido al término de la energía potencial del resorte, la ecuación de conservación de la energía se convierte en una ecuación cuadrática con dos raíces. Con el fin de generar estas raíces, se introduce un valor "estimado" para la deformación del resorte *s* en la columna de entradas de la hoja de variables. Después se introduce una G (para la estimación) en la columna *situación* (o *estado*) junto a la variable de salida. Se inicia el solucionador iterativo generando *una* de las dos raíces. La raíz calculada depende de qué tan cerca se encuentre el valor estimado de esa raíz.

Hoja de reglas

Situación	Regla
Satisfecha	V1 + T1 = V2 + T2
Satisfecha	V1 = m*g*h
Satisfecha	V2 = −m*g*s + 0.5*k*s^2

Hoja de variables

Situación	Entrada	Nombre	Salida	Unidad	Comentario
		V1	11.772	J	energía potencial inicial
	0	T1		J	energía cinética inicial
		V2	11.772	J	energía potencial final
	0	T2		J	energía cinética final
	6	m		kg	masa del bloque
	9.81	g		m/s^2	aceleración gravitacional
	.2	h		m	altura inicial del bloque
	1750	k		N/m	constante del resorte
G		s	.15440257	m	deformación del resorte

Como se muestra en la hoja de variables, la deformación del resorte es:

$$s = 0.1544 \text{ m} \approx \underline{15.4 \text{ cm}}$$

Verificación de la solución

La solución se puede verificar sustituyendo valores en la ecuación de conservación de energía. Reajustando la ecuación tenemos:

$$V_1 + T_1 - (V_2 + T_2) = 0$$

$$mgh + 0 - (-mgs + \tfrac{1}{2}ks^2 + 0) = 0$$

$$(6)(9.81)(0.20) + 0 - [-(6)(9.81)(0.1544) + \tfrac{1}{2}(1750)(0.1544)^2 + 0] = 0$$

$$11.7720 - [-9.0880 + 20.8594] = 0$$

$$11.7720 - 11.7714 = 5.84 \times 10^{-4} \approx 0$$

La pequeña respuesta diferente de cero se debe al redondeo, por lo que se comprueba la respuesta.

Comentarios

La segunda raíz es $s = -0.0871$, que se obtiene utilizando un valor estimado de cero o menos. Ya que la deformación del resorte s se define como una cantidad positiva en la ecuación de la energía potencial del resorte, la segunda raíz no es física, es decir, no tiene significado físico.

Se puede demostrar fácilmente que la ubicación del origen es arbitraria.

Éxito profesional

Evitar el enfoque de aprendizaje de "libro de recetas" en el análisis de ingeniería

Un buen ingeniero resuelve un problema de análisis de ingeniería razonándolo, más que simplemente siguiendo una "receta" preparada, consistente en instrucciones paso por paso escritas por alguien más. De manera similar, un buen estudiante de ingeniería es aquel que aprende el análisis pensando de manera conceptual cada problema, en lugar de simplemente memorizar una colección de secuencias sueltas de solución y fórmulas matemáticas. Este aprendizaje por "libro de recetas" es una desviación en el camino de la educación en ingeniería. Además, el estilo de aprendizaje de libro de recetas promueve un conocimiento fragmentado más que integral. Un estudiante que adopta este método de aprendizaje pronto descubre que es difícil y requiere mucho tiempo para resolver nuevos problemas de ingeniería, a menos que antes haya resuelto problemas idénticos o muy similares utilizando una receta determinada. Se puede establecer una analogía con la conocida máxima: "Dale un pescado a un hombre y lo alimentarás un día. Enséñalo a pescar y comerá toda la vida." Una receta capacita a un estudiante para resolver un solo tipo específico de problema, mientras que un método de aprendizaje con base en conceptos más generales lo capacita para resolver muchos problemas de ingeniería.

¡Practique!

Utilice el procedimiento general de análisis para resolver los siguientes problemas (exponga el análisis utilizando los lineamientos para la presentación planteados en esta sección):

1. Se pretende enclaustrar permanentemente desperdicio radiactivo en concreto y enterrarlo en el suelo. El recipiente que contiene el desperdicio mide de 30 cm × 30 cm × 80 cm. Los reglamentos federales dictan que debe existir un espesor mínimo de concreto de 50 cm alrededor de todos los costados del recipiente. ¿Cuál es el volumen mínimo de concreto requerido para enclaustrar con seguridad el desperdicio radiactivo?
   Respuesta: 2.97 m³.

2. El elevador de un edificio de oficinas tiene una capacidad de operación de 15 pasajeros, con un peso máximo de 180 lb$_f$ cada uno. El elevador se suspende mediante un sistema de poleas especiales con cuatro cables, dos de los cuales soportan 20 por ciento de la carga total y los otros dos, el 80 por ciento restante. Encuentre la máxima tensión en cada cable del elevador. *Respuesta:* 270 lb$_f$, 1080 lb$_f$.

3. Un técnico mide una caída de voltaje de 25 V a través de una resistencia de 100-Ω utilizando un voltímetro digital. La ley de Ohm establece que $V = IR$. ¿Cuál es el flujo de corriente a través de la resistencia? ¿Cuánta potencia consume la resistencia? (*Sugerencia:* $P = I^2R$.) *Respuesta:* 250 mA, 6.25 W.

4. El aire fluye a través de un ducto principal con un flujo másico de 4 kg/s. El ducto principal entra en una unión que se divide en dos ductos derivados, uno con una sección transversal de 20 cm $\times$ 30 cm y el otro con una sección transversal de 40 cm $\times$ 60 cm. Si el flujo másico en la derivación grande es de 2.8 kg/s, ¿cuál es el flujo másico en la derivación pequeña? Si la densidad del aire es $\rho = 1.16$ kg/m^3, ¿cuál es la velocidad en cada derivación? *Respuesta:* 1.2 kg/s, 10.1 m/s, 17.2 m/s.

3.4 LA COMPUTADORA COMO HERRAMIENTA DE ANÁLISIS

Las computadoras son parte integral del mundo civilizado. Afectan virtualmente cada aspecto de nuestra vida diaria, incluyendo comunicaciones, transporte, transacciones financieras, proceso de información, producción de alimentos y cuidado de la salud. Hoy el mundo es muy diferente del que era antes del advenimiento de estas máquinas. La gente las utiliza para obtener y procesar información, procesamiento de palabras, correo electrónico, entretenimiento y compras en línea. Al igual que todos, los ingenieros utilizan computadoras en su vida personal de la misma manera que señalamos, pero también dependen mucho de ellas en su trabajo profesional. Para el ingeniero es una herramienta indispensable. Sin ella no podría hacer su trabajo con tanta exactitud o eficiencia. Para los ingenieros, la ventaja fundamental de la computadora es su capacidad para realizar diferentes funciones con extrema rapidez. Por ejemplo, una secuencia compleja de cálculos que requeriría días con una regla de cálculo, se puede realizar en unos cuantos segundos con una computadora. Además, su precisión numérica permite obtener cálculos mucho más exactos. Los ingenieros utilizan estos equipos para diseño asistido por computadora (CAD, por sus siglas en inglés), procesamiento de palabras, comunicaciones, acceso a información, graficación, control de procesos, simulación, adquisición de datos y, desde luego, análisis.

La computadora es una de las más poderosas herramientas de análisis con que cuenta el ingeniero, pero no reemplaza su mente. Cuando se enfrenta con un nuevo análisis, este profesional debe razonar el problema utilizando principios científicos sólidos, matemáticas aplicadas y juicios de ingeniería. Una computadora es sólo una máquina, y hasta el momento no se ha desarrollado alguna que pueda superar el razonamiento humano (excepto tal vez al jugar ajedrez). Una computadora sólo puede ejecutar las instrucciones que se le dan, y lo hace con notable rapidez y eficiencia. Y también genera respuestas erróneas con la misma rapidez con que produce respuestas correctas. El ingeniero está obligado a alimentarla con la entrada correcta. Un acrónimo que se usa con frecuencia en ingeniería es *GIGO* (si entra basura, sale basura; *garbage in, garbage out*, por sus siglas en inglés), que se refiere a una situación en cual se alimentan datos erróneos de entrada a una computadora, produciendo entonces una salida errónea. Cuando se aplica GIGO, los cálculos son numéricamente correctos, pero los resultados no tienen sentido, porque el ingeniero alimentó la computadora con una entrada errónea, o el programa que escribió para la computadora es deficiente. La computadora es capaz de realizar con exactitud cantidades enormes de cómputos en un tiempo muy corto, pero es incapaz de componer la definición de un problema, construir el diagrama de un sistema de ingeniería, formular supuestos, seleccionar las ecuaciones determinantes apropiadas, verificar la racionalidad de la solución, o comentar y evaluar los resultados del análisis. Por tanto, el único paso del procedimiento de análisis para el cual la computadora está perfectamente adaptada es el paso 5: cálculos. Esto no significa que no se pueda utilizar una computadora para escribir definiciones de problemas, supuestos y ecuaciones, así como para dibujar diagramas. Estos pasos también se pueden efectuar utilizando la computadora, pero dirigidos por el ingeniero, mientras que los cálculos se realizan de forma automática una vez que se alimentan las ecuaciones y las entradas numéricas apropiadas.

Los ingenieros utilizan el análisis fundamentalmente como una herramienta de diseño y como un medio para predecir o investigar fallas. Específicamente, ¿cómo utiliza un ingeniero la computadora para el análisis? Los pasos 1 al 4, y 6 y 7 del procedimiento de análisis permanecen prácticamente sin cambios se recurra a una computadora o no. Por lo que, ¿exactamente cómo se efectúan los cálculos del paso 5 en una computadora? Existen básicamente cinco categorías de herramientas computarizadas para realizar el trabajo del análisis de ingeniería:

1. Hojas de cálculo.
2. Solucionadores de ecuaciones y *software* de matemáticas.
3. Lenguajes de programación.
4. *Software* especial.
5. *Software* de elemento finito.

3.4.1 Hojas de cálculo

El término **hoja de cálculo** originalmente se refería a una tabulación especial de filas y columnas para efectuar cálculos financieros. La hoja de cálculo computarizada es una versión electrónica moderna de la hoja de cálculo de papel que se utilizó inicialmente en aplicaciones de negocios y contabilidad. En virtud de su estructura general, las hojas de cálculo no sólo son útiles para realizar cálculos financieros, sino que también se pueden utilizar para realizar una variedad de cálculos científicos y de ingeniería. Al igual que la versión original en papel, la hoja de cálculo computarizada consta de filas y columnas. A la intersección de una fila con una columna se le llama *celda*. Las celdas sirven como ubicación para datos de entrada y salida, como texto, números o fórmulas. Por ejemplo, una celda puede contener una ecuación que represente la segunda ley del movimiento de Newton, $F = ma$. Una celda cercana contendría un número para la masa m, mientras que otra contendría un número para la aceleración a. Inmediatamente después de introducir estos dos valores de entrada en sus respectiva celda, la hoja de cálculo automáticamente evalúa la fórmula, insertando el valor numérico de la fuerza F en la celda que contiene la fórmula para la segunda ley de Newton. Si se cambian los valores de la masa y la aceleración, la hoja de cálculo actualiza automáticamente el valor de la fuerza. Este ejemplo es muy simple, pero las hojas de cálculo son capaces de hacer cálculos que comprenden cientos o incluso miles de variables. Suponga que nuestro análisis comprende 100 variables y que deseamos saber cómo el cambio de *una* sola de dichas variables afecta la solución. Simplemente cambiamos la variable que nos interesa y la hoja de cálculo actualiza automáticamente todos los datos para reflejar la modificación. Ésta es una excelente herramienta de análisis para responder con rapidez preguntas de "qué tal si...". Se pueden investigar de manera eficiente numerosos diseños alternativos realizando el análisis en una hoja de cálculo. Además de las funciones numéricas, estas hojas también tienen capacidades gráficas. Excel[1], Quattro Pro[2] y Lotus 1-2-3[3] son productos populares de hojas de

---

[1]Excel es una marca registrada de Microsoft® Corporation.
[2]Quattro® Pro es una marca registrada de Corel® Corporation.
[3]Lotus 1-2-3 es una marca registrada de Lotus® Development Corporation, parte de IBM®.

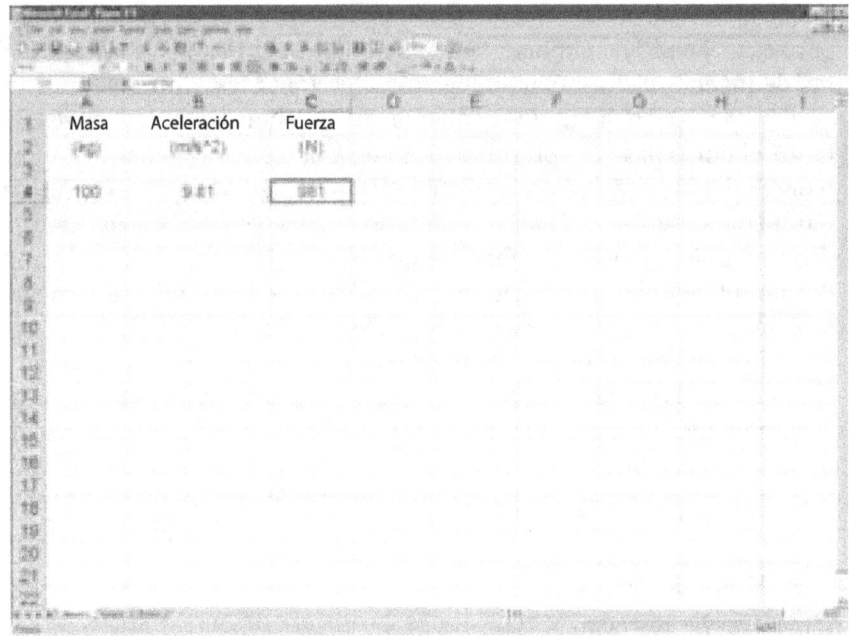

Figura 3.5
Cálculo de la segunda ley de Newton utilizando Excel. Observe la fórmula para la fuerza +A4*B4 introducida en la celda C4.

cálculo. En la figura 3.5 se muestra un sencillo ejemplo para calcular la fuerza utilizando la segunda ley de Newton mediante Excel.

3.4.2 Solucionadores de ecuaciones y *software* de matemáticas

Los **solucionadores de ecuaciones** y los paquetes de *software* **de matemáticas** son herramientas científicas y de ingeniería de propósito general para resolver ecuaciones y efectuar operaciones matemáticas simbólicas. Los solucionadores de ecuaciones están diseñados fundamentalmente para resolver problemas que comprenden entradas y salidas *numéricas*, mientras que los paquetes de matemáticas son adecuados para realizar operaciones matemáticas *simbólicas* de manera muy similar a las que usted haría en un curso de esta materia. Los solucionadores de ecuaciones aceptan un conjunto de ecuaciones que representan el modelo matemático del problema analítico. Las ecuaciones pueden ser lineales o no lineales, y se pueden escribir en su forma usual sin manipulación matemática previa para aislar las cantidades desconocidas en un lado del signo de igualdad. Por ejemplo, la segunda ley de Newton se escribiría en su forma usual como $F = ma$ aunque la cantidad desconocida fuera la aceleración a. Para resolver a mano este problema, tendríamos que escribir la ecuación como $a = F/m$ porque la estamos determinando para la aceleración. Esto no es necesario cuando utilizamos los solucionadores de ecuaciones. Una vez que introducimos los valores numéricos de las cantidades conocidas, los solucionadores las resuelven para los valores desconocidos restantes, pues cuentan con una gran biblioteca integrada de funciones para su uso en trigonometría, álgebra lineal, estadística y cálculo. Los solucionadores de ecuaciones pueden realizar una variedad de operaciones matemáticas, incluyendo diferenciación, integración y operaciones matriciales. Además de estas características matemáticas, también efectúan conversiones de unidades y tienen capacidad para mostrar resultados de forma gráfica. La programación también se puede hacer con los solucionadores de ecuaciones. Aunque todos cuentan con capacidades simbólicas, algunos tienen capacidad para la adquisición de datos, el análisis de imagen y el procesamiento de señales. Algunos solucionadores populares de ecuaciones son TK Solver[4], Mathcad[5] y Matlab[6].

---

[4]TK Solver es una marca registrada de Universal Technical Systems, Incorporated.
[5]Mathcad® es una marca registrada de Mathsoft™, Incorporated.
[6]MATLAB® es una marca registrada de The MathWorks, Incorporated.

La fortaleza de los paquetes de matemáticas estriba en su potencial para realizar operaciones matemáticas simbólicas. Éstas comprenden la manipulación de símbolos (variables) utilizando operadores matemáticos como producto de vectores, diferenciación, integración y transformadas. Estos paquetes son capaces de realizar procedimientos matemáticos complejos y sofisticados. También poseen amplias capacidades gráficas. Aunque los paquetes de matemáticas están fundamentalmente diseñados para operaciones simbólicas, también pueden realizar cómputos numéricos. Mathematica[7] y Maple[8] son productos populares de *software* en esta materia.

3.4.3 Lenguajes de programación

Las hojas de cálculo, los solucionadores de ecuaciones y los paquetes de *software* de matemáticas no siempre pueden satisfacer las demandas de cómputo de todos los análisis de ingeniería. En tales casos, los ingenieros pueden elegir escribir sus propios programas de cómputo con el uso de un lenguaje de programación. Los **lenguajes de programación** se refieren a instrucciones sucesivas suministradas a una computadora para que efectúe cálculos específicos. Por lo general, los lenguajes de computadora se clasifican de acuerdo con su nivel. El *lenguaje de máquina* es de bajo nivel, basado en un sistema binario de "ceros" y "unos", y es el lenguaje más primitivo, porque las computadoras son dispositivos digitales cuyas funciones lógicas rudimentarias se llevan a cabo usando interruptores de estado sólido en las posiciones de "encendido" y "apagado". El *lenguaje ensamblador* también es de bajo nivel, pero sus instrucciones están escritas en declaraciones semejantes al inglés en lugar de en lenguaje binario. El lenguaje ensamblador no tiene muchos comandos y debe escribirse para el equipo específico (*hardware*) de la computadora. Los programas de cómputo escritos en lenguaje de bajo nivel funcionan muy rápidamente debido a que están estrechamente vinculados con el *hardware*, pero escribirlos es muy tedioso.

Debido a la situación anterior, es común que los ingenieros escriban programas en lenguajes de alto nivel, que consisten en comandos directos expresados en un código semejante al inglés. Los más comunes son Fortran, C, C++, Pascal, Ada y BASIC. Fortran es el patriarca de todos los lenguajes de programación científica. La primera versión (Traducción de Fórmulas; FORmula TRANslation en inglés) la desarrolló IBM entre 1954 y 1957. Desde su concepción, Fortran ha sido el *caballo de batalla* de los lenguajes de programación científica y de ingeniería. Ha experimentado actualizaciones y mejoras, y aun se utiliza ampliamente hoy en día. El lenguaje C evolucionó de dos lenguajes, BCPL y B, que se desarrollaron a finales de la década de 1960. En 1972 se compiló el primer programa C. El lenguaje C++ nació del C y se impulsó a principios de la década de 1980. Tanto C como C++ son lenguajes populares de programación para aplicaciones de ingeniería, porque utilizan poderosos comandos y estructuras de datos. Pascal se desarrolló durante los inicios de la década de 1970 y es un lenguaje de programación popular para los estudiantes principiantes de ciencias computacionales que aprenden programación por primera vez. El Departamento de Defensa de Estados Unidos impulsó Ada durante la década de 1970 para contar con un lenguaje de alto nivel adecuado a sus sistemas computarizados. BASIC (código de instrucciones simbólicas de propósito general para principiantes; *Beginner's All-purpose Symbolic Instruction Code* en inglés) se desarrolló a mediados de la década de 1960 como una simple herramienta de aprendizaje para estudiantes de secundaria y preparatoria. Con frecuencia, BASIC se incluye como parte del *software* de operación de las computadoras personales.

Escribir programas en lenguajes de alto nivel es más fácil que en lenguajes de bajo nivel, pero los de alto nivel utilizan un número mayor de comandos. Además, deben escribirse con reglas gramaticales específicas, a las que se conoce como *sintaxis*. Las reglas de

---

[7]MATHEMATICA® es una marca registrada de Wolfram Research, Incorporated.
[8]Maple™ es una marca registrada de Maplesoft™, una división de Waterloo Maple, Incorporated.

la sintaxis determinan cómo se utilizan puntuación, operadores aritméticos, paréntesis y otros caracteres para escribir programas. Para ilustrar las diferencias sintácticas entre los lenguajes de programación, solucionadores de ecuaciones y paquetes de matemáticas, en la tabla 3.1 se muestra cómo se escribe una simple ecuación. Observe las similitudes y diferencias en el signo igual, la constante π y el operador para exponenciación.

Tabla 3.1 Comparación de las instrucciones de cómputo para la ecuación $V = 4/3\pi R^3$, el volumen de una esfera

Herramienta de cómputo	Instrucción
Mathcad	$V := 4/3*\pi*R^3$
TK Solver	$V = 4/3*pi()*R^3$
Matlab	$V = 4/3*pi*R^3;$
Mathematica	$V = 4/3*Pi*R^3$
Maple	$V: = 4/3*pi*R^3;$
Fortran	$V = 4/3*3.141593*R**3$
C, C++	$V = 4/3*3.141593*pow(R, 3);$
Pascal	$V: = 4/3*3.141593*R*R*R;$
Ada	$V: = 4/3*3.141593*R**3;$
Basic	$V = 4/3*3.141593*R^3$

3.4.4 *Software* especial

Considerada como un todo, la ingeniería es un campo amplio que cubre una variedad de disciplinas y carreras. Algunas de las primeras son la ingeniería química, la ingeniería civil, la ingeniería eléctrica y de cómputo, la ingeniería ambiental y la ingeniería mecánica. Los campos fundamentales de la carrera incluyen investigación, desarrollo, diseño, análisis, manufactura y prueba. Dada la variedad de problemas específicos que enfrentan los ingenieros que trabajan en estos campos, no es de sorprender que existan numerosos paquetes de *software especial* para ayudarlos a analizar problemas específicos relacionados con un sistema de ingeniería en particular. Por ejemplo, existen paquetes de *software* especiales para ingenieros eléctricos que permiten analizar y simular circuitos eléctricos. Los ingenieros mecánicos y químicos pueden aprovechar los paquetes de *software* diseñados específicamente para calcular parámetros de flujo en redes de tuberías. Existen otros para ingenieros civiles y estructurales que ayudan a calcular fuerzas y esfuerzos en soportes y otras estructuras. Algunos paquetes más sirven para realizar análisis de intercambios de calor, maquinaria, recipientes a presión, sistemas de propulsión, turbinas, sistemas neumáticos e hidráulicos, procesos de manufactura y sujetadores mecánicos, así como muchos otros, demasiado numerosos para listarlos. Una vez que se gradúe y comience a trabajar para una compañía que produce un bien o un proceso específico, probablemente se familiarice con uno más de estos paquetes de *software* especial.

3.4.5 *Software* de elemento finito

Algunos problemas de análisis de ingeniería son demasiado complejos para ser resueltos utilizando alguna de las herramientas de cómputo señaladas. En contrapartida, los paquetes de *software* de *elemento finito* permiten que el ingeniero analice sistemas que tienen configuraciones irregulares, propiedades variables de materiales, condiciones complejas en las fronteras y comportamiento no lineal. El método de elemento finito se originó en la industria aeroespacial a principios de la década de 1950, cuando se usó para el análisis de esfuerzos de aeronaves. Posteriormente, al madurar el método, se le encontró aplicación en otras áreas de análisis, como el flujo de fluidos, transferencia de calor, vibraciones, impactos, acústica y electromagnetismo. El concepto básico detrás del método de elemento finito es subdividir una región continua (es decir, el sistema a analizar se divide en un conjunto de formas geométricas simples llamadas "elementos finitos"). Los elementos se interconectan en puntos comunes llamados "nodos". Se suministran las propiedades de los materiales, las condiciones en las fronteras y otras entradas pertinentes. Con el uso de un procedimiento matemático avanzado, el *software* de elemento finito calcula el valor de parámetros como esfuerzo, temperatura, caudal, o frecuencia de vibración en cada nodo en la región. De ahí que el ingeniero cuente con un conjunto de parámetros de salida en puntos discretos, que se aproxima a una distribución continua de esos parámetros para toda la región. El método de elemento finito es un procedimiento de análisis avanzado y normalmente se presenta en el nivel superior de escuelas y universidades o en el primer año del nivel profesional.

Éxito profesional

Errores en el uso de computadoras

No se puede sobrestimar el papel vital que las computadoras juegan en el análisis de ingeniería. Sin embargo, dadas las tremendas ventajas de su uso en este análisis, puede ser difícil aceptar el hecho que también incurren en errores. Un riesgo común que confunde a algunos ingenieros es la tendencia a tratar a la computadora como una "caja negra", un dispositivo electrónico maravilloso cuyo funcionamiento interno es desconocido en gran medida, pero que de cualquier manera proporciona una salida para cada entrada introducida. Quienes le dan este tratamiento a la computadora no emplean de manera efectiva el procedimiento general de análisis, y con ello se arriesgan a perder su capacidad de razonar de manera sistemática el problema. La computadora es una máquina notable, pero no reemplaza la mente, el razonamiento ni el juicio del ingeniero. Las computadoras, y el *software* que corre en ellas producen salidas que reflejan *precisamente* la entrada con la que se les alimenta. Si la entrada es buena, la salida será buena. Si la entrada es mala, la salida será mala. Las computadoras no son lo suficientemente inteligentes como para compensar la falta de capacidad de un ingeniero para hacer buenos supuestos o emplear las ecuaciones determinantes correctas. Los ingenieros deben tener una cabal comprensión de los aspectos físicos del problema en cuestión y de los principios matemáticos implícitos *antes* de implantar la solución en la máquina. Un buen ingeniero entiende *qué* hace la computadora cuando "tritura los números" en el análisis, y confía en que los datos de entrada producirán una salida razonable porque ha incorporado una gran cantidad de pensamiento y razonamiento sólido en la formulación de dicha entrada.

¿Puede utilizarse demasiado la computadora? En cierto sentido, sí. La tendencia de algunos ingenieros es emplearla para analizar problemas que tal vez no la requieran. Al comenzar con un nuevo problema, su primer impulso es configurarlo en la computadora sin siquiera verificar si el problema se puede resolver a mano. Por ejemplo, un problema en ingeniería estática se puede representar mediante la ecuación cuadrática $x^2 + 4x - 12 = 0$.

Este problema se puede resolver de forma analítica factorizando, $(x + 6)(x - 2) = 0$, que produce las dos raíces $x = -6$ y $x = 2$. Utilizar la computadora en una situación como ésta es confiar en ella como una "muleta" para compensar habilidades analíticas débiles. La inclinación continua a la máquina para resolver problemas que no la requieren nulificará gradualmente la capacidad de usted para resolver problemas con lápiz y papel. No permita que esto pase. Examine con cuidado las ecuaciones para ver si se justifica una solución computarizada. De ser así, utilice una de las herramientas de cómputo comentadas antes. De no ser así, resuelva el problema a mano. Después, si tiene tiempo y desea verificar su solución con el uso de la computadora, hágalo.

APLICACIÓN

Computadoras para análisis numéricos

La mayoría de las ecuaciones que encontrará en la escuela se pueden resolver analíticamente; es decir, utilizando operaciones algebraicas normales para aislar la variable deseada a un lado de la ecuación. Sin embargo, algunas ecuaciones no se pueden resolver analíticamente con operaciones algebraicas estándar. A estas ecuaciones se les conoce como ecuaciones *trascendentales*, ya que contienen una o más funciones trascendentales, como un logaritmo o una función trigonométrica. Las ecuaciones trascendentales se presentan con frecuencia en el trabajo de análisis de ingeniería, y a las técnicas para resolverlas se les conoce como *métodos numéricos*. Por ejemplo, considere la ecuación trascendental:

$$e^x - 3x = 0$$

Esta ecuación se ve bastante directa, pero intente resolverla a mano. Si agregamos $3x$ a ambos lados y tomamos el logaritmo natural en ambos lados para deshacer la función exponencial, obtenemos:

$$x = \ln(3x) \tag{a}$$

lo que, por desgracia, no aísla la variable x, porque aún tenemos el término $\ln(3x)$ en el lado derecho de la ecuación. Si agregamos $3x$ a ambos lados y después dividimos ambos lados entre 3, obtenemos:

$$\frac{e^x}{3} = x \tag{b}$$

Aún no aislamos la variable x sin dejar una función trascendental en la ecuación. Claramente, esta ecuación no se puede resolver de forma analítica, por lo que debemos resolverla numéricamente. Para ello utilizamos un método llamado *iteración*, un proceso mediante el cual repetimos el cálculo hasta que se obtiene la respuesta.

Antes de resolver este problema utilizando la computadora, trabajaremos con él manualmente para ilustrar cómo funciona la iteración. Para empezar, rescribimos la ecuación (a) en la forma iterativa:

$$x_{i+1} = \ln(3x_i)$$

Los subíndices "i" e "$i + 1$" se refieren a los valores "anteriores" y "nuevos" de x, respectivamente. El proceso de iteración requiere que comencemos el cálculo sustituyendo inmediatamente por un número dentro de la fórmula de iteración. Este primer número constituye una estimación de la raíz (o raíces) de la variable x que satisface la fórmula. Para dar

Tabla 3.2 Iteración para encontrar una raíz de la ecuación $e^x - 3x = 0$

Iteración	x_i	x_{i+1}
1	1	1.098612
2	1.098612	1.192660
3	1.192660	1.274798
4	1.274798	1.341400
5	1.341400	1.392326
.		
.		
.		1.512134
41	1.512134	1.512135

seguimiento a las iteraciones, usamos una tabla de iteración, ilustrada en la tabla 3.2. Para iniciar las iteraciones, estimamos un valor de x permitiendo que $x = 1$. Ahora sustituimos por este número en el lado derecho de la fórmula, produciendo un nuevo valor de $x_2 = 1.098612$. Nuevamente sustituimos en el lado derecho de la fórmula produciendo el siguiente nuevo valor, $x_3 = 1.192660$. Este proceso se repite hasta que el valor de x deja de cambiar significativamente. En este momento decimos que el cálculo ha *convergido* en una respuesta. En la tabla 3.2 se muestran las primeras cinco iteraciones y se indica que se requieren 41 para que el cálculo converja en una respuesta que es exacta hasta la sexta posición decimal. Al sustituir $x = 1.512135$ en la ecuación original, vemos que queda satisfecha. Como ilustra este ejemplo, se pueden requerir numerosas iteraciones para obtener una solución exacta. La exactitud de la respuesta depende de cuántas iteraciones se consideren. Algunas ecuaciones convergen en una respuesta precisa en unas cuantas iteraciones, pero otras, como ésta, requieren varias. Es importante notar que 1.512135 no es la única raíz de esta ecuación. La ecuación tiene una segunda raíz en $x = 0.619061$. Si intentamos encontrarla utilizando la ecuación (a), descubrimos que nuestro cálculo converge nuevamente en 1.512135, o no converge, llevándonos a una operación ilegal, es decir, tomando el logaritmo de un número negativo. Para hallar la segunda raíz iteramos con la ecuación (b), escribiéndola en la forma iterativa:

$$x_{i+1} = \frac{e^{x_i}}{3}.$$

Con los métodos numéricos, es frecuente que no haya garantías de que cierta fórmula de iteración converja rápidamente o no converja. El éxito de la fórmula de iteración también puede depender de la estimación inicial elegida para iniciar las iteraciones. Si nuestra estimación inicial para la ecuación (a) es menor a $\frac{1}{3}$, el nuevo valor de x se vuelve negativo de inmediato, llevándonos a una operación ilegal. Si nuestra estimación inicial para la ecuación (b) es demasiado grande, el nuevo valor de x crece muy rápidamente, llevándonos a una saturación exponencial. Éstos y otros tipos de dificultades numéricas pueden ocurrir, ya sea que las iteraciones se realicen a mano o usando una computadora.

Como sugiere la tabla 3.2, efectuar las iteraciones a mano puede ser una tarea larga y tediosa. La computadora está hecha para realizar cálculos repetitivos. Las raíces de nuestra ecuación trascendental se pueden encontrar con facilidad utilizando una de las herramientas de cómputo comentadas antes. En la figura 3.6 se muestra un programa de computadora escrito en el lenguaje BASIC para encontrar la primera raíz $x = 1.512135$. En la primera línea, el usuario introduce una estimación inicial, a la que se asigna el nombre

Figura 3.6
Programa de
cómputo BASIC para
encontrar una raíz
de la ecuación
$e^x - 3x = 0$.

```
INPUT "ESTIMACIÓN = ", XOLD
DO
      XNEW = LOG (3*XOLD)
      DIFF = ABS (XNEW - XOLD)
      XOLD = XNEW
LOOP WHILE DIFF > 0.0000001
PRINT XNEW
END
```

de *variable XOLD*. El programa después ejecuta lo que se conoce como *ciclo DO*, que realiza las iteraciones. Cada vez que funciona el ciclo se calcula un nuevo valor de *x* a partir del valor anterior, y un valor absoluto de la diferencia entre el valor anterior y el nuevo. A este valor se le llama *DIFF*. Mientras DIFF sea mayor a una tolerancia de convergencia preseleccionada de 0.0000001, el nuevo valor de *x*, XNEW, sustituye al valor anterior XOLD, y el ciclo continúa. Cuando DIFF es menor o igual a la tolerancia de convergencia, se logra la convergencia y se detiene el ciclo. Se imprime entonces la raíz. El mismo programa, con la tercera línea sustituida por XNEW = EXP(XOLD)/3, podría utilizarse para encontrar la segunda raíz. Existen métodos numéricos más sofisticados para encontrar raíces que la simple técnica de iteración ilustrada aquí, y usted los estudiará en sus cursos de ingeniería o de matemáticas.

¡Practique!

Utilizando una de las herramientas de computadora comentadas en esta sección, trabaje con los siguientes problemas:

(Nota: Estos problemas son idénticos a los de la sección 3.3.)

1. Se pretende enclaustrar permanentemente desperdicio radiactivo en concreto y enterrarlo en el suelo. El recipiente que contiene el desperdicio mide de 30 cm × 30 cm × 80 cm. Los reglamentos federales dictan que debe existir un espesor mínimo de concreto de 50 cm alrededor de todos los costados del recipiente. ¿Cuál es el volumen mínimo de concreto requerido para enclaustrar con seguridad el desperdicio radiactivo?
   Respuesta: 2.97 m³.

2. El elevador en un edificio de oficinas tiene una capacidad de operación de 15 pasajeros, con un peso máximo de 180 lb$_f$ cada uno. El elevador se suspende mediante un sistema de poleas especiales de cuatro cables, dos de los cuales soportan 20 por ciento de la carga total y los otros dos el 80 por ciento restante. Encuentre la máxima tensión en cada cable del elevador.
   Respuesta: 270 lb$_f$, 1080 lb$_f$.

3. Un técnico mide una caída de voltaje de 25 V a través de una resistencia de utilizando un voltímetro digital. La ley de Ohm establece que $V = IR$. ¿Cuál es el flujo de corriente a través de la resistencia? ¿Cuánta potencia consume la resistencia? (*Sugerencia:* $P = I^2R$.)
   Respuesta: 250 mA, 6.25 W.

4. El aire fluye a través de un ducto principal con un flujo másico de 4 kg/s. El ducto principal entra en una unión que se divide en dos ductos derivados, uno con una sección transversal de 20 cm × 30 cm y el otro con una sección

transversal de 40 cm × 60 cm. Si el flujo másico en la derivación grande es de 2.8 kg/s, ¿cuál es el flujo másico en la derivación pequeña? Si la densidad del aire es $\rho = 1.16$ kg/m^3, ¿cuál es la velocidad en cada derivación? *Respuesta:* 1.2 kg/s, 10.1 m/s, 17.2 m/s.

cifra significativa
hoja de cálculo
lenguaje de programación
método de ingeniería

orden de magnitud
procedimiento general de análisis

software de matemáticas
solucionador de ecuaciones

TÉRMINOS CLAVE

REFERENCIAS

Bahder, T. B., *Mathematica for Scientists and Engineers*, Addison-Wesley, Nueva York, 1995.

Dubin, D., *Numerical and Analytical Methods for Scientists and Engineers Using Mathematica*, John Wiley & Sons, Nueva York, 2003.

Etter, D. M., *Introduction to* C++, Prentice Hall, Upper Saddle River, Nueva Jersey, 1999.

Ferguson, R. J., *TK Solver for Engineers*, Addison-Wesley, Nueva York, 1996.

Larsen, R. W., *Introduction to Mathcad* 13, Prentice Hall, Upper Saddle River, Nueva Jersey, 2007.

————, *Engineering with Excel*, 2a. ed., Prentice Hall, Upper Saddle River, Nueva Jersey, 2005.

Moore, H., *MATLAB for Engineers*, Prentice Hall, Upper Saddle River, Nueva Jersey, 2007.

Nyhoff, L. y S. Leestma, *Introduction to FORTRAN 90*, 2a. ed., Prentice Hall, Upper Saddle River, Nueva Jersey, 1999.

Schwartz, D. I., *Introduction to Maple* 8, Prentice Hall, Upper Saddle River, Nueva Jersey, 2003.

PROBLEMAS

Análisis del orden de magnitudes

3.1 Utilizando un análisis del orden de magnitudes, estime el número de galones de gasolina usada por todos los automóviles en Estados Unidos cada año.

3.2 Con base en el análisis del orden de magnitudes, estime el número de hojas de 4 ft × 8 ft de aglomerado necesarias para piso, techo y cubierta exterior de una casa de 6000 ft^2.

3.3 A partir de un análisis del orden de magnitudes, calcule el número de balones de básquetbol (totalmente inflados) que caben en el Gran Cañón.

3.4 Utilizando un análisis del orden de magnitudes, estime el número de mensajes basura (*spam*) de correo electrónico recibidos cada año por residentes de Estados Unidos.

3.5 Con base en el análisis del orden de magnitudes, calcule el número de respiraciones que realiza durante su vida.

3.6 Apele al análisis del orden de magnitudes para estimar el número de toneladas anuales de desperdicios humanos producidos en el mundo.

3.7 La Tierra tiene un radio medio de aproximadamente 6.37×10^6 m. Suponiendo que la Tierra estuviera hecha de granito ($\rho = 2770$ kg/m^3), estime su masa utilizando un análisis del orden de magnitudes.

3.8 El flujo de radiación solar fuera de la atmósfera terrestre es aproximadamente de 1350 W/m^2. Utilizando un análisis del orden de magnitudes estime la cantidad de energía solar que intercepta el océano Pacífico cada año.

3.9 Utilizando un análisis del orden de magnitudes, estime el gasto total en libros de texto en que incurren al año todas las especialidades de ingeniería en su escuela.

Cifras significativas

3.10 Subraye las cifras significativas en los siguientes números (el primero ya está resuelto).

(a) 3450

(b) 9.807

(c) 0.00216

(d) 9000

(e) 7000.

(f) 12.00

(g) 1066

(h) 106.07

(i) 0.02880

(j) 163.07

(k) 1.207×10^{-3}

3.11 Realice los siguientes cálculos escribiendo las respuestas con el número correcto de cifras significativas.

(a) (8.14)(260)

(b) 456/4.9

(c) (6.74)(41.07)/4.13

(d) (10.78 − 4.5)/300

(e) (10.78 − 4.50)/300.0

(f) (65.2 − 13.9)/240.0

(g) $(1.2 \times 10^6)/(4.52 \times 10^3 + 769)$

(h) $(1.764 - 0.0391)/(8.455 \times 10^4)$

(i) $1000/(1.003 \times 10^9)$

(j) $(8.4 \times 10^{-3})/5000$

(k) $(8.40 \times 10^3)/5000.0$

(l) 8π

(m) $(2\pi - 5)/10.$

3.12 Una masa de 125.5 kg cuelga de un cable desde el techo. Utilizando el valor normal de la aceleración gravitacional $g = 9.81$ m/s^2, ¿cuál es la tensión en el cable?

3.13 Una masa de 9 slugs cuelga del techo mediante una cuerda. Utilizando el valor normal de la aceleración gravitacional $g = 32.2$ ft/s^2, ¿cuál es la tensión en la cuerda? Exprese su respuesta con el número correcto de cifras significativas. Rehaga el problema utilizando una masa de 9.00 slugs. ¿La respuesta es diferente? ¿Por qué?

3.14 Una corriente de 175 mA fluye a través de una resistencia de 47-Ω. Utilizando la ley de Ohm $V = IR$, ¿cuál es el voltaje a través de la resistencia? Exprese su respuesta con el número correcto de cifras significativas.

3.15 Se informa que un lote rectangular para construcción tiene las dimensiones de 200 ft × 300 ft. Utilizando el número correcto de cifras significativas, ¿cuál es el área de este lote en unidades de acres?

Procedimiento general de análisis

Para los problemas 16 al 31 utilice el procedimiento general de análisis de:
1) definición del problema; 2) diagrama; 3) supuestos; 4) ecuaciones determinantes;
5) cálculos; 6) verificación de la solución, y 7) comentarios.

3.16 Una cuadrilla de excavación perfora en el suelo un agujero que mide 60 yd × 50 yd × 8 yd para facilitar el basamento que sostendrá un edificio de oficinas. Se utilizan

92

cinco camiones de volteo, cada uno con capacidad de 20 yd^3, para acarrear el material. ¿Cuántos viajes debe hacer cada camión para retirar todo el material?

3.17 Encuentre la corriente en cada resistencia y la corriente total para el circuito mostrado en la figura P3.17.

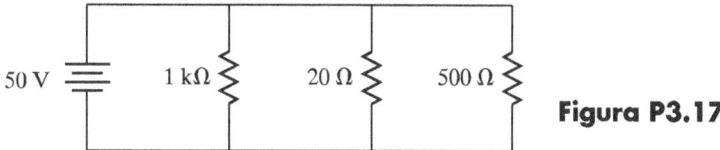

Figura P3.17

3.18 Para facilitar su manejo, las placas largas de acero para fabricar carrocerías de automóviles se enrollan de forma apretada en un paquete cilíndrico. Considere un rollo de acero con un diámetro interior y exterior de 45 cm y 1.6 m, respectivamente, que se suspende de un solo cable. Si la longitud del rollo es de 2.25 m y la densidad del acero es $\rho = 7850$ kg/m^3, ¿cuál es la tensión en el cable?

3.19 En una planta de procesamiento de productos químicos fluye glicerina hacia la unión de un tubo, con un flujo másico de 30 kg/s, como se muestra en la figura P3.19. Si el flujo másico en el tubo de la derivación pequeña es de 8 kg/s, encuentre la velocidad en las dos derivaciones. La densidad de la glicerina es $\rho = 1260$ kg/m^3.

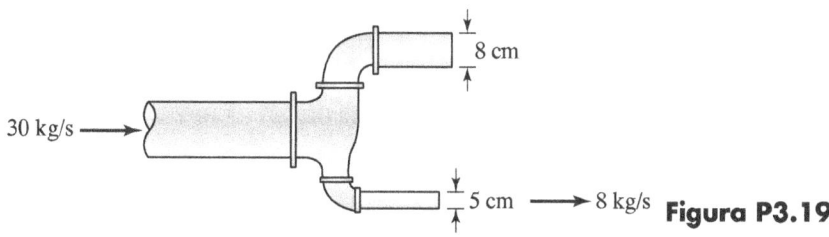

Figura P3.19

3.20 Un salón de clases portátil se calienta con pequeñas unidades de calentamiento de propano con una capacidad de 3 kW cada uno. El salón de clases lo ocupan 45 estudiantes, cada uno disipando 120 W, y el local es iluminado con 10 lámparas que disipan 60 W cada una. Si la pérdida de calor del salón de clases portátil es de 15 kW, ¿cuántas unidades de calentamiento se requieren para mantenerlo a una temperatura de 20 °C?

3.21 Un hombre empuja un barril con una fuerza de $P = 30$ N$_f$, como se muestra en la figura. Asumiendo que el barril no se mueve, ¿cuál es la fuerza de fricción entre el barril y el piso? (*Sugerencia:* La fuerza de fricción actúa de forma paralela del piso hacia el hombre. Vea la figura P3.21.)

Figura P3.21

93

3.22 La resistencia total de las resistencias conectadas en serie es la suma aritmética de las mismas. Encuentre la resistencia total para el circuito en serie mostrado en la figura P3.22. Ya que las resistencias se conectan en serie, la corriente es la misma en cada una de ellas. Utilizando la ley de Ohm, encuentre la corriente, y también la caída de voltaje a través de cada resistencia.

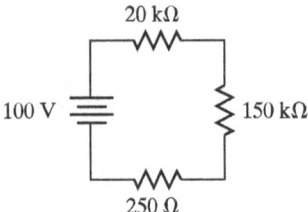

Figura P3.22

3.23 La presión ejercida por un líquido estático sobre una superficie vertical sumergida se calcula a partir de la relación:

$$P = \rho g h$$

donde

P = presión

ρ = densidad del líquido

g = aceleración gravitacional = 9.81 m/s^2

h = altura de la superficie vertical sumergida

Considere la presa mostrada en la figura P3.23. ¿Cuál es la presión ejercida sobre la superficie de la presa a profundidades de 1 m, 5 m y 25 m? Use ρ = 1000 kg/m^3 como densidad del agua.

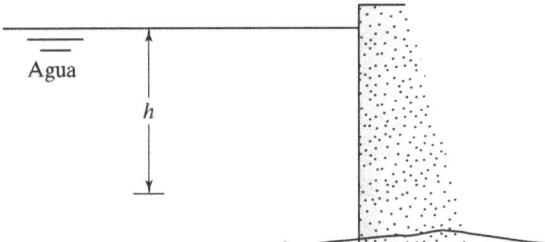

Figura P3.23

3.24 Resuelva el problema 3.16 considerando alguna de las herramientas de computadora comentadas en este capítulo.

3.25 Resuelva el problema 3.17 utilizando alguna de las herramientas de cómputo citada en este capítulo.

3.26 Trabaje el problema 3.18 con una de las herramientas de computadora manejadas en este capítulo.

3.27 Resuelva el problema 3.19 utilizando una de las herramientas de cómputo referidas en este capítulo.

3.28 Resuelva el problema 3.20 aplicando una de las herramientas de computadora comentadas en este capítulo.

3.29 Resuelva el problema 3.21 empleando una de las herramientas de cómputo referidas en este capítulo.

3.30 Trabaje el problema 3.22 utilizando una de las herramientas de computadora señaladas en este capítulo.

3.31 Resuelva el problema 3.23 utilizando una de las herramientas de computadora comentadas en este capítulo.

Mecánica

4.1 INTRODUCCIÓN

La mecánica es uno de los campos de estudio más importantes en ingeniería. Fue la primera ciencia analítica y sus raíces históricas se pueden rastrear hasta aquellos grandes matemáticos y científicos como Arquímedes (287-212 a.C.), Galileo Galilei (1564-1642) e Isaac Newton (1642-1727). La **mecánica** es el *estudio del estado de reposo o movimiento de los cuerpos sometidos a fuerzas*. Como disciplina, se divide en tres áreas generales: *mecánica de los cuerpos rígidos*, *mecánica de los cuerpos deformables* y *mecánica de fluidos*. Como implica el término, la primera estudia las características mecánicas de los cuerpos que son rígidos (es decir, aquellos que no se deforman bajo la influencia de las fuerzas). La mecánica de los cuerpos rígidos se subdivide en dos áreas principales: *estática* y *dinámica*. La estática trata de los cuerpos rígidos en equilibrio. El equilibrio es un estado en el cual un cuerpo se encuentra en reposo respecto del medio que lo circunda. Cuando un cuerpo está en equilibrio, las fuerzas que actúan sobre él están balanceadas, por lo que no producen movimiento. También existe un estado de equilibrio cuando un cuerpo se mueve a velocidad constante, pero éste es un equilibrio dinámico, no estático. La dinámica estudia los cuerpos rígidos que se encuentran en movimiento respecto de su medio circundante o de otros cuerpos rígidos. El cuerpo puede tener una velocidad constante, en cuyo caso la aceleración es cero, pero en general sufre una aceleración por la aplicación de una fuerza no balanceada. La mecánica de los cuerpos deformables, a la que con frecuencia se le conoce como *mecánica de los materiales* o *resistencia de materiales*, trata de cuerpos sólidos que se deforman bajo la aplicación de fuerzas externas. En esta rama de la mecánica se estudian las relaciones entre las fuerzas aplicadas de forma externa y las fuerzas internas y deformaciones resultantes. Con frecuencia la mecánica de los cuerpos deformables se subdivide en dos áreas específicas: *elasticidad* y *plasticidad*. La elasticidad analiza el comportamiento de los materiales sólidos que regresan a su tamaño y forma original después de que se retira una fuerza, mientras que la plasticidad estudia el comportamiento de los materiales sólidos que experimentan una deformación permanente después de que una fuerza es retirada. La mecánica de los fluidos, por su parte, estudia el comportamiento de los líquidos y gases en reposo y en movimiento. Al estudio de los fluidos en reposo se le llama *estática de los fluidos*, y al de los fluidos en movimiento se le denomina *dinámica de los fluidos*. Aunque estrictamente hablando los fluidos son materiales deformables, la mecánica de los cuerpos deformables se separa de la mecánica de los fluidos porque la primera trata exclusivamente de materiales *sólidos* que tienen la capacidad, a diferencia de los fluidos, de soportar fuerzas de corte. En la figura 4.1 se muestra de forma esquemática la estructura temática de la mecánica.

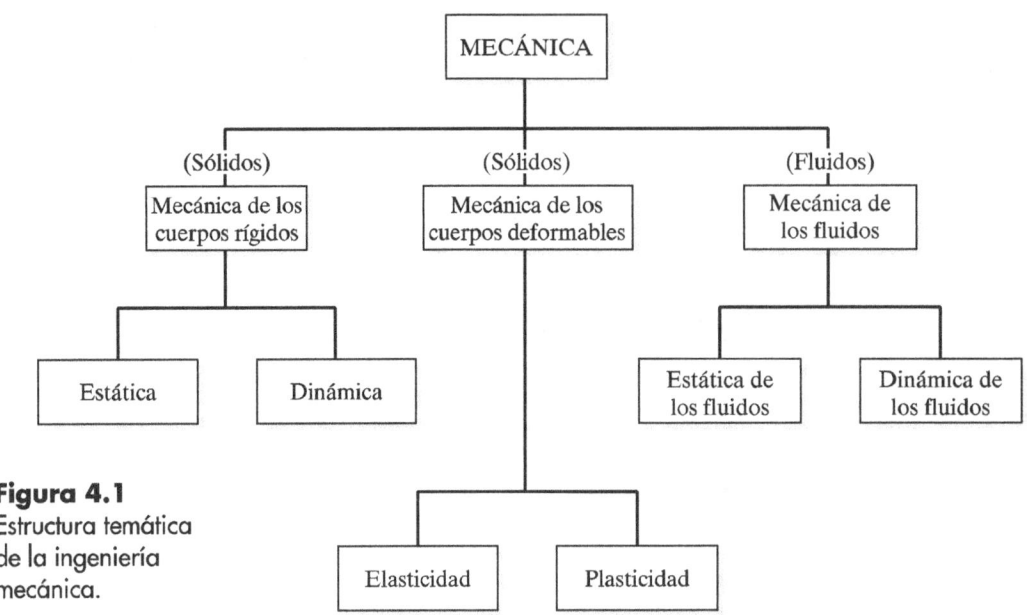

Figura 4.1
Estructura temática
de la ingeniería
mecánica.

Por lo general, en la mayoría de las escuelas y universidades las ramas de la mecánica que se acaban de describir se enseñan como cursos independientes y distintos de ingeniería. De ahí que un programa común de esta disciplina consista de cursos individuales de estática, dinámica, mecánica de materiales y mecánica de fluidos. También se ofrecen otros cursos orientados al análisis, como circuitos eléctricos y termodinámica. La mecánica es tan fundamental para la educación en ingeniería, que los estudiantes que se especializan en campos "no mecánicos" como las ingenierías eléctrica, ambiental y química, entienden más profundamente la energía, potencia, potencial, equilibrio y estabilidad estudiando primero estos principios en sus contextos mecánicos. Sin embargo, dependiendo de las políticas específicas de los planes de estudio de las escuelas o departamentos de ingeniería, los estudiantes de todas las especialidades de la carrera pueden o no requerir tomar todos los cursos de mecánica señalados. En cualquier caso, el principal propósito de este capítulo es introducir al estudiante que inicia en el estudio de la ingeniería en los principios más fundamentales de la mecánica y mostrar cómo se aplica el procedimiento general de análisis a los problemas de esta índole. Para concentrarnos en los fundamentos y ayudar al estudiante en la transición a un material más avanzado, este capítulo se limita a unos cuantos principios fundamentales de estática y mecánica de materiales y no aborda la dinámica.

Los ingenieros utilizan los principios de la mecánica para analizar y diseñar una amplia variedad de dispositivos y sistemas. Observe a su alrededor: ¿está leyendo este libro dentro de un edificio? Los miembros estructurales de piso, techo y paredes fueron diseñados por ingenieros estructurales o civiles para soportar las fuerzas que ejercen sobre ellos el contenido del edificio, los vientos, sismos, nieve y otros miembros estructurales. Los puentes, presas, canales, tuberías subterráneas y otras estructuras grandes sujetas a la tierra se diseñan con el uso de la mecánica. ¿Ve algún dispositivo mecánico cerca? El automóvil es un excelente ejemplo de un simple sistema de ingeniería que integra virtualmente cada rama de la mecánica, así como de otras disciplinas de la ingeniería. El chasis, las defensas, el sistema de suspensión, el tren de transmisión, los frenos, el sistema de dirección, el motor, las bolsas de aire, las puertas, cajuela e incluso los limpiaparabrisas fueron diseñados con la aplicación de la mecánica. Incluso el diseño de simples mecanismos como quita-grapas, perforadoras de papel, cerraduras y afiladores para lápices implica principios de esta rama, los cuales se utilizan para analizar y diseñar virtualmente cada tipo de sistema de ingeniería que se pueda producir. En las figuras 4.2, 4.3 y 4.4 se muestran algunos sistemas comunes de ingeniería cuyo diseño implica la aplicación de la mecánica.

4.2 ESCALARES Y VECTORES

Cada cantidad física que se utiliza en la mecánica y en toda la ingeniería y la ciencia se clasifica como **escalar** o **vector**. Un escalar es una *cantidad que tiene magnitud, pero no dirección*. Al tener sólo magnitud, el escalar puede ser positivo o negativo, pero no tiene características direccionales. Las cantidades escalares comunes son longitud, masa, temperatura, energía, volumen y densidad. Un vector es una *cantidad que tiene tanto magnitud como dirección*; puede ser positivo o negativo y tiene una dirección específica en el espacio. Las cantidades vectoriales comunes son desplazamiento, fuerza, velocidad, aceleración, esfuerzo y momento. Una cantidad escalar se puede definir completamente por un solo parámetro, su magnitud, mientras que un vector requiere que se especifiquen tanto su magnitud como su dirección. Por ejemplo, la rapidez es un escalar, pero la velocidad es un vector. El velocímetro característico de un automóvil indica qué tan rápido viaja, pero no

Figura 4.2
Los ingenieros utilizan los principios de la ingeniería mecánica en el diseño de equipo para acondicionamiento físico. (Fotografía cortesía de FitnessScape Inc., Murfressboro, TN.)

Figura 4.3
Los principios de la ingeniería mecánica se utilizan para diseñar equipo pesado de construcción.

Figura 4.4
Los ingenieros utilizaron principios de mecánica para diseñar el Puente Normandie en LeHavre, Francia. Terminado en 1995, esta estructura tiene uno de los claros más largos (856 m) de cualquier puente atirantado en el mundo.

revela la dirección del recorrido. La temperatura del agua que hierve en un contenedor abierto al nivel del mar puede definirse completamente por un solo número, 100 °C. Sin embargo, la fuerza ejercida sobre una viga utilizada como soporte del piso se debe definir especificando una magnitud, 2 kN por ejemplo, con dirección hacia abajo. El efecto de la fuerza sobre la viga (es decir, el esfuerzo y la deformación) no se pueden determinar a menos que se especifique la dirección de la fuerza. Por ejemplo, si está dirigida a lo largo del eje de la viga producirá un esfuerzo y deformación totalmente diferentes que si estuviera dirigida hacia abajo. La tabla 4.1 resume algunas cantidades escalares y vectoriales.

Para escribir escalares y vectores debe observarse una nomenclatura estándar. Con frecuencia los escalares se imprimen en fuente cursiva, como *m* para masa, *T* para tempe-

Tabla 4.1 Cantidades escalares y vectoriales

Escalar	Vectorial
Longitud	Fuerza
Masa	Presión
Tiempo	Esfuerzo
Temperatura	Momento de fuerza
Rapidez	Velocidad
Densidad	Aceleración
Volumen	Momento
Energía	Impulso
Trabajo	Campo eléctrico
Resistencia	Campo magnético

ratura y ρ para la densidad. Para diferenciarlos de los escalares, los vectores se escriben de manera particular. Es común que en el trabajo manuscrito se escriban como una letra con barra $^-$, flecha $^\cdot$ o un signo de intercalación $^\wedge$ encima, como $\overline{A}$, $\vec{A}$ y $\hat{A}$. Por lo general, en los libros y otros impresos los vectores se escriben en negritas. Por ejemplo, **A** se utiliza para denotar un vector "A". Cuando se escribe a mano la magnitud de un vector, que siempre es una cantidad positiva, normalmente se utiliza una notación de "valor absoluto"; por tanto, la magnitud de **A** se escribe como $|A|$, y en textos impresos por lo general se escribe en cursiva: A.

Como se muestra en la figura 4.5, un vector se representa gráficamente mediante una flecha recta con una *magnitud y dirección* especificadas. La magnitud es la longitud de la flecha y la dirección está definida por medio de los ángulos entre la flecha y los ejes de referencia. La *línea de acción* del vector es colineal al vector, y su dirección se ubica en el espacio; observe que éste es un atributo adicional y un vector no necesita tener una ubicación específica. El vector **A** en la figura 4.5 tiene una magnitud de 5 unidades y una dirección de 30° respecto del eje x, hacia arriba y a la derecha. Al punto O se le llama *origen* del vector y al punto P se le denomina *extremo* del vector. Las unidades del vector dependen de qué cantidad física representa. Por ejemplo, si el vector es una fuerza, las unidades serían N o lb$_f$.

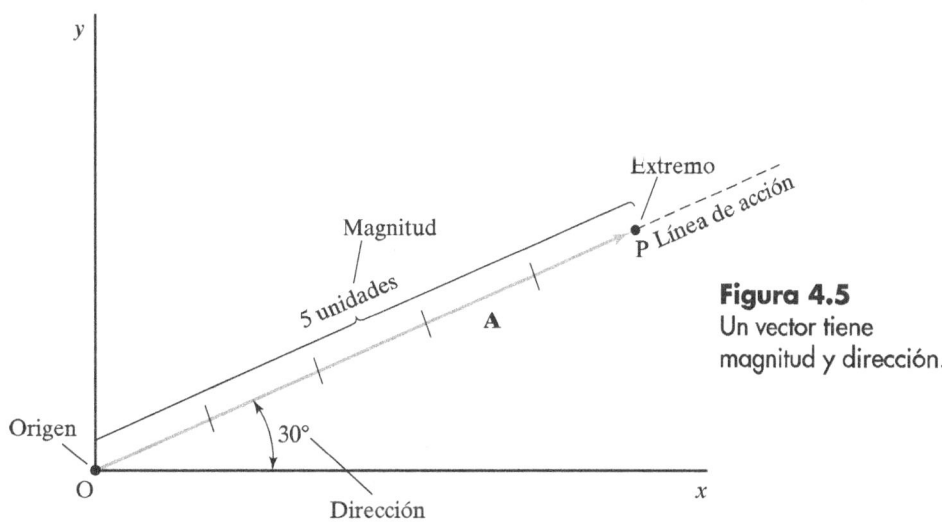

Figura 4.5
Un vector tiene magnitud y dirección.

99

4.2.1 Operaciones con vectores

Para utilizar los principios de la mecánica en el análisis, los ingenieros deben ser capaces de manipular matemáticamente cantidades vectoriales. Dado su carácter direccional, las reglas para realizar operaciones algebraicas con vectores son diferentes a las de los escalares. El producto de un escalar positivo k y un vector $\mathbf{A}$, que se denota como $k\mathbf{A}$, tiene el efecto de cambiar la longitud del vector $\mathbf{A}$, pero no afecta su dirección. Por ejemplo, el producto $3\mathbf{A}$ aumenta la magnitud del vector $\mathbf{A}$ por un factor de 3, pero su dirección es la misma. El producto $-2\mathbf{A}$ aumenta la magnitud de $\mathbf{A}$ por un factor de 2, pero invierte su dirección porque el escalar es negativo. En la figura 4.6 se ilustran ejemplos gráficos del producto de escalares y un vector. Dos vectores $\mathbf{A}$ y $\mathbf{B}$ son *iguales* si tienen la misma magnitud y dirección, independientemente de la ubicación de sus orígenes y extremos. Como se muestra en la figura 4.6, $\mathbf{A} = \mathbf{B}$.

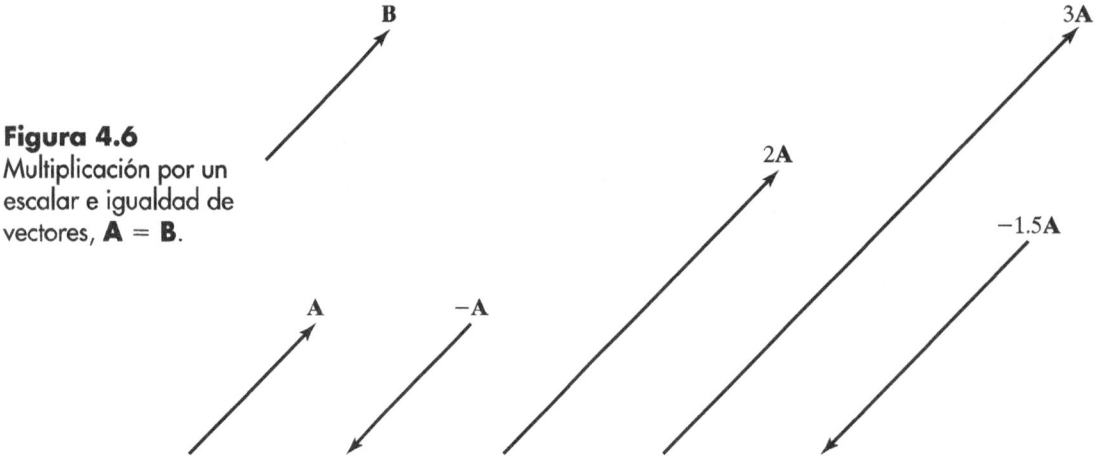

Figura 4.6
Multiplicación por un escalar e igualdad de vectores, $\mathbf{A} = \mathbf{B}$.

La suma de dos escalares genera una simple suma algebraica, como $c = a + b$. Sin embargo, la suma de dos vectores no se puede obtener simplemente adicionando las magnitudes de cada vector; éstos deben adicionarse considerando tanto sus direcciones como sus magnitudes. Considere los vectores $\mathbf{A}$ y $\mathbf{B}$ de la figura 4.7(a), los cuales se pueden sumar utilizando la *ley del paralelogramo*. Para formar esta suma, se unen los orígenes de $\mathbf{A}$ y $\mathbf{B}$, y se trazan líneas paralelas desde el extremo de cada vector, las cuales se intersecan en un punto común formando los lados adyacentes de un paralelogramo. El vector suma de $\mathbf{A}$ y $\mathbf{B}$, al que se llama *vector resultante*, o simplemente **resultante**, es la diagonal del paralelogramo que se extiende desde los orígenes de los vectores hasta el punto de intersección, como se ilustra en la figura 4.7(b). De ahí que podamos escribir el vector suma como $\mathbf{R} = \mathbf{A} + \mathbf{B}$, donde $\mathbf{R}$ es la resultante. El vector suma también se puede obtener construyendo un triángulo, que en realidad es la mitad de un paralelogramo. Con esta técnica se conecta el origen de $\mathbf{B}$ con el extremo de $\mathbf{A}$. La resultante $\mathbf{R} = \mathbf{A} + \mathbf{B}$ va del origen de $\mathbf{A}$ al extremo de $\mathbf{B}$, como se muestra en la figura 4.7(c).

Alternativamente, el triángulo también se puede construir de manera que el origen de $\mathbf{A}$ se conecte con el extremo de $\mathbf{B}$, en cuyo caso tenemos $\mathbf{R} = \mathbf{B} + \mathbf{A}$, como se muestra en la figura 4.7(d). En ambos triángulos se obtiene la misma resultante, por lo que concluimos que la suma de vectores es *conmutativa* (es decir, los vectores se pueden sumar en cualquier orden). Entonces, $\mathbf{R} = \mathbf{A} + \mathbf{B} = \mathbf{B} + \mathbf{A}$. Un caso especial de la ley del paralelogramo es cuando los dos vectores son paralelos (como cuando tienen la misma línea de acción). En tal caso el paralelogramo se degenera y la suma de vectores se reduce a una suma escalar $R = A + B$, como se indica en la figura 4.7(e).

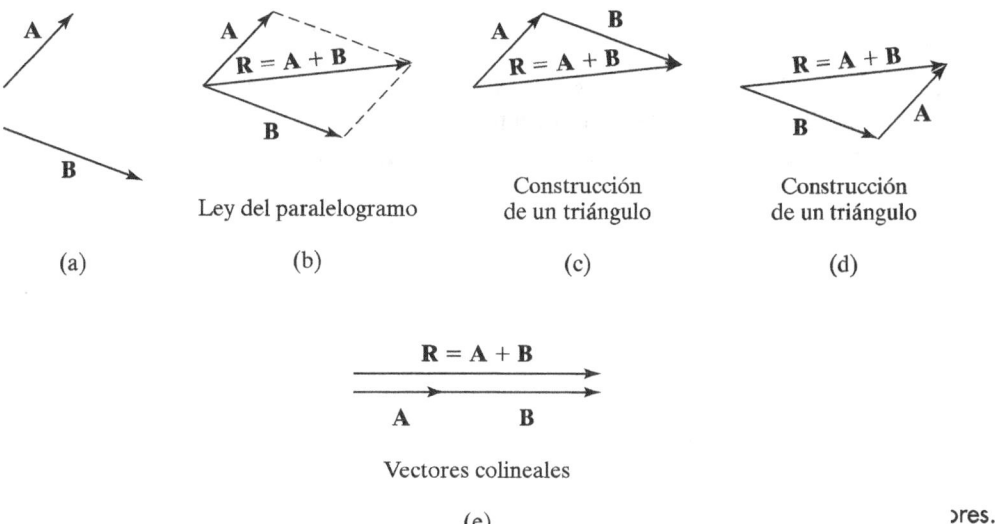

Ley del paralelogramo

(a)

(b)

Construcción
de un triángulo

(c)

Construcción
de un triángulo

(d)

$$R = A + B$$

Vectores colineales

(e)

ɔres.

4.2.2 Componentes de los vectores

Un poderoso método para encontrar la resultante de dos vectores es determinar primero los *componentes rectangulares* de cada uno y después sumar los componentes correspondientes para obtener el vector resultante. Para ver cómo funciona este método, dibujamos los vectores **A** y **B** de la figura 4.7 en un conjunto de ejes coordenados (x, y), como se muestra en la figura 4.8. Por conveniencia, ambos vectores se dibujan con sus orígenes en el origen de los ejes, y las direcciones de **A** y **B** respecto del eje x positivo se definen mediante los ángulos α y β, respectivamente. Por el momento, consideremos cada vector por separado. Utilizando una forma modificada de la ley del paralelogramo, dibujamos líneas paralelas a los ejes x y y de manera que el vector **A** se convierta en la diagonal de un rectángulo, que es en sí un tipo de paralelogramo. A los lados del rectángulo que se encuentran a lo largo de los ejes x y y se les llama *componentes rectangulares del vector* **A**, y se denotan como $\mathbf{A}_x$ y $\mathbf{A}_y$, respectivamente. Ya que el vector **A** es la diagonal del rectángulo, **A** se convierte en la resultante de los vectores $\mathbf{A}_x$ y $\mathbf{A}_y$. Por tanto, podemos escribir el vector como $\mathbf{A} = \mathbf{A}_x + \mathbf{A}_y$. De manera similar, se dibujan líneas paralelas a los ejes x y y de modo que el vector **B** se convierta en la diagonal de un rectángulo. Los lados del rectángulo que yacen a lo largo de los ejes x y y son los componentes rectangulares del vector **B** y se denotan como $\mathbf{B}_x$ y $\mathbf{B}_y$, respectivamente. De ahí que podamos escribir el vector como $\mathbf{B} = \mathbf{B}_x + \mathbf{B}_y$. Ahora podemos escribir la resultante de **A** y **B** como:

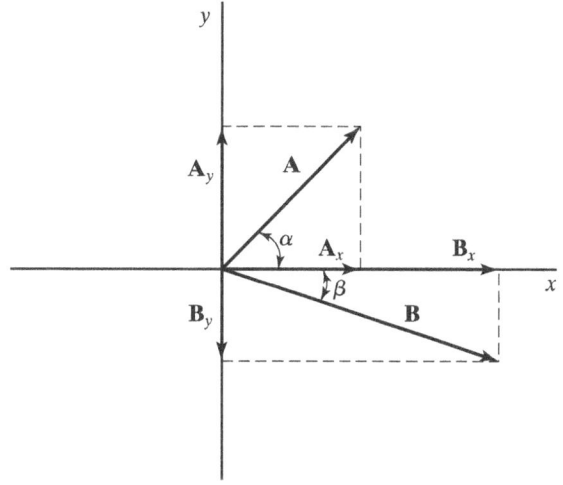

Figura 4.8
Componentes de vectores.

101

$$R = A + B = (A_x + B_x) + (A_y + B_y). \tag{4.1}$$

La magnitud de los componentes de **A** y **B** se puede escribir en términos de los ángulos que definen las direcciones de los vectores. A partir de las definiciones de las funciones trigonométricas para el coseno y el seno, los componentes x y y de **A** son:

$$A_x = A \cos \alpha \tag{4.2}$$

y

$$A_y = A \operatorname{sen} \alpha \tag{4.3}$$

donde A es la magnitud de **A**. De manera similar, los componentes x y y de **B** son:

$$B_x = B \cos \beta \tag{4.4}$$

y

$$B_y = B \operatorname{sen} \beta \tag{4.5}$$

donde B es la magnitud de **B**. Alternativamente, también podemos ver a partir de la trigonometría que:

$$A_y = A_x \tan \alpha \tag{4.6}$$

y

$$B_y = B_x \tan \beta. \tag{4.7}$$

Las magnitudes de **A** y **B** forman la hipotenusa de sus respectivos triángulos rectángulos, por lo que, a partir del teorema de Pitágoras, podemos escribir:

$$A = \sqrt{A_x^2 + A_y^2} \tag{4.8}$$

y

$$B = \sqrt{B_x^2 + B_y^2}. \tag{4.9}$$

4.2.3 Vectores unitarios

La justificación para agrupar los componentes x y los componentes y de cada vector en la ecuación (4.1) se basa en el concepto de los *vectores unitarios,* los cuales son *vectores adimensionales de longitud unitaria utilizados para especificar una dirección dada.* Los vectores unitarios no tienen algún otro significado físico. Los más comunes son los *rectangulares* o **vectores unitarios cartesianos**, indicados mediante **i, j** y **k**. Estos vectores coinciden con los ejes x, y y z, respectivamente, como se muestra en la figura 4.9. Los vectores unitarios rectangulares forman un conjunto de vectores mutuamente perpendiculares y se utilizan para especificar la dirección de un vector en un espacio tridimensional.

Si la cantidad que nos interesa se puede describir con un vector bidimensional, sólo se requieren los vectores unitarios **i** y **j**. Los vectores **A** y **B**, mostrados en la figura 4.8, se encuentran en el plano x-y, por lo que se pueden representar por los vectores unitarios **i** y **j**.

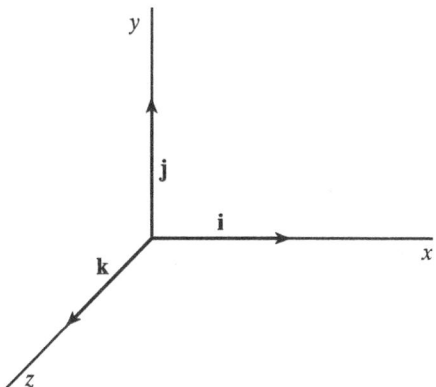

Figura 4.9
Vectores unitarios rectangulares.

El componente x de **A** tiene una magnitud de A_x, y el componente y de **A** tiene una magnitud de A_y. Observe que las cantidades A_x y A_y no son vectores, sino escalares, porque sólo representan magnitudes.

Los componentes vectoriales $\mathbf{A}_x$ y $\mathbf{A}_y$ se pueden escribir como productos de un escalar y un vector unitario como $\mathbf{A}_x = A_x\mathbf{i}$ y $\mathbf{A}_y = A_y\mathbf{j}$. Por tanto, el vector **A** se expresa como:

$$\mathbf{A} = A_x\mathbf{i} + A_y\mathbf{j} \tag{4.10}$$

y el vector **B** se expresa como:

$$\mathbf{B} = B_x\mathbf{i} + B_y\mathbf{j}. \tag{4.11}$$

Rescribiendo la ecuación (4.1) en términos de los grupos de componentes x y y, la resultante de **A** y **B** es:

$$\mathbf{R} = \mathbf{A} + \mathbf{B} = (A_x + B_x)\mathbf{i} + (A_y + B_y)\mathbf{j}. \tag{4.12}$$

Los componentes rectangulares del vector resultante **R** están dados por:

$$R_x = A_x + B_x \tag{4.13}$$

y

$$R_y = A_y + B_y. \tag{4.14}$$

De ahí que la ecuación (4.12) se puede escribir como:

$$\mathbf{R} = R_x\mathbf{i} + R_y\mathbf{j} \tag{4.15}$$

donde R_x y R_y son los componentes x y y de **R**, como se muestra en la figura 4.10. Por trigonometría podemos escribir:

$$R_x = R\cos\theta \tag{4.16}$$

$$R_y = R\,\mathrm{sen}\,\theta \tag{4.17}$$

y

$$R_y = R_x\tan\theta. \tag{4.18}$$

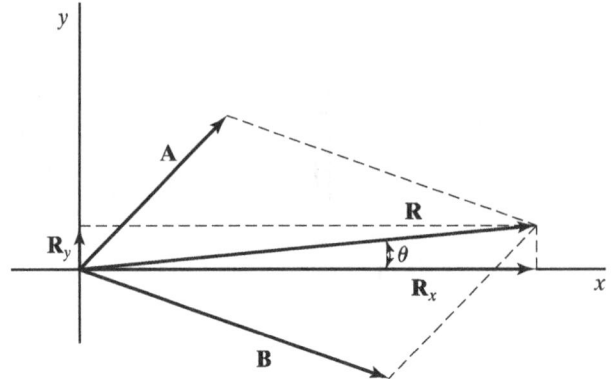

Figura 4.10
Vector resultante.

La magnitud de **R** forma la hipotenusa de un triángulo rectángulo. De ahí que, según el teorema de Pitágoras, tenemos:

$$R = \sqrt{R_x^2 + R_y^2}. \tag{4.19}$$

EJEMPLO 4.1

Dos vectores tienen magnitudes de $A = 8$ y $B = 6$, y las direcciones mostradas en la figura 4.11(a). Encuentre el vector resultante utilizando: a) la ley del paralelogramo, y b) resolviendo los vectores en sus componentes x y y.

Solución

a) Ley del paralelogramo

En la figura 4.11(b) se muestra el paralelogramo para los vectores **A** y **B**. Para encontrar la magnitud y dirección del vector resultante **R** deben determinarse algunos ángulos. Por resta, el ángulo agudo entre los vectores es de 45°. La suma de los ángulos interiores de un cuadrilátero es de 360°, por lo que se encuentra que el ángulo adyacente mide 135°. La magnitud de **R** se puede encontrar utilizando la ley de los cosenos:

$$R = \sqrt{6^2 + 8^2 - 2(6)(8)\cos 135°}$$

$$R = \sqrt{36 + 64 - 96(-0.7071)}$$

$$= 12.96.$$

La dirección de **R** se determina calculando el ángulo θ. Utilizando la ley de los senos tenemos:

$$\frac{\operatorname{sen}\theta}{6} = \frac{\operatorname{sen} 135°}{12.96}$$
$$\operatorname{sen}\theta = 0.3274$$
$$\theta = \operatorname{sen}^{-1}(0.3274) = 19.1°.$$

Por tanto, el ángulo de **R** respecto del eje positivo x es:

$$\phi = 19.1° + 15° = 34.1°.$$

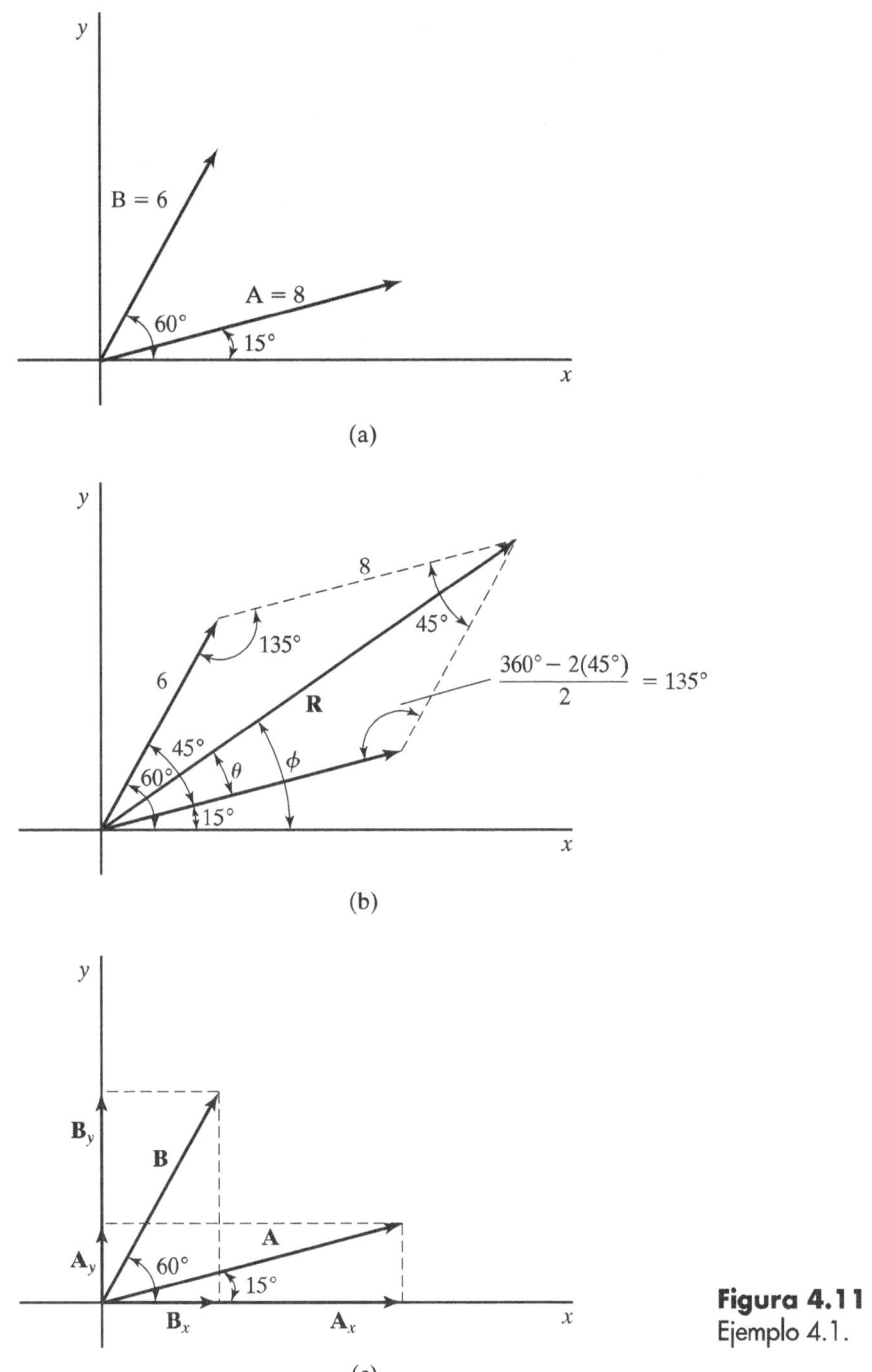

Figura 4.11
Ejemplo 4.1.

Ahora se ha definido totalmente el vector resultante **R**, ya que se han determinado tanto su dirección como su magnitud.

b) Componentes de los vectores

En la figura 4.11(c) se han resuelto los vectores **A** y **B** en sus componentes x y y. Las magnitudes de estos componentes son:

$$A_x = A \cos 15° = 8 \cos 15° = 7.7274$$
$$A_y = A \operatorname{sen} 15° = 8 \operatorname{sen} 15° = 2.0706$$

105

$$B_x = B \cos 60° = 6 \cos 60° = 3$$
$$B_y = B \operatorname{sen} 60° = 6 \operatorname{sen} 60° = 5.1962.$$

Ahora los vectores **A** y **B** se pueden escribir en términos de los vectores unitarios **i** y **j**:

$$\mathbf{A} = A_x\mathbf{i} + A_y\mathbf{j} = 7.7274\mathbf{i} + 2.0706\mathbf{j}$$
$$\mathbf{B} = B_x\mathbf{i} + B_y\mathbf{j} = 3\mathbf{i} + 5.1962\mathbf{j}.$$

El vector resultante **R** es:

$$\mathbf{R} = \mathbf{A} + \mathbf{B} = R_x\mathbf{i} + R_y\mathbf{j} = (7.7274 + 3)\mathbf{i} + (2.0706 + 5.1962)\mathbf{j}$$
$$= 10.7274\mathbf{i} + 7.2668\mathbf{j}.$$

Ésta es la respuesta, pero para compararla con la obtenida por la ley del paralelogramo debemos encontrar la magnitud de **R** y su dirección respecto del eje positivo x. Usando el teorema de Pitágoras encontramos que la magnitud de **R** es:

$$R = \sqrt{10.7274^2 + 7.2668^2} = 12.96.$$

La dirección está dada por:

$$R_y = R_x \tan \phi.$$

Resolviendo para el ángulo ϕ obtenemos:

$$\phi = \tan^{-1}(R_y/R_x) = \tan^{-1}(7.2668/10.7274) = 34.1°.$$

Hemos logrado el mismo resultado con los dos diferentes métodos de suma de vectores. Puede parecer que el segundo de ellos implica más trabajo. Sin embargo, muchos problemas mecánicos comprenden más de dos vectores y el problema puede ser tridimensional. En estos casos, el método preferido es resolver los vectores en sus componentes rectangulares, ya que la ley del paralelogramo es muy engorrosa. En el ejemplo se utilizaron cuatro posiciones decimales para asegurar que ambos métodos producen las mismas respuestas a tres cifras significativas.

EJEMPLO 4.2

Para los vectores $\mathbf{A} = 3\mathbf{i} - 6\mathbf{j} + \mathbf{k}$; $\mathbf{B} = 5\mathbf{i} + \mathbf{j} - 2\mathbf{k}$, y $\mathbf{C} = -2\mathbf{i} + 4\mathbf{j} + 3\mathbf{k}$, encuentre el vector resultante y su magnitud.

Solución

Estos vectores, a diferencia de los del ejemplo anterior, son tridimensionales. Ya están expresados en términos de los vectores unitarios cartesianos **i**, **j** y **k**, por lo que se suman vectorialmente de forma directa. Recuerde que los vectores unitarios **i**, **j** y **k** corresponden a las direcciones positivas x, y y z, respectivamente. Para encontrar la resultante, simplemente sumamos los componentes x, los componentes y y los componentes z de cada vector. Para ayudarnos a evitar errores en la suma, es útil escribir los vectores con sus componentes alineados en columnas:

$$\mathbf{A} = 3\mathbf{i} - 6\mathbf{j} + 1\mathbf{k}$$
$$\mathbf{B} = 5\mathbf{i} + 1\mathbf{j} - 2\mathbf{k}$$
$$\mathbf{C} = -2\mathbf{i} + 4\mathbf{j} + 3\mathbf{k}.$$

Realizando las sumas, el vector resultante es:

$$\mathbf{R} = (3 + 5 - 2)\mathbf{i} + (-6 + 1 + 4)\mathbf{j} + (1 - 2 + 3)\mathbf{k}$$
$$= 6\mathbf{i} - \mathbf{j} + 2\mathbf{k}.$$

La magnitud del vector resultante se encuentra ampliando el teorema de Pitágoras a las tres dimensiones:

$$R = \sqrt{R_x^2 + R_y^2 + R_z^2}$$
$$= \sqrt{6^2 + (-1)^2 + 2^2} = 6.40.$$

4.3 FUERZAS

De nuestras primeras experiencias de la niñez tenemos todo el entendimiento básico del concepto de fuerza. Por lo común usamos términos como *empujar*, *tirar de* y *levantar* para describir las fuerzas que encontramos en nuestra vida diaria. La *mecánica* es en este sentido el estudio del estado de reposo o de movimiento de los cuerpos que se someten a fuerzas. Para el ingeniero, la **fuerza** se define como una *influencia que hace que un cuerpo se deforme o acelere.* Por ejemplo, cuando usted empuja o tira de un bloque de arcilla, ésta se deforma y adquiere una forma diferente. Cuando tira de una banda de hule, ésta aumenta su longitud. Las fuerzas requeridas para deformar la arcilla y la banda de hule son mucho menores que aquellas requeridas para deformar estructuras de ingeniería como edificios, puentes, presas y máquinas. No obstante, estos objetos se deforman. ¿Qué pasa cuando usted empuja una pared con su mano? Según la tercera ley de Newton, al empujar la pared, ésta empuja su mano en sentido contrario con la misma fuerza. Cuando empuja un libro tratando de deslizarlo a través de la mesa, el libro no se mueve a menos que la fuerza horizontal de empuje exceda la fuerza de fricción entre la mesa y el libro. Este tipo de situaciones se encuentra en virtualmente todos los sistemas de ingeniería que están en equilibrio estático. Las fuerzas están presentes, pero el movimiento no ocurre porque las fuerzas hacen que el cuerpo se encuentre en estado de equilibrio. Cuando se desequilibran las fuerzas que actúan sobre un cuerpo, éste sufre una aceleración. Por ejemplo, la fuerza propulsora aplicada a las ruedas de un automóvil puede exceder las fuerzas de fricción que tienden a retardar el movimiento del vehículo, por lo que éste acelera. De manera similar, las fuerzas de impulso y levantamiento que actúan sobre una aeronave pueden exceder las fuerzas del peso y la resistencia, permitiendo así que la aeronave acelere vertical y horizontalmente.

En general, las fuerzas que se encuentran comúnmente en la mayoría de los sistemas de ingeniería se pueden clasificar como *fuerza de contacto, fuerza gravitacional, fuerza de cable, fuerza de presión* o *fuerza dinámica de fluidos*. En la figura 4.12 se describen estos cinco tipos de fuerza. La de contacto es una fuerza producida por dos o más cuerpos en contacto directo. La fuerza producida al empujar una pared es de contacto, porque la mano entra en contacto directo con la pared. Cuando dos bolas de billar chocan, se produce una fuerza de contacto en la región donde las bolas se tocan una a otra. La fricción es un tipo de fuerza de contacto. La fuerza gravitacional, a la que se conoce como *peso*, se ejerce en un objeto sobre o cerca de la superficie terrestre. Las fuerzas gravitacionales se dirigen hacia abajo, hacia el centro de la Tierra, y actúan a través de un punto en el cuerpo llamado *centro de gravedad.* Para un cuerpo que tiene densidad uniforme, el centro de gravedad radica en el centro geométrico del cuerpo. A este punto se le llama *centroide.* La fuerza en un cable es realmente un tipo especial de fuerza de contacto, ya que el cable se encuentra en contacto con un cuerpo, pero ocurre con tanta frecuencia que merece una definición independiente. Los cables, cuerdas y cordeles se utilizan en sistemas de poleas, puentes

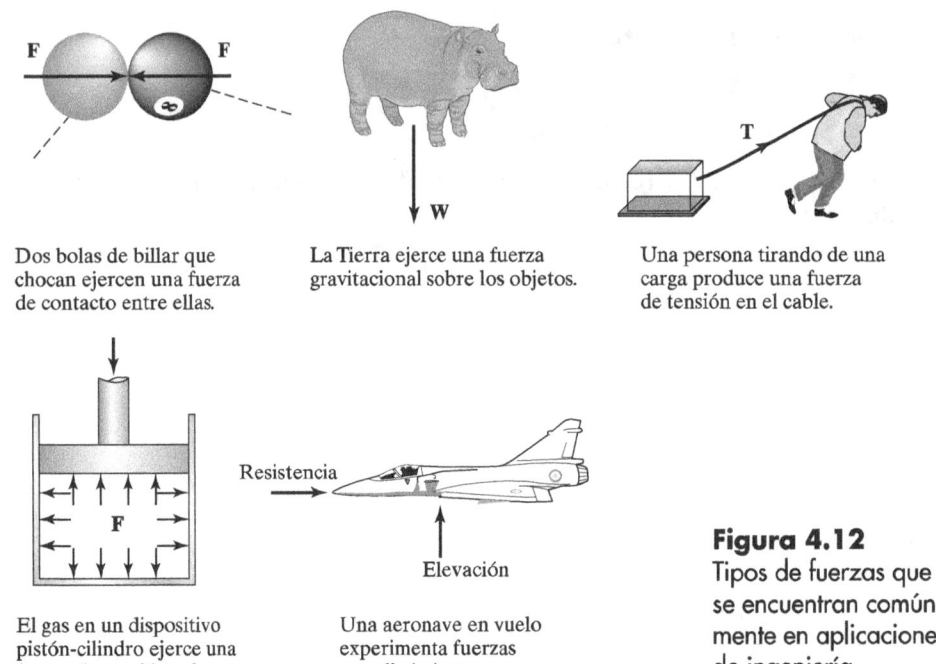

Dos bolas de billar que chocan ejercen una fuerza de contacto entre ellas.

La Tierra ejerce una fuerza gravitacional sobre los objetos.

Una persona tirando de una carga produce una fuerza de tensión en el cable.

El gas en un dispositivo pistón-cilindro ejerce una fuerza de presión sobre todas las superficies.

Una aeronave en vuelo experimenta fuerzas aerodinámicas.

Figura 4.12
Tipos de fuerzas que se encuentran común-mente en aplicaciones de ingeniería.

suspendidos y otras estructuras de ingeniería. Un cable, debido a su naturaleza flácida y flexible, sólo puede soportar fuerzas de tensión. Las fuerzas en los cables siempre se dirigen a lo largo del eje del cable, independientemente de si éste es recto o no. Normalmente, las fuerzas de presión se asocian con los fluidos estáticos. Un gas en un cilindro ejerce una fuerza de presión sobre todas las superficies del cilindro. Un líquido estático, como el agua detrás de una presa, ejerce una fuerza de presión sobre ésta. Las fuerzas de presión siempre actúan en dirección normal a la superficie. Una fuerza dinámica de fluidos se produce cuando éstos fluyen alrededor de un cuerpo o a través de un tubo o conducto. Cuando un fluido fluye, como el aire alrededor de un cuerpo (o cuando un cuerpo se mueve a través de un fluido) las fuerzas aerodinámicas actúan sobre el cuerpo. Básicamente existen dos tipos de fuerzas aerodinámicas: las fuerzas de presión y las viscosas. Las primeras son causadas por distribuciones de presión alrededor del cuerpo, que se producen por ciertos mecanismos relacionados con los fluidos y la geometría del cuerpo. Las fuerzas viscosas, a las que a veces se les llama *fuerzas de fricción* o *de corte*, se originan por la viscosidad del fluido. Cualquier objeto (por ejemplo un avión, misil, barco, submarino, automóvil, pelota de béisbol) que se mueve a través de un fluido experimenta fuerzas aerodinámicas. Cuando un fluido fluye a través de un tubo, se produce una fuerza de fricción entre el fluido y la superficie interna del tubo. Esta fuerza de fricción, causada por la viscosidad del fluido, tiene el efecto de retardar el flujo. Los cinco tipos de fuerza antes señalados son los más comunes, pero existen otros que algunas veces encuentran los ingenieros. Éstos incluyen las fuerzas eléctricas, magnéticas, nucleares y de tensión superficial.

Las fuerzas son vectores, por lo que todas las operaciones y expresiones matemáticas que se aplican a los vectores se aplican a las fuerzas. Ya que una fuerza es un vector, tiene magnitud y dirección. Por ejemplo, el peso de una persona de 170 libras es un vector con una magnitud de 170 lb_f y una dirección hacia abajo. A una situación en la que más de una fuerza actúa sobre un cuerpo se le llama **sistema de fuerzas**, y puede ser *coplanar* o *bidimensional* si las líneas de acción de las fuerzas radican en el mismo plano. En caso contrario, el sistema de fuerzas es *tridimensional*. Las fuerzas son *concurrentes* si sus líneas de acción pasan a través del mismo punto, y *paralelas* si sus líneas de acción son paralelas. Las fuerzas *colineales* tienen la misma línea de acción. En la figura 4.13 se ilustran estos conceptos.

108

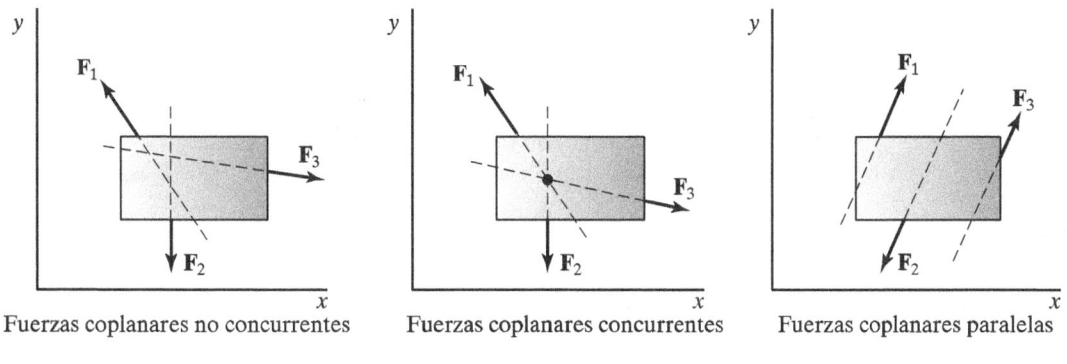

Fuerzas coplanares no concurrentes   Fuerzas coplanares concurrentes   Fuerzas coplanares paralelas

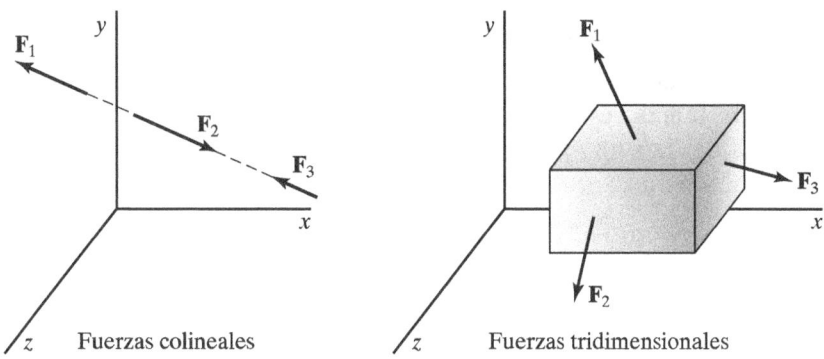

Fuerzas colineales   Fuerzas tridimensionales

Figura 4.13
Sistemas de fuerzas.

EJEMPLO 4.3

En la figura 4.14 se muestran tres fuerzas coplanares. Encuentre la fuerza resultante, su magnitud y dirección respecto del eje x positivo.

Solución

Tenemos tres fuerzas coplanares que actúan de manera concurrente sobre el origen. Observe que la fuerza $\mathbf{F}_1$ radica a lo largo del eje x. Primero resolvemos las fuerzas en sus componentes x y y:

$$F_{1x} = F_1 \cos 0° = 10 \cos 0° = 10 \text{ kN}$$
$$F_{1y} = F_1 \sin 0° = 10 \sin 0° = 0 \text{ kN}$$

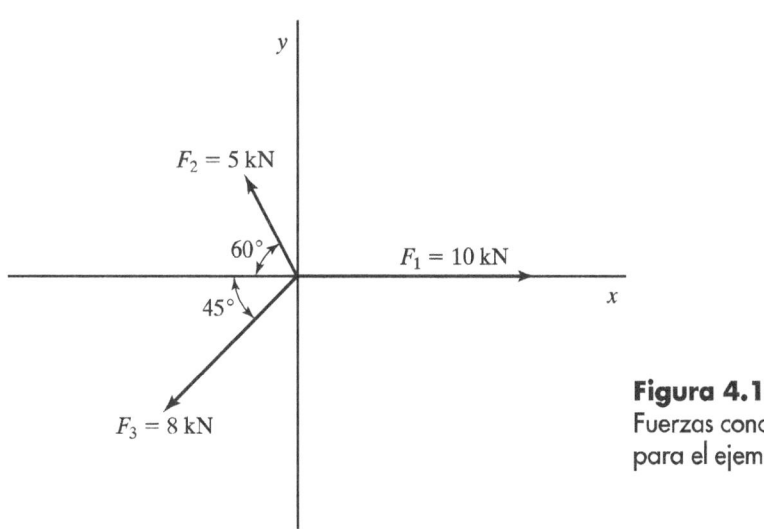

Figura 4.14
Fuerzas concurrentes para el ejemplo 4.3.

109

$$F_{2x} = -F_2 \cos 60° = -5 \cos 60° = -2.5 \text{ kN}$$
$$F_{2y} = F_2 \text{ sen } 60° = 5 \text{ sen } 60° = 4.330 \text{ kN}$$
$$F_{3x} = -F_3 \cos 45° = -8 \cos 45° = -5.657 \text{ kN}$$
$$F_{3y} = -F_3 \text{ sen } 45° = -8 \cos 45° = -5.657 \text{ kN}.$$

Observe que F_{2x}, F_{3x} y F_{3y} son cantidades *negativas* que reflejan las direcciones apropiadas de los vectores respecto de los ejes x y y positivos. Ahora las fuerzas se pueden escribir en términos de los vectores unitarios **i** y **j**.

$$F_1 = F_{1x}\mathbf{i} + F_{1y}\mathbf{j} = 10\mathbf{i} + 0\mathbf{j} = 10\mathbf{i} \text{ kN}$$
$$F_2 = F_{2x}\mathbf{i} + F_{2y}\mathbf{j} = -2.5\mathbf{i} + 4.330\mathbf{j} \text{ kN}$$
$$F_3 = F_{3x}\mathbf{i} + F_{3y}\mathbf{j} = -5.657\mathbf{i} - 5.657\mathbf{j} \text{ kN}.$$

Antes, en este capítulo, aprendimos que una resultante es la suma de dos o más vectores. Aquí definimos una **fuerza resultante** como la suma de dos o más fuerzas. Por tanto, la fuerza resultante $\mathbf{F}_R$ es la suma vectorial de las tres fuerzas. Sumando los componentes correspondientes obtenemos:

$$\mathbf{F}_R = (10 - 2.5 - 5.657)\mathbf{i} + (0 + 4.330 - 5.657)\mathbf{j}$$
$$= 1.843\mathbf{i} - 1.327\mathbf{j} \text{ kN}.$$

Los signos en los componentes x y y de $\mathbf{F}_R$ son significativos. Un signo positivo en el componente x y un signo negativo en el componente y significan que la fuerza resultante reside en el cuarto cuadrante. La magnitud de $\mathbf{F}_R$ es:

$$F_R = \sqrt{1.843^2 + (-1.327)^2}$$
$$= 2.271 \text{ kN}.$$

La dirección de $\mathbf{F}_R$ respecto del eje x positivo es:

$$\phi = \tan^{-1}(-1.327/1.843) = -35.8°$$

donde el signo menos en el ángulo es consistente con el hecho que $\mathbf{F}_R$ reside en el cuarto cuadrante, como se muestra en la figura 4.15.

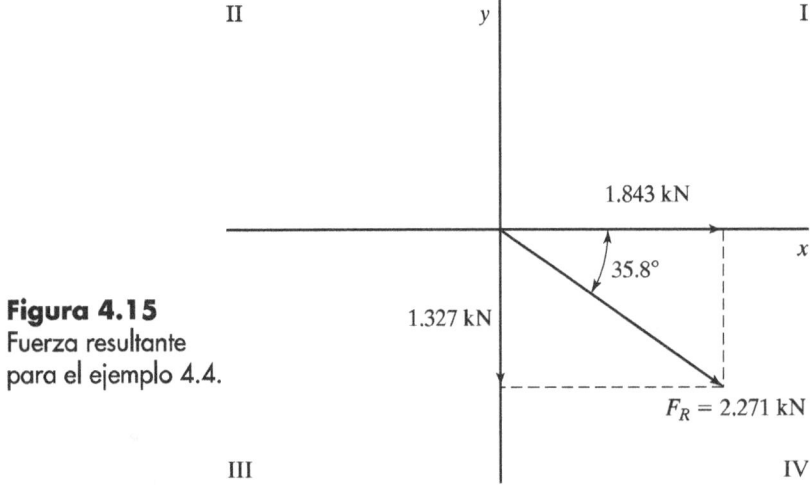

Figura 4.15
Fuerza resultante
para el ejemplo 4.4.

¡Practique!

1. Encuentre la fuerza resultante de las fuerzas mostradas: *a*) usando la ley del paralelogramo, y *b*) resolviendo las fuerzas en sus componentes *x* y *y*.
   Respuesta: 178 N, −15.1°.

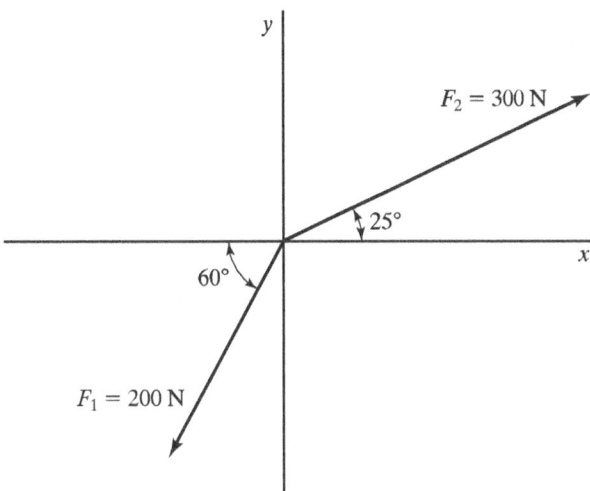

2. Encuentre la fuerza resultante para las fuerzas mostradas: *a*) utilizando la ley del paralelogramo, y *b*) resolviendo las fuerzas en sus componentes *x* y *y*.
   Respuesta: 166 N, 5.5°.

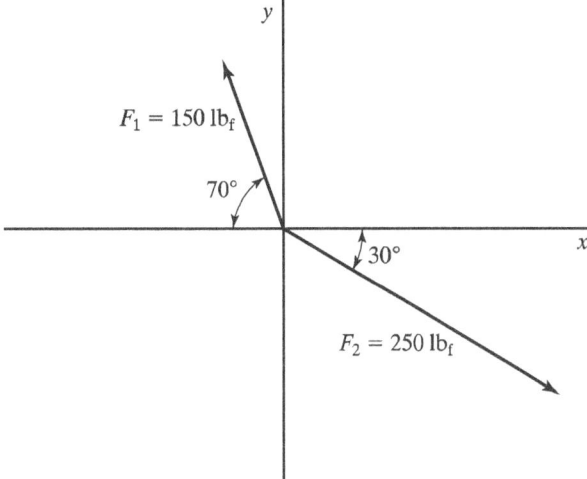

3. Encuentre la fuerza resultante para las fuerzas mostradas: *a*) utilizando la ley del paralelogramo, y *b*) resolviendo las fuerzas en sus componentes *x* y *y*.
   Respuesta: 26.0 N, 75.0°.

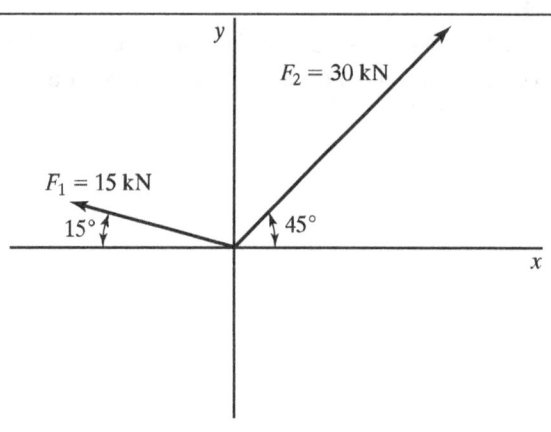

4. Considere las tres fuerzas $\mathbf{F}_1 = 5\mathbf{i} + 2\mathbf{j}$ kN; $\mathbf{F}_2 = -2\mathbf{i} - 5\mathbf{j}$ kN, y $\mathbf{F}_3 = \mathbf{i} - \mathbf{j}$ kN. Encuentre la fuerza resultante, su magnitud y dirección respecto del eje x positivo.
   Respuesta: $4\mathbf{i} - 4\mathbf{j}$ kN, 5.66 kN, $-45.0°$.

5. Considere las tres fuerzas $\mathbf{F}_1 = 2\mathbf{i} - 7\mathbf{j}$ lb$_f$; $\mathbf{F}_2 = 5\mathbf{i} + 8\mathbf{j}$ lb$_f$, y $\mathbf{F}_3 = 3\mathbf{i} + 4\mathbf{j}$ lb$_f$. Encuentre la fuerza resultante, su magnitud y dirección respecto del eje x positivo.
   Respuesta: $10\mathbf{i} + 5\mathbf{j}$ lb$_f$, 11.2 lb$_f$, 26.6°.

6. Considere las tres fuerzas $\mathbf{F}_1 = 3\mathbf{i} + 5\mathbf{j} - 2\mathbf{k}$ N; $\mathbf{F}_2 = -\mathbf{i} - 4\mathbf{j} + 3\mathbf{k}$ N, y $\mathbf{F}_3 = 2\mathbf{i} - 2\mathbf{j} + 6\mathbf{k}$ N. Encuentre la fuerza resultante y su magnitud.
   Respuesta: $4\mathbf{i} - \mathbf{j} + 7\mathbf{k}$ N, 8.12 N.

APLICACIÓN

Estabilización de una torre de comunicaciones con cables

Con frecuencia las estructuras altas y esbeltas incluyen cables que las estabilizan. Los cables, que se conectan en diversos puntos alrededor de la estructura y a lo largo de su longitud, se conectan con anclas de concreto enterradas en el suelo. En la figura 4.16(*a*) se muestra una típica torre de comunicaciones estabilizada con varios cables. En esta torre en particular, cada ancla en el piso permite que se conecten dos cables en un punto común, como se muestra en la figura 4.16(*b*). Los cables superior e inferior ejercen fuerzas de 15 kN y 25 kN, respectivamente, y sus direcciones son de 45° y 32°, respectivamente, medidos desde el piso [figura 4.16(*c*)]. ¿Cuál es la fuerza resultante que ejercen los cables sobre el ancla del piso?

Cualquier par de fuerzas en el espacio tridimensional radica en un solo plano, por lo que podemos localizar arbitrariamente nuestra fuerza de dos cables en el plano x-y. Por tanto, tenemos dos fuerzas coplanares que actúan de forma concurrente sobre el origen. Permitimos que $F_1 = 15$ kN y $F_2 = 25$ kN. Resolvemos las fuerzas en sus componentes x y y:

$$F_{1x} = F_1 \cos 45° = 15 \cos 45° = 10.607 \text{ kN}$$
$$F_{1y} = F_1 \operatorname{sen} 45° = 15 \operatorname{sen} 45° = 10.607 \text{ kN}$$
$$F_{2x} = F_2 \cos 32° = 25 \cos 32° = 21.201 \text{ kN}$$
$$F_{2y} = F_2 \operatorname{sen} 32° = 25 \operatorname{sen} 32° = 13.248 \text{ kN}$$

Ahora las fuerzas se pueden escribir en términos de los vectores unitarios $\mathbf{i}$ y $\mathbf{j}$:

$$\mathbf{F}_1 = F_{1x}\mathbf{i} + F_{1y}\mathbf{j} = 10.607\mathbf{i} + 10.607\mathbf{j} \text{ kN}$$
$$\mathbf{F}_2 = F_{2x}\mathbf{i} + F_{2y}\mathbf{j} = 21.201\mathbf{i} + 13.248\mathbf{j} \text{ kN}.$$

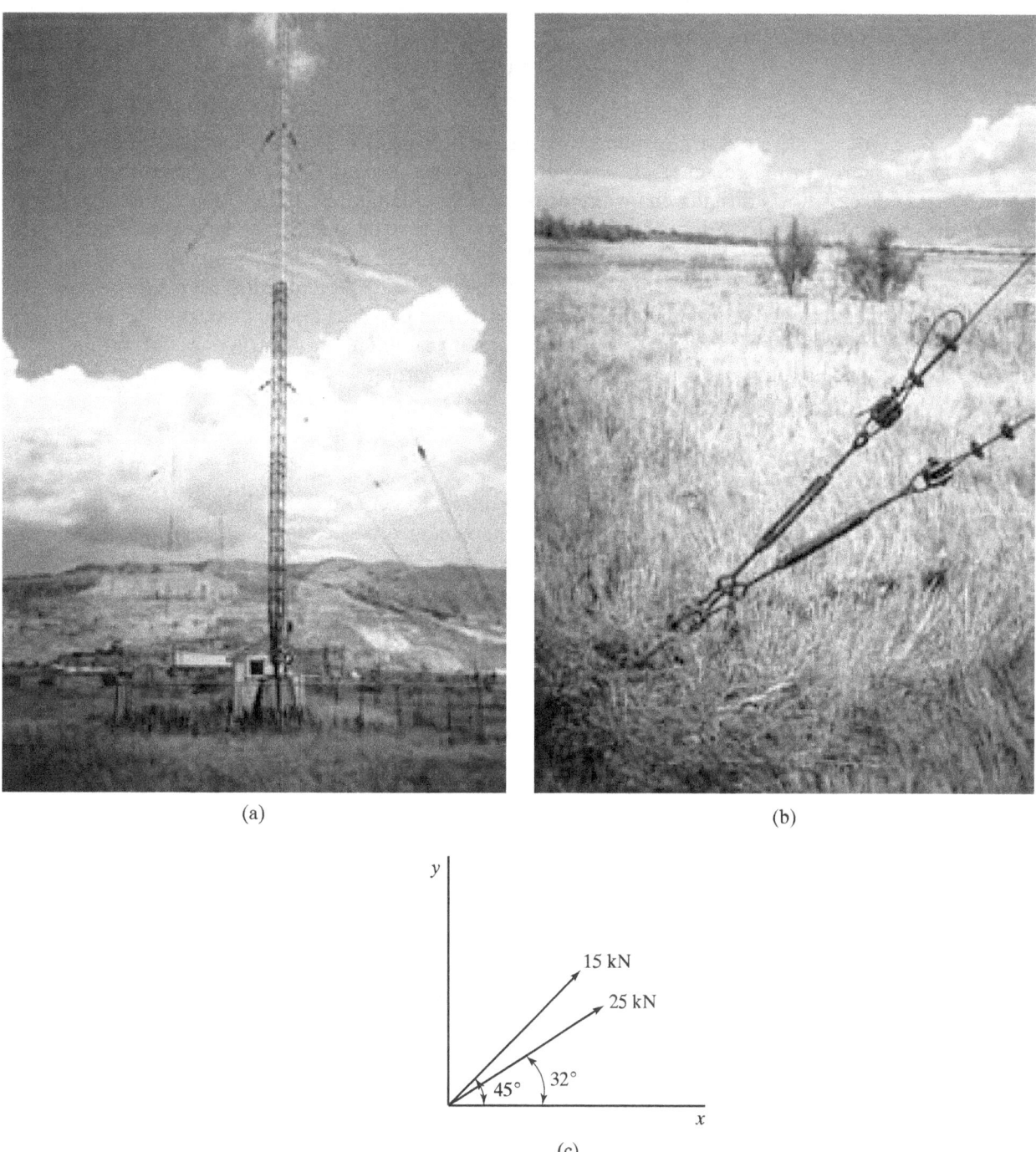

(a)

(b)

(c)

Figura 4.16 Torre de comunicaciones estabilizada con cables.

La fuerza resultante $\mathbf{F}_R$ es la suma vectorial de las dos fuerzas. Sumando los componentes correspondientes obtenemos:

$$\mathbf{F}_R = (10.607 + 21.201)\mathbf{i} + (10.607 + 13.248)\mathbf{j}$$
$$= 31.808\mathbf{i} + 23.855\mathbf{j} \text{ kN.}$$

La magnitud de $\mathbf{F}_R$ es:

$$F_R = \sqrt{F_{Rx}^2 + F_{Ry}^2}$$
$$= \sqrt{31.808^2 + 23.855^2}$$
$$= 39.76 \text{ kN}$$

113

y la dirección de $\mathbf{F}_R$ respecto del suelo es:

$$\phi = \tan^{-1}(23.855/31.808)$$
$$= 36.9°.$$

¿Qué significa nuestra respuesta y cómo se utilizaría? La fuerza resultante la usaría un ingeniero (probablemente un ingeniero civil) para diseñar el ancla de concreto. Una fuerza de casi 40 kN dirigida en un ángulo de aproximadamente 37° respecto del suelo tendría la tendencia a tirar del ancla fuera del piso. Si no se diseña adecuadamente, el ancla podría llegar a desprenderse o a romperse bajo la carga, produciendo así una fuerza desequilibrada en la torre. Observe con cuidado la figura 4.16(*b*). Note que los dos cables se conectan mediante tensores a un anillo insertado en una sola varilla que penetra en el ancla de concreto, la cual no aparece. La fuerza resultante también se utilizaría para determinar la integridad estructural del ensamble del anillo y la varilla.

4.4 DIAGRAMAS DE CUERPO LIBRE

Uno de los pasos más importantes en el procedimiento general de análisis es construir un diagrama del sistema que se está analizando. En mecánica, a este diagrama se le conoce como *diagrama de cuerpo libre*. Un **diagrama de cuerpo libre** *muestra todas las fuerzas externas que actúan sobre el cuerpo*. Como el término lo indica, sólo muestra el cuerpo en cuestión, aislado o "libre" de todos los demás cuerpos. El cuerpo se retira conceptualmente de todos los soportes, conexiones y regiones de contacto con otros cuerpos. Todas las fuerzas producidas por estas influencias externas se representan de manera esquemática en el diagrama de cuerpo libre. En éste, sólo se consideran en el análisis las fuerzas *externas* que actúan sobre el cuerpo en cuestión. Pueden existir muchas **fuerzas internas** (es decir, aquellas originadas dentro del cuerpo que actúan sobre otras partes del mismo), pero se puede demostrar que éstas se cancelan una a otra y por tanto no contribuyen al estado mecánico global del cuerpo. El diagrama de cuerpo libre es una de las partes más críticas del análisis mecánico. Concentra la atención del ingeniero sobre el cuerpo que se está analizando y ayuda a identificar todas las fuerzas externas que actúan sobre él. También ayuda al ingeniero a escribir las ecuaciones determinantes correctas.

Los diagramas de cuerpo libre se utilizan en estática, dinámica y mecánica de materiales, pero en este libro se enfatizará su aplicación en la estática y la mecánica de materiales. La **estática** es la rama de la mecánica que trata de los cuerpos en equilibrio estático. Si un cuerpo está en equilibrio estático, las fuerzas externas hacen que se encuentre en un estado de balance. Aunque el cuerpo no se mueva, experimenta esfuerzos y deformaciones que deben determinarse si se va a evaluar su desempeño como elemento estructural. Para determinar las fuerzas que actúan sobre un cuerpo, debe construirse un diagrama de cuerpo libre de manera apropiada.

Procedimiento para construir diagramas de cuerpo libre

Debe observarse el siguiente procedimiento para construir diagramas de cuerpo libre:

1. *Identifique* el cuerpo que desea aislar y haga un *dibujo simple* de él.
2. Trace los *vectores de fuerza* apropiados donde se localizan los soportes, conexiones y contactos con otros cuerpos.
3. Dibuje un vector de fuerza para el *peso* del cuerpo, a menos que en el análisis se desprecie la fuerza gravitacional.
4. *Designe* con un valor numérico todas las fuerzas que se conocen, y con una letra las que no se conocen.
5. Dibuje un *sistema de coordenadas* en, o cerca del cuerpo libre para establecer las direcciones de las fuerzas.

6. Agregue *datos geométricos*, como longitudes y ángulos, según se requiera.

En la figura 4.17 se ilustran diagramas de cuerpo libre para algunas de las configuraciones de fuerzas más comunes.

Configuración	Diagrama de cuerpo libre	Comentarios
Fuerza gravitacional 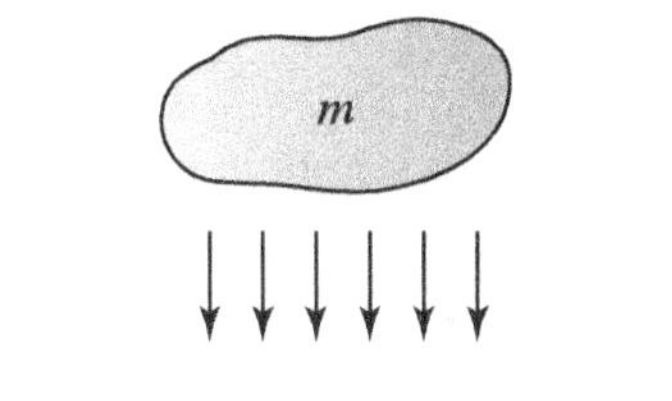	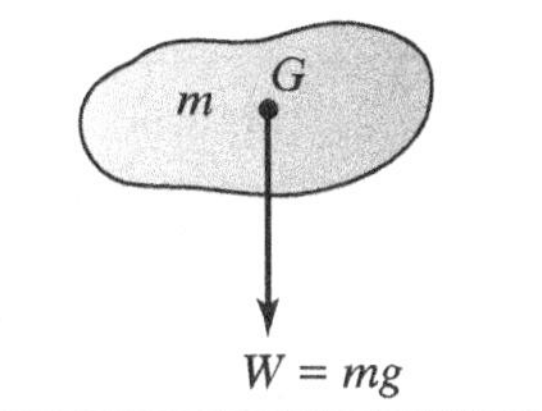 $W = mg$	La fuerza gravitacional actúa a través del centro de gravedad G.
Fuerza de cable 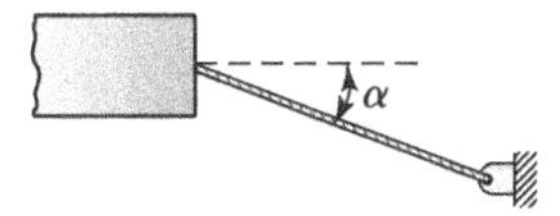 Peso del cable despreciado 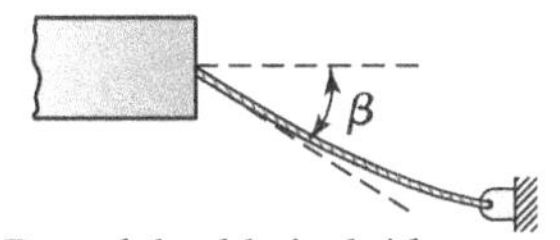 Peso del cable incluido	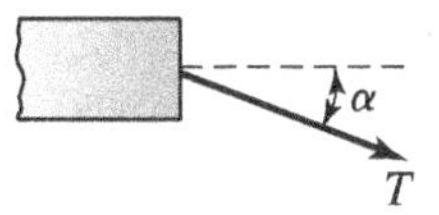 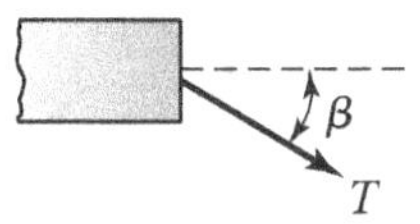 T (α) T (β)	La fuerza de tensión T en un cable siempre se dirige a lo largo del eje del cable.
Fuerza de contacto 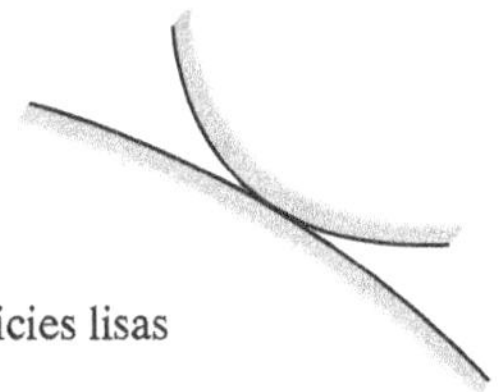 Superficies lisas 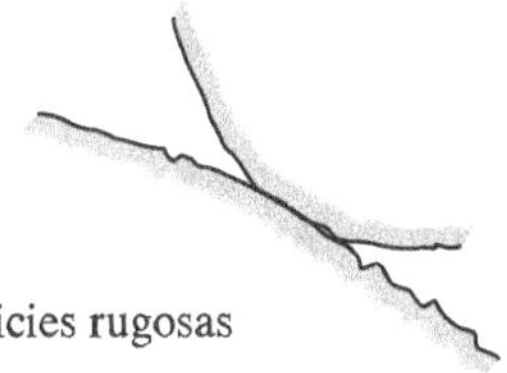 Superficies rugosas	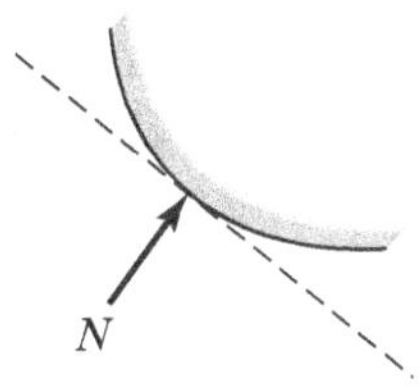 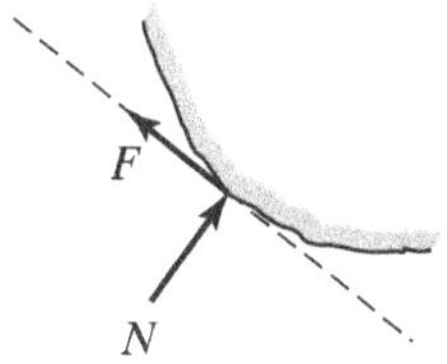 N F N	Para superficies lisas, la fuerza de contacto N se dirige hacia el cuerpo, normal a la tangente dibujada a través del punto de contacto. Para superficies rugosas existen dos fuerzas: una fuerza normal N y una fuerza de fricción F. Estas dos fuerzas son perpendiculares entre sí. La fuerza de fricción F actúa en la dirección que se opone al movimiento, obstaculizándolo.
Soporte de rodillo 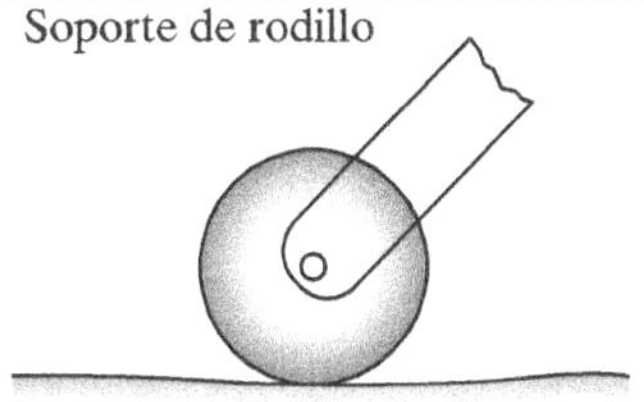	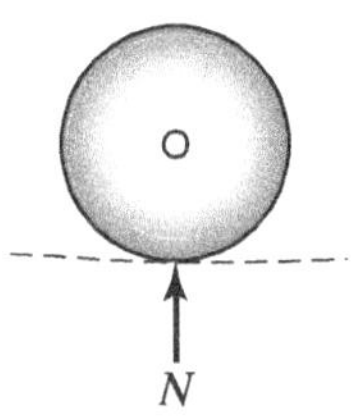 N	Un rodillo soporta una fuerza normal, pero no una fuerza de fricción, debido a que ésta hace que el rodillo gire.
Conexión de perno 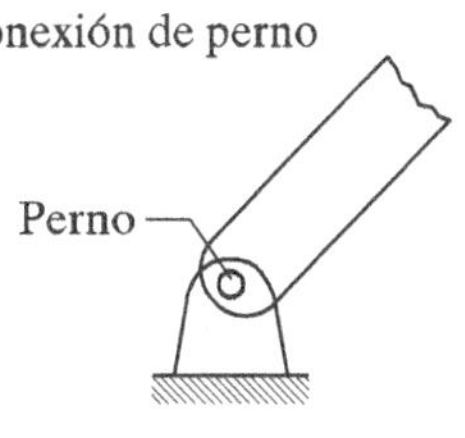 Perno	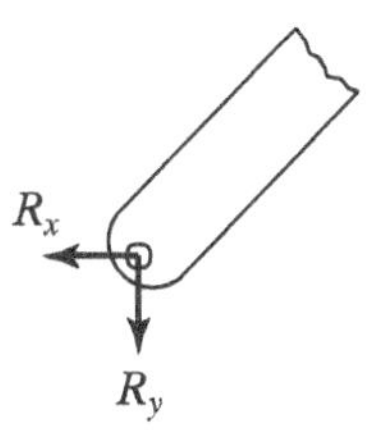 R_x R_y	Una conexión de perno puede soportar una fuerza de reacción en cualquier dirección en el plano normal al eje del perno. Esta fuerza se puede resolver en sus componentes R_x y R_y.

Figura 4.17
Diagramas de cuerpo libre para algunas configuraciones comunes de fuerzas.

Éxito profesional

No comience a la mitad de un problema

Es parte de la naturaleza humana tratar de terminar un trabajo en la menor cantidad de tiempo posible. Algunas veces tomamos atajos sin tener tiempo suficiente para asegurarnos de que el trabajo se realiza de manera meticulosa. Al igual que todos, los ingenieros son también humanos y algunas veces desean tomar atajos para la solución de un problema. Pueden tomarlos debido a una variedad de razones. Quizás simplemente estén sobrecargados de trabajo y la única manera de cumplir con las fechas de entrega es emplear menos tiempo en cada problema. Quizá el gerente del ingeniero tiene expectativas falsas y no presupuesta el tiempo suficiente para cada proyecto. Aunque los motivos relacionados con el tiempo y el presupuesto son lo suficientemente serios como para garantizar una acción correctiva, por lo general no son las razones por las que los ingenieros toman atajos en su trabajo analítico. En realidad los toman porque se han relajado en sus prácticas de resolución de problemas, o han olvidado cómo realizar un análisis meticuloso. Quizá han olvidado alguno de los pasos en el procedimiento general de análisis, o quizá peor, nunca los aprendieron.

Independientemente de las razones implícitas, la práctica de tomar atajos para la resolución de problemas puede provocar que un ingeniero comience un análisis "a la mitad del problema". ¿Cómo sucede esto? En su intento por resolver el problema de manera más eficiente, el ingeniero puede desear ir directo a las ecuaciones y cálculos. Llendo directamente a los pasos de las *ecuaciones determinantes* y *cálculos* del procedimiento de análisis se omiten tres pasos cruciales: la definición del problema, el diagrama y los supuestos. ¿Cómo puede un ingeniero resolver un problema si ni siquiera lo define? El ingeniero, a la defensiva, puede exclamar: "Pero yo sé cuál es la definición del problema. Está en mi cabeza." ¡Pero una definición no escrita de un problema no es una definición del problema! Quienes revisen el análisis no pueden leer la mente. Un buen ingeniero documenta todo por escrito, incluyendo las definiciones de los problemas. Alguno puede decir: "Todos saben exactamente cómo se ven los componentes, y las fuerzas que actúan sobre ellos son directas. Es innecesario un diagrama de cuerpo libre." Todos pueden estar íntimamente familiarizados con la configuración del componente y las cargas del día de hoy, pero 18 meses después, cuando se revalúe el análisis porque el componente falló en su primer año de servicio, nadie, incluyendo al ingeniero que realizó el análisis, puede recordar todos los detalles. Una vez más, la documentación escrita es fundamental. La formulación de buenos supuestos es tanto un arte como una ciencia. Un ingeniero apresurado puede declarar: "Los supuestos son obvios. No son la gran cosa." Puede ser que sean obvios o no, pero son críticos para el resultado del problema. Los supuestos deben definirse de forma explícita, y las ecuaciones determinantes y cálculos deben ser consistentes con ellos. Si el componente falló en el primer año de servicio, quizá es porque el ingeniero *pensó* que los supuestos eran obvios, pero realmente no lo eran, lo que produjo un análisis defectuoso y la falla de un componente.

Mientras esté en la escuela, desarrolle el hábito de aplicar de manera conciente el procedimiento general de análisis para todos sus trabajos de resolución analítica de problemas. Después, cuando haga la transición de estudiante a profesional de ingeniería, no experimentará los errores de comenzar "a la mitad del problema".

¡Practique!

1. Una caja cuelga de una cuerda como se muestra. Construya un diagrama de cuerpo libre para la caja.

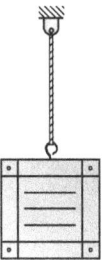

Respuesta:

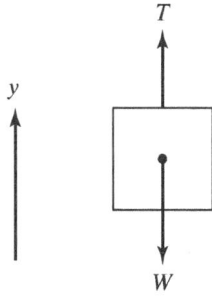

2. Dos cajas cuelgan de cuerdas del techo como se muestra. Construya un diagrama de cuerpo libre de: *a*) la caja *A*, y *b*) la caja *B*.

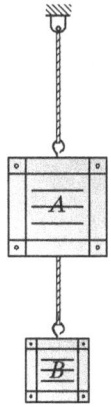

Respuesta:

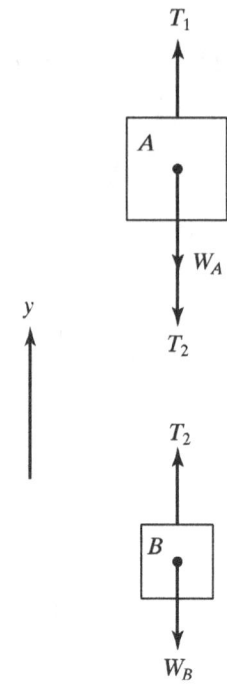

3. Un bloque de madera reposa sobre un plano rugoso inclinado, como se muestra. Construya un diagrama de cuerpo libre del bloque.

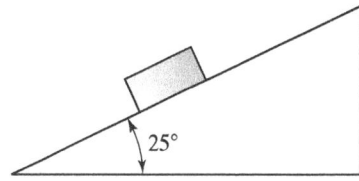

Respuesta:

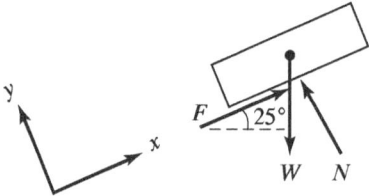

4. Una viga I cargada de forma oblicua se sostiene mediante un rodillo en *A* y un perno en *B*, como se muestra. Construya un diagrama de cuerpo libre de la viga. Incluya el peso de ésta.

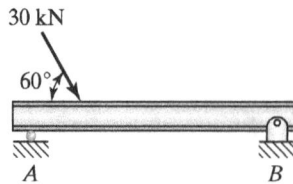

Respuesta:

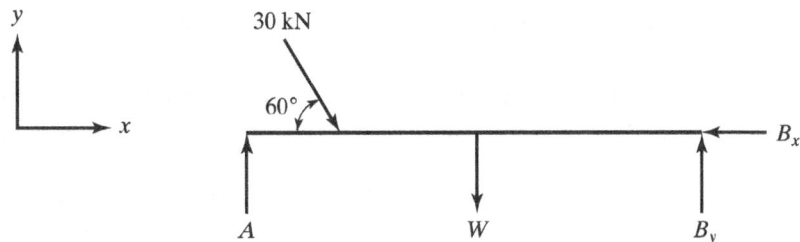

5. Dos tubos reposan sobre un canal grande en forma de V, como se muestra. Construya un diagrama de cuerpo libre de cada tubo.

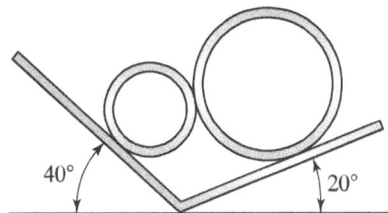

Respuesta:

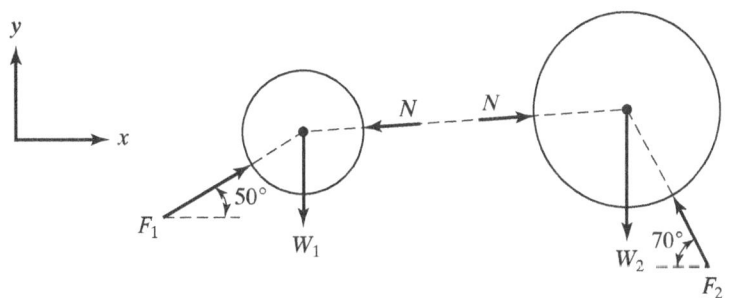

6. Una caja se mantiene en posición sobre la cama de un camión sostenida por un cable, como se muestra. La superficie de la cama del camión es lisa. Construya un diagrama de cuerpo libre de la caja.

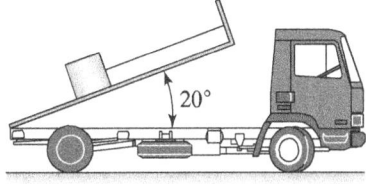

Respuesta:

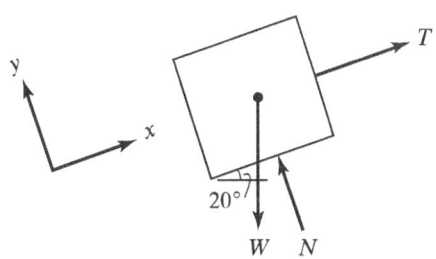

4.5 EQUILIBRIO

El **equilibrio** es un estado de balance entre fuerzas opuestas y es uno de los conceptos más importantes en la ingeniería mecánica. Existen dos tipos de equilibrio en esta disciplina: estático y dinámico. Si un cuerpo se encuentra en equilibrio estático, no se mueve, mientras que si se encuentra en equilibrio dinámico, se mueve a velocidad constante. En este libro restringiremos nuestros comentarios al equilibrio estático, y de éste, a los sistemas de fuerzas *concurrentes*. En un sistema de este tipo las líneas de acción de todas las fuerzas pasan por un solo punto, por lo que no tienen la tendencia a hacer girar el cuerpo. Por tanto, no existen *momentos de fuerza* con los cuales tratar, sólo las propias fuerzas. Ya que éstas actúan de forma concurrente, el cuerpo se convierte en realidad en una *partícula* (es decir, un punto adimensional en el espacio sobre el cual actúan las fuerzas). El cuerpo real puede ser o no una partícula, pero se modela como tal para efectos del análisis. Este concepto se demostrará en algunos ejemplos posteriores.

Un cuerpo se encuentra en equilibrio estático o dinámico si la suma vectorial de todas las fuerzas externas es cero. Consistente con esta definición, la condición de equilibrio se puede establecer matemáticamente como:

$$\Sigma \mathbf{F} = \mathbf{0} \tag{4.20}$$

donde el símbolo de sumatoria Σ denota la suma de todas las fuerzas externas. Observe que el cero se escribe como vector para preservar el carácter vectorial de la ecuación a través del signo igual. La ecuación (4.20) es una condición necesaria y suficiente de equilibrio conforme a la segunda ley de Newton, que se puede escribir como $\Sigma \mathbf{F} = m\mathbf{a}$. Si la suma de fuerzas es cero, entonces $m\mathbf{a} = \mathbf{0}$. La cantidad m es un escalar que se puede separar, dejando $\mathbf{a} = \mathbf{0}$. Por tanto, la aceleración es cero, por lo que el cuerpo se mueve a velocidad constante o permanece en reposo. La ecuación (4.20) es una ecuación vectorial que se puede descomponer en sus componentes escalares. Si la escribimos en términos de los vectores unitarios $\mathbf{i}, \mathbf{j}$ y $\mathbf{k}$, obtenemos:

$$\Sigma F_x \mathbf{i} + \Sigma F_y \mathbf{j} + \Sigma F_z \mathbf{k} = \mathbf{0} \tag{4.21}$$

donde los tres términos del lado izquierdo son las fuerzas *escalares* totales en las direcciones x, y y z, respectivamente. La ecuación (4.21) sólo se puede satisfacer si la suma de las fuerzas escalares en cada dirección coordenada es cero. De ahí que tenemos tres ecuaciones escalares:

$$\Sigma F_x = 0, \Sigma F_y = 0, \Sigma F_z = 0. \tag{4.22}$$

A estas relaciones se les conoce como *ecuaciones de equilibrio de una partícula*. Debe satisfacerse cada una de estas tres ecuaciones escalares para que la partícula se encuentre en equilibrio. Si no se satisface *cualquiera* de ellas, la partícula no está en equilibrio. Por ejemplo, si $\Sigma F_x = 0$ y $\Sigma F_y = 0$, pero $\Sigma F_z \neq 0$, la partícula estará en equilibrio en las direcciones x y y, pero acelerará en la dirección z. De manera similar, si $\Sigma F_x = 0$, pero $\Sigma F_y \neq 0$ y $\Sigma F_z \neq 0$, la partícula estará en equilibrio en la dirección x, pero tendrá componentes de aceleración en las direcciones y y z.

Las fórmulas (4.22) son las ecuaciones determinantes para una partícula en equilibrio. Las fuerzas externas desconocidas se pueden determinar utilizando esas ecuaciones y un diagrama de cuerpo libre de la partícula. Considere la partícula en la figura 4.18(*a*). Una fuerza de 2 kN actúa sobre ella en la dirección positiva de x. Una fuerza desconocida F, que se *asume* que actúa en la dirección positiva de x, también actúa sobre la partícula. Aplicando la primera ecuación de equilibrio tenemos:

$$\Sigma F_x = 0 = +F + 2.$$

120

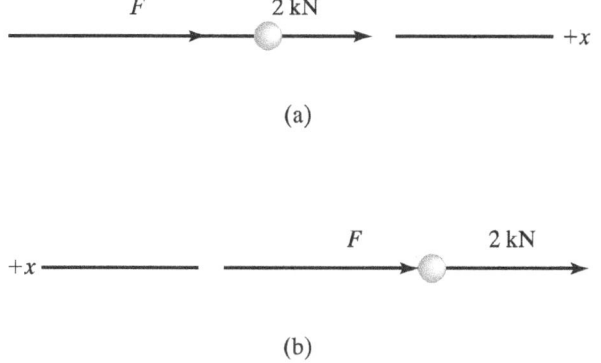

(a)

(b)

Figura 4.18
Se requiere una fuerza F = −2 kN para mantener el equilibrio, independientemente de la orientación del sistema de coordenadas.

Ambas fuerzas son positivas porque actúan en la dirección positiva de x. Resolviendo para la fuerza desconocida F, obtenemos:

$$F = -2 \text{ kN}.$$

Por tanto, para que la partícula esté en equilibrio debe aplicarse una fuerza de 2 kN que actúe hacia la *izquierda*. El signo negativo de la respuesta es consistente con la dirección del eje positivo x. En mecánica, la orientación del sistema de coordenadas es arbitraria (es decir, no afecta la solución) en tanto se utilice de manera consistente. Trabajemos nuevamente con el ejemplo invirtiendo la dirección del eje x, pero manteniendo F positiva apuntando hacia la derecha, como antes. Como se muestra en la figura 4.18(*b*), el eje positivo x ahora se dirige a la *izquierda*, pero las fuerzas permanecen sin cambio. Escribiendo la ecuación de equilibrio tenemos:

$$\Sigma F_x = 0 = -F - 2$$

Resolviendo nos da:

$$F = -2 \text{ kN}$$

y obtenemos la misma respuesta que antes. La dirección del eje x no influye en la respuesta. En ambos casos el signo negativo indica que la dirección de F requerida para mantener la partícula en equilibrio es *opuesta* a la dirección asumida.

En los siguientes ejemplos se demuestra cómo encontrar las fuerzas que actúan sobre una partícula. Cada uno se ha resuelto con detalle utilizando el procedimiento general de análisis de: 1) definición del problema; 2) diagrama; 3) supuestos; 4) ecuaciones determinantes; 5) cálculos; 6) verificación de la solución, y 7) comentarios. Para simplificar, los ejemplos se limitan a sistemas de fuerzas coplanares.

EJEMPLO 4.4

Definición del problema
Dos bloques cuelgan de cuerdas como se muestra en la figura 4.19. Encuentre la tensión en cada cuerda.

Diagrama
Para encontrar la tensión en cada cuerda se construye por separado un diagrama de cuerpo libre para cada bloque. La parte más crítica del diagrama es la inclusión de cada fuerza externa que actúa sobre el cuerpo en cuestión. Sobre el bloque A actúan dos fuerzas: su peso

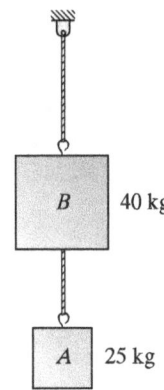

Figura 4.19
Bloques suspendidos
para el ejemplo 4.4.

y la fuerza de tensión en la cuerda inferior. Sobre el bloque B actúan tres fuerzas: su peso, la fuerza de tensión en la cuerda inferior y la fuerza de tensión en la cuerda superior. Todas las fuerzas son concurrentes, por lo que tratamos a las cajas como partículas. En la figura 4.20(a) se muestran los diagramas de cuerpo libre para los bloques.

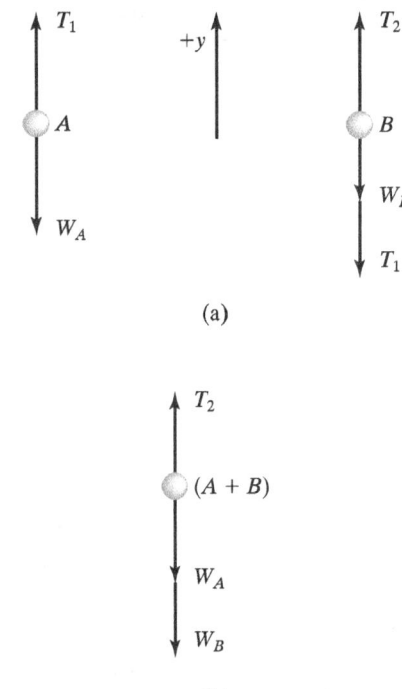

Figura 4.20
Diagramas de cuer-
po libre para el
ejemplo 4.4.

Supuestos

1. Todas las fuerzas son concurrentes.
2. Los pesos de las cuerdas son despreciables.
3. Las cuerdas son lo suficientemente flexibles como para colgar directamente hacia abajo.

Ecuaciones determinantes

Ya que las fuerzas actúan en una sola dirección, sólo existe una ecuación determinante: la ecuación de equilibrio para la dirección vertical. Por tanto, para ambos bloques tenemos:

$$\sum F_y = 0.$$

122

Cálculos

Para resolver el problema debe escribirse la ecuación de equilibrio para ambos bloques. Observando la dirección positiva del eje y, y utilizando los diagramas de cuerpo libre de la figura 4.20(a) tenemos:

Bloque A:

$$\sum F_y = 0 = T_1 - W_A$$
$$= T_1 - (25 \text{ kg})(9.81 \text{ m/s}^2).$$

Bloque B:

$$\sum F_y = 0 = T_2 - T_1 - W_B$$
$$= T_2 - T_1 - (40 \text{ kg})(9.81 \text{ m/s}^2).$$

Resolviendo la primera ecuación para T_1, obtenemos:

$$T_1 = 245.25 \text{ N}$$

Sustituyendo el valor de T_1 en la segunda ecuación y resolviendo para T_2, obtenemos:

$$T_2 = 637.65 \text{ N}$$

Por lo común, expresamos las respuestas de ingeniería con tres cifras significativas, por lo que nuestros resultados se escriben como:

$$T_1 = \underline{\underline{245 \text{ N}}}, T_2 = \underline{\underline{638 \text{ N}}}.$$

Verificación de la solución

No se detectaron errores matemáticos o de cálculo. ¿Las respuestas parecen razonables? La cuerda inferior sólo soporta el bloque A, por lo que la tensión T_1 es simplemente el peso del bloque A. Ya que la cuerda superior soporta ambos bloques, la tensión T_2 debe ser la suma de los pesos:

$$W_A + W_B = (m_A + m_B) g$$
$$= (25 \text{ kg} + 40 \text{ kg})(9.81 \text{ m/s}^2)$$
$$= 637.65 \text{ N}.$$

Nuestra solución ha sido verificada.

Comentarios

Un método alternativo para encontrar la tensión en la cuerda superior T_2 es construir un diagrama de cuerpo libre de ambos bloques como una *sola* partícula. El aspecto interesante de este enfoque es que se ignoran las fuerzas de tensión producidas por la cuerda inferior en ambos bloques porque son *internas*, no externas. Las fuerzas internas ejercidas por la cuerda inferior sobre cada bloque son iguales en magnitud, pero de sentido opuesto, de ahí que se cancelen y no tengan algún efecto mecánico sobre el sistema. Existen tres fuerzas actuando sobre los bloques combinados: los pesos de cada bloque y la tensión T_2. Utilizando el diagrama de cuerpo libre de la figura 4.20(b) tenemos:

$$\Sigma F_y = 0 = T_2 - W_A - W_B$$

$$= T_2 - (25 \text{ kg} + 40 \text{ kg})(9.81 \text{ m/s}^2)$$

que resulta:

$$T_2 = 637.65 \text{ N}.$$

EJEMPLO 4.5

Definición del problema
El monobloque de 200 kg de un motor cuelga de un sistema de cables como se muestra en la figura 4.21. Encuentre la tensión en los cables AB y AC; el cable AB es horizontal.

Diagrama

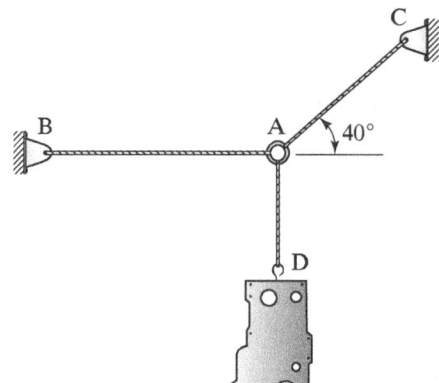

Figura 4.21
Monobloque de motor suspendido para el ejemplo 4.5.

Tenemos un sistema de fuerzas coplanares en el que la fuerza de cada cable actúa de manera concurrente sobre A, por lo que construimos un diagrama de cuerpo libre para la "partícula" en A (véase la figura 4.22). La fuerza de tensión en el cable AB actúa hacia la izquierda a lo largo del eje x, y la fuerza de tensión en el cable AC actúa a lo largo de una línea a 40° respecto del eje x. La fuerza de tensión en el cable AD, equivalente al peso del monobloque, actúa directamente hacia abajo.

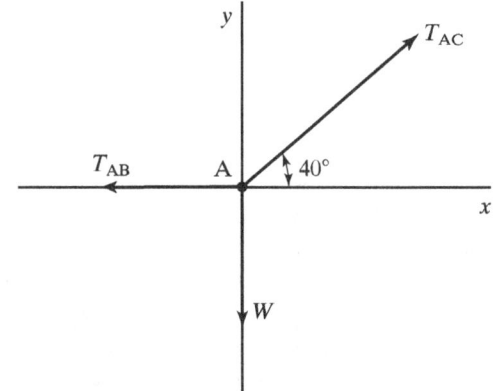

Figura 4.22
Diagrama de cuerpo libre para el ejemplo 4.5.

Supuestos

1. Todas las fuerzas son concurrentes en A.
2. Los pesos de los cables son despreciables.
3. Todos los cables son rígidos.

Ecuaciones determinantes

Las ecuaciones determinantes son las ecuaciones de equilibrio en las direcciones x y y:

$$\Sigma F_x = 0$$
$$\Sigma F_y = 0.$$

Cálculos

Utilizando el diagrama de cuerpo libre de la figura 4.22, las ecuaciones de equilibrio son:

$$\sum F_x = 0 = -T_{AB} + T_{AC} \cos 40°$$
$$\sum F_y = 0 = T_{AC} \operatorname{sen} 40° - W$$

donde $W = mg = (200 \text{ kg})(9.81 \text{ m/s}^2) = 1962 \text{ N}$. La segunda ecuación se puede resolver de inmediato para T_{AC}:

$$T_{AC} = \underline{\underline{3052 \text{ N}}}.$$

Sustituyendo este valor de T_{AC} en la primera ecuación y resolviendo para T_{AB}, obtenemos:

$$T_{AB} = \underline{\underline{2338 \text{ N}}}.$$

Verificación de la solución

Para verificar que nuestras respuestas son correctas, las sustituimos en las ecuaciones de equilibrio. Si satisfacen las ecuaciones, lo son.

$$\Sigma F_x = -2338 \text{ N} + (3052 \text{ N}) \cos 40° = -0.032 \approx 0$$
$$\Sigma F_y = (3052 \text{ N}) \operatorname{sen} 40° - (200 \text{ kg})(9.81 \text{ m/s}^2) = -0.212 \approx 0.$$

Dentro de la precisión numérica de los cálculos, la suma de las fuerzas en las direcciones x y y es cero. Por tanto, nuestras respuestas son correctas.

Comentarios

Ahora que conocemos las fuerzas de tensión en los cables, ¿qué hacemos con ellas? Conocer las fuerzas no nos dice cómo trabajan estructuralmente los cables. El siguiente paso en el análisis sería determinar el esfuerzo en cada cable. Si los esfuerzos calculados son menores que los esfuerzos permitidos o de diseño, los cables soportarán el monobloque sin fallar. En esta situación, la falla más probable significa rotura del cable, pero también puede significar su deformación. Se tendrían que calcular el esfuerzo y la deformación para hacer una evaluación estructural completa de los cables.

¡Practique!

**Para los siguientes problemas de práctica, utilice el procedimiento general de:
1) definición del problema; 2) diagrama; 3) supuestos; 4) ecuaciones determinantes; 5) cálculos; 6) verificación de la solución, y 7) comentarios.**

1. Una esfera sólida de acero de 30 cm de diámetro cuelga de cables como se muestra. Encuentre la tensión en los cables AB y AC. Utilice $\rho = 7270$ kg/m³ para la densidad del acero.
   Respuesta: $T_{AB} = T_{AC} = 712.9$ N.

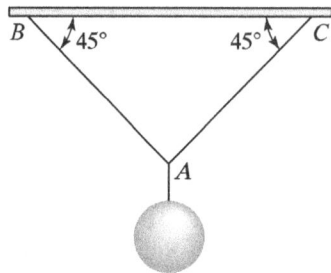

2. Un cilindro de 250 kg reposa sobre un canal largo como se muestra. Encuentre las fuerzas que actúan sobre el cilindro por los costados del canal.
   Respuesta: 1999 N, 893 N.

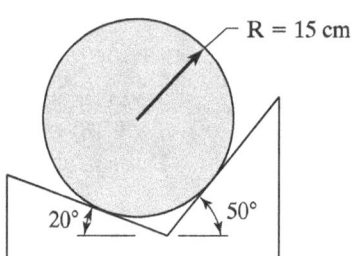

3. Se aplican tres fuerzas coplanares a una caja para tratar de deslizarla sobre el piso, como se muestra. Si la caja permanece en reposo, ¿cuál es la fuerza de fricción entre la caja y el piso?
   Respuesta: 116.5 N.

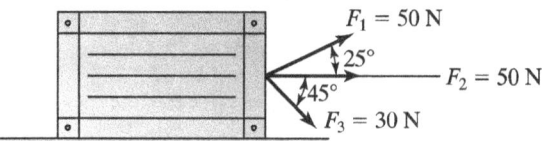

4. Una maceta de 15 kg cuelga de alambres como se muestra. Encuentre la tensión en los alambres AB y AC.
   Respuesta: $T_{AB} = 88.3$ N, $T_{AC} = 117.7$ N.

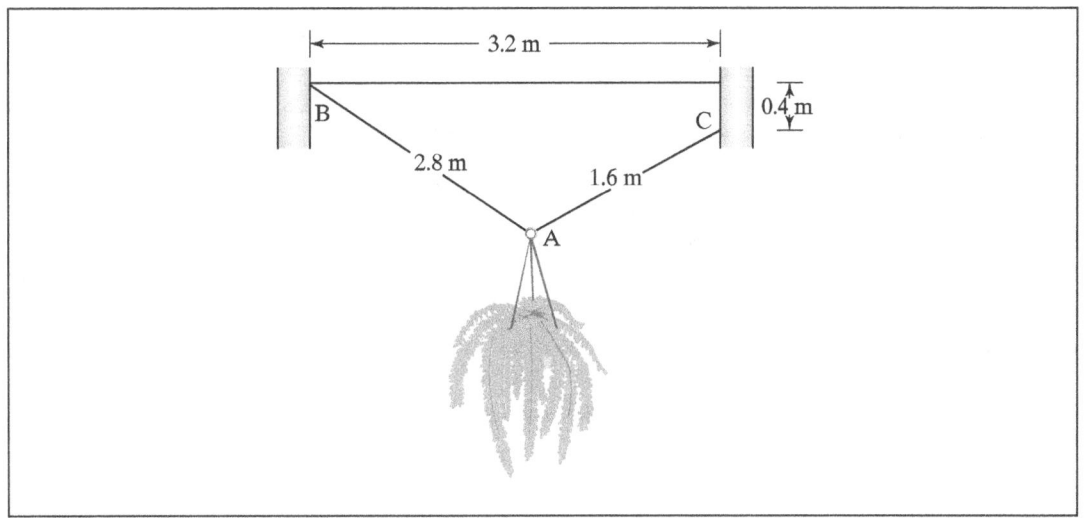

4.6 ESFUERZO Y DEFORMACIÓN

Si la suma vectorial de las fuerzas externas que actúan sobre un cuerpo es cero, éste se encuentra en estado de equilibrio. También existen fuerzas internas que actúan sobre él. Las fuerzas externas *causan* las fuerzas internas, pero éstas no afectan el equilibrio del cuerpo. Si no afectan el equilibrio, ¿entonces por qué son importantes? Para ilustrar su importancia, utilicemos un ejemplo conocido: el deporte de levantamiento de pesas (véase la figura 4.23). Cuando un levantador de pesas sostiene un conjunto pesado de pesas, su cuerpo y las pesas se encuentran en estado de equilibrio momentáneo. La fuerza gravitacional de las pesas está equilibrada por la fuerza que las manos u hombros del sujeto ejercen sobre la barra, y las fuerzas gravitacionales de las pesas más el de su cuerpo están equilibradas por la fuerza que el piso ejerce sobre sus pies. ¿Existen fuerzas internas que actúan

Figura 4.23
Un levantador de pesas está en equilibrio, pero su cuerpo se encuentra en un estado de esfuerzo. (Dibujo por Kathryn Hagen.)

sobre el levantador de pesas? Definitivamente, sí. Si el peso que está cargando es grande, él está dolorosamente conciente de esas fuerzas internas. Las fuerzas externas de las pesas y la reacción en el piso provocan fuerzas internas en sus brazos, torso y piernas. Por lo común, la magnitud de estas fuerzas internas limita el tiempo que el levantador de pesas puede sostenerlas a sólo unos cuantos segundos. Al igual que el levantador de pesas, las estructuras de ingeniería como edificios, puentes y máquinas experimentan fuerzas internas cuando se les aplican fuerzas externas. Sin embargo, por lo general, las estructuras de ingeniería deben soportar fuerzas internas por largos periodos, quizá años. Los principios de la estática, que establecen las fuerzas externas que actúan sobre un cuerpo, por sí mismos son insuficientes para definir su estado mecánico. Para que un ingeniero haga una evaluación completa de la integridad estructural de cualquier cuerpo, debe considerar las fuerzas internas. A partir de éstas y las deformaciones resultantes, se determinan el esfuerzo y la deformación.

4.6.1 Esfuerzo

El concepto de esfuerzo es de importancia primordial en la mecánica de materiales. El **esfuerzo** es la cantidad física fundamental que utilizan los ingenieros para determinar si una estructura puede soportar las fuerzas externas que se aplican sobre ella. Al encontrar los esfuerzos, los ingenieros cuentan con un método estándar para comparar las capacidades de materiales dados para soportar fuerzas externas. Éstos son de dos tipos: el *esfuerzo normal* y el *esfuerzo al corte*. En este libro concentraremos nuestra atención en el esfuerzo normal, que se conceptualiza como el *esfuerzo que actúa de forma normal (perpendicular) a un plano seleccionado, o a lo largo del eje de un cuerpo*. Con frecuencia se le asocia con el esfuerzo en la dirección axial en miembros largos y delgados, como varillas, vigas y columnas. Considere la barra delgada mostrada en la figura 4.24. Una fuerza axial F actúa sobre cada extremo de la barra manteniéndola en equilibrio, como se indica en la figura 4.24(*a*). Ahora suponga que pasamos un plano imaginario a través de la barra, perpendicular a su eje, como se muestra en la figura 4.24(*b*). Después, conceptualmente, retiramos la parte inferior de la barra que "cortó" el plano imaginario. Al retirar la parte inferior también suprimimos la fuerza aplicada en el extremo inferior de la barra que equilibraba la fuerza aplicada en el extremo superior. Para restaurar el equilibrio debemos aplicar una fuerza equivalente P en el extremo "cortado". Esta fuerza, a diferencia de la fuerza

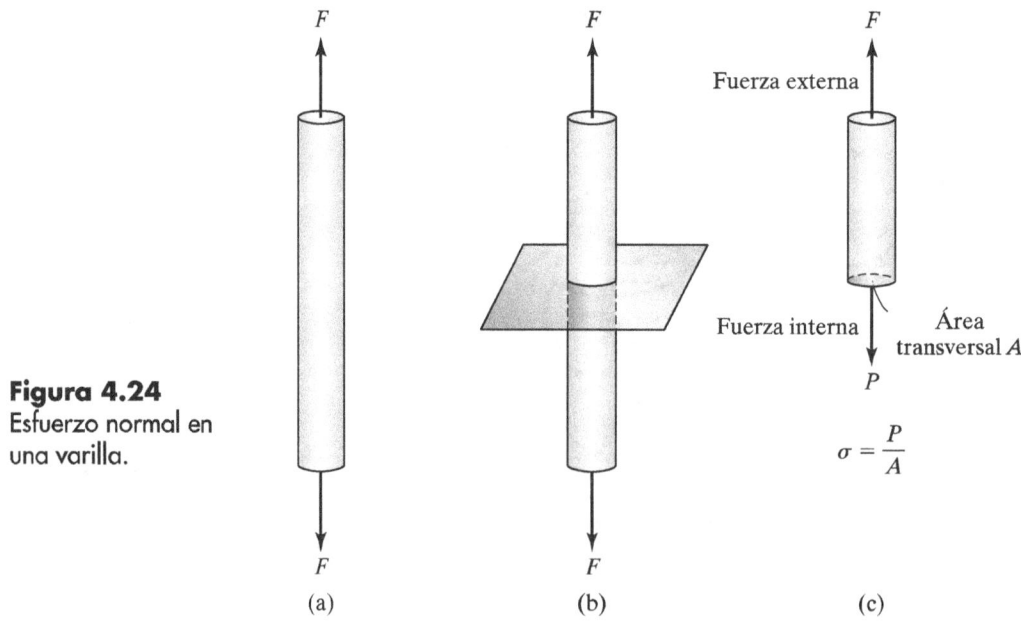

Figura 4.24
Esfuerzo normal en una varilla.

128

externa aplicada sobre la parte superior de la barra, es una fuerza *interna* porque actúa *dentro* de la barra. La fuerza interna P actúa de forma perpendicular al área transversal creada al pasar el plano imaginario a través de la barra, como se indica en la figura 4.24(*c*). El esfuerzo normal σ en la barra se define como la fuerza interna P dividida entre el área A de la sección transversal:

$$\sigma = \frac{P}{A}. \tag{4.23}$$

Esta definición matemática del esfuerzo normal es en realidad un esfuerzo normal *promedio*, porque puede haber una variación del esfuerzo a lo largo de la sección transversal de la barra. Sin embargo, por lo general estas variaciones se presentan sólo cerca de los puntos donde se aplican las fuerzas externas, por lo que la ecuación (4.23) se puede utilizar en la mayoría de los cálculos de esfuerzos sin considerar sus variaciones. La sección transversal de la barra en la figura 4.24 es circular, pero la cantidad A representa el área transversal de un miembro de cualquier forma (por ejemplo, circular, rectangular, triangular). Observe que la definición de esfuerzo es muy similar a la de la presión. Ambas cantidades se definen como una fuerza dividida entre un área. Por tanto, el esfuerzo tiene las mismas unidades que la presión. Las unidades características del esfuerzo son kPa o MPa en el sistema si, o ksi en el sistema inglés.

En la figura 4.24 los vectores de fuerza se alejan uno del otro, indicando que la barra se estira. Al esfuerzo normal asociado con esta configuración de fuerzas se le conoce como *esfuerzo a tensión*, porque las fuerzas someten el cuerpo a tensión. Por el contrario, si los vectores de las fuerzas se dirigen uno contra el otro, la barra se comprime. Al esfuerzo normal asociado con esta configuración de fuerzas se le conoce como *esfuerzo a compresión,* porque las fuerzas someten el cuerpo a compresión. En la figura 4.25 se ilustran estas dos configuraciones de fuerzas. Uno puede pensar que el tipo de esfuerzo normal, a tensión o compresión, no importa, ya que la ecuación (4.23) no señala algo acerca de la dirección. Sin embargo, algunos materiales pueden soportar un tipo de esfuerzo con mayor facilidad que otros. Por ejemplo, el concreto es más fuerte a compresión que a tensión. En consecuencia, por lo común se utiliza en aplicaciones donde los esfuerzos son a compresión, como en columnas que soportan cubiertas de puentes y pasos elevados de autopistas. Cuando se diseñan miembros de concreto para aplicaciones que involucran esfuerzos de tensión, se utilizan barras de refuerzo.

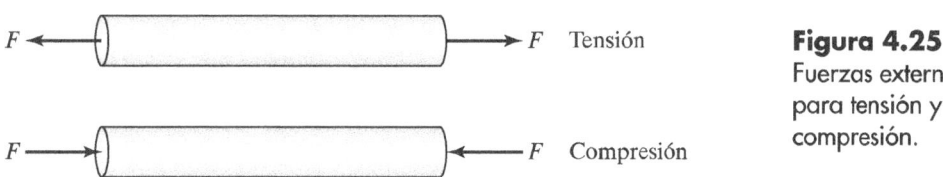

Figura 4.25
Fuerzas externas para tensión y compresión.

4.6.2 Deformación específica

Las fuerzas externas son responsables de producir esfuerzos, y también de producir deformación. Los cambios de temperatura pueden igualmente generar deformaciones. La **deformación** se define como un *cambio del tamaño o forma de un cuerpo*. Ningún material es perfectamente rígido; de ahí que cuando se aplican fuerzas externas a un cuerpo, éste cambia de tamaño o de forma según la magnitud y dirección de estas fuerzas. Todos hemos estirado una banda de hule y observado que su longitud cambia de manera apreciable bajo una pequeña fuerza de tensión. Todos los materiales —acero, concreto, madera y otros materiales estructurales— se deforman en cierta medida bajo la aplicación de fuerzas, pero por lo general las deformaciones son demasiado pequeñas para detectarlas visualmente, por lo que para identificarlas se emplen instrumentos especiales de medición. Considere la barra mostrada en la figura 4.26. Antes de aplicar una fuerza externa, tiene una longitud L. Ahora la barra se somete a tensión aplicando una fuerza externa F en cada extremo. La fuerza de tensión hace que la barra aumente de longitud una cantidad δ, llamada *deformación normal* o *deformación axial*, ya que el cambio de longitud es normal a la dirección de la fuerza, que es a lo largo del eje de la varilla. Dependiendo del material de la barra y de la magnitud de la fuerza aplicada, la deformación normal puede ser pequeña, quizá de sólo unas cuantas milésimas de pulgada. Para normalizar el cambio de tamaño o fuerza de un cuerpo respecto de su geometría original, los ingenieros utilizan una cantidad llamada **deformación específica**. Ésta es de dos tipos: *deformación específica normal* y *deformación específica al corte*. En este libro concentramos nuestra atención en la primera de ellas. La deformación específica normal ε se define como la *deformación normal δ dividida entre la longitud original L*:

$$\varepsilon = \frac{\delta}{L}. \tag{4.24}$$

Ya que la deformación específica es una relación de dos longitudes, es una cantidad adimensional. Sin embargo, es costumbre expresarla como una relación de dos unidades de longitud. Por lo general, en el SI, la deformación específica se expresa en unidades de μm/m porque, como se dijo antes, las deformaciones son característicamente pequeñas. En el sistema inglés es usual expresarla en unidades de in/in. Asimismo, ya que es una cantidad adimensional, algunas veces se denota como porcentaje. La deformación específica normal ilustrada en la figura 4.26 es para un cuerpo a tensión, pero la definición dada por la ecuación (4.24) también se aplica a cuerpos a compresión.

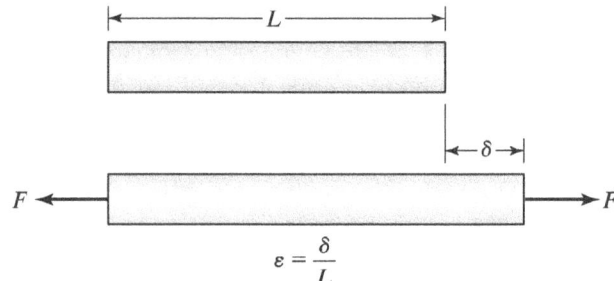

Figura 4.26
Deformación específica normal en una varilla.

4.6.3 Ley de Hooke

Hace tres siglos el matemático inglés Robert Hooke (1635-1703) descubrió que la fuerza requerida para estirar o comprimir un resorte es proporcional al desplazamiento de un punto en el mismo. La ley que describe este fenómeno, conocida como *ley de Hooke*, se expresa matemáticamente como:

$$F = kx \tag{4.25}$$

donde F es la fuerza, x el desplazamiento y k una constante de proporcionalidad llamada *constante del resorte*. La ecuación (4.25) sólo se aplica si el resorte no se deforma más allá de su capacidad para regresar a su longitud original después de que se retira la fuerza. Una modalidad más útil de la ley de Hooke para los materiales de ingeniería tiene la misma forma matemática de la ecuación (4.25), pero se expresa en términos de esfuerzo y deformación específica:

$$\sigma = E\varepsilon. \tag{4.26}$$

La ley de Hooke dada por la ecuación (4.26) establece que el esfuerzo σ en un material es proporcional a la deformación específica ε. A la constante de proporcionalidad E se le llama **módulo de elasticidad**, o *módulo de Young*, en honor del matemático inglés Thomas Young (1773-1829). Al igual que la ecuación del resorte, la versión en ingeniería de la ley de Hooke sólo se aplica si el material no se deforma más allá de su capacidad para regresar a su tamaño original después de que se retira la fuerza. Se dice que un material que obedece la ley de Hooke es *elástico* porque regresa a su forma original después de que se suprime la fuerza. Como la deformación específica ε es una cantidad adimensional, el módulo de elasticidad E tiene las mismas unidades que el esfuerzo. La ecuación (4.26) describe una línea recta con una pendiente E. El módulo de elasticidad es una cantidad derivada de forma experimental. Se somete una muestra del material en cuestión a esfuerzos de tensión en un aparato especial que facilita una secuencia de mediciones de esfuerzo y deformación específica en el intervalo elástico del material. El **intervalo elástico** es la distancia o medida en que un material se puede deformar y todavía ser capaz de regresar a su forma original. Los puntos de los datos esfuerzo-deformación específica se grafican en una escala lineal y se dibuja la línea recta que mejor se ajuste a los puntos. La pendiente de esta línea es el módulo de elasticidad E.

Se puede obtener una relación útil combinando las ecuaciones (4.23), (4.24) y (4.26). La deformación axial δ se puede expresar de forma directa en términos de la fuerza interna P y las propiedades geométricas y materiales del miembro. Esto se hace sustituyendo la definición de deformación específica ε dada por la ecuación (4.24) en la ecuación (4.26) y la ley de Hooke, y observando que el esfuerzo normal es la fuerza interna dividida entre el área transversal dada en la ecuación (4.23). Por tanto, la expresión resultante es:

$$\delta = \frac{PL}{AE}. \tag{4.27}$$

La ecuación (4.27) es útil porque no es necesario calcular primero la deformación específica para encontrar la deformación del miembro. Sin embargo, sólo es válida a lo largo de la región lineal de la curva esfuerzo-deformación específica.

4.6.4 Diagrama esfuerzo-deformación específica

Un **diagrama esfuerzo-deformación específica** es una *gráfica de un esfuerzo en función de la deformación específica en un material dado*. La forma de esta gráfica varía de alguna manera con el material, pero los diagramas de esfuerzo-deformación específica tienen algunas características comunes. En la figura 4.27 se ilustra un típico diagrama de este tipo. Al límite superior de esfuerzo de la relación lineal descrita por la ley de Hooke se le llama *límite proporcional*, denotado como A. A cualquier esfuerzo entre el punto A y el *límite elástico*, nombrado *punto B*, el esfuerzo no es proporcional a la deformación específica, pero el material todavía regresa a su forma original después de que se retira la fuerza. Para muchos materiales, los límites proporcional y elástico están muy cercanos uno del otro. Al punto C se le llama **esfuerzo de fluencia** o *resistencia de fluencia*. Cualquier esfuerzo superior al esfuerzo de fluencia produce una deformación *plástica* del material (es decir, no regresa a su tamaño original, sino que se deforma de manera permanente). Si el esfuerzo aumenta por encima del esfuerzo de fluencia, el material experimenta un gran incremento de deformación específica por un pequeño aumento del esfuerzo. Aproximadamente en el punto D, al que se llama **esfuerzo de ruptura** o *resistencia máxima*, el área transversal del material comienza a disminuir con rapidez, hasta que experimenta una *fractura* en el punto E.

En el siguiente ejemplo utilizamos el procedimiento general de análisis de: 1) definición del problema; 2) diagrama; 3) supuestos; 4) ecuaciones determinantes; 5) cálculos; 6) verificación de la solución, y 7) comentarios.

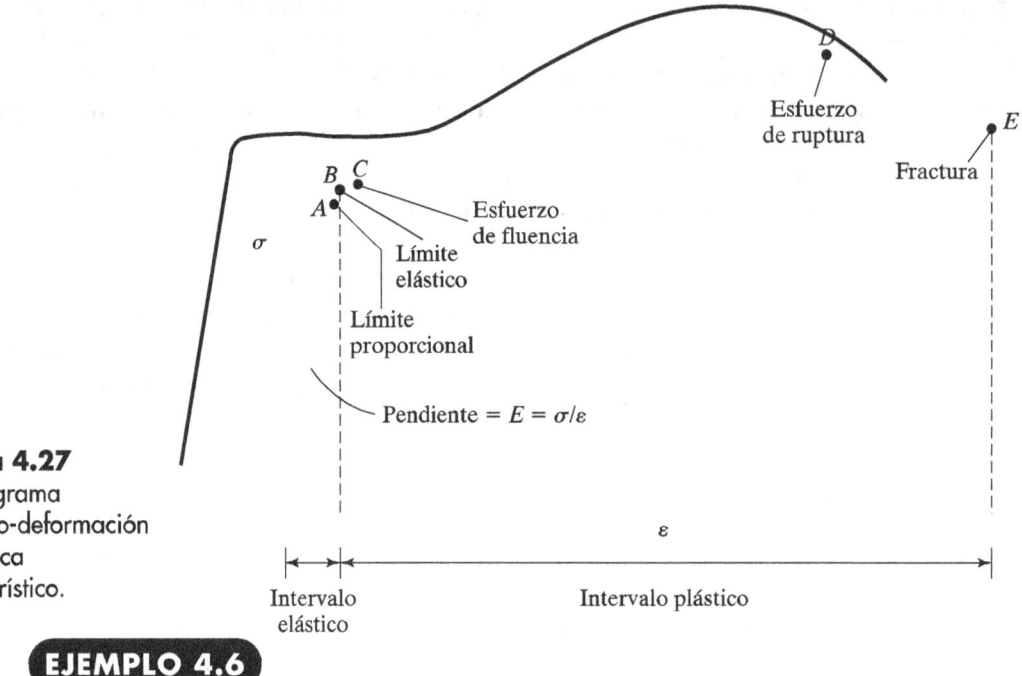

Figura 4.27
Un diagrama
esfuerzo-deformación
específica
característico.

EJEMPLO 4.6

Definición del problema

Un monobloque de motor de 200 kg cuelga de un sistema de cables como se muestra en la figura 4.28. Encuentre el esfuerzo normal y deformación axial en los cables AB y AC. Los cables tienen 0.7 m de largo y un diámetro de 4 mm; son de acero, con un módulo de elasticidad de $E = 200$ GPa.

Diagrama

Asumiremos que la parte estática del problema ya fue resuelta, por lo que no es necesario un diagrama de cuerpo libre de todo el sistema. Son suficientes los diagramas que muestran la sección transversal de los cables y las fuerzas internas correspondientes (véase la figura 4.29).

Supuestos

1. Los cables tienen sección transversal circular.
2. Los cables tienen el mismo módulo de elasticidad.
3. El esfuerzo es uniforme en los cables.

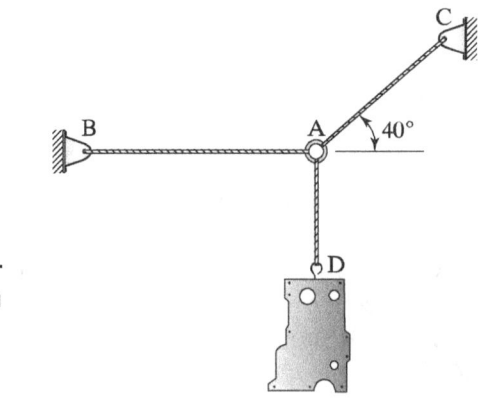

Figura 4.28
Monobloque de motor suspendido para el ejemplo 4.6.

132

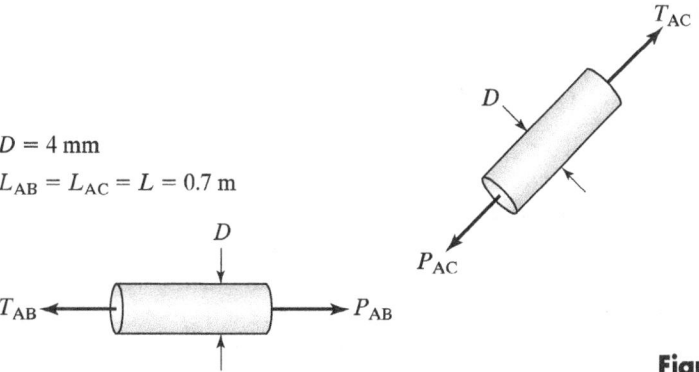

$D = 4\ \text{mm}$

$L_{AB} = L_{AC} = L = 0.7\ \text{m}$

Figura 4.29
Cables para el
ejemplo 4.6.

Ecuaciones determinantes

Área de la sección transversal:

$$A = \frac{\pi D^2}{4}$$

Esfuerzo normal:

$$\sigma = \frac{P}{A}$$

Deformación axial:

$$\delta = \frac{PL}{AE}.$$

Cálculos

El área de la sección transversal de los cables es:

$$\begin{aligned} A &= \frac{\pi D^2}{4} \\ &= \frac{\pi (0.004\ \text{m})^2}{4} = 1.2566 \times 10^{-5}\ \text{m}^2. \end{aligned}$$

De un análisis estadístico previo, la tensión en los cables AB y AC es de 2338 N y 3052 N, respectivamente. De ahí que el esfuerzo normal en cada cable sea:

$$\begin{aligned} \sigma_{AB} &= \frac{P_{AB}}{A} \\ &= \frac{2338\ \text{N}}{1.2566 \times 10^{-5}\ \text{m}^2} = 186.1 \times 10^6\ \text{N/m}^2 = \underline{\underline{186.1\ \text{MPa}}} \\ \sigma_{AC} &= \frac{P_{AC}}{A} \\ &= \frac{3052\ \text{N}}{1.2566 \times 10^{-5}\ \text{m}^2} = 242.9 \times 10^6\ \text{N/m}^2 = \underline{\underline{242.9\ \text{MPa}}}. \end{aligned}$$

La deformación en cada cable es:

$$\begin{aligned} \delta_{AB} &= \frac{P_{AB}L}{AE} \\ &= \frac{(2338\ \text{N})(0.7\ \text{m})}{(1.2566 \times 10^{-5}\ \text{m}^2)(200 \times 10^9\ \text{N/m}^2)} = 6.51 \times 10^{-4}\ \text{m} = \underline{\underline{0.651\ \text{mm}}} \end{aligned}$$

$$\delta_{AC} = \frac{P_{AC}L}{AE}$$

$$= \frac{(3052 \text{ N})(0.7 \text{ m})}{(1.2566 \times 10^{-5} \text{ m}^2)(200 \times 10^9 \text{ N/m}^2)} = 8.50 \times 10^{-4} \text{ m} = \underline{\underline{0.850 \text{ mm}}}.$$

Verificación de la solución

Una forma de verificar la validez de los resultados es comparar las magnitudes relativas del esfuerzo y la deformación en cada cable. La fuerza interna en el cable AC es mayor que el esfuerzo normal en el cable AB. En consecuencia, el esfuerzo normal y la deformación axial en AC también deben ser mayores, porque los cables geométrica y materialmente son idénticos. Nuestros cálculos muestran que éste es precisamente el caso.

Comentarios

Las deformaciones son pequeñas, de menos de un milímetro en ambos cables. Posiblemente no serían significativas en una aplicación de polipasto para motores, y no serían perceptibles a simple vista. ¿Los esfuerzos son excesivos? ¿Deforman los cables plásticamente? Para responder estas preguntas debemos saber algo acerca del esfuerzo a la fluencia del material del cable y los esfuerzos para los cuales fueron diseñados los cables.

¡Practique!

En los siguientes problemas utilice el procedimiento general de análisis de:
1) definición del problema; 2) diagrama; 3) supuestos; 4) ecuaciones determinantes; 5) cálculos; 6) verificación de la solución, y 7) comentarios.

1. Una varilla sólida de acero inoxidable ($E = 190$ GPa) tiene 50 cm de longitud y una sección transversal de 4 mm $\times$ 4 mm. La varilla se somete a una fuerza de tensión axial de 8 kN. Encuentre el esfuerzo normal, deformación específica y deformación axial.
   Respuesta: 500 MPa, 0.00263, 1.32 mm.

2. Un alambre calibre 10 de bronce amarillo de 25 cm de largo ($E = 105$ GPa) se somete a una fuerza de tensión axial de 1.75 kN. Encuentre el esfuerzo normal y la deformación en el alambre. Un alambre de calibre 10 tiene un diámetro de 2.588 mm.
   Respuesta: 333 MPa, 0.792 mm.

3. Una columna de granito de 8 m de alto sostiene una carga a compresión axial de 500 kN. Si la columna se acorta 0.12 mm bajo la carga, ¿cuál es su diámetro? Para el granito, $E = 70$ GPa.
   Respuesta: 0.779 m.

4. Una varilla sólida con longitud y diámetro de 1 m y 5 mm, respectivamente, se somete a una fuerza de tensión axial de 20 kN. Si se mide la deformación axial como $\delta = 1$ cm, ¿cuál es el módulo de elasticidad del material?
   Respuesta: 1018 GPa.

5. Un tubo de plástico ($E = 3$ GPa) con un diámetro exterior e interior de 6 cm y 5.4 cm, respectivamente, se somete a una fuerza de compresión axial de 12 kN. Si el tubo tiene 25 cm de largo, ¿cuánto se acorta el tubo bajo la carga?
   Respuesta: 1.86 mm.

4.7 ESFUERZO DE DISEÑO

La mayoría de las estructuras de ingeniería no se diseñan para que se deformen de manera permanente o se fracturen. Cada miembro de la estructura debe mantener cierto grado de control dimensional para asegurar que no se deforme plásticamente —perdiendo así su tamaño o forma—, e interfiera con las estructuras circundantes u otros miembros de la misma estructura. Obviamente, los miembros tampoco deben fracturarse, porque llevarían a una falla catastrófica que produciría un demérito material y financiero, y quizá pérdida de vidas humanas. Por tanto, los miembros de las estructuras se diseñan para sostener un máximo esfuerzo, que se encuentra por *debajo* del esfuerzo de fluencia en el diagrama esfuerzo-deformación específica para el material particular utilizado en la construcción de dicho miembro. A este esfuerzo máximo se le llama *esfuerzo de diseño*, o **esfuerzo admisible**. Cuando un miembro diseñado de manera apropiada se somete a una carga, el esfuerzo en él no excede el esfuerzo de diseño. Ya que el esfuerzo de diseño se encuentra dentro del intervalo elástico del material, el miembro regresará a sus dimensiones originales al retirar la carga. Un puente, por ejemplo, mantiene esfuerzos en sus miembros mientras el tráfico pasa sobre él. Cuando no hay tráfico, los miembros del puente retornan a sus dimensiones originales. De manera similar, cuando una caldera está funcionando, el recipiente a presión mantiene esfuerzos que lo deforman, pero cuando se reduce la presión a la presión atmosférica, el recipiente vuelve a sus dimensiones originales.

Si un miembro estructural se diseña para sufrir esfuerzos debajo del esfuerzo de fluencia, ¿cómo elige un ingeniero cuál debe ser el esfuerzo admisible? Y primero, ¿por qué elegir un esfuerzo menor al de fluencia? ¿Por qué no diseñar el miembro utilizando el propio esfuerzo de fluencia si eso permitiría que soportara la máxima carga posible? El diseño en ingeniería no es una ciencia exacta. Si lo fuera, las estructuras se podrían diseñar con precisión extrema mediante el uso del esfuerzo de fluencia, o cualquier otro esfuerzo para esa materia, como el de diseño, y éste nunca se excedería mientras la estructura estuviese en servicio. Ya que el diseño no es una ciencia exacta, los ingenieros incorporan una tolerancia que tiene en cuenta las siguientes incertidumbres:

1. *Cargas*. El ingeniero de diseño no puede prever cualquier tipo de carga o el número de cargas que puedan ocurrir. Pueden presentarse vibraciones, impactos o cargas accidentales que no se tuvieron en cuenta en el diseño de la estructura.

2. *Modos de falla*. Los materiales pueden fallar debido a uno o más de diferentes mecanismos. El ingeniero de diseño no puede prever cada modo de falla por el que la estructura posiblemente falle.

3. *Propiedades de los materiales*. Las propiedades físicas de los materiales están sujetas a variaciones durante la manufactura y existen incertidumbres experimentales en sus valores numéricos. Las propiedades también pueden alterarse mediante el calentamiento o por deformación durante la manufactura, manejo y almacenamiento.

4. *Deterioro*. La exposición a los elementos, un mantenimiento deficiente, o fenómenos naturales no esperados pueden hacer que el material se deteriore, comprometiendo su integridad estructural. Las formas más comunes de deterioro físico son diversos tipos de corrosión.

5. *Análisis*. El análisis de ingeniería es una parte crítica del diseño, e implica aplicar supuestos simplificadores. Por tanto, los resultados analíticos no son precisos, sino aproximaciones.

Para tener en cuenta las incertidumbres señaladas, los ingenieros utilizan un esfuerzo de diseño, o esfuerzo admisible, con base en un parámetro llamado **factor de seguridad** (FS), que se define como la *relación del esfuerzo de falla al esfuerzo admisible*:

$$FS = \frac{\sigma_{falla}}{\sigma_{admisible}}. \tag{4.28}$$

Ya que el esfuerzo de fluencia es aquel arriba del cual un material se deforma plásticamente, es común que dicho esfuerzo σ_y se utilice como el esfuerzo de falla σ_{falla}. También se puede usar el esfuerzo de ruptura σ_u. El esfuerzo de falla siempre es mayor que el admisible, por lo que FS > 1. El valor elegido para el factor de seguridad depende del tipo de estructura de ingeniería, la importancia relativa del miembro comparado con otros miembros de la estructura, el riesgo a las propiedades y la vida, y la severidad de las incertidumbres de diseño citadas anteriormente. Por ejemplo, para minimizar el peso, el factor de seguridad de algunas estructuras de aeronaves y naves espaciales puede estar en el intervalo de 1.05 a 1.2. Sin embargo, para estructuras sobre el piso, como presas, puentes y edificios, puede ser mayor, quizá 1.5 o 2. Las estructuras de alto riesgo que plantean un peligro a la seguridad de la gente en caso de falla, como ciertos componentes de plantas de energía nuclear, pueden tener un factor de seguridad hasta de 3. Los factores de seguridad para miembros estructurales en sistemas específicos de ingeniería se han estandarizado a lo largo de muchos años de prueba y evaluación industrial. Con frecuencia están definidos en códigos de construcción o normas de ingeniería establecidos por agencias locales, estatales o federales, o por sociedades de ingeniería profesionales.

APLICACIÓN

Diseño de un tensor

Los tensores son sujetadores mecánicos especiales que facilitan la conexión entre cables, cadenas o cuerdas. Un tensor básico consiste en un cuerpo cilíndrico delgado, enroscado en cada extremo para aceptar un ojillo, un gancho u otro tipo de componentes de sujeción. La tensión en los cables sujetos a un tensor se ajusta girando el cuerpo del mismo. Los tensores se diseñan de manera que se puedan apretar o aflojar sin torcer los cables. Al igual que los cables conectados a ellos, los tensores deben mantener los esfuerzos a la tensión a los que están sometidos. Considere uno utilizado para ajustar la tensión en un cable que estabiliza una torre de comunicaciones. De un análisis anterior se determina que la tensión en el cable es de 25 kN. El tensor bajo carga se muestra en la figura 4.30(a). Supongamos que, como nuevo ingeniero, su primer trabajo es seleccionar un tensor para es-

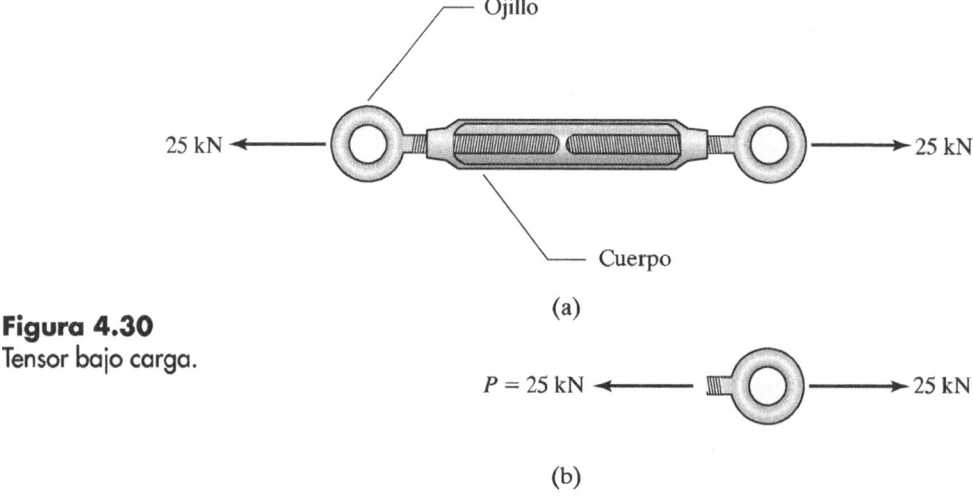

Figura 4.30
Tensor bajo carga.

136

ta aplicación. Existen tensores en una variedad de tamaños y materiales de varios proveedores. Los ferreteros especifican la máxima carga recomendada que un tensor en particular puede sostener sin fallar. Por tanto, es algo fácil para usted, el usuario final, seleccionar uno con una carga máxima recomendada, que de alguna manera sea mayor que la carga real de 25 kN. Pero, ¿cómo diseñaron los ingenieros el tensor para obtener este valor de carga? El siguiente ejemplo muestra cómo se pueden utilizar los conceptos fundamentales de esfuerzo y factor de seguridad para diseñar la parte del ojillo del tensor. Se utiliza el procedimiento general de análisis de: 1) definición del problema; 2) diagrama; 3) supuestos; 4) ecuaciones determinantes; 5) cálculos; 6) verificación de la solución, y 7) comentarios.

Definición del problema

Determine el diámetro mínimo del ojillo de un tensor utilizado para estabilizar una torre de comunicaciones. La fuerza de tensión en el cable es de 25 kN. El ojillo se fabrica con acero AISI 4130, un acero forjado de alta resistencia. (AISI es la abreviatura de American Iron and Steel Institute; Instituto Norteamericano del Hierro y del Acero.) Para tener en cuenta los fuertes vientos potenciales y otras incertidumbres, utilice un factor de seguridad de 2.0.

Diagrama

En la figura 4.30(*b*) se muestran las fuerzas internas y externas que actúan sobre el ojillo.

Supuestos

1. El esfuerzo es uniforme en el ojillo.
2. El esfuerzo en el ojillo es sólo axial.
3. Sólo considere el esfuerzo en el cuerpo principal del ojillo, no las roscas.

Ecuaciones determinantes

Las ecuaciones determinantes para este problema son el área de la sección transversal para un perno circular, la definición del esfuerzo normal y el factor de seguridad.

$$A = \frac{\pi D^2}{4} \tag{a}$$

$$\sigma_{\text{admisible}} = \frac{P}{A} \tag{b}$$

$$FS = \frac{\sigma_{\text{falla}}}{\sigma_{\text{admisible}}} = \frac{\sigma_y}{\sigma_{\text{admisible}}}. \tag{c}$$

Cálculos

En la tercera ecuación determinante hemos utilizado el esfuerzo de fluencia σ_y como esfuerzo de falla. El esfuerzo de fluencia del acero AISI 4130 es de 760 MPa. El objetivo del análisis es encontrar el diámetro D requerido en el ojillo para sostener la carga aplicada. Existen tres cantidades desconocidas: $\sigma_{\text{admisible}}$, A y D. Ya que ninguna de las tres ecuaciones determinantes es dependiente, podemos combinarlas algebraicamente para obtener el diámetro D. Sustituyendo la ecuación (a) en la ecuación (b), y ésta en la ecuación (c) obtenemos:

$$D = \left(\frac{4\,P\,\text{FS}}{\pi\sigma_y} \right)^{1/2}$$

$$= \left(\frac{4(25 \times 10^3\,\text{N})(2.0)}{\pi(760 \times 10^6\,\text{Pa})} \right)^{1/2}$$

$$= 9.15 \times 10^{-3}\,\text{m} = \underline{9.15\,\text{mm}}.$$

Verificación de la solución

No se encontraron errores. La respuesta parece razonable con base en nuestro conocimiento de los tensores y otros sujetadores mecánicos.

Comentarios

El diámetro mínimo del ojillo que puede sostener la carga aplicada con un factor de seguridad de 2.0 es 9.15 mm. En unidades inglesas este diámetro es:

$$D = 9.15\,\text{mm} \times \frac{1\,\text{in}}{25.4\,\text{mm}} = 0.360\,\text{in}.$$

Los pernos vienen en diámetros estándar, y 0.360 no es un tamaño estándar. Por lo general, tienen tamaños estándar como $\frac{1}{4}$ in, $\frac{5}{16}$ in y $\frac{3}{8}$ in. Un perno de $\frac{5}{16}$ in (0.3125 in) es demasiado pequeño, por lo que debe elegirse el de $\frac{3}{8}$ in (0.375 in) aunque sea un poco más grande que el requerido. Debe enfatizarse que este análisis sólo refleja parte del que se necesitaría en el diseño total de un tensor. También tendrían que calcularse los esfuerzos en las roscas del ojillo y en el cuerpo del tensor, así como en el propio cuerpo principal de éste.

¡Practique!

Para los siguientes problemas de práctica, utilice el procedimiento general de: 1) definición del problema; 2) diagrama; 3) supuestos; 4) ecuaciones determinantes; 5) cálculos; 6) verificación de la solución, y 7) comentarios.

1. Una varilla de aluminio 6061-T6 tiene una sección transversal cuadrada que mide 0.25 in × 0.25 in. Utilizando el esfuerzo de fluencia y el esfuerzo de falla, encuentre la máxima tensión que puede sostener la varilla con un factor de seguridad de 1.5. El esfuerzo de fluencia del aluminio 6061-T6 es de 240 MPa.
   Respuesta: 6.45 kN.

2. Una columna de concreto con diámetro de 60 cm soporta una parte del paso elevado de una autopista. Utilizando el esfuerzo de ruptura como esfuerzo de falla, ¿cuál es la máxima fuerza de compresión que la columna puede soportar con un factor de seguridad de 1.25? Utilice $\sigma_u = 40$ MPa como esfuerzo de ruptura del concreto.
   Respuesta: 9.05 MN.

3. Una columna de sección transversal rectangular construida con madera de abeto se somete a una carga de compresión de 6 MN. Si el ancho de la columna es de 12 cm, encuentre la profundidad requerida para sostener la

carga con un factor de seguridad de 1.6. El esfuerzo de ruptura del abeto es $\sigma_u = 50$ MPa.
Respuesta: 1.60 m.

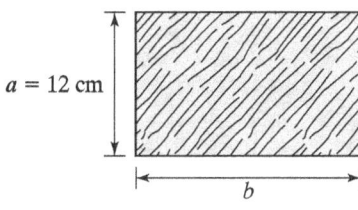

$a = 12$ cm

b

deformación	esfuerzo admisible	intervalo elástico
deformación específica	esfuerzo de fluencia	mecánica
diagrama de cuerpo libre	esfuerzo de ruptura	módulo de elasticidad
diagrama esfuerzo-defor-	estática	resultante
mación específica	factor de seguridad	sistema de fuerzas
equilibrio	fuerza	vector
escalar	fuerza interna	vector unitario cartesiano
esfuerzo	fuerza resultante	

TÉRMINOS CLAVE

REFERENCIAS

Bedford, A. y W. Fowler, *Engineering Mechanics: Statics*, 5a. ed., Prentice Hall, Upper Saddle River, Nueva Jersey, 2008.

Beer, F. P., E. R. Johnston, E. R. Eisenberg y D. Mazurek, *Vector Mechanics for Engineers: Statics*, 8a. ed., McGraw-Hill, Nueva York, 2007.

Johnston, E. R. y J. T. DeWolf, *Mechanics of Materials*, 4a. ed., McGraw-Hill, Nueva York, 2006.

Hibbeler, R. C., *Engineering Mechanics: Statics*, 11a. ed., Prentice Hall, Upper Saddle River, Nueva Jersey, 2007.

_____, *Mechanics of Materials*, 7a. ed., Prentice Hall, Upper Saddle River, Nueva Jersey, 2008.

PROBLEMAS

Fuerzas

4.1 Encuentre la fuerza resultante de las fuerzas mostradas en la figura P4.1: *a*) utilizando la ley del paralelogramo, y *b*) resolviendo las fuerzas en sus componentes *x* y *y*.

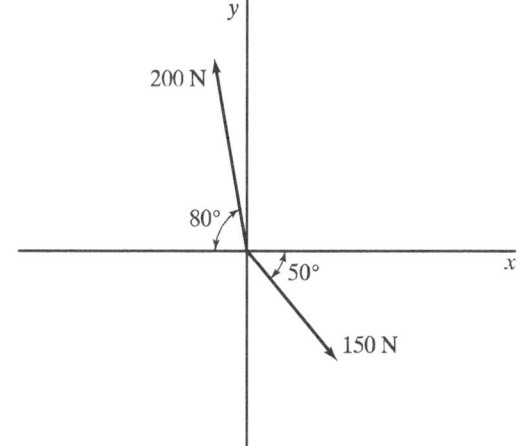

200 N

80°

50°

150 N

Figura P4.1

4.2 Encuentre la fuerza resultante de las fuerzas mostradas en la figura P4.2: a) utilizando la ley del paralelogramo, y b) resolviendo las fuerzas en sus componentes x y y.

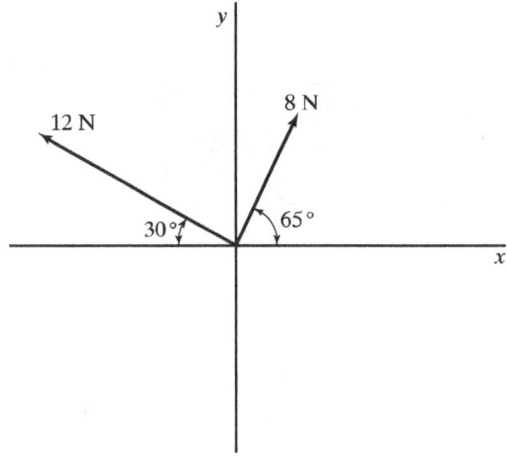

Figura P4.2

4.3 Para las tres fuerzas mostradas en la figura P4.3, encuentre la fuerza resultante, su magnitud y dirección respecto del eje x.

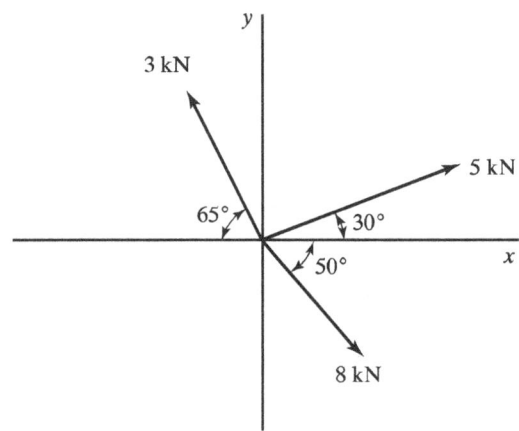

Figura P4.3

4.4 Para las tres fuerzas mostradas en la figura P4.4, encuentre la fuerza resultante, su magnitud y dirección respecto del eje x.

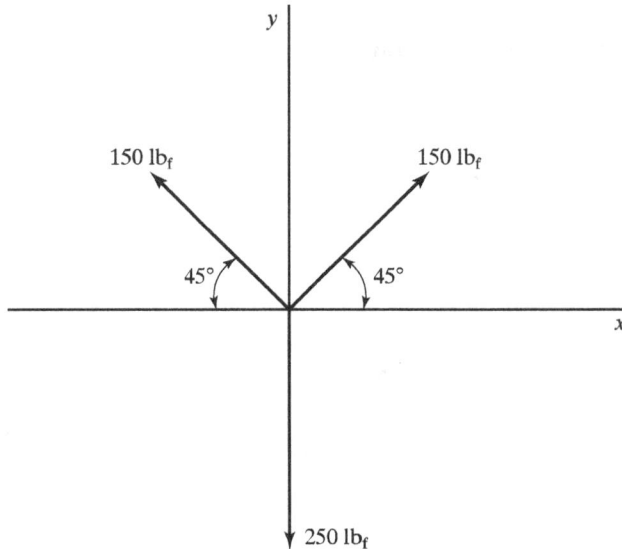

Figura P4.4

4.5 Considere las tres fuerzas $\mathbf{F}_1 = 8\mathbf{i} + 2\mathbf{j} - 10\mathbf{k}$ N, $\mathbf{F}_2 = -4\mathbf{i} - 7\mathbf{j} + 6\mathbf{k}$ N y $\mathbf{F}_3 = \mathbf{i} - \mathbf{j} - \mathbf{k}$ N. Encuentre la fuerza resultante y su magnitud.

Diagramas de cuerpo libre

4.6 Una escalera uniforme descansa sobre una pared lisa, como se muestra en la figura P4.6. El piso es rugoso. Dibuje un diagrama de cuerpo libre de la escalera.

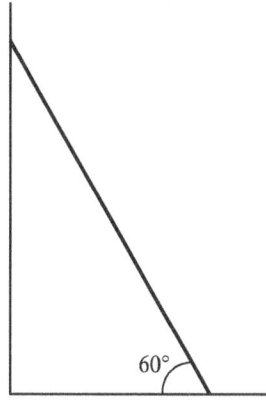

Figura P4.6

4.7 La viga mostrada en la figura P4.7 se conecta con un perno en A y descansa sobre un rodillo B. Despreciando el peso de la viga, dibuje un diagrama de cuerpo libre de la misma.

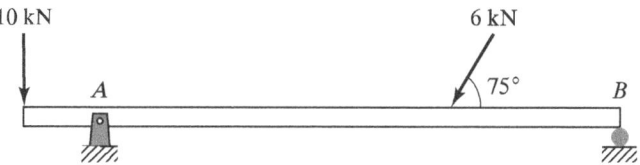

Figura P4.7

4.8 Un archivero es arrastrado sobre el piso rugoso a velocidad constante, como se muestra en la figura P4.8. El centro de masa del archivero se localiza en G. Dibuje un diagrama de cuerpo libre del archivero.

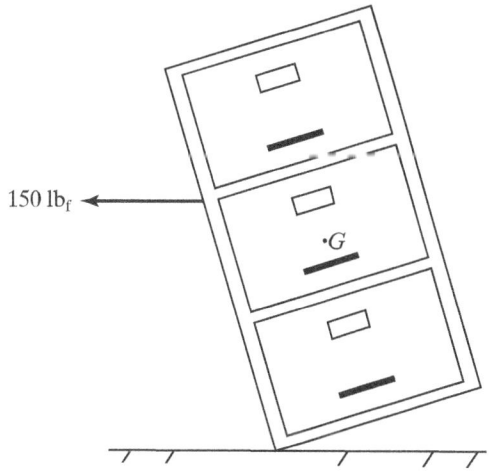

Figura P4.8

Equilibrio

4.9 Una partícula se somete a tres fuerzas: $\mathbf{F}_1 = 3\mathbf{i} + 5\mathbf{j} - 8\mathbf{k}$ N; $\mathbf{F}_2 = -2\mathbf{i} - 3\mathbf{j} + 4\mathbf{k}$ N, y $\mathbf{F}_3 = -\mathbf{i} - 2\mathbf{j} + 5\mathbf{k}$ N. ¿Esta partícula está en equilibrio? Explíquelo.

4.10 Una partícula se somete a tres fuerzas: $\mathbf{F}_1 = 3\mathbf{i} + a\mathbf{j} - 7\mathbf{k}$ N; $\mathbf{F}_2 = -4\mathbf{i} - 2\mathbf{j} + b\mathbf{k}$ N, y $\mathbf{F}_3 = c\mathbf{i} - 6\mathbf{j} + 4\mathbf{k}$ N. Encuentre los valores de los escalares a, b y c, de manera que la partícula se encuentre en equilibrio.

4.11 Encuentre la magnitud de la fuerza $\mathbf{F}$ y su dirección θ en la figura P4.11, de manera que la partícula $\mathbf{P}$ se encuentre en equilibrio.

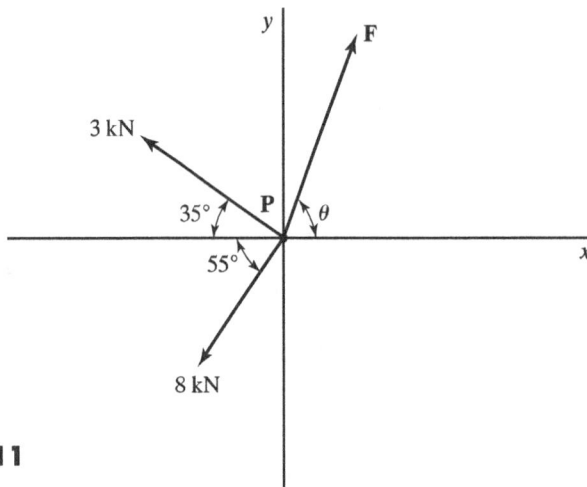

Figura P4.11

4.12 Una placa de unión se somete a las fuerzas mostradas en la figura P4.12. Encuentre la magnitud y dirección θ de la fuerza en el miembro B de manera que la placa se encuentre en equilibrio.

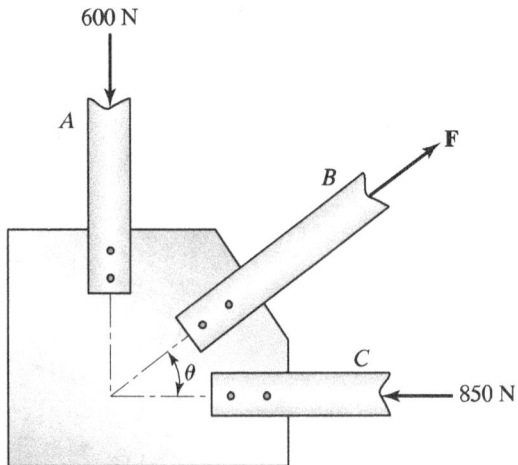

Figura P4.12

Para los problemas 13 al 29, utilice el procedimiento general de análisis de: 1) definición del problema; 2) diagrama; 3) supuestos; 4) ecuaciones determinantes; 5) cálculos; 6) verificación de la solución, y 7) comentarios.

4.13 Una caja de 160 kg cuelga de cuerdas como se muestra en la figura P4.13. Encuentre la tensión en las cuerdas AB y AC.

142

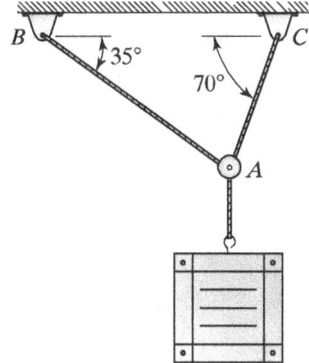

Figura P4.13

scula

4.14 Una caja de 250 lb$_m$ se mantiene en su lugar mediante una cuerda con una bá de resorte sobre un plano inclinado, como se muestra en la figura P4.14. Si todas las superficies son lisas, ¿cuál es la fuerza que se lee en la báscula?

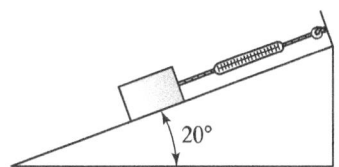

Figura P4.14

4.15 Un tubo de concreto con diámetro interior y exterior de 60 cm y 70 cm, respectivamente, cuelga de cables como se muestra en la figura P4.15. El tubo se soporta en dos puntos, y una barra espaciadora mantiene los segmentos AB y AC del cable a 45°. Cada soporte carga la mitad del peso total del tubo. Si la densidad del concreto es $\rho = 2320$ kg/m^3, encuentre la tensión en los segmentos de cable AB y AC.

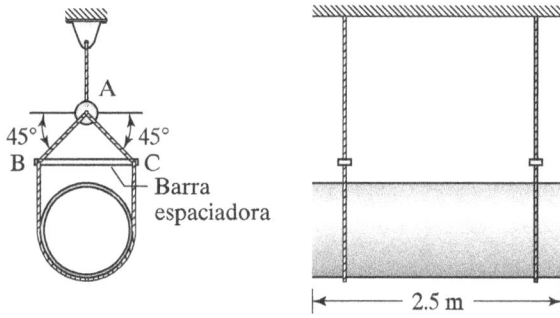

Figura P4.15

4.16 Un trabajador de la construcción mantiene una caja de 450 lb$_f$ en la posición mostrada en la figura P4.16. ¿Qué fuerza debe ejercer sobre el cable?

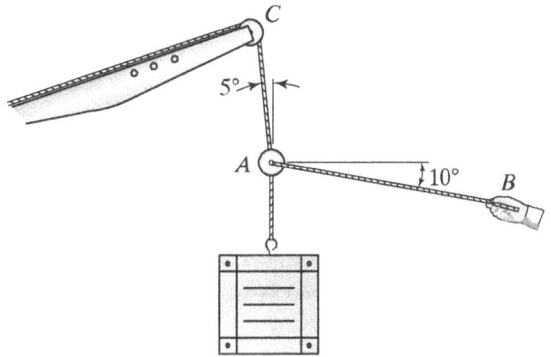

Figura P4.16

143

4.17 Un cilindro de 25 slugs se suspende mediante una cuerda y un sistema de poleas sin fricción, como se muestra en la figura P4.17. Una persona parada sobre el piso tira del extremo libre de la cuerda para mantener el cilindro en una posición estacionaria. ¿Cuál es el peso mínimo de la persona para que esto sea posible?

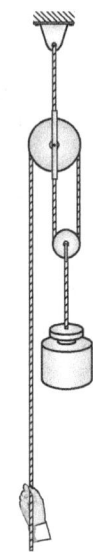

Figura P4.17

4.18 Una señal de tráfico de 150 N se suspende de un sistema simétrico de cables como se muestra en la figura P4.18. Encuentre la tensión en todos los cables. El cable BC es horizontal.

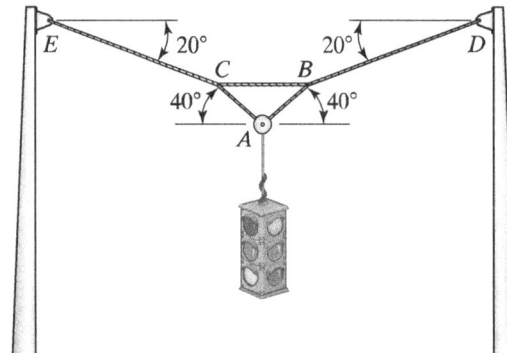

Figura P4.18

Esfuerzo y deformación específica

4.19 Una bola de demolición de 1.25 m de diámetro cuelga inmóvil de una cable de 1.75 cm de diámetro. La bola es sólida y está fabricada con acero ($\rho = 7\ 800$ kg/m^3). Si el cable tiene 16 m de largo, ¿cuánto se estira? Utilice $E = 175$ GPa para el cable.

4.20 Una columna de madera de 4 m de alto con una sección transversal rectangular se somete a una fuerza de compresión axial de 185 kN. El módulo de elasticidad de la madera es de 13 GPa. Si un lado de la columna tiene 25 cm de ancho, encuentre la dimensión mínima del otro lado para mantener la deformación de la columna debajo de 1.3 mm.

4.21 Una columna se somete a una fuerza de 15 kN como se muestra en la figura P4.21. Encuentre el esfuerzo promedio normal en la columna.

4.22 Un eje sólido compuesto se somete a una fuerza de 2 MN como se muestra en la figura P4.22. La sección AB es de bronce rojo ($E = 120$ GPa) y la sección BC es de acero AISI 1010 ($E = 200$ GPa). Encuentre el esfuerzo normal en cada sección y la deformación axial total del eje.

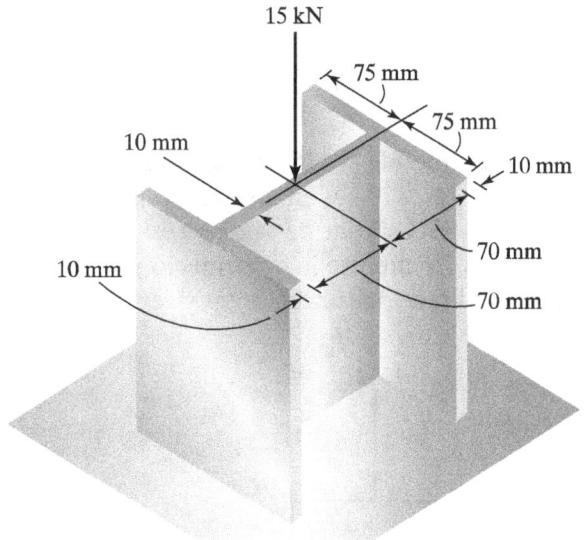

15 kN

75 mm

75 mm

10 mm

10 mm

70 mm

10 mm

70 mm

Figura P4.21

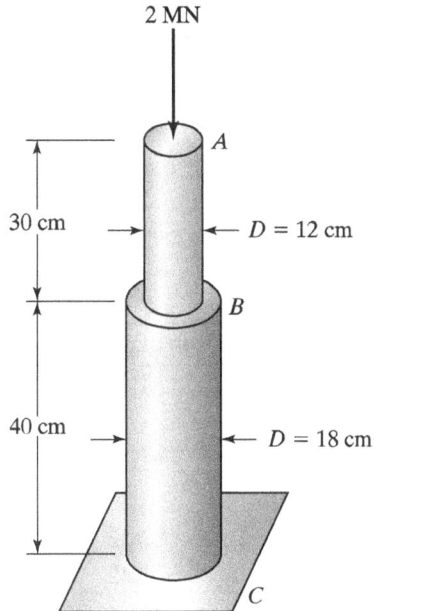

2 MN

A

30 cm

$D = 12$ cm

B

40 cm

$D = 18$ cm

C

Figura P4.22

4.23   Una columna cónica de concreto ($E = 30$ GPa) se somete a una fuerza de 200 kN como se muestra en la figura 4.23. Encuentre la deformación axial de la columna.

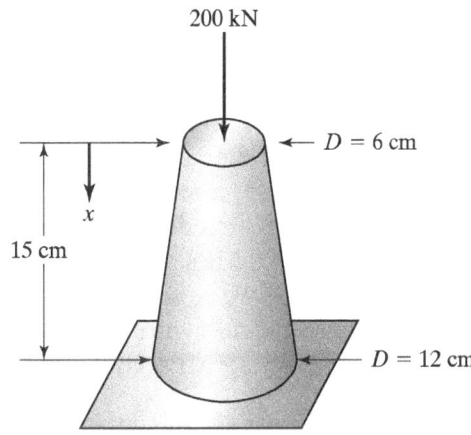

200 kN

$D = 6$ cm

x

15 cm

$D = 12$ cm

Figura P4.23

145

(*Sugerencia*: Exprese el área transversal A como función de x y realice la integración.)

$$\delta = \int_0^L \frac{P\,dx}{A(x)E}.$$

4.24 Una placa cuadrada de titanio ($E = 115$ GPa) de 12×12 cm se somete a fuerzas normales de tensión de 15 kN y 20 kN en los extremos superior y derecho, como se muestra en la figura P4.24. El espesor de la placa es de 5 mm y sus extremos inferior e izquierdo están fijos. Encuentre la deformación específica normal y la deformación de la placa en las direcciones horizontal y vertical.

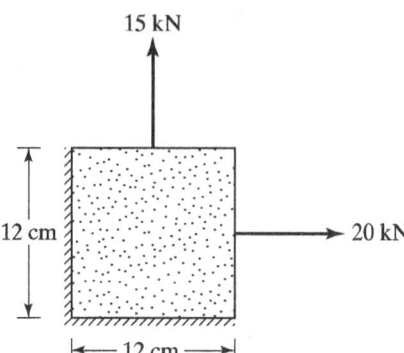

15 kN

12 cm

20 kN

Figura P4.24

|← 12 cm →|

4.25 Se efectúa una prueba tensión sobre un espécimen de acero con un diámetro de 8.0 mm y una longitud de prueba de 6.0 cm. Los datos se muestran en la tabla. Grafique el diagrama esfuerzo-deformación específica y encuentre el valor aproximado del módulo de elasticidad del acero.

Carga (kN)	Deformación (mm)
2.0	0.0119
5.0	0.0303
10.0	0.0585
15.0	0.0895
20.0	0.122
25.0	0.145

Esfuerzo de diseño

4.26 Se va a utilizar una varilla de acero de 1 cm de diámetro y 0.4 m de largo en una aplicación en que se someterá a una fuerza de tensión axial de 15 kN. El factor de seguridad basado en el esfuerzo de fluencia debe ser cuando menos de 1.5 y la deformación axial no debe exceder de 2 cm. ¿Es adecuado para esta aplicación el acero cuyo diagrama esfuerzo-deformación específica se muestra en la figura P4.26? Explique.

4.27 Una varilla de aluminio 7075-T6 de 4 cm de diámetro se va a someter a una fuerza de tensión axial de manera que el factor de seguridad, que se basa en el esfuerzo de fluencia, es de 1.75. Encuentre la máxima fuerza de tensión admisible. El esfuerzo de fluencia del aluminio 7075-T6 es $\theta_y = 500$ MPa.

4.28 Una columna de arenisca de 18 in de diámetro se somete a una fuerza de compresión axial de 2×10^6 lb$_f$. Encuentre el factor de seguridad que se basa en el esfuerzo de ruptura a compresión. Utilice $\theta_u = 85$ MPa como esfuerzo de ruptura a compresión de la arenisca.

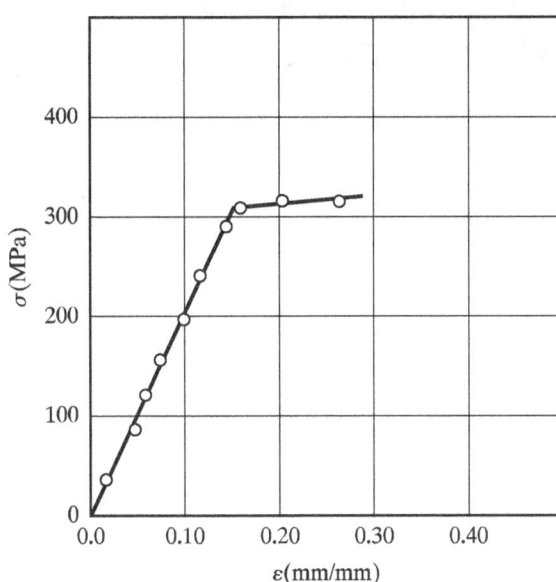

Figura P4.26

4.29 Un miembro cilíndrico delgado de un juguete fabricado con plástico poliestireno se va a someter a una fuerza de tensión axial de 300 N. Encuentre el diámetro mínimo de este miembro con un factor de seguridad de 1.75 basado en el esfuerzo de fluencia. El esfuerzo de fluencia para el poliestireno es $\sigma_y = 55$ MPa.

Circuitos eléctricos

Objetivos

Después de leer este capítulo, usted aprenderá:

- La relación entre carga y corriente.
- El concepto de voltaje.
- El concepto de resistencia.
- Cómo combinar resistencias en serie y en paralelo.
- Cómo utilizar la ley de Ohm.
- Cómo analizar circuitos simples de CD.
- Cómo utilizar las leyes de Kirchhoff para el análisis de circuitos.

5.1 INTRODUCCIÓN

La ingeniería eléctrica es una de las ramas más diversas y bien establecidas de la ingeniería. Los ingenieros eléctricos diseñan sistemas y dispositivos que utilizan el poder de la electricidad para realizar una variedad de tareas. Ésta es una de las formas más útiles de la energía e influye en nuestra vida diaria de manera fundamental. Sin electricidad no existirían dispositivos que se han convertido en un lugar común, pero que son importantes, como los automóviles, aeronaves, computadoras, electrodomésticos, teléfonos, televisión, radio y la luz eléctrica. Las raíces históricas de la electricidad se pueden rastrear en notables científicos, ingenieros y técnicos como Alessandro Volta (1745-1827), André Ampere (1775-1836), Georg Ohm (1787-1854), Michael Faraday (1791-1867), James Joule (1818-1889), Heinrich Hertz (1857-1894) y Thomas Edison (1847-1931). Estos científicos, entre otros, establecieron las bases teóricas y prácticas fundacionales del fenómeno eléctrico. Este capítulo aborda una categoría de la ingeniería eléctrica conocida como *circuito eléctrico*. En casi todos los planes de estudio de la especialidad, el *análisis de circuitos eléctricos* es uno de los primeros cursos que toma el estudiante. Los principios tratados en la teoría básica de estos circuitos son tan importantes, que incluso en las especialidades no eléctricas de la ingeniería con frecuencia se obliga a tomar cuando menos un curso de la materia. Casi todas las ramas de la ingeniería eléctrica se basan esencialmente en la teoría de circuitos. La única materia en esta especialidad más fundamental que la teoría de circuitos, es la teoría del campo electromagnético, que trata de la física de los campos y las ondas electromagnéticas.

Como materia de la ingeniería eléctrica, los circuitos eléctricos se pueden desglosar en dos áreas generales: *de potencia* y *de señales*. La potencia se subdivide a su vez en tres categorías: *generación de potencia*, *calentamiento e iluminación*, y *motores y generadores*. De manera similar, las señales se dividen en tres subcategorías: *comunicaciones*, *computadoras* y *controles e instrumentación*. En la figura 5.1 se ilustra de manera esquemática esta estructura. La potencia trata con sistemas diseñados para proporcionar energía eléctrica a diversos dispositivos mecánicos y eléctricos. La generación de potencia se refiere a la producción

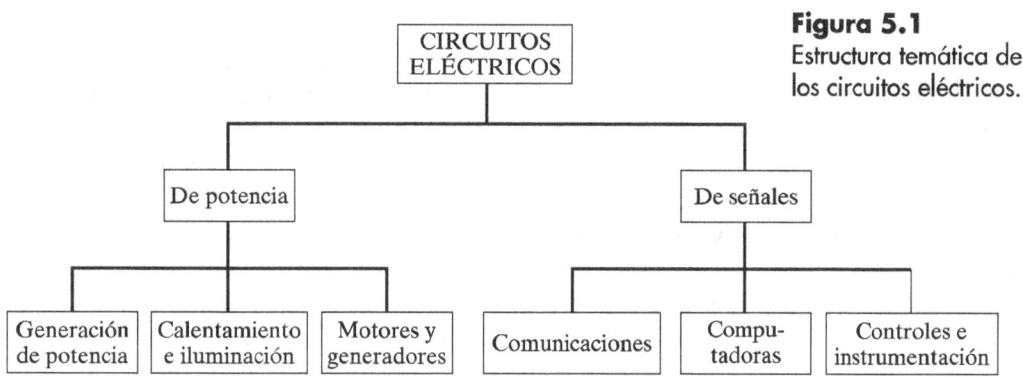

Figura 5.1
Estructura temática de
los circuitos eléctricos.

y transmisión de energía eléctrica mediante plantas de potencia. Las fuentes de energía de las cuales dichas estaciones obtienen potencia eléctrica son, por lo general, combustibles fósiles, materiales nucleares o el movimiento del agua. En menor medida también se utiliza la potencia solar o la del viento. Para activar equipo de calentamiento y enfriamiento, como hornos, calentadores, calderas y acondicionadores de aire, se requiere energía eléctrica. La iluminación provista por las lámparas incandescentes y fluorescentes requiere potencia eléctrica. Los motores se encuentran en numerosos sistemas, incluyendo refrigeradores, hornos, ventiladores, reproductores de CD, electrodomésticos de cocina e impresoras. En los motores, la energía eléctrica se convierte en energía mecánica mediante un eje rotatorio. A diferencia del motor, los generadores sirven para convertir energía mecánica en eléctrica; éstos se utilizan en las plantas de potencia, automóviles y otros sistemas de potencia. El área de señales de los circuitos eléctricos trata con sistemas que transmiten y procesan información. La potencia transmitida no es una consideración fundamental en la aplicación de las señales. Las comunicaciones se refieren a la transmisión de información vía señales eléctricas. El teléfono, la televisión, el radio y las computadoras son tipos de sistemas de comunicación. El corazón de una computadora son sus circuitos digitales, que utilizan operaciones lógicas para el rápido proceso de la información. Las computadoras son un área tan dominante de la ingeniería, que en Estados Unidos los programas de ingeniería eléctrica se conocen como *ingeniería eléctrica y de computación* para dar a los estudiantes la opción de enfocarse en el equipo (*hardware*) eléctrico, o en los aspectos de los programas (*software*), programas propietarios (*firmware*) y sistemas operativos (de computadoras) de este campo. Los controles son circuitos especiales que activan o ajustan otros dispositivos eléctricos o mecánicos. Un ejemplo simple es un termostato que enciende y apaga un horno o un acondicionador de aire. Los circuitos de instrumentación se utilizan para procesar señales eléctricas generadas por diversos tipos de detectores controlados por un dispositivo. Por ejemplo, un automóvil tiene un circuito que procesa una señal eléctrica generada por un detector de temperatura en el sistema de enfriamiento. Si la temperatura excede cierto valor, el circuito activa un indicador visual que advierte al conductor de una condición de sobrecalentamiento.

Definida la estructura básica temática de los circuitos eléctricos, nos preguntamos: ¿qué es un circuito eléctrico? Un **circuito eléctrico** se puede definir como *dos o más dispositivos eléctricos interconectados mediante conductores*. En ellos se integran numerosos tipos de dispositivos eléctricos, como resistencias, capacitores, inductores, diodos, transistores, transformadores, baterías, lámparas, fusibles, interruptores y motores. Por lo general, los "conductores" que los interconectan son alambres o trayectorias metálicas integradas en una tarjeta de circuitos impresos. Los circuitos eléctricos pueden ser muy simples, como el de una linterna, que contiene dos baterías, un bulbo de luz y un interruptor. Sin embargo, la mayoría son mucho más complejos que los de la linterna. Una televisión normal contiene, entre otras cosas, fuentes de potencia, amplificadores, altavoces y

149

un tubo de rayos catódicos. El microprocesador en una computadora puede incluir el equivalente a millones de transistores interconectados en una sola tableta (chip) más pequeña que la uña de un dedo. Los ingenieros eléctricos utilizan principios de la teoría de los circuitos eléctricos para analizar y diseñar una amplia variedad de sistemas. Observe a su alrededor. ¿Cuántos dispositivos cercanos ve que utilicen la electricidad para operar? Probablemente no esté leyendo este libro iluminándose con velas, sino con lámparas incandescentes o fluorescentes. Lo más probable es que su habitación tenga varios contactos eléctricos en las paredes que faciliten la operación de diversos dispositivos eléctricos, como computadoras, aspiradoras, relojes, tostadoras, hornos de microondas, etc. Éstos son tan dominantes, que los consideramos como un hecho, pero nuestro mundo sería muy diferente sin ellos. A cualquiera que ha nacido en una nación industrializada durante la segunda mitad del siglo XX le parecería ajeno y extraño un mundo sin televisión, estéreo, teléfonos celulares y reproductores de CD. Los dispositivos eléctricos cambian con rapidez, impulsados por la siempre creciente necesidad de mayor velocidad y menor tamaño y costo. En un corto periodo se vio cómo macrocomputadoras del tamaño de una habitación, con miles de tubos de vacío que generaban calor, evolucionaron a computadoras de escritorio. La segunda mitad del siglo XX también atestiguó mejoras dramáticas en las telecomunicaciones, automóviles, electrónica y automatización. La primera década del siglo XXI está develando avances en miniaturización y combinación de diversas tecnologías electrónicas, en particular en comunicaciones, entretenimiento y productos relacionados con Internet.

Todos los dispositivos eléctricos tienen circuitos de un tipo o de otro, y el ingeniero debe conocer cómo diseñarlos para efectuar funciones eléctricas específicas. En las figuras 5.2 y 5.3 se muestran algunos ejemplos comunes de dispositivos con circuitos eléctricos. Antes de proceder con un estudio más avanzado en el análisis de este tema y de otros cursos de ingeniería eléctrica, los estudiantes deben aprender los principios fundamentales de esos circuitos.

Figura 5.2
Un sistema de posicionamiento global (GPS, por sus siglas en inglés), que contiene circuitos eléctricos en miniatura, ayuda a los conductores a encontrar su camino. (Fotografía cortesía de Garmin International, Olathe, KS.)

150

Figura 5.3
En futuras misiones espaciales, un na-noexplorador para superficies planeta-rias funcionará con circuitos eléctricos miniatura. (Imagen cortesía de la NASA.)

Éxito profesional

Conserve los materiales de sus cursos

Algunas veces los estudiantes de ingeniería se preguntan: "¿Cuántos de los materiales de mis cursos de ingeniería debo mantener después de terminarlos, o después de graduarme? ¿Debo vender mis libros de texto nuevamente a la librería? ¿Debo desechar mis notas de clase, exámenes e informes de laboratorio? ¿Necesitaré estos materiales después de graduarme?" El plan de estudios de ingeniería es un camino académico desafiante. Para cuando se gradúe, habrá dedicado mucho tiempo y energía, y gastado mucho dinero, buscando obtener su grado en ingeniería. No reste importancia a este gran compromiso vendiendo sus libros por unas cuantas monedas. Al terminar cada curso, conserve sus libros y otros materiales para referencia en sus futuros cursos de la carrera. Éstos se construyen uno sobre el otro, por lo que lo más probable es que necesite estos recursos para ayudarse a aprender su nuevo material. Nunca venda sus textos de nuevo a la librería sólo porque no tiene dinero. Éstos son una fuente de información, la columna vertebral de su trabajo en los cursos de ingeniería. ¿Necesitará sus libros después de graduarse cuando haya asegurado un empleo como ingeniero? Dependiendo de la naturaleza de su posición en la especialidad y de la compañía para la que trabaje, sus libros de texto podrían ser un recurso valioso, en particular en el diseño y análisis de ingeniería. Ya que no sabe con exactitud en qué tipo de actividades se verá envuelto después de su graduación, conserve sus libros de texto.

151

Al final de cada curso organice sus notas de clases, informes de laboratorio, problemas de tarea, exámenes y otros materiales en una carpeta de tres anillos. Etiquétela con el nombre y número del curso. Divídala en secciones con divisores y cejas rotuladas. Probablemente necesite una sección para notas de clase, problemas de tarea, exámenes, cuestionarios e informes de laboratorio. Dependiendo de la naturaleza del curso, puede requerir otras secciones. Además de sus cursos de ingeniería, es probable que deba conservar materiales de asignaturas técnicas complementarias, como física, química y matemáticas. Conservar los materiales de los cursos lo ayudará como estudiante y como practicante de la ingeniería.

5.2 CARGA Y CORRIENTE ELÉCTRICA

Estamos familiarizados con las fuerzas generadas por los cuerpos en contacto con otros cuerpos y por la gravedad. Las fuerzas ejercidas entre los cuerpos se encuentran comúnmente en una variedad de situaciones diarias y en estructuras de ingeniería. La fuerza gravitacional es una fuerza de atracción que tiende a mover objetos, uno hacia el otro, y el ejemplo más común es el de la fuerza gravitacional de la Tierra, que atrae los objetos hacia su centro. Las fuerzas gravitacionales gobiernan el movimiento de los planetas, estrellas, galaxias y otros objetos celestiales en el universo, y aun así, son la forma más débil de todas las fuerzas naturales. Un tipo de fuerza mucho más poderosa que la gravedad es la de naturaleza eléctrica. Las fuerzas eléctricas las producen las **cargas eléctricas**. Cuando una partícula cargada se acerca a otra, se establece una fuerza eléctrica. La fuerza entre las partículas es de atracción si las cargas son diferentes (es decir, si una es positiva y otra es negativa), y es de repulsión si las cargas son del mismo signo (es decir, si ambas son positivas o negativas). (Véase la figura 5.4.) A esta fuerza se le llama *electrostática*, porque las cargas se encuentran estáticas o estacionarias. A la rama de los estudios eléctricos que estudia este tipo de cargas se le llama *electrostática*.

Las cargas se crean al producirse un desequilibrio en el número de partículas cargadas dentro del átomo. Los átomos consisten en un núcleo compuesto de neutrones (partículas neutras) y protones (partículas cargadas positivamente), rodeado de una nube de electrones (partículas cargadas negativamente). Un átomo con el mismo número de protones y electrones es eléctricamente neutro (no tiene carga), porque la carga positiva de los protones equilibra precisamente la carga negativa de los electrones. Los átomos se pueden cargar positivamente al perder electrones, o negativamente al ganarlos de otros átomos. Por ejemplo, al frotar una varilla de vidrio con un trapo de seda se desprenden algunos electrones de los átomos de la superficie del vidrio, los cuales se agregan a los átomos del

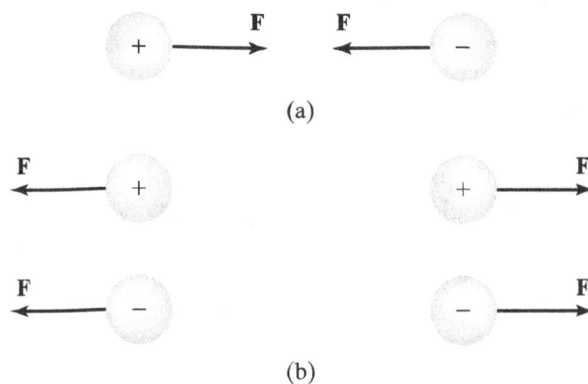

Figura 5.4
a) Las cargas opuestas se atraen, y *b)* las cargas del mismo signo se repelen.

152

trapo, generando así una varilla cargada negativamente. También se puede producir una carga negativa sobre un globo frotándolo contra nuestro cabello.

Las cargas eléctricas se cuantifican por medio de un parámetro físico llamado *coulomb* (C). El coulomb, nombrado en honor del físico francés Charles Coulomb, se define como la *carga que poseen aproximadamente* 6.242×10^{18} *electrones*. Otra forma de definirlo es establecer que un solo electrón tiene una carga de aproximadamente 1.602×10^{-19} C, el inverso de 6.242×10^{18}. Se dice que la carga de un electrón está cuantificada porque es la cantidad más pequeña de carga que puede existir. Los símbolos usados comúnmente para la carga eléctrica son Q o q. Por lo general, el símbolo Q denota una carga constante, como $Q = 2$ C, mientras que q por lo general representa una carga que cambia con el tiempo. En el último caso, algunas veces la carga se escribe en la forma funcional $q(t)$.

Cuando se mueven cargas eléctricas del mismo signo, se dice que existe una **corriente eléctrica**. Para definirla con mayor precisión, considere las cargas que se mueven en un alambre de forma perpendicular al área A de la sección transversal (véase la figura 5.5). La corriente eléctrica I se define como *la razón a la cual fluye la carga a través del área*. La corriente *promedio* que pasa a través del área se puede escribir en términos de la cantidad de carga Δq que pasa a través del área en un intervalo dado de tiempo Δt como:

$$I_{prom} = \frac{\Delta q}{\Delta t}. \tag{5.1}$$

Si la corriente cambia con el tiempo, la razón a la que la carga fluye a través del área A también cambia con el tiempo, y la corriente es instantánea, la cual se expresa como una derivada:

$$i = \frac{dq}{dt}. \tag{5.2}$$

Debe hacerse notar que el símbolo I se reserva por lo común para la corriente directa (CD), mientras que el símbolo i se utiliza por lo general para la corriente alterna (CA) u otro tipo de corrientes que cambian con el tiempo.

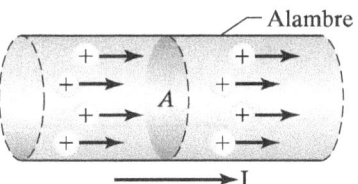

Figura 5.5
La corriente es el paso de cargas eléctricas a través del área de la sección transversal de un conductor.

La unidad SI para la corriente eléctrica es el ampere (A). Con base en su definición, dada por las ecuaciones (5.1) y (5.2), 1 A de corriente equivale a 1 C de carga que pasa a través del área en 1 s. De ahí que 1 A = 1 C/s. Ya que el ampere es una de las siete dimensiones básicas, la carga eléctrica se puede definir de forma alternativa como la carga transferida en 1 s por una corriente de 1 A. Para darle un sentido físico a la corriente, 1 A es aproximadamente la corriente que fluye a través del filamento de un bulbo de luz de 100 watts y 115 V. Algunos dispositivos eléctricos, como los reproductores de CD y los radios, pueden consumir corrientes muy pequeñas, del orden de los mA o incluso μA. Por ejemplo, una linterna común consume aproximadamente 300 mA, una tostadora 8 A y una hornilla eléctrica de cocina o una secadora eléctrica 15 A o más. Las máquinas grandes utilizadas en las industrias pesadas pueden consumir cientos o incluso miles de amperes.

Por lo general, en la teoría de los circuitos eléctricos se considera la corriente como el movimiento de cargas *positivas*. Esta convención se basa en el trabajo de Benjamin Franklin (1706-1790), quien conjeturó que la electricidad fluía de positivo a negativo. Actualmente sabemos que la corriente eléctrica en los alambres y otros conductores se debe a la deriva de los electrones libres (partículas cargadas negativamente) en los átomos del conductor. Al tratar con una corriente eléctrica necesitamos distinguir entre la *corriente convencional* (el movimiento de cargas positivas) y la *corriente de electrones* (el movimiento de los electrones libres). Sin embargo, en realidad no importa si utilizamos la corriente convencional o la de electrones, ya que si las cargas positivas se mueven hacia la derecha, las cargas negativas se mueven hacia la izquierda. Lo único que importa es que utilicemos la convención del mismo signo de manera consistente. Por lo general, en el análisis de circuitos eléctricos se adopta el uso de la corriente convencional.

Existen varios tipos de corriente en uso en diversos dispositivos eléctricos, pero nosotros estudiaremos los dos principales: la **corriente directa (CD)**, que es un flujo de carga en el que la dirección del flujo es siempre la misma, y la **corriente alterna (CA)**, un flujo de carga en el cual ésta fluye hacia delante y hacia atrás, de manera alternativa, por lo general siguiendo un patrón senoidal. Si la corriente siempre fluye en la misma dirección, pero la magnitud varía de alguna manera en forma periódica, se dice que es una corriente directa *pulsante*. Las fuentes de potencia que tienen un filtrado defectuoso generan una corriente directa pulsante. Otro tipo de corriente es aquella que fluye en la misma dirección mientras que aumenta o disminuye *exponencialmente*. Algunas veces las corrientes que cambian exponencialmente tienen una vida corta, como cuando se encienden o apagan los dispositivos eléctricos. Un tipo más de corriente es la que fluye en la misma dirección mientras que su magnitud varía de acuerdo con una función llamada *diente de sierra*. Las corrientes de este tipo son útiles en equipos como los osciloscopios, instrumentos de medición que muestran características eléctricas en una pantalla. En la figura 5.6 se muestran estas clases de corrientes.

La corriente eléctrica se mide con un instrumento llamado *amperímetro*. Básicamente es de dos tipos: analógico y digital. Un amperímetro analógico proporciona una lectura de corriente por medio de una aguja o indicador que se mueve a lo largo de una escala calibrada. El digital ofrece una lectura con números mostrados en una pantalla. Los amperímetros tienen dos terminales. En general, para usarlos, el circuito debe *abrirse* en el

Figura 5.6
Tipos comunes de corrientes eléctricas: *a)* corriente directa (CD); *b)* corriente alterna (CA); *c)* corriente directa pulsante; *d)* corriente exponencial, y *e)* corriente de diente de sierra.

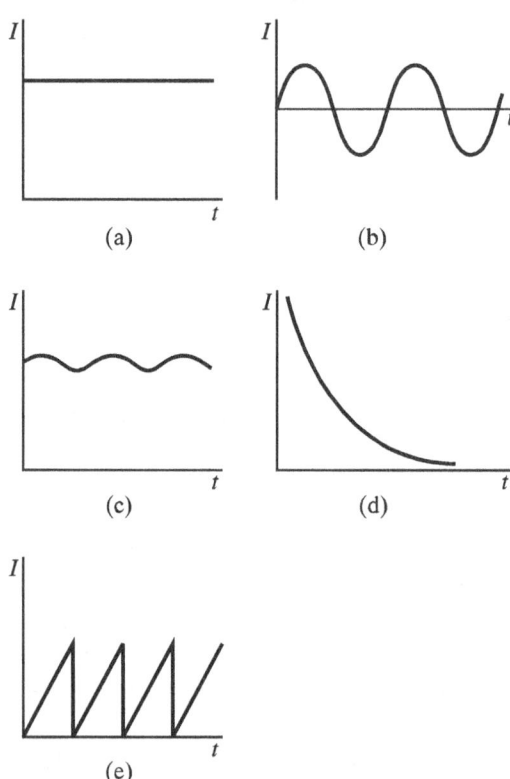

lugar donde se desea medir la corriente y el amperímetro debe insertarse directamente en la trayectoria de ésta. La mayoría de estos aparatos tiene interruptores de función que permiten medir tanto corriente directa como alterna. La mayoría también tiene funciones manuales o automáticas de intervalo que facilitan las lecturas de corriente en unidades de A, mA o μA.

EJEMPLO 5.1

Al desactivar un circuito eléctrico, la corriente en un dispositivo cambia exponencialmente con el tiempo de acuerdo con la función:

$$i(t) = 5\,e^{-kt}\,A$$

donde k es una constante. Si $k = 2\ \text{s}^{-1}$, ¿cuántos coulombs pasan a través del dispositivo durante el primer segundo después de desconectar la potencia? ¿Cuál es la corriente en el dispositivo en el instante justo antes de desconectar la potencia?

Solución

La corriente disminuye exponencialmente de acuerdo con la relación:

$$i(t) = 5\,e^{-2t}\,A$$

donde t se expresa en segundos. El número de coulombs que pasa a través del dispositivo durante el primer segundo después de desconectar la potencia se puede encontrar utilizando la ecuación (5.2).

$$i = \frac{dq}{dt}.$$

Multiplicando ambos lados de esta ecuación por dt e integrando, obtenemos:

$$\int_{q_1}^{q_2} dq = \int_0^1 i(t)\,dt = 5\int_0^1 e^{-2t}\,dt$$

De ahí que:

$$q_2 - q_1 = \left.\frac{5e^{-2t}}{-2}\right|_0^1 = \frac{5(e^{-2} - e^0)}{-2}$$

$$= 2.16\ \text{C}.$$

Por tanto, pasan 2.16 C por el dispositivo durante el primer segundo después de desconectar la potencia. La corriente inmediatamente antes de desconectar la potencia es la corriente en $t = 0$ s. En consecuencia tenemos:

$$i(0) = 5\,e^{-2(0)} = 5\,e^0$$

$$= 5\ \text{A}.$$

Corriente transitoria y la constante de tiempo

Al apagar o encender algunos circuitos eléctricos, éstos exhiben variaciones exponenciales de corriente con el tiempo. En muchos casos estas variaciones son de muy corta duración, quizá de sólo unos cuantos milisegundos. Dicha variación de corriente se conoce como *transitoria*, porque tiene una vida muy limitada. Una corriente transitoria común tiene la forma matemática:

$$i(t) = i_0(1 - e^{-t/\tau})$$

donde i_0 es una constante, t es el tiempo y τ es la *constante de tiempo*. El valor de esta última depende de las características eléctricas específicas del circuito. Para un circuito simple que consta de una resistencia en serie con un inductor, la constante de tiempo es $\tau = L/R$, donde L es la inductancia y R la resistencia. Revisando la ecuación, la corriente es cero en $t = 0$, el instante en que se enciende el circuito. Después aumenta exponencialmente con el tiempo, hasta que, después de un largo periodo, alcanza el valor estable de i_0.

La constante τ se define como el tiempo necesario para que la diferencia de corriente a partir de su valor definitivo se reduzca a 36.8% (1/e). Para ver cómo funciona esto, examinemos la ecuación con más detenimiento. Después de una constante de tiempo ($t = \tau$), el término exponencial es e^{-1}, o 0.368, y la corriente ha aumentado a 0.632 veces su valor estable de i_0. Después de dos constantes de tiempo ($t = 2\tau$), el término exponencial es e^{-2}, o 0.135, y la corriente ha aumentado a 0.865 veces su valor estable. Ampliando el análisis a cinco constantes de tiempo ($t = 5\tau$), el término exponencial es e^{-5}, o 0.00674, y la corriente ha incrementado aproximadamente a 0.993 veces su valor estable (véase la tabla 5.1 y la figura 5.7).

TABLA 5.1

$t(s)$	$e^{-t/\tau}$	$i(t)(A)$
0	1	0
τ	0.368	0.632 i_0
2τ	0.135	0.865 i_0
3τ	0.050	0.950 i_0
4τ	0.0183	0.9817 i_0
5τ	0.00674	0.99326 i_0
∞	0	i_0

Figura 5.7
Después de cinco constantes de tiempo, la corriente prácticamente ha alcanzado un valor estable.

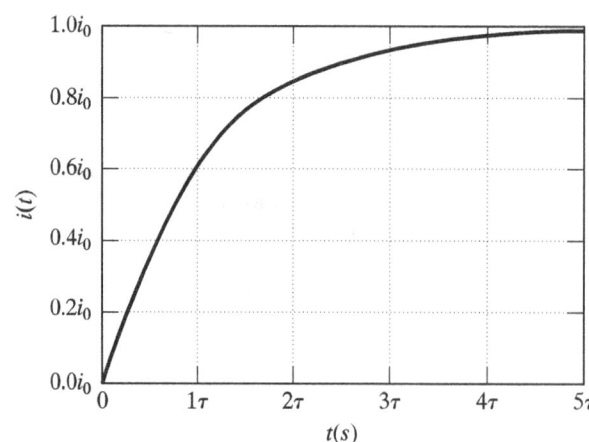

Teóricamente la corriente nunca alcanza un valor estable, sino que se acerca asintóticamente a un valor estable. Sin embargo, para fines prácticos podemos decir que lo alcanza después de cinco constantes de tiempo porque, como se muestra en la tabla 5.1, se acerca a 1 por ciento del valor estable. Por tanto, la "regla práctica" para las corrientes transitorias es que emplean cinco constantes de tiempo para alcanzar su condición estable.

¡Practique!

1. ¿Cuántos electrones representa una carga de 1 μC? ¿Y de 50 pC?
   Respuesta: 6.242×10^{12}, 3.121×10^{8}.

2. Una carga que se mueve a través de un conductor está dada por la relación:
   $$q(t) = q_0 \ln(t + 1) + 2t^2 \text{ C}$$

   donde q_0 es una constante. Encuentre la corriente en $t = 0$ y $t = 2$ s.
   Respuesta: q_0 A, $(q_0/3 + 8)$ A.

3. La corriente en un dispositivo varía con el tiempo de acuerdo con la función:

   $$i(t) = (1 + 2\,e^{-5t}) \text{ A}.$$

   ¿Cuántos coulombs pasan a través del dispositivo durante el intervalo de tiempo $1 < t < 3$ s? ¿Cuál es la corriente para valores grandes de tiempo?
   Respuesta: 2.0027 C, 1 A.

4. La corriente en un dispositivo varía de manera senoidal con el tiempo de acuerdo con la función:

   $$i(t) = 5\,\text{sen}(\pi + 2\pi t) \text{ A}.$$

   ¿Cuántos coulombs pasan a través del dispositivo durante el intervalo de tiempo $0 < t < 0.5$ s?
   Respuesta: -1.59 C.

5.3 VOLTAJE

En ausencia de una fuerza de control, las cargas eléctricas en un conductor tienden a moverse de manera aleatoria. Si deseamos que lo hagan de manera uniforme en una sola dirección para que constituyan una corriente eléctrica, debemos aplicarles una fuerza externa llamada *fuerza electromotriz* (fem). Ya que esta fuerza provoca un movimiento de cargas a lo largo del conductor, efectúa trabajo sobre ellas. Por lo común, a la fuerza electromotriz se le denomina *voltaje*. Por tanto, definimos **voltaje** como el *trabajo realizado para mover una carga de un coulomb*. La unidad de voltaje es el volt (V), nombrado así en honor del físico italiano Alessandro Volta, quien inventó la pila voltaica. Ya que el voltaje se define como el trabajo realizado para mover una carga unitaria, un volt se define como 1 V = 1 J/C. El voltaje *instantáneo* v se expresa como una derivada,

$$v = \frac{dw}{dq} \tag{5.3}$$

donde w es el trabajo medido en joules (J). También se puede utilizar el símbolo V para el voltaje. No lo confunda con el número romano V, que representa la unidad llamada volt, con la cursiva *V*, que denota el voltaje variable o diferencia de potencial. Algunas veces al voltaje se le conoce como *diferencia de potencial*. En su contexto técnico, la palabra *potencial* se refiere a una fuente de energía almacenada disponible para hacer un trabajo. Por ejemplo, un resorte comprimido tiene energía potencial y realiza trabajo cuando se le permite regresar a su forma original, sin deformación. Cuando se empuja una piedra que se encuentra en el borde de un risco, ésta convierte su energía potencial en trabajo al caer al suelo. La palabra *diferencia* denota que el voltaje siempre se considera *entre dos puntos*. Hablar de voltaje "en un punto" no tiene significado, a menos que se implique un segundo punto (punto de referencia). Un voltaje existe entre las terminales positiva y negativa de una batería. Si colocáramos las puntas de un voltímetro en las terminales positiva y negativa de una pila seca estándar, mediríamos un voltaje de aproximadamente 1.5 volts. En muchos circuitos se establece un voltaje de referencia denominado *tierra*. La tierra puede ser tierra real, o un voltaje de referencia arbitrario en la armadura o caja del sistema, a la que se conoce como tierra de la *armadura*. En cualquier caso, el voltaje siempre se considera entre dos puntos en el circuito.

Estamos familiarizados con varios dispositivos eléctricos que proveen un voltaje específico. Las baterías lo proveen al convertir energía química en energía eléctrica. Los bulbos de destello, linternas y dispositivos electrónicos como radios, reproductores de CD, cámaras y juguetes utilizan baterías como fuente de energía eléctrica. En la figura 5.8 se ilustran algunos tipos comunes de baterías. De todos los tipos existentes, probablemente la más popular sea la pila seca de 1.5 volts [figura 5.8(*a*)]. Ésta se presenta en una variedad de tamaños, diseñados mediante las letras *D, C, A, AA, AAA*. Algunos dispositivos electrónicos como radios y relojes digitales utilizan pilas secas de 9 volts [véase la figura 5.8(*b*)]. Los automóviles, camiones y vehículos recreativos emplean baterías grandes, de 12 o de 6 volts, para arrancar y para otras funciones eléctricas [véase la figura 5.8(*c*)]. Al conectar un circuito cerrado a las terminales positiva y negativa de una batería, fluye CD a través del circuito. ¿Qué pasa con el voltaje suministrado por los contactos eléctricos en nuestra casa? En Estados Unidos los servicios locales de potencia proveen a los clientes residenciales y comerciales con voltajes normales de 110 y 220 V [véase la figura 5.8(*d*)]. A diferencia de la corriente aportada por las baterías, la suministrada por las compañías de servicio es CA, con una frecuencia de 60 Hz; es decir, la corriente completa 60 ciclos por segundo. Virtualmente todos los electrodomésticos y dispositivos electrónicos —lavadoras, hornillas, secadoras de ropa, hornos de microondas, tostadoras, televisiones, video-

Figura 5.8
Fuentes comunes de voltaje: *a*) pila seca de 1.5 volts; *b*) pila seca de 9 volts; *c*) batería automotriz de 6 o 12 volts, y *d*) contacto de pared normal de 110 VCA.

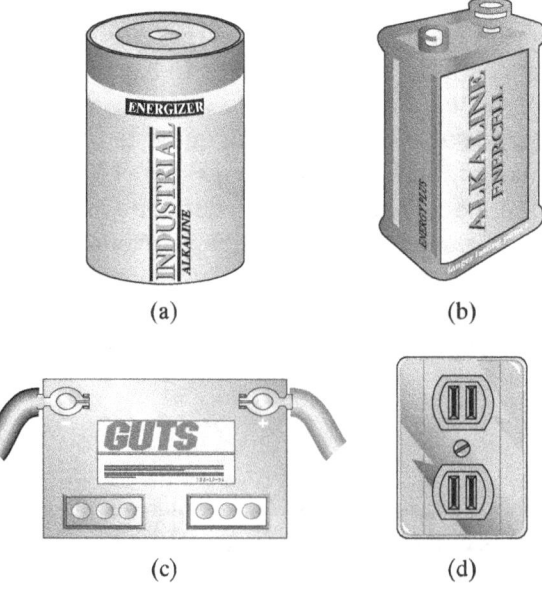

(a)　　　　(b)

(c)　　　　(d)

158

rreproductores— funcionan con 110 o 220 VCA. Esta abreviatura significa "volts de CA" y VCD significa "volts de CD".

Ahora que se ha definido el voltaje, consideremos la energía eléctrica alimentada a, o desde, un elemento de circuito. **Elemento de circuito** es un término genérico referido a un *dispositivo* o *componente eléctrico*, como una resistencia, capacitor o inductor. Como se muestra en la figura 5.9, una corriente eléctrica estable *I* fluye a través de un elemento de circuito. Para determinar si se está suministrando energía *al* elemento, o *desde* el elemento, al resto del circuito, debemos conocer la dirección del flujo de corriente y la *polaridad* del voltaje a través del elemento. La dirección del flujo de corriente en la figura 5.9 es de positivo a negativo, lo cual es consistente con la corriente convencional estándar. Ya que la corriente entra a la terminal positiva del elemento, una fuerza electromotriz externa debe estar impulsándola dentro del elemento, suministrando energía *al* elemento. Por tanto, decimos que éste *absorbe* energía eléctrica. Si, por otro lado, la corriente entra por la terminal negativa, el elemento suministra energía al resto del circuito. Es importante saber la *razón* a la cual se suministra energía al, o desde, el elemento de circuito. Reacomodando la ecuación (5.3) y denotando el voltaje con *V*, obtenemos:

$$dw = V\, dq \tag{5.4}$$

Dividiendo ambos lados de la ecuación (5.4) entre un intervalo de tiempo *dt* conseguimos:

$$\frac{dw}{dt} = V\frac{dq}{dt} \tag{5.5}$$

La cantidad del lado izquierdo de la ecuación (5.5) es la razón a la cual se realiza trabajo para mover carga a través del elemento de circuito. Por definición, la *razón a la que se realiza trabajo* es la **potencia** *P*. La cantidad *dq/dt* se define como la corriente eléctrica *I*. De ahí que la potencia suministrada al, o por, el elemento de circuito esté dada por la relación:

$$P = VI. \tag{5.6}$$

Se puede verificar la consistencia dimensional de la ecuación (5.6) haciendo notar que las unidades de *VI* son (J/C), (C/s) o J/s, que se define como watt (W), la unidad sɪ para la potencia.

Los voltajes se miden con un instrumento llamado *voltímetro*. Al igual que los amperímetros que miden la corriente, existen básicamente dos tipos de voltímetros: analógicos y digitales. El analógico proporciona una lectura de voltaje por medio de una aguja o un indicador que se mueve a lo largo de una escala calibrada, mientras que el digital la proporciona mostrando los números en una pantalla. Ambos tipos de voltímetro tienen dos terminales. A diferencia de la medición de corriente, para determinar el voltaje no se requiere abrir el circuito en el punto donde se desea medir. Para utilizar un voltímetro, las terminales del medidor se conectan *en los extremos* del dispositivo para el que se medirá la diferencia de potencial. La mayoría de los voltímetros tienen interruptores de función que permiten medir tanto voltaje de CD como de CA. La mayoría también tiene funciones manuales o automáticas de selección de intervalo que facilitan lecturas de voltaje en unidades de V, mV o μV.

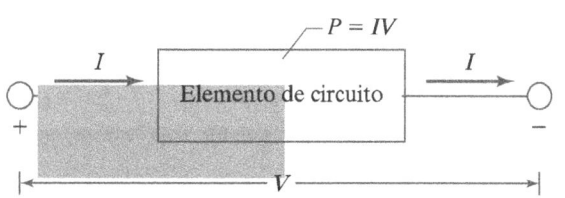

Figura 5.9
Elemento de circuito con la relación entre la corriente *I*, el voltaje *V* y la potencia *P*.

Como comentario final sobre el voltaje, puede ser instructivo invocar una analogía física del mismo y su relación con la corriente. Se ha definido el voltaje como el trabajo requerido para mover una carga. También establecimos que con frecuencia se le llama *diferencia de potencial*. Para entender cómo se relaciona el voltaje con la corriente, puede ser útil pensar en él como una "presión" eléctrica o, con mayor precisión, una diferencia de presión. Así, el voltaje es la "diferencia de presión" que impulsa la corriente eléctrica a través de un elemento de circuito. En un tubo que lleva agua u otro fluido, la diferencia de presión entre un extremo y otro del tubo es el "potencial" que impulsa el fluido a través del mismo. Por tanto, podemos considerar que el voltaje en los extremos de un elemento de circuito es análogo a la diferencia de presión en los extremos de un tramo de tubo, y que el flujo de carga (corriente) a través del elemento de circuito es análogo al flujo del fluido en el tubo. En un tubo, si no existe diferencia de presión, no existe flujo del fluido. En un elemento de circuito, si no existe diferencia de potencial (voltaje), no existe flujo de corriente.

¡Practique!

1. Un elemento de circuito absorbe 2 W de potencia debido al paso de una corriente estable de 250 mA. ¿Cuál es el voltaje en los extremos del elemento?
   Respuesta: 8 V.

2. Las resistencias son dispositivos que absorben energía eléctrica. Si una corriente estable de 500 mA pasa a través de una resistencia con un voltaje de 6 V en sus extremos, ¿cuánta potencia debe absorber la resistencia? ¿Qué sucede con esta energía absorbida? ¿Qué cambio físico muestra la resistencia al absorber esta energía?
   Respuesta: 3 W. La energía se transforma en calor, que hace aumentar la temperatura de la resistencia.

3. La lámpara de 12 V de un automóvil tiene una potencia nominal de 40 W. ¿Cuál es la carga total que fluye a través del filamento de la lámpara en 1 minuto? ¿Cuántos electrones representa?
   Respuesta: 200 C, 1.248×10^{21}.

4. Un radio de baterías requiere una corriente de 200 mA a 12 V. Encuentre la potencia requerida para accionar el radio y la energía consumida en 2 horas de operación.
   Respuesta: 2.4 W, 17.3 kJ.

5. Pida prestado un voltímetro a su instructor o al departamento de ingeniería eléctrica de su escuela. Mida el voltaje en los extremos de una pila seca de 1.5 V y de una de 9 V. ¿Cuáles son las lecturas de voltaje?

5.4 RESISTENCIA

Además de la corriente y el voltaje, la resistencia es una cantidad eléctrica muy importante. La **resistencia** eléctrica se puede definir como una *impedancia al flujo de corriente a través de un elemento de circuito*. Todos los elementos de los circuitos, incluyendo los **conductores** (alambres) que los conectan, impiden hasta cierto punto el flujo de la corriente. Cuando ésta fluye en un conductor, adentro de éste los electrones libres chocan con las redes de los átomos. Estos choques tienden a retardar o impedir el movimiento organizado de los electrones a través del conductor. En general, la resistencia en los alambres que conectan los elementos de circuitos es indeseable, pero existen numerosas situaciones en las que se requiere una resistencia en los circuitos eléctricos para controlar otras cantida-

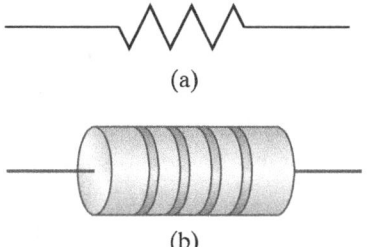

(a)

(b)

Figura 5.10
Resistencia. *a*) Símbolo esquemático, y *b*) resistencia real.

des eléctricas. El elemento de circuito diseñado específicamente para aportar resistencia a los circuitos es la *resistencia*. De todos los elementos de circuito utilizados en los circuitos eléctricos, la resistencia es el más común. Cuando los ingenieros eléctricos diseñan un circuito, los elementos de éste y sus conexiones se dibujan en un diagrama esquemático. El símbolo esquemático para la resistencia es una línea en zigzag, como se muestra en la figura 5.10(*a*). Un tipo muy popular de resistencia usa carbón como material resistivo. Una resistencia *de carbón* consiste en partículas de carbón mezcladas con un aglutinante y moldeadas en forma cilíndrica. La resistencia de *película de carbón* consiste en polvo de carbón que se deposita sobre un sustrato aislante. A los alambres conectados al cuerpo de la resistencia, o a cualquier tipo de elemento de circuito para ese caso, se les llama *terminales*. En la figura 5.10(*b*) se ilustra una resistencia de carbón común.

Además de los dispositivos de carbón, existen otros tipos de resistencias. Algunas emplean un alambre enrollado alrededor de un núcleo central de cerámica u otro material aislante. A estas resistencias se les denomina resistencias de *alambre enrollado*. Por lo general son más grandes que las resistencias de carbón y pueden manejar mayor potencia. Otras resistencias, denominadas CERMETS, utilizan una combinación de cerámica y metal como material resistivo, y otras más usan un metal o un óxido metálico. Las resistencias se fabrican en una variedad de estilos de empaque, tamaño y capacidades de potencia. En la figura 5.11 se muestra una selección de las utilizadas en diversas aplicaciones de circuitos eléctricos.

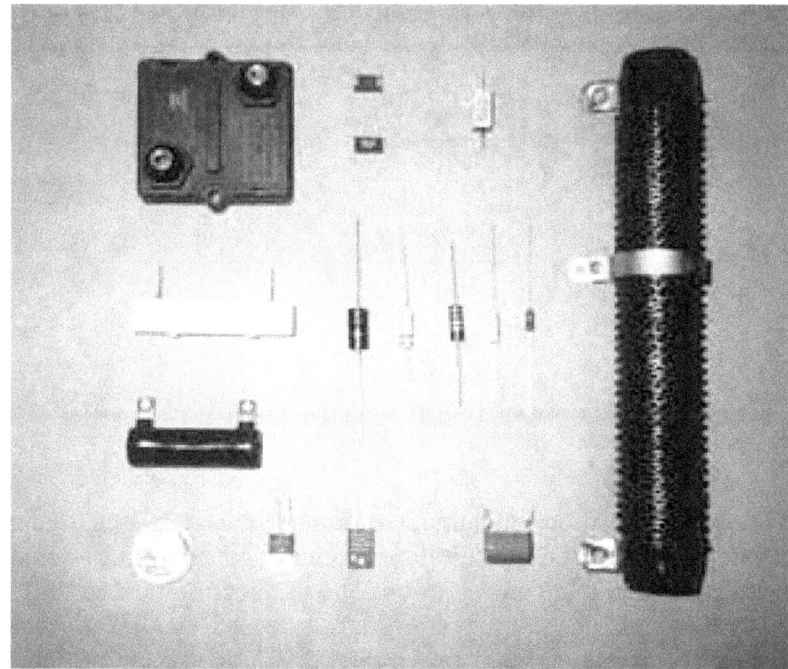

Figura 5.11
Selección de resistencias para diversas aplicaciones. (Las resistencias para la fotografía son cortesía de Ohmite Manufacturing Co., Skokie, IL.)

161

La unidad para la resistencia eléctrica es el *ohm* (Ω), en honor de Georg Ohm, a quien se acredita la formulación de la relación entre corriente, voltaje y resistencia con base en experimentos realizados en 1826. Una resistencia con un valor muy pequeño de resistencia tiene un bajo valor en ohms, mientras que aquella con un valor muy alto de resistencia tiene un alto valor en ohms. Ya que se necesitan resistencias de diversas magnitudes en aplicaciones específicas de circuitos, éstas se fabrican en una amplia gama de valores en ohms. Por ejemplo, algunos fabricantes suministran resistencias de carbón en la gama de 2.2 Ω a 1 MΩ. Existen algunas de precisión con resistencias muy pequeñas, como de 0.008 Ω. Es interesante notar que 0.008 Ω es aproximadamente la misma resistencia que la de un alambre de cobre calibre 12 de 1.5 m de longitud, el tamaño de cable que se utiliza comúnmente en los sistemas eléctricos domésticos. El valor de la mayoría de las resistencias es fijo, pero algunas son ajustables por medio de un contacto eléctrico deslizante o rotativo. A este tipo de resistencia ajustable se le conoce como *potenciómetro* o *reostato*.

Con frecuencia, en el análisis de circuitos es necesario determinar la resistencia *total* o *equivalente* de dos o más resistencias conectadas entre sí. Existen dos formas en las que se pueden conectar los elementos de circuitos. Si se conectan *extremo a extremo*, se dice que están conectados **en serie**. Si se conectan *entre extremos*, se dice que están conectados **en paralelo**. En la figura 5.12 se muestran de forma esquemática tres resistencias conectadas en serie y tres resistencias conectadas en paralelo. La resistencia total R_t de las resistencias conectadas en serie es simplemente la suma aritmética del valor de cada una de ellas. Por tanto:

$$R_t = R_1 + R_2 + R_3 + \cdots + R_N \quad (\text{en serie}) \tag{5.7}$$

donde N es el número total de resistencias conectadas en serie. La resistencia total para las resistencias conectadas en paralelo está dada por la relación:

$$\frac{1}{R_t} = \frac{1}{R_1} + \frac{1}{R_2} + \frac{1}{R_3} + \cdots + \frac{1}{R_N} (\text{en paralelo}) \tag{5.8}$$

donde, al igual que antes, N es el número total de resistencias. Para obtener la resistencia total R_t, simplemente encontramos su recíproco utilizando la ecuación (5.8), y después la invertimos.

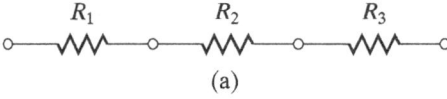

(a)

Figura 5.12
Resistencias conectadas *a*) en serie, y *b*) en paralelo.

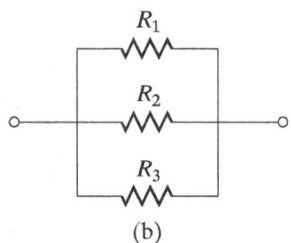

(b)

La resistencia se mide con un instrumento llamado *ohmímetro*. Al igual que los amperímetros y voltímetros que miden corriente y voltaje, existen básicamente dos tipos de ohmímetros: analógicos y digitales. El analógico proporciona una lectura de resistencia por medio de una aguja o indicador que se mueve a lo largo de una escala calibrada, mientras que el digital muestra los números en una pantalla. Ambos aparatos tienen dos terminales. Éstas se conectan en los extremos de la resistencia que se desea medir. Los ohmímetros suministran corriente a la resistencia, por lo que ésta debe desconectarse de cualquier circuito cuando se efectúa la medición, y tienen funciones manuales o automáticas de selección de intervalo que facilitan lecturas de resistencia en unidades de Ω, $k\Omega$ o $M\Omega$.

Encuentre la resistencia total para el circuito de resistencias mostrado en la figura 5.13.

Solución

La configuración de resistencias en la figura 5.13 es una combinación serie-paralelo. Las resistencias de 1 $k\Omega$, 500 Ω y 20 $k\Omega$ están conectadas en paralelo, y la de 200 Ω está conectada en serie con el conjunto de resistencias en paralelo. Para encontrar la resistencia total, primero debemos determinar la resistencia equivalente para las tres resistencias conectadas en paralelo con la ecuación (5.8). Después sumamos la resistencia equivalente a la de 200 Ω a partir de la ecuación (5.7). Le damos a las resistencias los nombres de variables:

$$R_1 = 1 \text{ k}\Omega, R_2 = 500 \text{ }\Omega, R_3 = 20 \text{ k}\Omega \text{ y } R_4 = 200 \text{ }\Omega$$

La resistencia equivalente R_P de las tres resistencias en paralelo está dada por:

$$\frac{1}{R_p} = \frac{1}{R_1} + \frac{1}{R_2} + \frac{1}{R_3}$$

$$= \frac{1}{1000 \text{ }\Omega} + \frac{1}{500 \text{ }\Omega} + \frac{1}{20,000 \text{ }\Omega} = 3.050 \times 10^{-3} \text{ }\Omega^{-1}$$

Por tanto,

$$R_p = \frac{1}{3.050 \times 10^{-3} \text{ }\Omega^{-1}} = 328 \text{ }\Omega.$$

Ahora sumamos R_P a R_4 en serie para obtener la resistencia total R_t:

$$R_t = R_p + R_4$$

$$= 328 \text{ }\Omega + 200 \text{ }\Omega = 528 \text{ }\Omega.$$

De ahí que la combinación de resistencias en serie-paralelo tiene una resistencia total de 528 Ω. Esto significa que la configuración de resistencias es equivalente a una *sola* de 528 Ω. Observe que todas las resistencias se expresan en unidades consistentes de Ω. De haber utilizado $k\Omega$ para R_1 y Ω para las otras resistencias, nuestra respuesta habría sido incorrecta.

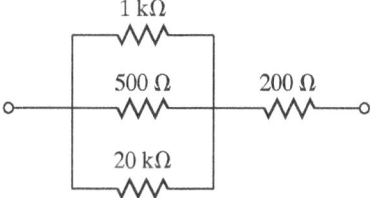

1 $k\Omega$

500 Ω 200 Ω

20 $k\Omega$

Figura 5.13
Circuito de resistencias para el ejemplo 5.2.

¡Practique!

1. ¿Cuál es la resistencia total de cinco resistencias, cada una igual a R Ω, si se conectan en serie? ¿Y si se conectan en paralelo?
   Respuesta: 5R Ω en serie; $R/5$ Ω en paralelo.

2. Considere dos resistencias conectadas en paralelo. La resistencia R_1 es muy grande y la resistencia R_2 es muy pequeña. ¿Cuál es el valor aproximado de la resistencia total?
   Respuesta: R_2.

3. Encuentre la resistencia total del circuito de resistencias mostrado en la siguiente figura.
   Respuesta: 59.5 Ω.

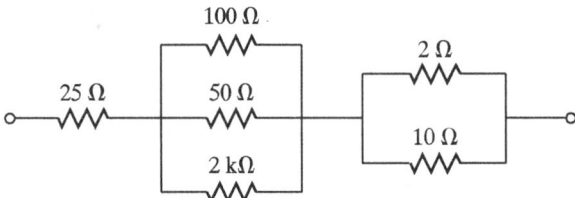

4. Encuentre la resistencia total para el circuito de resistencias ilustrado en la siguiente figura.
   Respuesta: 13.3 kΩ.

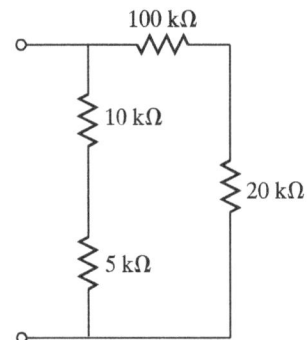

5. Encuentre la resistencia total para el circuito de resistencias mostrado en la siguiente figura.
   Respuesta: 1.998 Ω.

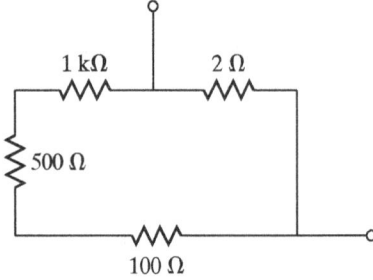

6. Para el circuito de resistencias mostrado en la siguiente figura, ¿qué resistencia debe tener R_1 para dar una resistencia total de 250 Ω?
   Respuesta: 525 Ω.

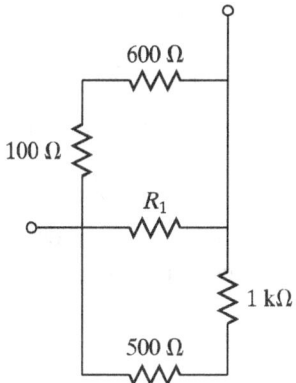

5.5 LEY DE OHM

En una serie de experimentos realizados en 1826, el físico alemán Georg Ohm descubrió una relación entre el voltaje en los extremos de un conductor y el flujo de corriente a través de él. Esta relación, conocida como **ley de Ohm**, establece que *la diferencia de potencial en los extremos de un conductor es directamente proporcional a la corriente*. Establecida de manera matemática, la ley de Ohm es:

$$V \propto I \tag{5.9}$$

donde V es la diferencia de potencial (voltaje) e I es la corriente. La ecuación (5.9) se puede escribir como una igualdad introduciendo una constante de proporcionalidad R, que denota resistencia:

$$V = RI. \tag{5.10}$$

La ley de Ohm, dada por la ecuación (5.10), es una de las leyes más simples pero más importantes de la teoría de los circuitos eléctricos. Ya que la unidad de voltaje es el volt (V) y la unidad de corriente es el ampere (A), una resistencia de un ohm (Ω) se define como $1\ \Omega = 1$ V/A. De ahí que una resistencia de 1 Ω que lleva una corriente de 1 A tendrá un voltaje en sus extremos de 1 V. A diferencia de la ley de la gravitación universal o las leyes del movimiento de Newton, la de Ohm no es una ley fundamental de la naturaleza, sino una relación empírica (experimental) válida sólo para ciertos materiales. Las propiedades eléctricas de la *mayoría* de los materiales es tal que la razón de voltaje a corriente es una constante y, según la ley de Ohm, esa constante es la resistencia del material. La ley de Ohm se aplica a alambres y otros conductores metálicos y, desde luego, a resistencias. La figura 5.14 ilustra una resistencia que muestra la relación entre el voltaje V, la corriente I y la resistencia R.

Una resistencia absorbe energía eléctrica. Cuando la corriente fluye a través de ella, la energía eléctrica absorbida se transforma en energía térmica (calor), la cual es transferida a los alrededores. A la razón a la cual la energía eléctrica absorbida se transforma en calor se le llama *disipación de potencia*. Todos los elementos resistivos de los circuitos disipan energía

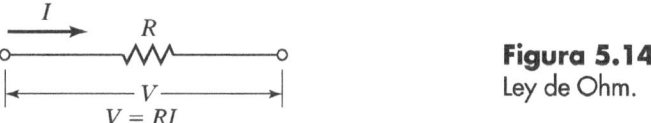

Figura 5.14
Ley de Ohm.

165

en forma de calor. Podemos calcular la disipación de potencia combinando la ley de Ohm dada por la ecuación (5.10) con la relación entre potencia P, voltaje V y corriente I:

$$P = VI. \tag{5.11}$$

Sustituyendo la ley de Ohm $V = RI$ en la ecuación (5.11) obtenemos:

$$P = I^2 R. \tag{5.12}$$

Se puede conseguir una segunda relación para la disipación de potencia sustituyendo la ley de Ohm en la forma $I = V/R$ en la ecuación (5.11), que produce:

$$P = \frac{V^2}{R}. \tag{5.13}$$

Las ecuaciones (5.12) y (5.13) son útiles para encontrar la disipación de potencia del elemento resistivo de un circuito cuando se conocen la resistencia y la corriente o el voltaje.

APLICACIÓN

Determinación del tamaño de una resistencia para un circuito de suministro de potencia

Existen resistencias en una variedad de valores de ohms y valores nominales de potencia. El valor nominal de potencia es el número máximo de watts de potencia eléctrica absorbida que la resistencia es capaz de disipar como calor. Si se utiliza una resistencia en un circuito donde la potencia real excede la potencia nominal especificada por el proveedor de la resistencia, ésta se sobrecalentará. La resistencia es una función de la temperatura, por lo que si se sobrecalienta, su valor puede variar de manera significativa, alterando así las características eléctricas del circuito. En casos extremos, una resistencia sobrecalentada puede incluso provocar una falla completa del dispositivo y tal vez fuego. Es común que el tamaño físico de las resistencias sea un indicador de su valor nominal de potencia. Las grandes tienen una superficie con un área grande y por tanto son capaces de transferir más calor a los alrededores. Algunas tienen crestas o aletas para aumentar el área de su superficie, mientras que otras, para minimizar la temperatura de la resistencia, tienen sumideros de calor integrados, o elementos para montar sumideros de calor. A las grandes resistencias diseñadas para aplicaciones de alta potencia se les llama *resistencias de potencia*. En la figura 5.15 se ilustra una resistencia de potencia característica montada en una armadura.

Suponga que estamos diseñando un circuito de alimentación de potencia. Nuestro diseño demanda una resistencia que transmita una corriente directa de 800 mA y que tenga una caída de voltaje de 24 V. ¿Cuál es el valor de la resistencia? ¿Qué valor nominal de potencia debe tener? La resistencia se puede calcular mediante la ley de Ohm,

$$R = \frac{V}{I}$$
$$= \frac{24\ \text{V}}{0.800\ \text{A}} = 30\ \Omega.$$

Figura 5.15
Resistencia de
potencia.

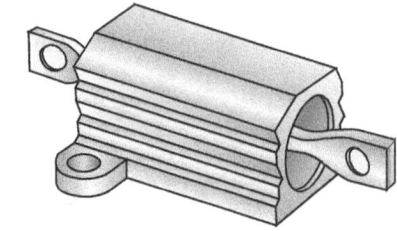

La potencia absorbida por la resistencia se puede encontrar con las ecuaciones (5.12) o (5.13). Calculémosla utilizando ambas ecuaciones para verificar que obtenemos el mismo resultado. Con la ecuación (5.12) tenemos:

$$P = I^2 R$$
$$= (0.800\ \text{A})^2 (30\ \Omega) = 19.2\ \text{W}.$$

Con la ecuación (5.13) tenemos:

$$R = \frac{V^2}{R}$$
$$= \frac{(24\ \text{V})^2}{30\ \Omega} = 19.2\ \text{W}.$$

De ahí que necesitemos una resistencia de potencia con un valor de 30 Ω que debe ser capaz de disipar 19.2 W de potencia. Resulta que 30 Ω es un valor común para las resistencias de potencia de muchos proveedores, pero ¿podemos comprar una resistencia con un valor nominal de potencia de 19.2 W? Sólo existen resistencias en ciertos tamaños y por tanto sólo en ciertos valores nominales de potencia. Un proveedor tiene resistencias de potencia con valores nominales de 5, 10, 15 y 25 W. El de 15 W es muy bajo, por lo que elegimos una resistencia de 25 W aunque maneje más potencia que la del valor de diseño. Los 5.8 W adicionales se pueden considerar como un "factor de seguridad" para la resistencia.

¡Practique!

1. Una resistencia de carbón de 100 Ω tiene un voltaje de 12 V en sus extremos. ¿Cuál es la corriente? ¿Cuánta potencia disipa la resistencia?
   Respuesta: 120 mA, 1.44 W.

2. El diseño de un circuito demanda una resistencia que produzca una caída de voltaje de 15 V donde la corriente es de 200 mA. ¿Cuánta potencia disipa la resistencia? ¿Qué resistencia se requiere?
   Respuesta: 3.0 W, 75 Ω.

3. Un calentador portátil de aire forzado de 1320 W funciona con un voltaje residencial estándar de 110 V. El elemento calefactor es un listón de *nichrome* que cruza frente a una placa de metal pulido. ¿Cuál es la corriente consumida por el calentador? ¿Cuál es la resistencia del elemento calefactor de *nichrome*?
   Respuesta: 12.0 A, 9.17 Ω.

4. Dos resistencias de 75 Ω conectadas en paralelo disipan 2.5 W cada una. ¿Cuál es el voltaje en sus extremos? ¿Cuál es la corriente en cada resistencia?
   Respuesta: 13.7 V, 183 mA.

5.6 CIRCUITOS DE CD SIMPLES

En cualquier materia aprendemos estudiando primero los principios básicos y después avanzamos hacia conceptos más complejos. El estudio de los circuitos eléctricos funciona de la misma manera. Quienes comienzan a estudiar ingeniería primero deben adquirir un entendimiento sólido de los fundamentos antes de proceder con materiales más avanzados. De ahí que esta sección aborde algunos conceptos básicos de circuitos. Ya que en los circuitos de CA la corriente cambia, su análisis puede ser bastante complejo. Por tanto, concentraremos nuestra atención en los circuitos de CD. Un circuito eléctrico simple consiste en dos o más dispositivos eléctricos interconectados mediante conductores. Muchos circuitos eléctricos incluyen numerosos tipos de dispositivos eléctricos, como resistencias, capacitores, inductores, diodos, transistores, transformadores, baterías, lámparas, fusibles, interruptores y motores. Ya que la resistencia es el dispositivo más común de los circuitos y su análisis es el más directo, nuestra cobertura se limita a los circuitos resistivos (es decir, los que tienen resistencias como único elemento de circuito distinto de una fuente de voltaje constante, como una batería).

Considere el circuito eléctrico para una linterna doméstica común. Como se muestra en la figura 5.16(*a*), la linterna básica contiene dos pilas secas de 1.5 V, una lámpara y un interruptor. Normalmente el conductor que interconecta estos dispositivos es una cinta metálica que ayuda a sostener las baterías en su lugar y que sirve como miembro resorte en el mecanismo del interruptor. Cuando éste se cierra, una corriente directa fluye en un lazo cerrado a través de las pilas secas, el interruptor y el filamento de la lámpara. Ya que las pilas secas están conectadas en serie, se suman los voltajes de cada una proporcionando un voltaje total de 3 V. Con base en una norma arbitraria seleccionada, la dirección del flujo de corriente convencional es *de* la terminal positiva de la fuente de voltaje al circuito externo. En la figura 5.16(*b*) se muestra el diagrama eléctrico esquemático que representa el circuito de la linterna. Un **diagrama esquemático** es *una representación simbólica de los dispositivos e interconexiones en el circuito*. Se puede considerar con cierta libertad como el equivalente eléctrico del diagrama de cuerpo libre de la mecánica, el cual muestra de manera esquemática un sistema mecánico con todas las fuerzas externas que actúan sobre él, así como otras características físicas del sistema. Para los ingenieros mecánico y civil, el diagrama de cuer-

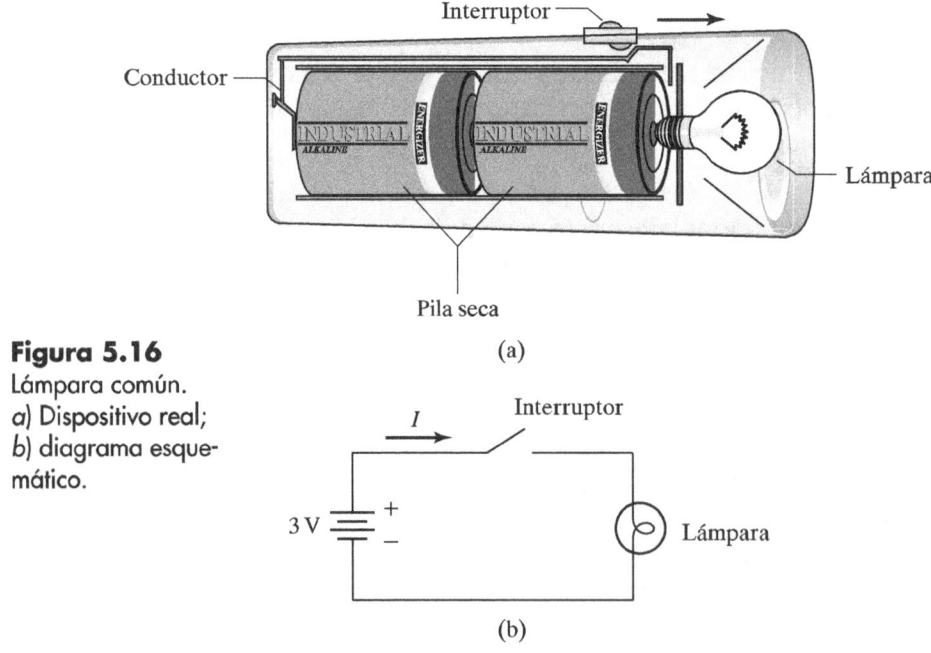

Figura 5.16
Lámpara común.
a) Dispositivo real;
b) diagrama esquemático.

po libre es una herramienta analítica indispensable. De igual modo, el diagrama esquemático es una herramienta indispensable para el ingeniero eléctrico, ya que muestra cómo están interconectados todos los dispositivos eléctricos y sus valores numéricos. Por ejemplo, un diagrama esquemático que consta de una fuente de voltaje, una resistencia, un capacitor y un inductor mostraría cómo se interconectan estos elementos de circuito e indicaría la diferencia de potencial de la fuente de voltaje en volts (V), el valor de la resistencia en ohms (Ω), la capacitancia del capacitor en farads (F) y la inductancia del inductor en henrys (H). El diagrama esquemático contiene toda la información pertinente que un ingeniero necesita para evaluar las funciones eléctricas del circuito.

Cada dispositivo eléctrico (elemento de circuito) tiene un símbolo esquemático único. En la figura 5.17 se ilustran los símbolos esquemáticos para unos cuantos elementos comunes de circuitos. Al examinarlos en la figura, notamos que estos símbolos reflejan las características eléctricas o mecánicas del dispositivo eléctrico real. El de una batería, por ejemplo, es una serie de líneas cortas paralelas de longitudes alternadas. Las baterías consisten en al menos dos elementos o terminales, uno positivo y el otro negativo, separados por una sustancia que participa en una reacción química. El símbolo esquemático para una

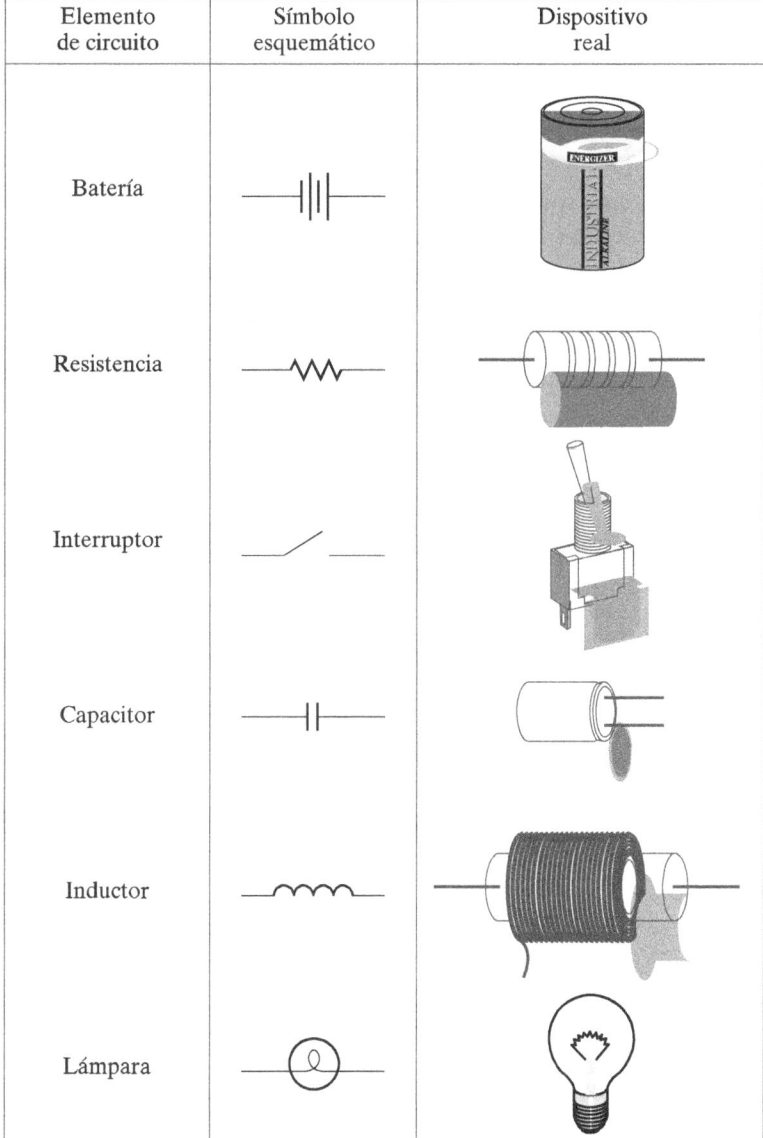

Elemento de circuito	Símbolo esquemático	Dispositivo real
Batería		
Resistencia		
Interruptor		
Capacitor		
Inductor		
Lámpara		

Figura 5.17
Elementos comunes de circuito y sus símbolos esquemáticos.

resistencia es una línea en zigzag. Las resistencias retardan el flujo de corriente a través de ellas, por lo que se utiliza una línea de este tipo, indicativa de una trayectoria eléctrica impedida. Un interruptor es una "compuerta" eléctrica que se encuentra abierta o cerrada, permitiendo o no el flujo de la corriente. Los capacitores consisten en dos placas separadas por un material dieléctrico (no conductor). Los inductores son bobinas de alambre enrollado alrededor de un núcleo. El elemento principal de las lámparas es un filamento en el cual una porción de la energía eléctrica absorbida se convierte en luz visible. Obviamente, existen otros muchos dispositivos utilizados en los circuitos eléctricos que los mostrados en la figura 5.17. Durante el curso del programa de ingeniería eléctrica, el estudiante se familiarizará con numerosos dispositivos y sus correspondientes símbolos esquemáticos.

Los elementos de circuito se clasifican de manera amplia en dos categorías: *activos* y *pasivos*. Un elemento de circuito activo es un dispositivo que *suministra* energía a un circuito externo. Ejemplos comunes de ellos son las baterías y los generadores. Un elemento de circuito pasivo, en tanto, es cualquier dispositivo que no sea activo. Las resistencias, capacitores e inductores son ejemplos comunes de elementos pasivos. A los dos tipos más importantes de elementos de circuito activos se les conoce como **fuente independiente de voltaje** y **fuente independiente de corriente**. La primera es un elemento de circuito con dos terminales, como una batería o un generador, que mantiene un voltaje específico entre sus terminales. El voltaje es independiente de la corriente a través del elemento. Ya que esto es así, la resistencia *interna* de la fuente independiente de voltaje es cero. Las fuentes reales de voltaje como las baterías no tienen una resistencia interna cero, pero se puede despreciar si la resistencia del circuito externo es grande. Por tanto, la fuente independiente de voltaje es una idealización que simplifica el análisis de circuitos. En la figura 5.18(*a*) se ilustra el símbolo esquemático de esta fuente. Una fuente independiente de corriente, por su parte, es un elemento de circuito de dos terminales a través del cual fluye una corriente específica. La corriente es independiente del voltaje en los extremos del elemento, de ahí que, al igual que la fuente independiente de voltaje, la fuente independiente de corriente también sea una idealización. En la figura 5.18(*b*) se muestra el símbolo esquemático para esta fuente.

Figura 5.18
Símbolos esquemáticos para: *a*) fuente independiente de voltaje, y *b*) fuente independiente de corriente.

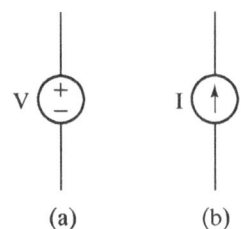

En los siguientes dos ejemplos demostramos cómo analizar circuitos simples de CD utilizando la ley de Ohm y otras relaciones eléctricas fundamentales. Se trabaja en detalle cada ejemplo siguiendo el procedimiento de: 1) definición del problema; 2) diagrama; 3) supuestos; 4) ecuaciones determinantes; 5) cálculos; 6) verificación de la solución, y 7) comentarios.

EJEMPLO 5.3

Definición del problema
El circuito de CD que se muestra en la figura 5.19 consiste en una fuente independiente de voltaje de 10 V conectada a dos resistencias en serie. Encuentre: *a*) la corriente; *b*) el voltaje en los extremos de cada resistencia, y *c*) la potencia disipada por cada resistencia.

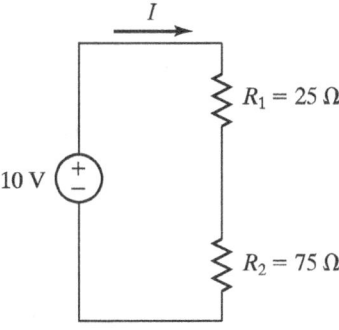

Figura 5.19
Circuito de CD para
el ejemplo 5.3.

Diagrama
El diagrama para este problema se esquematiza en la figura 5.19.

Supuestos
1. La fuente de voltaje es ideal.
2. La resistencia de los cables de conexión es despreciable.
3. El valor de las resistencias es constante.

Ecuaciones determinantes
Se necesitan tres ecuaciones para resolver este problema. Existen dos resistencias en el circuito, por lo que necesitamos una fórmula para la resistencia total. También necesitamos la ley de Ohm y una relación para la disipación de potencia. Las tres ecuaciones son:

$$R_t = R_1 + R_2$$
$$V = IR$$
$$P = I^2R$$

Cálculos
a) Todos los elementos de este circuito simple de CD, fuente de voltaje y resistencias están conectados en serie, por lo que la corriente a través de ellos es la misma. La resistencia total se encuentra sumando los valores de cada resistencia y utilizando después la ley de Ohm para calcular la corriente. La resistencia total es:

$$R_t = R_1 + R_2$$
$$= 25\ \Omega + 75\ \Omega = 100\ \Omega$$

En realidad hemos combinado dos resistencias en una sola resistencia equivalente. El voltaje en los extremos de esta resistencia equivalente es 10 V. La corriente se determina utilizando la ley de Ohm:

$$I = \frac{V}{R_t}$$
$$= \frac{10\ \text{V}}{100\ \Omega} = 0.1\ \text{A} = \underline{100\ \text{mA}}$$

b) Ahora que se conoce la corriente, se puede calcular el voltaje en los extremos de cada resistencia. Nuevamente utilizamos la ley de Ohm:

$$V_1 = IR_1$$
$$= (0.1\ \text{A})(25\ \Omega) = \underline{2.5\ \text{V}}$$

171

$$V_2 = IR_2$$
$$= (0.1 \text{ A})(75 \ \Omega) = \underline{7.5 \text{ V}}.$$

c) La potencia disipada como calor por cada resistencia es:

$$P_1 = I^2R_1$$
$$= (0.1 \text{ A})^2(25 \ \Omega) = \underline{0.25 \text{ W}}$$
$$P_2 = I^2R_2$$
$$= (0.1 \text{ A})^2(75 \ \Omega) = \underline{0.75 \text{ W}}.$$

Verificación de la solución
Después de una cuidadosa revisión de nuestra solución, no se encontraron errores.

Comentarios
Se observa que las resistencias R_1 y R_2 disipan tanto las mismas fracciones de la potencia total como sus fracciones de la resistencia total: 25 por ciento y 75 por ciento, respectivamente. Observe también que la suma de los voltajes en los extremos de las resistencias es igual al voltaje de la fuente independiente de voltaje, y que el voltaje en los extremos de cada resistencia es proporcional a su valor de resistencia. A este tipo de circuito de resistencias se le conoce como *divisor de voltaje*, porque divide el voltaje total en dos o más voltajes específicos.

EJEMPLO 5.4

Definición del problema
El circuito de CD mostrado en la figura 5.20 consiste en una fuente independiente de corriente de 200 mA conectada a dos resistencias en paralelo. Encuentre el voltaje en los extremos de las resistencias y la corriente en cada una de ellas.

Diagrama
El diagrama para este problema se muestra en la figura 5.20.

Supuestos
1. La fuente de corriente es ideal.
2. La resistencia de los cables de conexión es despreciable.
3. Los valores de las resistencias son constantes.

Ecuaciones determinantes
Se necesitan dos ecuaciones para resolver este problema. Existen dos resistencias en el circuito, por lo que necesitamos una fórmula para la resistencia total y también necesitamos la ley de Ohm. Estas ecuaciones son:

Figura 5.20
Circuito de CD para
el ejemplo 5.4.

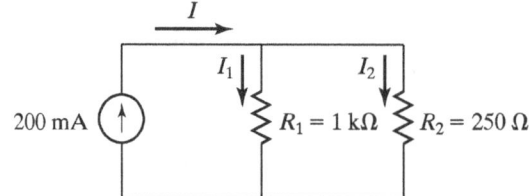

172

$$\frac{1}{R_t} = \frac{1}{R_1} + \frac{1}{R_2}$$
$$V = IR.$$

Cálculos

Todos los elementos de este circuito simple de CD, fuente de corriente y resistencias están conectados en paralelo, por lo que el voltaje en los extremos de cada uno de ellos es el mismo. Podemos calcular el voltaje en los extremos de las resistencias encontrando la resistencia total. Dos resistencias conectadas en paralelo se suman de acuerdo con la fórmula:

$$\frac{1}{R_t} = \frac{1}{R_1} + \frac{1}{R_2}$$

$$= \frac{1}{1000\ \Omega} + \frac{1}{250\ \Omega} = 0.005\ \Omega^{-1}.$$

Invirtiendo para obtener la resistencia total R_t, tenemos:

$$R_t = \frac{1}{0.005\ \Omega^{-1}} = 200\ \Omega.$$

Si utilizamos la ley de Ohm encontramos que el voltaje en los extremos de las resistencias es:

$$V = IR_t$$

$$= (0.2\ \text{A})(200\ \Omega) = \underline{40\ \text{V}}.$$

Examine con cuidado el circuito. Cuando la corriente de 200 mA llega a la conexión de la primera resistencia R_1, parte de la corriente fluye dentro de R_1 y el resto dentro de R_2. De ahí que la corriente total I se "divide" de alguna manera entre las dos resistencias. La corriente en cada resistencia se puede calcular aplicando la ley de Ohm para cada una de ellas. Por tanto:

$$I_1 = \frac{V}{R_1}$$

$$= \frac{40\ \text{V}}{1000\ \Omega} = 0.040\ \text{A} = \underline{40\ \text{mA}}$$

$$I_2 = \frac{V}{R_2}$$

$$= \frac{40\ \text{V}}{250\ \Omega} = 0.160\ \text{A} = \underline{160\ \text{mA}}.$$

Verificación de la solución

Después de una cuidadosa revisión de nuestra solución, no se encontraron errores.

Comentarios

La corriente total de 200 mA es igual a la suma de las corrientes en las resistencias R_1 y R_2: 40 y 160 mA, respectivamente. Es importante observar que las corrientes en R_1 y R_2 son inversamente proporcionales a los valores de las resistencias. La resistencia R_1 es mayor que R_2, por lo que tiene una corriente menor. La mayor parte de la corriente pasa por R_2, porque "prefiere" tomar el camino de la menor resistencia. La resistencia de R_2 es la cuarta parte de la resistencia de R_1, por lo que la corriente en R_1 es un cuarto de la corriente en R_2. A este tipo de circuito de resistencias se le conoce como *divisor de corriente*, porque divide la corriente total en dos o más corrientes específicas.

¡Practique!

1. Para el circuito de resistencias mostrado, encuentre: *a*) la corriente; *b*) el voltaje en los extremos de cada resistencia, y *c*) el poder disipado por cada resistencia.
   Respuesta: a) 250 mA; *b*) 25 V, 5.0 V, 20 V; *c*) 6.25 W, 1.25 W, 5.0 W.

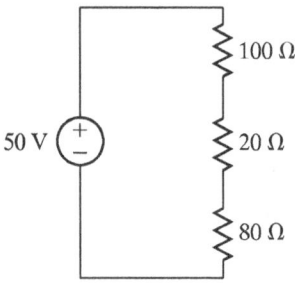

2. Para el circuito de resistencias mostrado, encuentre la corriente en cada resistencia y el voltaje en los extremos de cada una de ellas.
   Respuesta: 20 mA, 80 mA; 15.0 V, 4.0 V, 1.0 V, 18.0 V, 2.0 V.

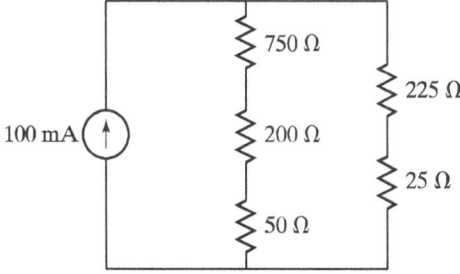

5.7 LEYES DE KIRCHHOFF

La ley de Ohm $V = IR$ es un principio poderoso y fundamental para calcular la corriente, el voltaje y la potencia asociada con una simple resistencia, o una simple combinación de resistencias. Sin embargo, esta sola ley no basta para analizar la mayoría de los circuitos simples de CD. Además de la ley de Ohm, se requieren dos leyes adicionales establecidas por el físico alemán Gustav Kirchhoff (1824-1887), a las cuales se les conoce como **ley de la corriente de Kirchhoff** (**KCL**, por sus siglas en inglés) y **ley del voltaje de Kirchhoff** (**KVL**, por sus siglas en inglés). Consideremos primero la ley de la corriente de Kirchhoff, para la cual, en adelante, utilizaremos la abreviatura KCL.

5.7.1 Ley de la corriente de Kirchhoff (KCL)

Esta ley establece que *la suma algebraica de las corrientes que entran a un nodo es cero*. Para entender el significado físico de la KCL, primero debemos entender qué es un *nodo*. Un circuito eléctrico consiste en elementos de circuitos (es decir, resistencias, capacitores, inductores, etc.) interconectados mediante conductores. Un nodo se define como un *punto de conexión de dos o más elementos de circuito*. El nodo real puede o no ser un "punto" físico donde se juntan los conductores de dos o más elementos de circuito, sino más bien una región general en la que todos los puntos del conductor son eléctricamente equivalentes. Considere el circuito mostrado en la figura 5.21(*a*).

El nodo 1 no es un simple punto, sino una colección de puntos, indicada por la región sombreada en cualquier lugar a lo largo del conductor que conecta la fuente independiente de voltaje a la resistencia R_1. Uno puede verse tentado a definir dos nodos separados, uno en el punto O y otro en el punto P, pero los puntos O y P son eléctricamente idénticos, ya que están unidos por conductores, no por elementos de circuito. De ahí que *toda* la región sombreada que rodea los puntos O y P es un nodo. De manera similar, el nodo 3 es *toda* la región sombreada mostrada, porque todos los puntos en los conductores en esta región son eléctricamente idénticos. La comprensión del concepto de *nodo* se puede facilitar dibujando otra vez el diagrama esquemático de diferente manera, como se muestra en la figura 5.21(*b*). Las longitudes de los conductores se han "contraído" y los extremos de los elementos de circuitos se han unido en puntos comunes, que son los nodos del circuito.

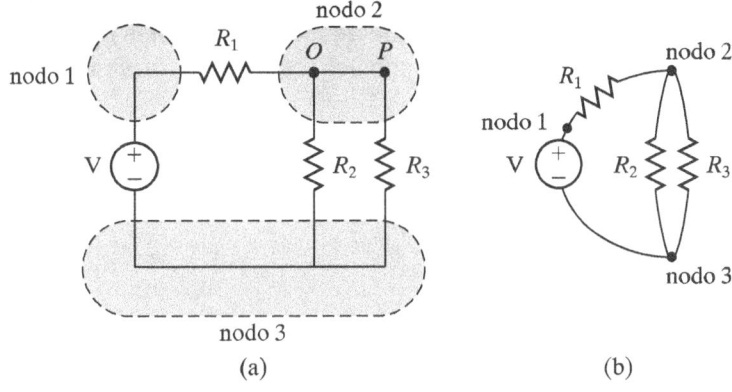

Figura 5.21
Un circuito con tres nodos. *a*) Diagrama esquemático normal; *b*) diagrama esquemático dibujado nuevamente para enfatizar que sólo existen tres nodos.

Habiendo proporcionado una definición verbal de la KCL y conceptualizado el término *nodo*, ahora estamos listos para dar una definición matemática de esta ley, cuya expresión matemática es:

$$\Sigma I_{in} = 0 \text{ en un nodo} \tag{5.14}$$

donde I_{in} es una corriente simple que entra a, o sale de, un nodo específico. Si la corriente entra al nodo, I_{in} es positiva, mientras que si lo abandona, I_{in} es negativa. Considere el nodo mostrado en la figura 5.22. Existen cinco corrientes que entran al, o abandonan, el nodo. La ley de la corriente de Kirchhoff para esta configuración se escribe como:

$$\Sigma I_{in} = 0$$
$$= I_1 + I_2 - I_3 + I_4 - I_5$$

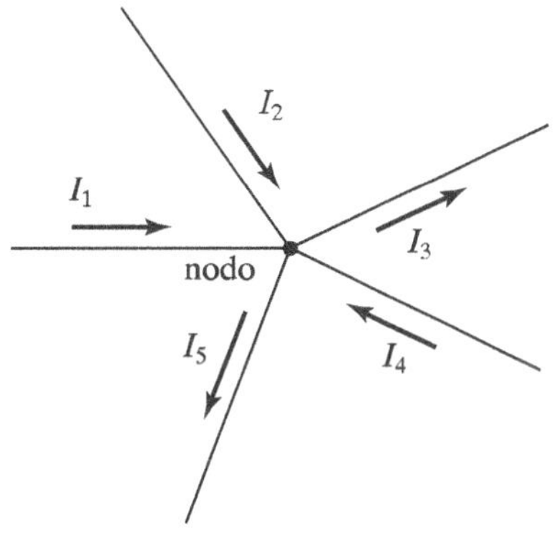

Figura 5.22
Un nodo con cinco corrientes: tres entran y dos salen.

175

donde los signos menos se utilizan para las corrientes I_3 e I_5, porque salen del nodo. La conservación de la carga en un conductor perfecto es el principio físico en el que se basa la KCL. Suponga que se sustituyera el lado derecho de la ecuación (5.14) por una constante Δ diferente de cero. Un valor positivo de Δ implicaría que el nodo acumula cargas, y un valor negativo de Δ implicaría que el nodo es una fuente de cargas. Un nodo consiste de conductores perfectos y por tanto no puede acumular o generar cargas. Otra forma de decir esto es que cualquier corriente que entre al nodo, debe abandonarlo.

5.7.2 Ley del voltaje de Kirchhoff (KVL)

La ley del voltaje de Kirchhoff, que en adelante abreviaremos como KVL, establece que *la suma algebraica de los voltajes a lo largo de un lazo es cero*. La forma matemática de la KVL es:

$$\Sigma V = 0 \text{ a lo largo de un lazo} \tag{5.15}$$

Un lazo se define como una *trayectoria cerrada en un circuito*. La ley del voltaje de Kirchhoff se aplica a cualquier lazo cerrado, independientemente del número de elementos de circuito que contenga. Considere el circuito simple en serie que se muestra en la figura 5.23. Se conecta una fuente de voltaje ideal de 10 V en series con dos resistencias formando un lazo cerrado. La KVL para este circuito se escribe como:

$$\Sigma V = 0$$
$$= +10 - V_1 - V_2$$

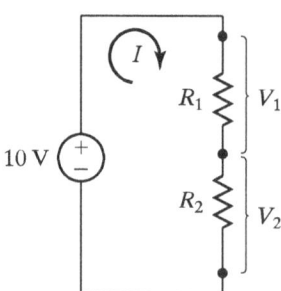

Figura 5.23
Para este circuito, la ley del voltaje de Kirchhoff establece que $\Sigma V = 0 = 10 - V_1 - V_2$.

donde V_1 y V_2 son los voltajes a través de las resistencias R_1 y R_2, respectivamente. Los signos negativos de los voltajes significan que el voltaje *cae* conforme procedemos a lo largo del lazo en el sentido de las manecillas del reloj, siguiendo la dirección de la corriente convencional. El voltaje en los extremos de la fuente ideal de voltaje es de 10 V. Una parte cae a través de la resistencia R_1 y el resto a través de la resistencia R_2, llevando la caída total de voltaje a 10 V. Estableciéndolo de otra manera, las elevaciones de voltaje igualan las caídas, por lo que la KVL también se puede escribir como $V_1 + V_2 = 10$. Alternativamente, podemos proceder a lo largo del lazo en sentido contrario a las manecillas del reloj, en cuyo caso cambian los signos de todos los voltajes, y la KVL se expresa como:

$$\Sigma V = 0$$
$$= -10 + V_1 + V_2.$$

Independientemente de qué dirección se utilice, se obtiene el mismo resultado; es decir, la suma de los voltajes en los extremos de las resistencias es igual al voltaje de la fuente independiente de voltaje.

En el siguiente ejemplo, utilizando la KCL y la KVL, demostramos cómo analizar un circuito simple de CD. El ejemplo se desarrolla en detalle con el procedimiento general de análisis de: 1) definición del problema; 2) diagrama; 3) supuestos; 4) ecuaciones determinantes; 5) cálculos; 6) verificación de la solución, y 7) comentarios.

EJEMPLO 5.5

Definición del problema

Para el circuito de CD mostrado en la figura 5.24, encuentre el voltaje en los extremos de cada resistencia y la corriente a través de cada una de ellas.

Diagrama

El diagrama para este problema se esquematiza en la figura 5.24.

Supuestos

1. La fuente de voltaje es ideal.
2. La resistencia de los cables de conexión es despreciable.
3. Los valores de las resistencias son constantes.

Ecuaciones determinantes

Se necesitan tres ecuaciones para resolver este problema.

$$\Sigma I_{in} = 0 \qquad \text{(KCL)}$$
$$\Sigma V = 0 \qquad \text{(KVL)}$$
$$V = IR \qquad \text{(Ley de Ohm)}.$$

Cálculos

Nombramos la corriente a través de la fuente ideal de voltaje y la resistencia R_1 como I_1. En el nodo 1 la corriente se divide en dos corrientes que fluyen a través de las resistencias R_2 y R_3. Aplicando la KCL al nodo 1 tenemos:

$$\Sigma I_{in} = 0$$
$$= I_1 - I_2 - I_3.$$

Invocando la ley de Ohm podemos rescribir la relación como:

$$\frac{V_1}{R_1} = \frac{V_2}{R_2} + \frac{V_3}{R_3}.$$

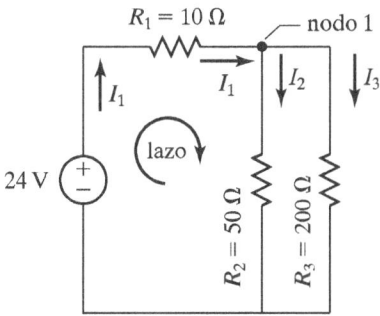

Figura 5.24
Circuito para el ejemplo 5.5.

Las resistencias R_2 y R_3 están conectadas en paralelo, por lo que el voltaje en los extremos de ambas es el mismo. Ya que $V_2 = V_3$, podemos simplificar más la relación KCL como:

$$\frac{V_1}{R_1} = V_2\left(\frac{1}{R_2} + \frac{1}{R_3}\right). \tag{a}$$

La ley del voltaje de Kirchhoff, escrita para el lazo que contiene la fuente de voltaje, así como R_1 y R_2 es:

$$\Sigma V = 0$$
$$= 24 - V_1 - V_2 \tag{b}$$

Resolviendo la ecuación (b) para V_1 y sustituyendo el resultado en la ecuación (a) obtenemos una relación sólo en términos de V_2. Por tanto tenemos:

$$\frac{24 - V_2}{R_1} = V_2\left(\frac{1}{R_2} + \frac{1}{R_3}\right). \tag{c}$$

Después de un poco de álgebra, resolvemos la ecuación (c) para V_2 y obtenemos:

$$V_2 = V_3 = \underline{\underline{19.2\ \text{V}}}.$$

Para encontrar el voltaje en los extremos de la resistencia R_1 sustituimos el valor calculado para V_2 en la ecuación (c), lo que nos da:

$$V_1 = 24 - V_2$$
$$= 24\ \text{V} - 19.2\ \text{V} = \underline{\underline{4.8\ \text{V}}}.$$

Ahora que se han calculado todos los voltajes, se puede calcular directamente la corriente en cada resistencia utilizando la ley de Ohm:

$$I_1 = \frac{V_1}{R_1} = \frac{4.8\ \text{V}}{10\ \Omega} = 0.48\ \text{A} = \underline{\underline{480\ \text{mA}}}.$$

$$I_2 = \frac{V_2}{R_2} = \frac{19.2\ \text{V}}{50\ \Omega} = 0.384\ \text{A} = \underline{\underline{384\ \text{mA}}}.$$

$$I_3 = \frac{V_3}{R_3} = \frac{19.2\ \text{V}}{200\ \Omega} = 0.096\ \text{A} = \underline{\underline{96\ \text{mA}}}.$$

Verificación de la solución

Después de una cuidadosa revisión de nuestra solución, no se encontraron errores. Vemos que la suma de los voltajes en los extremos de las resistencias es igual al voltaje de la fuente constante de voltaje.

Comentarios

La corriente total I_1 que fluye a través de la fuente ideal de voltaje y de la resistencia R_1 se puede encontrar calculando primero la resistencia total y utilizando después la ley de

Ohm. Las resistencias R_2 y R_3 se suman en paralelo y esa resistencia se suma en serie a R_1. Por tanto, la resistencia total es:

$$R_t = \cfrac{1}{\cfrac{1}{R_2} + \cfrac{1}{R_3}} + R_1$$

$$= \cfrac{1}{\cfrac{1}{50\ \Omega} + \cfrac{1}{200\ \Omega}} + 10\ \Omega = 50\ \Omega.$$

La corriente total I_1 es:

$$I_1 = \frac{V}{R_t}$$

$$= \frac{24\ V}{50\ \Omega} = 0.48\ A$$

que coincide con nuestro resultado anterior.

¡Practique!

1. Para el nodo mostrado en la siguiente figura, encuentre la corriente I_4. ¿La corriente I_4 entra o sale del nodo?
   Respuesta: 13 A, sale.

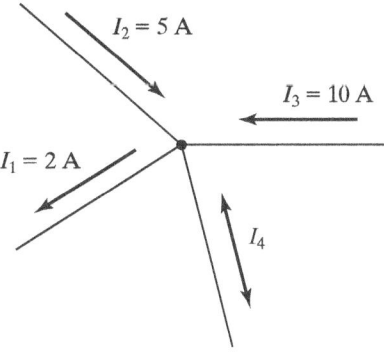

2. Para el circuito de CD mostrado en la siguiente figura, encuentre el voltaje y la corriente a través de cada resistencia.
   Respuesta: 8.077 V, 1.923 V, 1.923 V; 0.269 A, 0.0769 A, 0.1923 A.

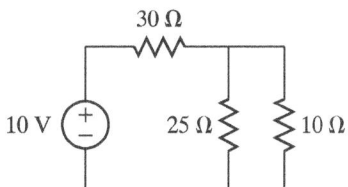

179

3. Para el circuito de CD mostrado en la siguiente figura, encuentre el voltaje y la corriente a través de cada resistencia.

Respuesta: 100 V, 7.69 V, 3.85 V, 11.55 V; 100 mA, 76.9 mA, 23.1 mA.

REFERENCIAS

Bird, J. O, *Electrical Circuit Theory and Technology*, 3a. ed., Butterworth-Heinemann, Boston, Massachussets, 2007.

Hayt, W. H, Kemmerly, J. y S. M. Durbin, *Engineering Circuit Analysis*, 7a. ed., McGraw-Hill, Nueva York, 2007.

Nilsson, J. W. y S. A. Riedel, *Electric Circuits*, 8a. ed., Prentice Hall, Upper Saddle River, Nueva Jersey, 2008.

Roadstrum, W. H. y D. H. Wolaver, *Electrical Engineering for All Engineers*, 2a. ed., John Wiley & Sons, Nueva York, 1993.

Smith, R. J. y R. C. Dorf, *Circuits, Devices and Systems*, 5a. ed., John Wiley & Sons, Nueva York, 1992.

PROBLEMAS

Carga y corriente eléctrica

5.1 El flujo de carga en un conductor varía con el tiempo de acuerdo con la función:

$$q(t) = (1 - 3e^{-kt}) \text{ C}.$$

Si $k = 0.1 \text{ s}^{-1}$, encuentre la corriente en $t = 5$ s. ¿Cuál es la corriente para valores muy grandes de tiempo?

5.2 Para un periodo de 1 s inmediatamente después de desactivar la potencia, la corriente en un dispositivo eléctrico varía con el tiempo de acuerdo con la función:

$$i(t) = 3t^{\frac{1}{2}} \text{ A}.$$

¿Cuántos coulombs pasan por el dispositivo durante los primeros 0.25 s? ¿Y en 0.75 s? ¿Cuál es la corriente en el momento en que se desconecta la potencia?

5.3 Después de desactivar la potencia, la corriente en un dispositivo eléctrico varía con el tiempo de acuerdo con la función:

$$i(t) = 4e^{-kt} \text{ A.}$$

Si $k = 0.075 \text{ s}^{-1}$, ¿cuántos coulombs habrán pasado por el dispositivo durante los primeros 2 s? ¿Cuál es la corriente en el momento en que se desactiva la potencia? ¿Cuál es la corriente mucho tiempo después de desactivar la potencia?

5.4 La corriente en un dispositivo varía con el tiempo de acuerdo con la función:

$$i(t) = 3e^{-t/\tau} \text{ A}$$

donde τ es la constante de tiempo. ¿Cuántas constantes de tiempo se requieren para que la corriente caiga a 250 mA? ¿Y a 10 mA?

Voltaje

5.5 Se conecta una lámpara incandescente miniatura a una batería para linterna de 12 V. Si la corriente que fluye a través del filamento de la lámpara es de 85 mA, ¿cuánta potencia absorbe la lámpara?

5.6 Un valor de potencia estándar para un bulbo de luz incandescente doméstico es de 60 W. ¿Cuál es la corriente a través del filamento de dicho bulbo si el voltaje es de 110 V? ¿Se convierte en luz visible toda la potencia eléctrica de 60 W?

5.7 El voltaje doméstico estándar en Estados Unidos es de 110 V. Cada circuito doméstico está protegido por un cortacircuitos, un dispositivo de seguridad diseñado para cortar el flujo de corriente en caso de una sobrecarga eléctrica. Un circuito particular debe proveer potencia a un tablero eléctrico de calefacción, luces y dos televisiones. Si la potencia total requerida para estos dispositivos es de 2.5 kW, ¿cuál es el amperaje mínimo requerido para el cortacircuitos?

5.8 Con base en un análisis del orden de magnitudes, estime la cantidad de energía eléctrica (J) utilizada por persona en Estados Unidos cada año. ¿Cuál es la potencia (W) correspondiente?

Resistencia

5.9 Un valor común de las resistencias de carbón es 33 Ω. ¿Cuántas resistencias de 33 Ω conectadas en paralelo se requieren para dar una resistencia total de 5.5 Ω?

5.10 Considere dos resistencias R_1 y R_2. La resistencia de R_1 es menor a la de R_2. Si ambas resistencias se conectan en paralelo, ¿cuál de las siguientes afirmaciones acerca de la resistencia total es verdadera?

A. La resistencia total es mayor que la resistencia de R_2.

B. La resistencia total se encuentra entre las resistencias de R_1 y R_2.

C. La resistencia total es menor que la resistencia de R_1.

5.11 Sin hacer cálculos, ¿cuál es la resistencia total aproximada de una resistencia de 10 Ω y una resistencia de 10 MΩ conectadas en paralelo?

5.12 Encuentre la resistencia total para el circuito de resistencias mostrado en la figura P5.12.

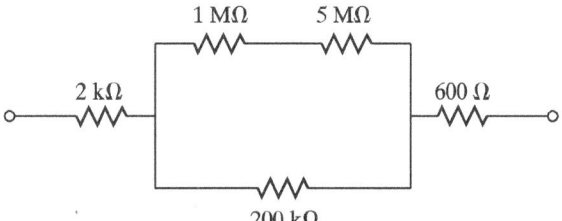

Figura P5.12

181

5.13 Encuentre la resistencia total para el circuito de resistencias mostrado en la figura P5.13.

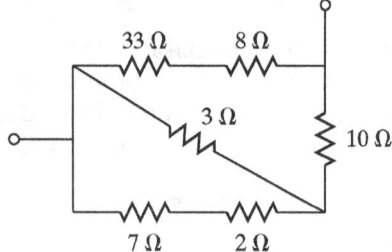

Figura P5.13

5.14 Encuentre la resistencia total para el circuito de resistencias mostrado en la figura P5.14.

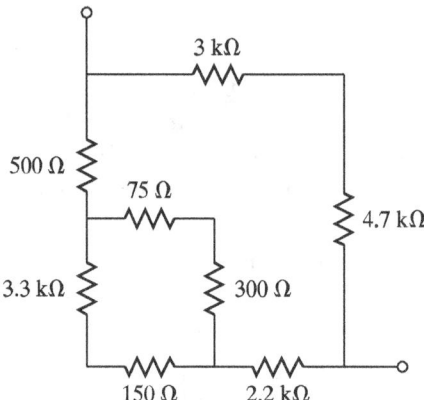

Figura P5.14

5.15 Encuentre la resistencia total para el circuito de resistencias mostrado en la figura P5.15.

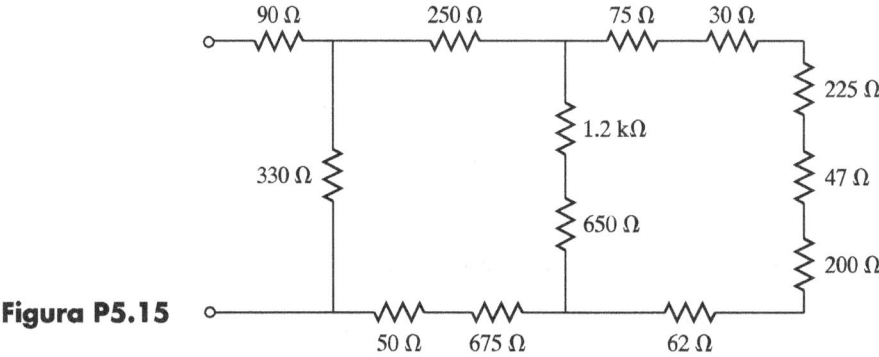

Figura P5.15

5.16 Para el circuito de resistencias mostrado en la figura P5.16, ¿qué valor debe tener la resistencia R_1 para dar una resistencia total de 100 Ω?

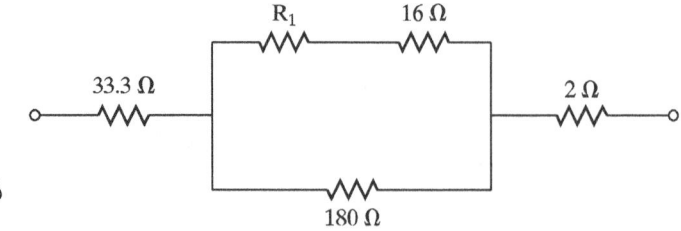

Figura P5.16

182

5.17 Para el circuito de resistencias mostrado en la figura P5.17, ¿qué valor debe tener la resistencia R_3 para dar una resistencia total de 500 Ω?

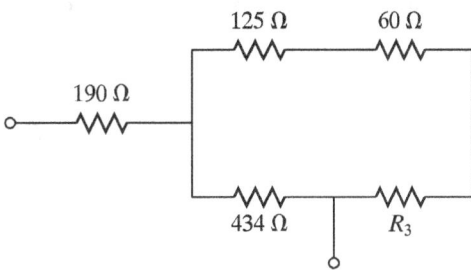

125 Ω   60 Ω

190 Ω

434 Ω R_3

Figura P5.17

Ley de Ohm

5.18 Las resistencias de precisión son aquellas cuyo valor se conoce con una tolerancia de ±1 por ciento, o menos. Por lo general, estas resistencias se utilizan en aplicaciones de *detección de corriente*, donde se conecta una resistencia de precisión con un valor muy bajo a un circuito donde se desea realizar una medición. Ya que la resistencia es muy baja, ésta no afecta de manera significativa los atributos eléctricos del circuito. La corriente se mide sin utilizar un amperímetro, sino colocando un voltímetro en los extremos de la resistencia. Al conocer el valor de la resistencia, la corriente se puede calcular fácilmente utilizando la ley de Ohm. Además, si el valor de la resistencia se selecciona de manera juiciosa, se puede hacer que el voltímetro lea la corriente de manera directa. Si el voltímetro lee la corriente directamente, ¿cuál debe ser el valor de la resistencia de precisión?

5.19 Una resistencia de potencia de 47 Ω transporta una corriente de 300 mA. ¿Cuál es el voltaje en los extremos de la resistencia? ¿Cuál es la disipación de potencia? Si existen resistencias de potencia con valores nominales de 1, 2, 5 y 10 W, ¿qué valor nominal de potencia probablemente deba seleccionarse?

5.20 Pida prestado un ohmímetro a su instructor o al departamento de ingeniería eléctrica de su escuela. Mida la resistencia de un bulbo de luz incandescente de 40 W. ¿Cuál es la resistencia? Si este tipo de bulbo funciona con 110 V, ¿cuál es la corriente a través del filamento? ¿La resistencia del bulbo es la misma del valor que midió cuando el filamento está caliente?

5.21 Una resistencia de 22 Ω con una tolerancia de ±5 por ciento transporta una corriente de 325 mA. ¿Cuál es el intervalo de la caída de voltaje en los extremos de la resistencia? ¿Cuál es el intervalo de disipación de potencia de la resistencia?

5.22 La resistencia de un alambre de cualquier tamaño se puede calcular utilizando la relación:

$$R = \frac{\rho L}{A}$$

donde R = resistencia (Ω), ρ = resistividad (Ω-cm), L = longitud del alambre (cm) y A = área de la sección transversal del alambre (cm^2). El alambre de *nichrome* tiene una resistividad de $\rho = 112\ \mu\Omega \cdot$ cm. Encuentre la resistencia de un alambre de *nichrome* de 10 m de largo, calibre 16 (diámetro = 1.291 mm). Si una corriente de 4 A fluye en el alambre, encuentre la caída de voltaje y la disipación de potencia.

Para los problemas 5.23 a 5.30, utilice el procedimiento general de análisis de: 1) definición del problema; 2) diagrama; 3) supuestos; 4) ecuaciones determinantes; 5) cálculos; 6) verificación de la solución, y 7) comentarios.

Circuitos simples de CD

5.23 Un circuito simple de CD consta de una fuente independiente de voltaje de 12 V y tres resistencias, como se muestra en la figura P5.23. Encuentre: *a*) la corriente; *b*) el voltaje de cada resistencia, y *c*) la potencia disipada por cada resistencia.

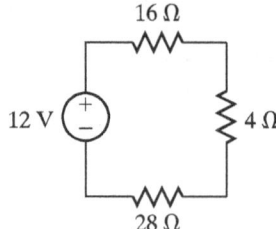

Figura P5.23

5.24 Cuatro resistencias se conectan en paralelo a una fuente independiente de corriente de 200 mA como se muestra en la figura P5.24. ¿Cuál es el voltaje de las resistencias y la corriente en cada una de ellas?

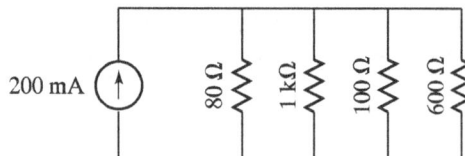

Figura P5.24

5.25 Dos resistencias de potencia, una resistencia constante de carbón de 130 Ω y una resistencia variable de alambre enrollado se conectan en serie con una fuente independiente de voltaje de 100 V, como se muestra en la figura P5.25. Una terminal de la resistencia variable es una corredera que pone en contacto los devanados de alambre al moverse sobre la resistencia. El valor máximo de la resistencia variable es de 1.5 kΩ. Si 30 por ciento de los devanados de la resistencia transporta corriente, encuentre: *a*) la corriente; *b*) el voltaje en la resistencia variable, y *c*) la potencia disipada por ambas resistencias.

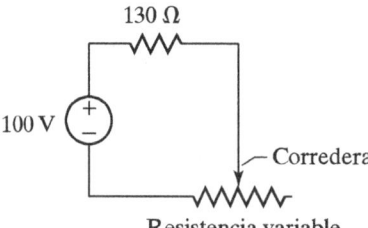

Figura P5.25

Leyes de Kirchhoff

5.26 Una fuente independiente de voltaje de 50 V suministra potencia a tres resistencias en el circuito de CD mostrado en la figura P5.26. Para cada resistencia, encuentre la caída de voltaje y la corriente.

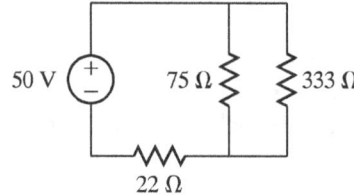

Figura P5.26

5.27 Para el circuito de CD mostrado en la figura P5.27, encuentre el voltaje y la corriente en cada resistencia.

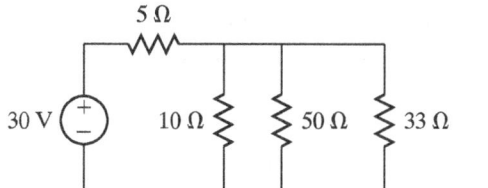

Figura P5.27

5.28 Para el circuito de CD mostrado en la figura P5.28, encuentre el voltaje y la corriente en cada resistencia. También determine la potencia disipada en las resistencias de 20 y 100 Ω.

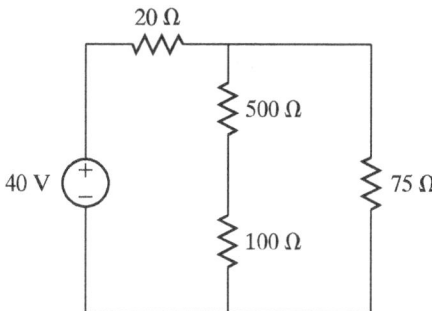

Figura P5.28

5.29 Para el circuito de CD mostrado en la figura P5.29, encuentre el voltaje y la corriente en cada resistencia.

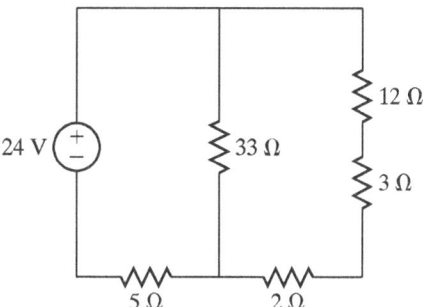

Figura P5.29

5.30 Para el circuito de CD mostrado en la figura P5.30, encuentre el voltaje y la corriente en cada resistencia.

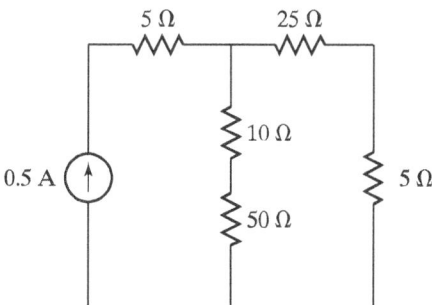

Figura P5.30

185

5.31 Para el circuito de CD mostrado en la figura P5.31, encuentre el voltaje y la corriente en cada resistencia. También determine la disipación de potencia en las resistencias de 2, 5 y 22 Ω.

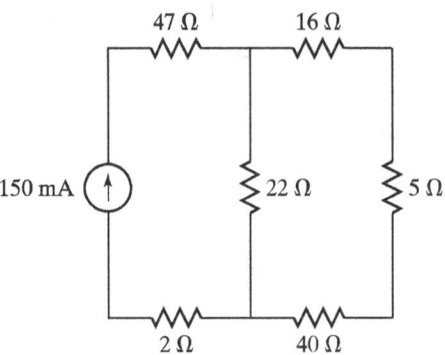

Figura P5.31

5.32 Para el circuito de CD mostrado en la figura P5.32, encuentre el voltaje y la corriente en cada resistencia.

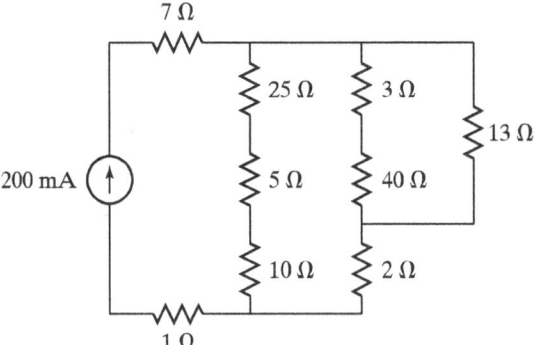

Figura P5.32

CAPÍTULO **6**

Termodinámica

6.1 INTRODUCCIÓN

Una de las materias más importantes en el estudio de la ingeniería es la termodinámica. Dado que los principios de la termodinámica se aplican en virtualmente todos los sistemas de ingeniería, muchas escuelas y universidades exigen que en todas las especialidades de ingeniería se tome cuando menos un curso de esta materia. Como disciplina específica de la ingeniería, la termodinámica entra en los ámbitos de las ingenierías mecánica y química, ya que los profesionales de estas especialidades tienen la responsabilidad fundamental de diseñar y analizar sistemas que se basan en la energía. Consistente con esta observación, se puede definir la **termodinámica** como *la ciencia de la transformación y uso de la energía*. Ésta es una definición muy amplia, por lo que no existe duda de que se extiende a todas las ramas de la ingeniería.

La palabra *termodinámica* proviene de los vocablos griegos *thermós* (calor) y *dynamiké* (potencia). Estas raíces son apropiadas, porque con frecuencia la termodinámica trata de sistemas que convierten calor en potencia. Esta ciencia describe cómo se convierte la energía de una forma a otra. Una de las leyes físicas más importantes es la **primera ley de la termodinámica**, que establece que la energía se puede convertir de una forma a otra, pero que la energía total permanece constante. Una frase popular sobre esta ley afirma que la energía no se puede crear ni destruir. Por ejemplo, una piedra colocada en la orilla de un risco tiene una energía potencial en virtud de su altura sobre el suelo, y al caer hacia éste aumenta su velocidad, convirtiendo así su energía potencial en cinética, pero la energía total es constante en cualquier punto. La termodinámica también es la ciencia que revela si una conversión dada de energía es físicamente posible o no. Este concepto se revela en la **segunda ley de la termodinámica**, que establece que las conversiones de energía ocurren en la dirección de degradación de ésta. Por ejemplo, una bebida caliente sobre una mesa se enfría eventualmente por sí misma a la temperatura ambiente, degradando así la energía de la bebida que está a alta temperatura, a una forma menos útil.

Es interesante notar que las máquinas de vapor se desarrollaran antes de que la termodinámica surgiera como ciencia. Dos ingleses, Thomas Savery y Thomas Newcomen, construyeron máquinas rudimentarias de vapor en 1697 y 1712, respectivamente. Las mejoras prácticas de estas primeras máquinas de vapor se realizaron en los años siguientes, pero los principios fundamentales de la termodinámica sobre los que se basaba su operación no se entendieron totalmente sino hasta mucho después. La primera y segunda leyes de la termodinámica se formularon hasta los años 1850. Las leyes de la termodinámica y otros conceptos de esta ciencia fueron expuestos inicialmente por científicos y matemáticos como Gabriel Fahrenheit (1686-1736), Sadi Carnot (1796-1832), Rudolph Clausius (1822-1888), William Rankine (1820-1872) y Lord Kelvin (1824-1907). Estos investigadores, y muchos otros, establecieron las bases teóricas de la termodinámica moderna.

Ya que ésta es la ciencia de la energía, sería difícil encontrar un sistema de ingeniería que no integrara principios termodinámicos de alguna forma. Estos principios trabajan a nuestro alrededor. La iluminación con la que está leyendo esta página se produce convirtiendo energía eléctrica en luz visible. Nuestros hogares se mantienen a temperaturas confortables para la vida mediante hornos, bombas de calor y acondicionadores de aire. Estos dispositivos utilizan la energía contenida en los combustibles fósiles o la energía eléctrica para calentar o enfriar nuestros hogares. Los electrodomésticos comunes, como lavavajillas, hornos de microondas, refrigeradores, humectantes, secadoras de ropa, tostadoras, calentadores de agua, planchas y ollas de presión basan su operación en los principios de la termodinámica. Los sistemas industriales que también los aplican incluyen los motores de combustión interna y de diesel, turbinas, bombas y compresores, cambiadores de calor, torres de enfriamiento y tableros solares, por nombrar sólo algunos. En las figuras 6.1, 6.2 y 6.3 se muestran algunos sistemas de ingeniería que utilizan procesos termodinámicos.

6.2 PRESIÓN Y TEMPERATURA

Ciertas características físicas pueden describir los sistemas que utilizan procesos termodinámicos en su operación. A cualquier característica de estos sistemas se le llama *propiedad*. En un contexto de ingeniería más amplio, una propiedad se puede referir a cualquier aspecto físico de un sistema, como longitud, densidad, velocidad, módulo de elasticidad y viscosidad. En termodinámica, por lo general, una propiedad se refiere a una característica

Figura 6.1
Los refrigeradores domésticos utilizan principios básicos de la termodinámica para retirar la energía térmica de los alimentos. (Cortesía de Kitchen-Aid, Benton Harbor, MI.)

Figura 6.2
Las turbinas de viento convierten la energía eólica en energía eléctrica. La planta que se muestra aquí es propiedad de Sacramento Municipal Utility District, entidad que la opera. (Cortesía del U.S. Department of Energy y el National Renewable Energy Laboratory.)

Figura 6.3
La planta de generación de energía Vogtle, localizada al este de Georgia, convierte energía nuclear en energía eléctrica. La planta es capaz de producir más de 2 000 MW de potencia. (Cortesía de Southern Nuclear, Birmingham, AL.)

que se relaciona directamente con la energía del sistema. Dos de las propiedades más importantes en la termodinámica son la *presión* y la *temperatura*.

6.2.1 Presión

Cuando un fluido (líquido o gas) se encuentra confinado por un límite sólido, ejerce una fuerza sobre éste. La dirección de la fuerza es normal (perpendicular) al límite. Desde el punto de vista microscópico, la fuerza es el resultado del cambio de momento que experimentan las moléculas del fluido al chocar con la superficie sólida. Las moléculas chocan

189

con la superficie en muchas direcciones, pero el efecto global de las colisiones es una fuerza neta que es normal a la superficie. La **presión** se define como la *fuerza normal ejercida por un fluido por unidad de área*. Por tanto, la fórmula para la presión es:

$$P = \frac{F}{A} \tag{6.1}$$

donde P es la presión, F es la fuerza normal y A es el área. Para un líquido en reposo, la presión aumenta con la profundidad a consecuencia del peso del líquido. Por ejemplo, la presión ejercida por el agua del mar a una profundidad de 200 m es mayor que la presión a una profundidad de 10 m. Sin embargo, la presión en un tanque que contiene gas es fundamentalmente constante, debido a que el peso del gas por lo general es despreciable si se compara con la fuerza requerida para comprimirlo. Por ejemplo, considere un gas contenido en un dispositivo de pistón y cilindro como se ilustra en la figura 6.4. Se aplica una fuerza F al pistón, que comprime el gas en el cilindro. Una presión constante, cuya magnitud está dada por la ecuación (6.1), actúa sobre *todas* las superficies internas del contenedor. Si la fuerza F aumenta, la presión P se incrementa en consecuencia.

La unidad de presión en el sistema SI es N/m^2, que se define como pascal (Pa); $1\ Pa = 1\ N/m^2$. El pascal es una unidad muy pequeña de presión, por lo que se acostumbra utilizar los múltiplos normales del sistema, kPa (kilopascal) y MPa (megapascal), que representan 10^3 y 10^6 Pa, respectivamente. Algunas veces la presión se expresa en términos del bar (1 bar $= 10^5$ Pa). La unidad de presión más utilizada en el sistema inglés es la libra fuerza por pulgada cuadrada (lb_f/in^2), que se abrevia psi (por sus siglas en inglés).

Al efectuar cálculos que comprenden la presión, debe tenerse cuidado de especificar la referencia sobre la cual se basa. A la presión referida al vacío perfecto se le denomina *presión absoluta* (P_{abs}). La *presión atmosférica* (P_{atm}) es aquella ejercida por la atmósfera en un lugar específico. A nivel del mar, la presión atmosférica normal se define como $P_{atm} = 101,325\ Pa = 14.696$ psi. A elevaciones mayores su magnitud es menor, debido a la densidad decreciente del aire. A la presión que utiliza como referencia la presión atmosférica se le llama *presión manométrica* ($P_{manométrica}$), la cual es la diferencia entre la presión absoluta y la presión atmosférica local. La mayoría de los instrumentos que se utilizan para cuantificarla, como el medidor de presión del aire de un neumático, miden presión manométrica. A la presión inferior a la presión atmosférica se le llama *presión de vacío* (P_{vac}). Ésta se mide con medidores de vacío que indican la diferencia entre la pre

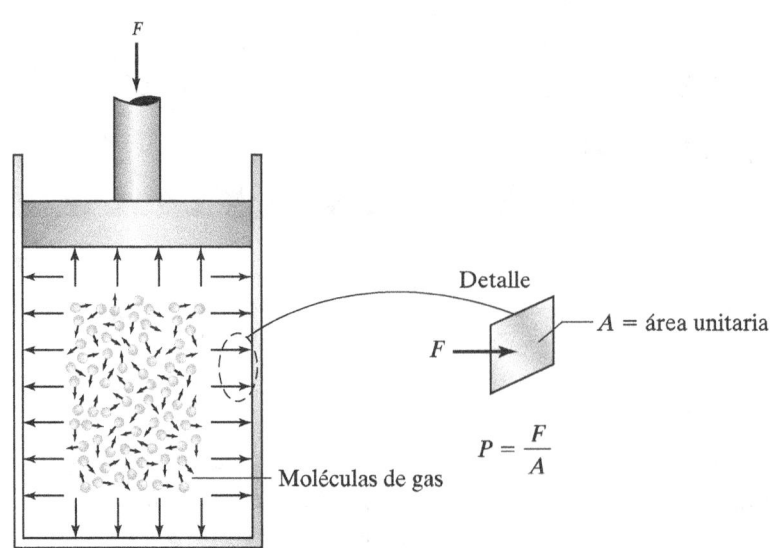

Figura 6.4
Un gas confinado ejerce una presión sobre las paredes del contenedor.

sión atmosférica local y la presión absoluta. Las presiones manométrica, absoluta y de vacío son cantidades positivas y se vinculan una con otra por medio de las relaciones:

$$P_{\text{manométrica}} = P_{\text{abs}} - P_{\text{atm}} \text{ (para presiones superiores a } P_{\text{atm}}) \tag{6.2}$$

$$P_{\text{vac}} = P_{\text{atm}} - P_{\text{abs}} \text{ (para presiones inferiores a } P_{\text{atm}}) \tag{6.3}$$

La mayoría de las ecuaciones termodinámicas y tablas de datos utilizan la presión absoluta. Algunas veces se recurre a la letra "a" para especificar la presión absoluta y a la "g" para la presión manométrica (por su inicial en inglés). Por ejemplo, algunas veces la presión absoluta y la manométrica se escriben en unidades del sistema inglés como psia y psig, respectivamente.

6.2.2 Temperatura

Nuestro sentido fisiológico de la temperatura nos dice qué tan caliente o frío está algo, pero no nos proporciona una definición cuantitativa para usarla en ingeniería. Una definición científica, basada en consideraciones microscópicas, indica que la temperatura es una medida de la energía cinética atómica y molecular de una sustancia. Por tanto, a la temperatura de cero absoluto cesan todos los movimientos de traslación, rotación y vibración de los átomos y moléculas. Una definición práctica de ingeniería es que la **temperatura**, o más específicamente, una *diferencia* de temperatura, es un indicador de la *transferencia de calor*. Como se ilustra en la figura 6.5, el calor fluye de la región de mayor temperatura a una región de menor temperatura. Esta definición de ingeniería de la temperatura es consistente con nuestras experiencias comunes. Por ejemplo, una bebida caliente se enfriará gradualmente hasta que alcance la temperatura ambiente. Por el contrario, una bebida fría eventualmente se calentará hasta que alcance la temperatura ambiente. En cualquier caso, cuando la bebida alcanza dicha temperatura, se detiene la transferencia de calor y se dice que la bebida y el ambiente se encuentran en *equilibrio térmico*, ya que sus temperaturas son iguales. Por tanto, podemos establecer que cuando dos cuerpos cualesquiera tienen la misma temperatura, se encuentran en equilibrio térmico.

La **ley cero de la termodinámica** establece que *si dos cuerpos se encuentran en equilibrio térmico con un tercer cuerpo, también se encuentran en equilibrio térmico entre ellos.* Esta ley es análoga al axioma aritmético que establece que si $A = C$ y $B = C$, entonces $A = B$. La ley cero, tan obvia como suena, no se puede derivar de la primera o segunda ley

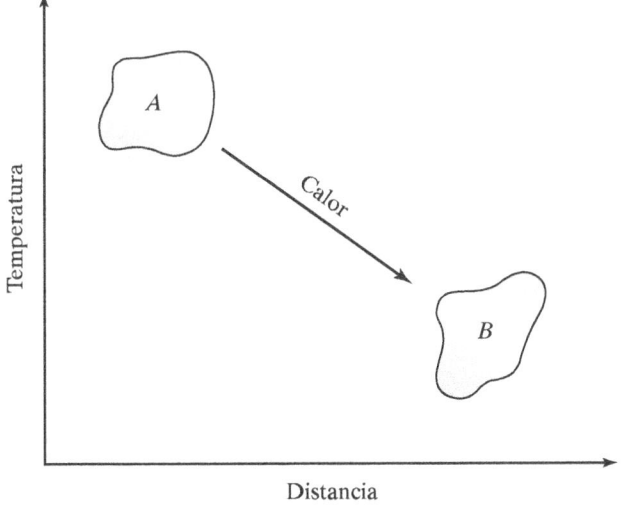

Figura 6.5
El calor se transfiere de una región de alta temperatura a una de baja temperatura.

191

de la termodinámica. La ley cero es la base física que subyace en un elemento clave de la termodinámica: la medición de la temperatura. Debido a esta ley, si el cuerpo *A* y el cuerpo *B* se encuentran en equilibrio térmico con el cuerpo *C*, entonces *A* y *B* se encuentran en equilibrio térmico entre sí. Si permitimos que el cuerpo *C* sea un termómetro, la ley cero de la termodinámica infiere que los cuerpos *A* y *B* se encuentran en equilibrio térmico si sus temperaturas, medidas con el termómetro, son iguales. El aspecto interesante de la ley cero es que *A* y *B* no necesitan estar en contacto físico entre sí. Para estar en equilibrio térmico, sólo deben tener la misma temperatura.

Al igual que la longitud, masa, tiempo, corriente eléctrica, intensidad lumínica y cantidad de sustancia, la temperatura es una dimensión básica y, como tal, se fundamenta en un estándar físico mensurable. Las *escalas* de temperatura permiten a los ingenieros realizar mediciones de ésta con una base común. Se han adoptado escalas internacionales de temperatura basados en estados termodinámicos fijos reproducibles de la materia. Los puntos de congelación y ebullición del agua a la presión de 1 atmósfera se definen como 0 y 100 °C, respectivamente, en la escala *Celsius* de temperatura. En la escala *Fahrenheit*, estos puntos tienen los valores de 32 y 212 °F, respectivamente. Las escalas *Kelvin* y *Rankine* son absolutas y tienen 0 K y 0 °R como valores de menor temperatura posible. Por tanto, decimos que la temperatura de *cero absoluto* se refiere a 0 K o a 0 °R. Por convención, el símbolo (°) se utiliza para las escalas Celsius, Fahrenheit y Rankine de temperatura, pero no para la escala Kelvin. En la figura 6.6 se comparan estas cuatro escalas.

Como los ingenieros utilizan cuatro escalas diferentes de temperatura en el análisis de los sistemas termodinámicos, es importante conocer las conversiones de una a otra. La escala Kelvin se relaciona con la escala Celsius mediante la fórmula:

$$T(\text{K}) = T(°\text{C}) + 273.15 \tag{6.4}$$

y la escala Rankine se relaciona con la escala Fahrenheit mediante la fórmula:

$$T(°\text{R}) = T(°\text{F}) + 459.67. \tag{6.5}$$

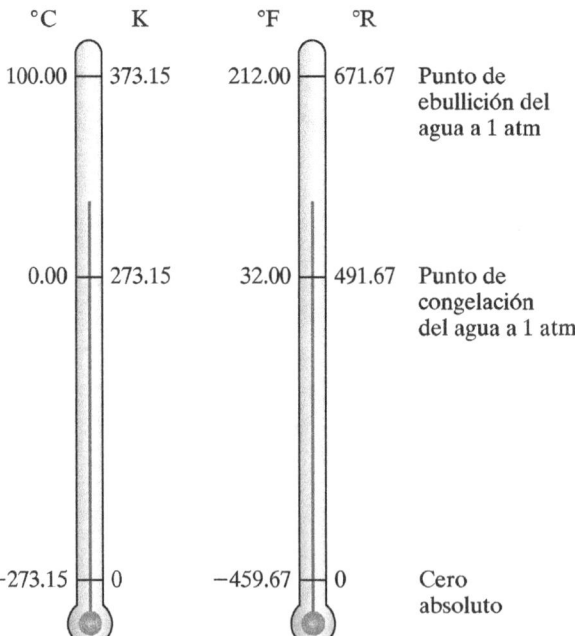

Figure 6.6
Escalas de temperatura Celsius, Kelvin, Fahrenheit y Rankine.

192

En la mayoría de las aplicaciones prácticas no se requiere una precisión de decimales para la temperatura, por lo que comúnmente las constantes de las ecuaciones (6.4) y (6.5) se redondean a 273 y 460, respectivamente. Las escalas Rankine y Kelvin se relacionan mediante la fórmula:

$$T(°R) = 1.8\,T(K) \tag{6.6}$$

y las escalas Fahrenheit y Celsius se relacionan mediante la fórmula:

$$T(°F) = 1.8\,T(°C) + 32. \tag{6.7}$$

Las ecuaciones (6.4) a (6.7) se utilizan para convertir un valor o medición de temperatura en otro. Utilizando la figura 6.6 encontramos que la validez de estas relaciones se puede verificar con facilidad convirtiendo los puntos de ebullición y congelación del agua de una escala de temperatura a las otras tres escalas.

Mencionamos antes en esta sección que la diferencia de temperatura es un indicador de la transferencia de calor. Cuando se calcula una *diferencia* de temperaturas, es importante observar que el tamaño de las divisiones de las escalas Kelvin y Celsius es el mismo, y que el de las divisiones de temperatura para las escalas Rankine y Fahrenheit también es igual. En otras palabras, aumentar la temperatura de una sustancia en 1 K es lo mismo que hacerlo en 1 °C. De manera similar, incrementar la temperatura de una sustancia en 1 °R es lo mismo que hacerlo en 1 °F. Por tanto, escribimos las relaciones para las diferencias de temperatura como:

$$\Delta T(K) = \Delta T(°C) \tag{6.8}$$

y

$$\Delta T(°R) = \Delta T(°F) \tag{6.9}$$

donde el símbolo griego Δ representa una diferencia o cambio. Cuando se realizan cálculos termodinámicos que involucran diferencias de temperatura en el sistema SI, no importa si se utilizan K o °C. Lo mismo ocurre con el sistema inglés, donde no importa si se usan °R o °F. En el trabajo de análisis debe tenerse cuidado en distinguir entre un valor simple de temperatura T y una diferencia de temperatura ΔT. Si la relación termodinámica es de la forma $x = y\,\Delta T$, no importa si ΔT se expresa en K o en °C. Sin embargo, si la relación termodinámica es de la forma $x = yT$, debe especificarse la escala de temperatura para T, por lo general K. Las mismas reglas aplican para las correspondientes unidades inglesas de temperatura °R y °F.

EJEMPLO 6.1

La presión atmosférica en Denver, Colorado (1 milla de elevación) es de aproximadamente 83.4 kPa. Si fuéramos a inflar el neumático de un automóvil en Denver a una presión manométrica de 35 psi, ¿cuál es la presión absoluta en unidades de kPa?

Solución

Para trabajar con un conjunto consistente de unidades, convertimos la presión manomé-trica en unidades de kPa:

$$35 \text{ psi} \times \frac{1 \text{ kPa}}{0.14504 \text{ psi}} = 241.3 \text{ kPa}.$$

Resolviendo para la presión absoluta de la ecuación (6.2) tenemos:

$$P_{abs} = P_{manométrica} + P_{atm}$$
$$= 241.3 \text{ kPa} + 83.4 \text{ kPa}$$
$$= 325 \text{ kPa}.$$

EJEMPLO 6.2

El vapor en una caldera tiene una temperatura de 300 °C. ¿Cuál es esta temperatura en unidades de K, °R y °F? Si la temperatura cae a 225 °C, ¿cuál es el cambio de temperatura en unidades de K, °R y °F?

Solución

Utilizando la ecuación (6.4) encontramos que la temperatura en K es:

$$T(\text{K}) = T(°\text{C}) + 273$$
$$= 300 + 273$$
$$= 573 \text{ K}.$$

Ahora que se conoce la temperatura en K, utilizamos la ecuación (6.6) para encontrarla en °R:

$$T(°\text{R}) = 1.8\, T(\text{K})$$
$$= 1.8(573)$$
$$= 1031 \text{ °R}.$$

Utilizando la ecuación (6.7) determinamos que la temperatura en °F es:

$$T(°\text{F}) = 1.8\, T(°\text{C}) + 32$$
$$= 1.8(300) + 32$$
$$= 572 \text{ °F}$$

El cambio de temperatura es:

$$\Delta T = 300 \text{ °C} - 225 \text{ °C}$$
$$= 75 \text{ °C} = 75 \text{ K}.$$

Las escalas Rankine y Kelvin de temperatura se relacionan por medio de la ecuación (6.6). Como estas escalas son absolutas, podemos escribir esta ecuación en términos de diferencias de temperatura como:

$$\Delta T(°\text{R}) = 1.8\, \Delta T(\text{K})$$

De ahí que:

$$\Delta T = 1.8(75 \text{ K})$$
$$= 135 \text{ °R} = 135 \text{ °F}$$

194

6.3 FORMAS DE ENERGÍA

El concepto de *energía* es fundamental para el estudio de la ingeniería en general y de la termodinámica en particular. Una definición concisa de la **energía** indica que es la *capacidad para realizar trabajo*. Si un sistema tiene la capacidad para efectuar trabajo, posee cuando menos una forma de energía disponible para transformarla en otra forma de energía. Por ejemplo, un resorte comprimido posee un tipo de energía a la que se conoce como *energía potencial*. Como implica el término, ésta es un tipo de energía almacenada con el potencial para producir algún efecto externo útil. Considere una masa sujeta a un resorte comprimido como se ilustra en la figura 6.7. Cuando se libera el resorte comprimido, la energía almacenada en él comenzará a recuperar su longitud original sin deformación, impartiendo una velocidad a la masa. Al estirarse el resorte, la energía

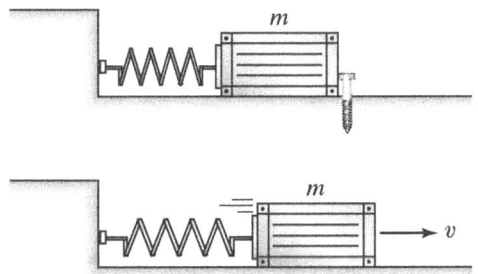

Figura 6.7
La energía potencial en un resorte comprimido se convierte en energía cinética.

195

potencial se convierte en energía cinética. En realidad, una pequeña parte de la energía potencial en el resorte se convierte en energía térmica (calor) porque existe fricción entre la masa y la superficie, así como dentro del propio resorte. Lo importante es darse cuenta de que *toda* la energía potencial en el resorte comprimido se convierte en otra forma de energía (es decir, la energía total de la transformación es constante). Según la primera ley de la termodinámica, durante la transformación de la energía, ésta no se produce ni se destruye.

La energía puede existir en muchas formas. Para propósitos del análisis termodinámico, se clasifica en dos categorías amplias: energía *macroscópica* y energía *microscópica*. Las formas macroscópicas de la energía son aquellas que posee todo sistema respecto de una referencia externa fija. En termodinámica, las formas macroscópicas son la energía potencial y la energía cinética. Ambas se basan en referencias de la posición externa y de la velocidad, respectivamente. Por su parte, las formas microscópicas de la energía son las relacionadas con el sistema a nivel molecular o atómico. Existen de diversos tipos, por lo que se agrupan de manera conveniente en una sola categoría, a la que se denomina *energía interna*. La energía interna es la suma de todas las diversas formas de energía microscópica que poseen las moléculas y los átomos en el sistema. Las energías potencial, cinética e interna merecen comentarios más amplios.

6.3.1 Energía potencial

La **energía potencial** es aquella de posición almacenada que posee un objeto. En la termodinámica existen dos formas fundamentales de energía potencial: la potencial *elástica* y la potencial *gravitacional*. La **energía potencial elástica** es aquella *almacenada en un cuerpo deformable, como un sólido elástico o un resorte*. La **energía potencial gravitacional** es aquella *que posee un sistema en virtud de su elevación con respecto a una referencia en un campo gravitacional*. Por lo común, la energía potencial elástica es de menor importancia en la mayoría de los trabajos termodinámicos, por lo que aquí nos concentramos en la energía potencial gravitacional, la cual se abrevia como PE (por sus siglas en inglés), y está dada por la relación:

$$PE = mgz \qquad (6.10)$$

donde m es la masa del sistema (kg), g es la aceleración gravitacional (9.81 m/s^2) y z es la elevación (m) del centro de masa del sistema con respecto a un plano de referencia seleccionado. La ubicación del plano de referencia es arbitraria, pero es común que se seleccione con base en la conveniencia matemática. Por ejemplo, considere una piedra colocada en la orilla de un risco como se ilustra en la figura 6.8. El centro de masa de la piedra está a 20 m sobre el suelo. Un plano de referencia razonable es el suelo, porque es un origen conveniente. Si la masa de la roca es de 1500 kg, la energía potencial de la roca es:

$$PE = mgz$$
$$= (1500 \text{ kg})(9.81 \text{ m/s}^2)(20 \text{ m})$$
$$= 2.94 \times 10^5 \text{ N} \cdot \text{m} = 2.94 \times 10^5 \text{ J} = 294 \text{ kJ}$$

¿Qué sucede con la energía potencial de la roca al caer desde el risco?

Figura 6.8
Una roca elevada sobre el suelo tiene una energía potencial gravitacional.

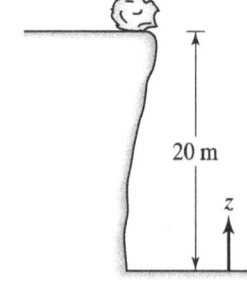

6.3.2 Energía cinética

La **energía cinética** es aquella *que posee un sistema como resultado de su movimiento respecto de un marco de referencia.* La energía cinética, que se abrevia como KE (por sus siglas en inglés), está dada por la relación:

$$KE = \tfrac{1}{2}mv^2 \tag{6.11}$$

donde m es la masa del sistema (kg) y v es su velocidad (m/s). Cuando se empuja la roca de la figura 6.8 hacia abajo del risco, comienza a caer hacia el suelo, entonces su velocidad aumenta y su energía potencial se convierte en energía cinética. Si la velocidad de la roca de 1500 kg es de 10.0 m/s en un punto entre el risco y el suelo, la energía cinética de la roca en ese punto es:

$$
\begin{aligned}
KE &= \tfrac{1}{2}mv^2 \\
&= \tfrac{1}{2}(1500.\ \text{kg})(10.0\ \text{m/s})^2 \\
&= 7.50 \times 10^4\ \text{J} = 75.0\ \text{kJ}.
\end{aligned}
$$

Inmediatamente antes de que la roca golpee el suelo, toda su energía potencial se ha convertido en energía cinética. ¿Qué sucede con la energía cinética de la roca durante el impacto con el suelo?

6.3.3 Energía interna

La **energía interna** es la *suma de todas las formas microscópicas de energía de un sistema.* A diferencia de las energías potencial y cinética, que se relacionan con la energía de un sistema respecto de referencias externas, la energía interna se relaciona con la energía *dentro* del propio sistema. La energía interna, indicada por el símbolo U, es una medida de las energías cinéticas asociadas con las moléculas, átomos y partículas subatómicas del sistema. Suponga que el sistema considerado es un gas poliatómico, el cual consiste en dos o más átomos que forman una molécula, como el bióxido de carbono (CO_2). Un gas monoatómico consiste de un solo átomo, como el helio (He) o el argón (Ar). Ya que las moléculas de gas se mueven a ciertas velocidades, éstas poseen energía cinética. Al movimiento de las moléculas en el espacio se le llama *traslación*, por lo que nos referimos a la energía cinética como energía *traslacional*. Al trasladarse las moléculas, también giran alrededor de su centro de masa. A la energía asociada con esta rotación se le llama energía *rotacional*. Además de trasladarse y girar, los átomos de las moléculas del gas poliatómico oscilan respecto de su centro de masa, produciendo la energía *de vibración*. A escala subatómica, los electrones de los átomos "orbitan" el núcleo. Además, los electrones rotan alrededor de su propio eje y el núcleo también posee una rotación. La suma de las energías traslacional, rotacional, de vibración y subatómicas constituyen una *fracción* de la energía interna del sistema, llamada energía *sensible*, la cual es la *energía requerida para cambiar la temperatura de un sistema.* Como ejemplo de energía sensible, suponga que deseamos hervir un perol con agua sobre la estufa. El agua se encuentra inicialmente a una temperatura de 20 °C. El quemador de la estufa imparte energía al agua, aumentando la energía cinética de las moléculas del líquido. Este aumento de energía cinética se manifiesta como un incremento de la temperatura del agua. Al continuar el quemador suministrando energía al agua, la energía sensible de ésta aumenta, elevándose así la temperatura, hasta que alcanza el punto de ebullición.

Si la energía sensible es sólo una fracción de la energía interna, ¿qué tipo de energía constituye la otra fracción? Para responder esta pregunta debemos reconocer las diversas fuerzas que existen entre las moléculas, entre los átomos y entre las partículas subatómicas. De la química básica sabemos que existen fuerzas de *cohesión* entre las moléculas de una sustancia. Cuando estas fuerzas se rompen, la sustancia cambia de una *fase* a otra. Las tres fases de la materia son sólido, líquido y gas. Las fuerzas de cohesión son más fuertes en los sólidos, débiles en los líquidos y más débiles en los gases. Si se suministra suficiente energía a una sustancia sólida, al hielo por ejemplo, se superan las fuerzas de cohesión y la sustancia cambia a la fase líquida. De ahí que, si se suministra suficiente energía al hielo (agua sólida), el hielo cambia a la forma líquida. Si se aporta aún más energía a la sustancia, ésta cambia a la fase gaseosa. A la cantidad de energía requerida para producir un cambio de fase se le llama energía *latente*. En la mayoría de los procesos termodinámicos un cambio de fase sólo implica romper los vínculos moleculares. Por tanto, en general no se considera a las fuerzas de cohesión atómica responsables de mantener la identidad química de una sustancia. Además, la energía de cohesión asociada con la poderosa fuerza nuclear —que aglutina los protones y los neutrones en el núcleo— sólo es importante en las reacciones de fisión.

6.3.4 Energía total

La *energía total* de un sistema es la suma de las energías potencial, cinética e interna. Por tanto, la energía total E se expresa como:

$$E = \text{PE} + \text{KE} + U. \tag{6.12}$$

Por conveniencia, en los trabajos termodinámicos es una costumbre expresar la energía de un sistema *por unidad de masa* base. Al dividir la ecuación (6.12) entre la masa m, y observando las definiciones de energía potencial y energía cinética de las ecuaciones (6.10) y (6.11) obtenemos:

$$e = gz + \frac{v^2}{2} + u \tag{6.13}$$

donde $e = E/m$ y $u = U/m$. A las cantidades e y u se les llama *energía total específica* y *energía interna específica*, respectivamente.

En el análisis de muchos sistemas termodinámicos las energías potencial y cinética son cero, o lo suficientemente pequeñas como para que se les pueda despreciar. Por ejemplo, una caldera que contiene vapor a alta temperatura es estacionaria, por lo que su energía cinética es cero. La caldera tiene energía potencial respecto de un plano externo de referencia (como el piso sobre el cual descansa), pero su energía potencial es irrelevante, ya que no tiene que ver con el funcionamiento de la caldera. Si se desprecian las energías potencial y cinética de un sistema, la energía interna es la única forma de energía presente. De ahí que la energía total es igual a la energía interna, y la ecuación (6.12) se reduce a $E = U$.

El análisis de los sistemas termodinámicos comprende la determinación del *cambio* de la energía total del sistema porque nos dice cuánta energía es convertida de una forma a otra. No importa cuál sea el valor absoluto de la energía total, ya que sólo estamos interesados en el cambio de la energía total. Esto equivale a decir que no importa cuál sea el valor de referencia de la energía, porque su cambio es el mismo independientemente de qué valor de referencia elijamos. Regresando a nuestro ejemplo de la roca que cae, el cambio de energía potencial de la roca no depende de la ubicación del plano de referencia. Podríamos elegir el suelo como plano de referencia, o alguna otra ubicación, como la parte superior del risco, o cualquier otra elevación para el caso. El cambio de energía potencial de la roca sólo depende del cambio de elevación. De ahí que, si se desprecian las energías potencial y cinética, el cambio de energía total de un sistema es igual al cambio de la energía interna, y la ecuación (6.12) se escribe como $\Delta E = \Delta U$.

Éxito profesional

Cómo tratar con los profesores de ingeniería

Como estudiante, debe darse cuenta de que la mayoría de los profesores están involucrados en numerosas actividades fuera del salón de clases que pueden o no estar directamente relacionadas con la enseñanza. Mucho del tiempo lo emplean en desarrollar y mejorar los planes de estudio de ingeniería. Dependiendo de la disponibilidad de graduados auxiliares para la enseñanza, calificar puede ocupar también una parte considerable del tiempo del profesor. A algunas escuelas y universidades, en particular las más grandes, se les conoce como instituciones de *investigación*. En estos colegios se espera que los profesores de ingeniería realicen investigaciones y publiquen sus resultados. Además de publicar documentos sobre investigaciones, algunos escriben libros de texto. Ya que la mayoría se especializa en cierto aspecto de su disciplina, muchos de ellos trabajan la mitad del tiempo como consultores para agencias privadas o gubernamentales. Asimismo, la mayoría de las escuelas y universidades espera que su facultad preste servicios a la institución sirviendo en diversos comités escolares. Algunos profesores, además de sus investigaciones, de escribir y de sus actividades de servicio, tienen tareas de consejería a estudiantes en sus programas o departamentos. Incluso pueden participar en el reclutamiento de alumnos, obtención de fondos, sociedades profesionales de ingeniería y numerosas actividades.

¿Qué significa todo esto para usted como estudiante de ingeniería? Significa que existen formas correctas e incorrectas de tratar con sus profesores. He aquí algunas sugerencias:

- Sea un miembro activo en la clase de su profesor. Asista a clases, llegue a tiempo, tome notas, pregunte y participe. Estar activamente involucrado en el salón de clases no sólo le ayuda a aprender, ¡también ayuda al profesor a enseñar!

- Si necesita obtener ayuda de su mentor fuera de clase, programe una cita en horas de oficina, y *cumpla* con la cita. A menos que su profesor tenga una política de "puerta abierta", es preferible programar citas en horas regulares de oficina, porque él probablemente esté involucrado en tareas de investigación u otras actividades.

- Los maestros de ingeniería aprecian a los estudiantes que hacen su mejor esfuerzo por resolver un problema *antes* de pedir ayuda. Previo a ir a la oficina de su profesor, prepárese para decirle cómo abordó el problema y cuáles son los errores potenciales. No espere que él resuelva el trabajo por usted. Muchos profesores de ingeniería se irritan cuando lo primero que dice un estudiante es: "Vea este problema y dígame qué estoy haciendo mal", o "No puedo obtener la respuesta que se encuentra en la parte trasera del libro". Prepararse para hacer las preguntas correctas antes de la visita le permitirá a su profesor ayudarlo mejor.

- A menos que le den instrucciones en contrario, no llame a los profesores a su casa. Si necesita ayuda con la tarea, proyectos, etc., póngase en contacto con él durante horas de oficina regulares, de ser posible, o mediante una cita particular. Al igual que los estudiantes, los profesores intentan tener una vida personal aparte de su trabajo académico diario. ¿Le gustaría que sus maestros le llamen a *su* casa para asignarle tarea adicional?

- A menos que reciba instrucciones en otro sentido, diríjase a los profesores con el título apropiado. No los llame por su nombre. La mayoría tiene doctorados en ciencias, por lo que resulta apropiado dirigirse a ellos como "doctor Jones" o "profesor Jones". Si el mentor no tiene un doctorado, el estudiante debe abordarlo como "profesor Jones", "señor Jones" o "señora Jones".

6.4 TRABAJO Y CALOR

Trabajo, al igual que energía, es una palabra usada comúnmente en nuestro lenguaje diario y que tiene muchos significados. Como estudiante, usted sabe que estudiar ingeniería significa mucho "trabajo". Cuando participamos en deportes o realizamos ejercicio en el gimnasio, "trabajamos" un ejercicio de entrenamiento. Una persona que viaja a un lugar donde se emplea, va a "trabajar", y cuando un dispositivo mecánico deja de funcionar, decimos que no "trabaja". Mientras que los diversos usos diarios de este término se expresan de forma muy casual, la ingeniería define el "trabajo" con precisión, sin ambigüedad. Así, se considera **trabajo** a una *forma de energía que se transfiere a través del límite de un sistema*. Un *sistema* es una cantidad de materia o una región en el espacio elegida para el estudio, y el *límite* del sistema es una superficie real o imaginaria que separa a éste de los alrededores. Por ejemplo, el propano en un tanque de combustible es un sistema termodinámico, y el límite del sistema es la superficie interna de la pared del tanque. Además de trabajo, existe una segunda forma de energía que se puede transferir a través del límite de un sistema. La segunda forma de energía es el calor, que es un tipo especial de transferencia de energía fácilmente reconocible y diferenciada del trabajo. El **calor** se define como la *forma de energía que se transfiere a través del límite de un sistema en virtud de una diferencia de temperatura*. En la figura 6.9 se ilustra un sistema con trabajo y calor cruzando el límite. Dependiendo de la naturaleza de las interacciones del sistema con su entorno, el trabajo y el calor se pueden transferir a través del límite en cualquier dirección. El único requerimiento para la transferencia de calor es una diferencia de temperatura entre el sistema y el entorno. Si no existe una diferencia de temperatura entre el sistema y sus alrededores, no se puede transferir calor; por tanto, la única forma de transferencia de energía es el trabajo. Ya que el trabajo y el calor son formas de energía, ambas cantidades tienen las mismas unidades: J en el sistema SI, y Btu en el sistema inglés. Los símbolos más comúnmente utilizados para trabajo y calor en la termodinámica son W y Q, respectivamente.

Ahora que hemos definido el trabajo y el calor en términos generales, examinemos estas formas de transferencia de energía con más detalle. Por lo común, en la termodinámica el trabajo se clasifica como trabajo *mecánico* y trabajo *no mecánico*. Las formas no mecánicas del trabajo incluyen el trabajo eléctrico, magnético y polarización eléctrica. En general, las formas mecánicas de trabajo son las más importantes, por lo que las consideramos con más amplitud.

Figura 6.9
La energía en forma de trabajo o calor se puede transferir a través del límite de un sistema.

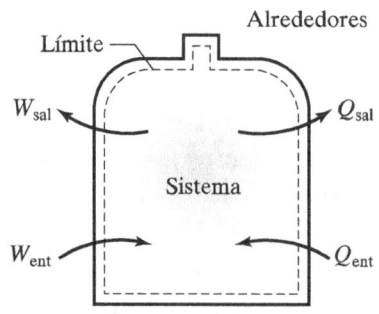

200

6.4.1 Trabajo mecánico

Existen varios tipos de trabajo mecánico. Según la física básica, el trabajo W realizado por una fuerza F que actúa a través de un desplazamiento s en la *misma dirección* de la fuerza está dado por la relación:

$$W = Fs. \tag{6.14}$$

La ecuación (6.14) sólo es válida si la fuerza es constante. Si la fuerza no es constante (es decir, si es una función del desplazamiento), el trabajo se obtiene mediante la integración. Por tanto, la ecuación (6.14) se convierte en:

$$W = \int_{1}^{2} F\,ds \tag{6.15}$$

donde los límites 1 y 2 denotan las posiciones inicial y final del desplazamiento, respectivamente. La ecuación (6.15) es una definición matemática general de la que se derivan ecuaciones para los diversos tipos de trabajo mecánico. Considere, por ejemplo, un vehículo que asciende por una colina accidentada, como se muestra en la figura 6.10. Al subir la colina, se encuentra con dos fuerzas que tienden a oponerse a su movimiento. La gravedad ejerce una fuerza hacia abajo sobre el vehículo que retarda su movimiento hacia arriba, y la fricción entre las ruedas y la superficie rugosa retarda su movimiento a lo largo de la superficie. El vehículo realiza trabajo contra estas dos fuerzas, y su magnitud se encuentra integrando la fuerza total desde la posición s_1 a la posición s_2, que se interpreta gráficamente como el área bajo la curva fuerza-desplazamiento. Ahora consideraremos los diversos tipos de trabajo mecánico.

Trabajo gravitacional

El *trabajo gravitacional* se define como el *trabajo realizado por o contra una fuerza gravitacional*. En un campo gravitacional, la fuerza que actúa sobre un cuerpo es el *peso* del mismo, y está dado por

$$F = mg \tag{6.16}$$

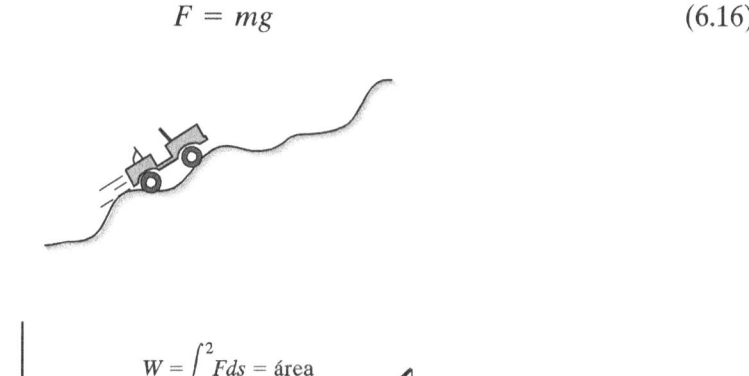

$$W = \int_{1}^{2} F\,ds = \text{área}$$

Fuerza

s_1 — s_2

Desplazamiento

Figura 6.10
Al ascender un vehículo por una colina, las fuerzas de gravitación y de fricción actúan sobre él.

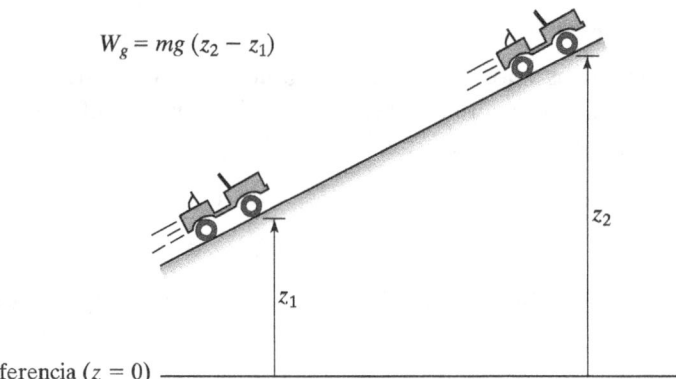

$$W_g = mg\,(z_2 - z_1)$$

z_2

z_1

Referencia ($z = 0$)

Figura 6.11
Cuando un cuerpo cambia de elevación, se realiza trabajo gravitacional.

donde m es la masa (kg) y g es la aceleración de la gravedad local (9.81 m/s^2). Considere un vehículo que asciende una colina, de la elevación z_1 a una elevación mayor z_2, como se muestra en la figura 6.11. Sustituyendo la ecuación (6.16) en la ecuación (6.15) e integrando, obtenemos el trabajo gravitacional:

$$W_g = \int_1^2 Fdz = mg \int_1^2 dz = mg(z_2 - z_1) \tag{6.17}$$

Observe que el desplazamiento en la ecuación (6.17) se encuentra en términos de la elevación z, porque el trabajo se define como una fuerza que actúa a lo largo de una distancia en la *misma dirección* de la fuerza. La gravedad actúa en dirección *vertical*, por lo que la ecuación (6.17) se escribe en términos de una distancia vertical (elevación) y no de una distancia horizontal. Observe también que el trabajo gravitacional es equivalente a un cambio de energía potencial.

Trabajo de aceleración

El trabajo de *aceleración* es aquel *asociado con el cambio de velocidad de un sistema*. La segunda ley de Newton establece que la fuerza que actúa sobre un cuerpo es igual al producto de la masa del cuerpo y la aceleración. Pero la aceleración a es la derivada del tiempo de la velocidad v, por lo que la segunda ley de Newton se puede escribir como:

$$F = ma = m\frac{dv}{dt}. \tag{6.18}$$

La velocidad es la derivada del desplazamiento con respecto al tiempo:

$$v = \frac{ds}{dt} \tag{6.19}$$

por lo que el desplazamiento diferencial ds en la ecuación (6.15) es $ds = v\,dt$. Por tanto, el trabajo de aceleración es:

$$W_a = \int_1^2 Fds = \int_1^2 \left(m\frac{dv}{dt}\right)(vdt) = m\int_1^2 vdv = \tfrac{1}{2}m(v_2^2 - v_1^2). \tag{6.20}$$

En la figura 6.12 se muestra un vehículo que viaja a lo largo de un camino horizontal aumentando su velocidad de 10 mi/h a 65 mi/h. Al hacerlo, el vehículo realiza trabajo de ace-

202

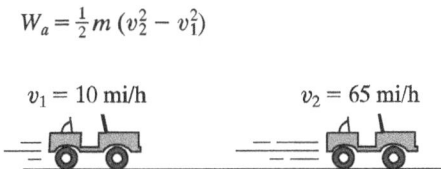

$$W_a = \tfrac{1}{2} m \left(v_2^2 - v_1^2 \right)$$

$v_1 = 10$ mi/h $v_2 = 65$ mi/h

Figura 6.12
Una fuerza que acelera un cuerpo realiza trabajo de aceleración al cambiar la velocidad.

leración porque su velocidad cambia. Observamos que el trabajo de aceleración es equivalente a un cambio de energía cinética.

Trabajo de límite

El trabajo de *límite* es aquel *asociado con el movimiento de un límite sólido*. El caso más común de trabajo de límite es la compresión o expansión de un gas dentro de un dispositivo pistón-cilindro, como se ilustra en la figura 6.13. Se aplica una fuerza F al pistón comprimiendo el gas dentro del cilindro. Ya que el cilindro es un recipiente cerrado, la presión aumenta al disminuir el volumen del gas. Conforme el volumen del gas decrece de V_1 a V_2, la presión aumenta a lo largo de una trayectoria que depende de ciertas características físicas del proceso de compresión. La presión se define como una fuerza dividida entre un área, por lo que la fuerza que causa la compresión está dada por:

$$F = PA \qquad (6.21)$$

donde A es el área de la superficie de la cara del pistón. El cambio diferencial de volumen, dV, es el producto del desplazamiento diferencial del pistón ds y el área de la superficie del pistón A. De ahí que $dV = A\,ds$, y el trabajo de límite se convierte en:

$$W_b = \int_1^2 F\,ds = \int_1^2 PA\frac{dV}{A} = \int_1^2 P\,dV \qquad (6.22)$$

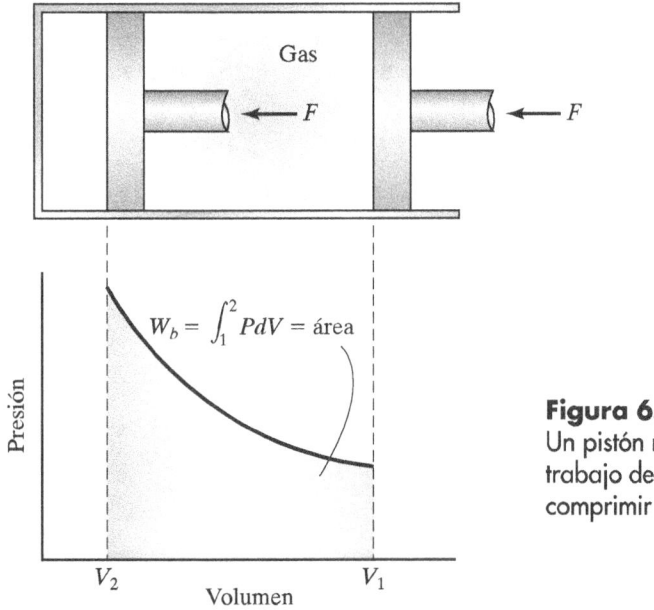

Gas

$$W_b = \int_1^2 P\,dV = \text{área}$$

Presión

V_2 V_1

Volumen

Figura 6.13
Un pistón realiza trabajo de límite al comprimir un gas.

Ya que el producto $P\,dV$ aparece en la definición, algunas veces al trabajo de límite se le llama trabajo "$P\,dV$". Como se indica en la figura 6.13, la magnitud del trabajo de límite es el área bajo la curva presión-volumen. Para evaluar la integral de la ecuación (6.22) tendríamos que conocer la relación funcional entre la presión P y el volumen V. Esta relación puede ser una expresión analítica para P como función de V, o una gráfica que muestre la variación de P respecto de V.

Trabajo de eje

El trabajo de *eje* es una *transferencia de energía mediante un eje rotatorio*. Numerosos sistemas de ingeniería transfieren energía por este medio. El eje de transmisión de un automóvil, por ejemplo, transfiere energía de la transmisión al eje. La energía se transfiere del motor de un bote a la hélice mediante un eje. Incluso las cuchillas de un mezclador de comida realizan un trabajo de eje sobre la comida. Al girar el eje, por lo común se le aplica un par motor constante que tiende a retardar su rotación. Como se ilustra en la figura 6.14, el par motor τ es producido por una fuerza F que actúa a través de un brazo de momento r de acuerdo con la relación:

$$\tau = Fr. \tag{6.23}$$

La fuerza actúa a través de una distancia s igual a la circunferencia multiplicada por el número de revoluciones del eje n. Por tanto,

$$s = (2\pi r)n \tag{6.24}$$

Después de sustituir las ecuaciones (6.23) y (6.24) en la ecuación (6.14), el trabajo del eje se convierte en:

$$W_{eje} = 2\pi n\tau \tag{6.25}$$

Trabajo de resorte

El trabajo de *resorte* es aquel *realizado al deformar un resorte*. Se requiere una fuerza para comprimir o estirar un resorte, por lo que se realiza trabajo. Según la física elemental, sabemos que la fuerza requerida para deformar un resorte elástico lineal es proporcional a la deformación. Este principio se conoce como ley de Hooke y se expresa como:

$$F = kx \tag{6.26}$$

donde F es la fuerza, x es el desplazamiento (cambio de longitud del resorte) y k es la constante del resorte. Sustituyendo la ecuación (6.26) en la ecuación (6.15) y observando que $ds = dx$, el trabajo del resorte se convierte en:

$$W_{sp} = \int_1^2 Fds = \int_1^2 (kx)\,dx = \tfrac{1}{2}k(x_2^2 - x_1^2). \tag{6.27}$$

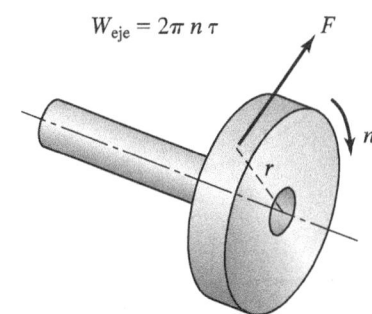

Figura 6.14
Trabajo producido
por un eje rotatorio.

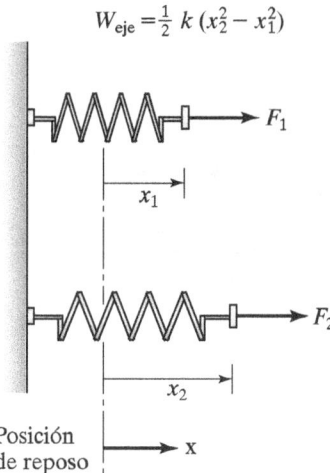

$$W_{eje} = \tfrac{1}{2} k (x_2^2 - x_1^2)$$

Posición
de reposo

Figura 6.15
Se realiza trabajo al
estirar o comprimir
un resorte.

Como se indica en la figura 6.15, los desplazamientos inicial y final son x_1 y x_2, respectivamente, medidos desde la posición de reposo (sin deformación) del resorte.

6.4.2 Calor

Como definimos antes en este capítulo, ahora sabemos que el *calor* es la transferencia de energía a través del límite de un sistema en virtud de una diferencia de temperaturas. Para que la transferencia de calor ocurra, debe haber una diferencia de temperatura entre el sistema y su entorno. La transferencia o flujo de calor no es el flujo de una sustancia material, como en el caso del flujo de un fluido como el aire o el agua. Más bien existe un intercambio de energía interna a través del límite del sistema mediante un movimiento atómico o molecular, o por ondas electromagnéticas. La transferencia de calor puede ocurrir por tres distintos mecanismos: *conducción*, *convección* y *radiación*. La conducción es la transferencia de energía interna en los sólidos y los fluidos en reposo. El mecanismo real de la conducción comprende el intercambio de energía cinética entre moléculas en contacto, o en el caso de los metales, el movimiento de electrones libres. La convección es el mecanismo por el cual se transfiere energía interna a, o desde, un fluido cercano a una superficie sólida. La convección es básicamente conducción en la superficie sólida, con la complejidad agregada de la transferencia de energía mediante el movimiento de las moléculas de un fluido. La radiación es el mecanismo por medio del cual se transfiere energía a través de ondas electromagnéticas. A diferencia de la conducción y la convección, la radiación no requiere un medio. Un ejemplo familiar de radiación es la energía térmica que recibimos del Sol a través del vacío del espacio. Independientemente del mecanismo de transferencia de calor involucrado, la *dirección* de la transferencia de calor siempre es de la región de alta temperatura a la región de baja temperatura.

La transferencia de calor ocurre a nuestro alrededor. Como ejemplo familiar, considere la bebida caliente mostrada en la figura 6.16. El calor se transmite de la bebida a los alrededores mediante los tres mecanismos de transferencia de calor. Una parte de la energía se transmite mediante convección, del líquido a la taza sólida, donde el calor se transfiere posteriormente a través de la pared del recipiente. Esa energía se transfiere después a los alrededores por convección y radiación. La parte de la energía conducida a la parte del fondo de la taza se transfiere directamente a la cubierta de la mesa por conducción. La energía restante pasa de la superficie del líquido directamente a los alrededores mediante convección y radiación.

En el siguiente ejemplo utilizamos el procedimiento general de análisis de: 1) definición del problema; 2) diagrama; 3) supuestos; 4) ecuaciones determinantes; 5) cálculos; 6) verificación de la solución, y 7) comentarios.

205

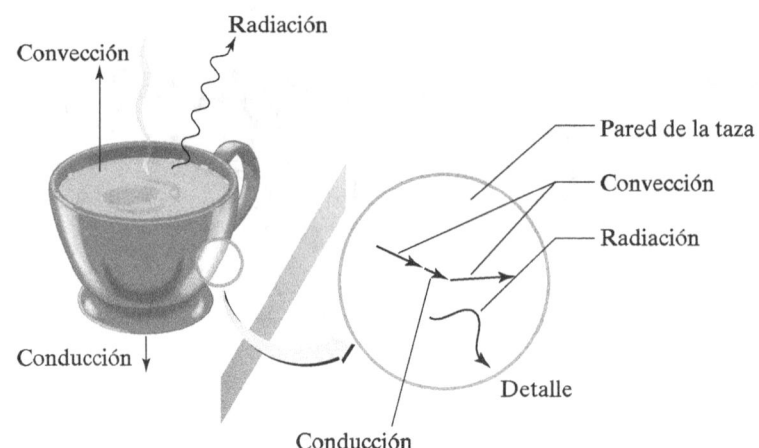

Figura 6.16
Una bebida caliente que descansa sobre una mesa transfiere energía térmica a los alrededores mediante conducción, convección y radiación.

EJEMPLO 6.3

Definición del problema

Un automóvil de 1200 kg acelera hacia arriba de una colina, aumentando su velocidad de 5 a 45 mi/h, a lo largo de un tramo de 100 m de un camino. Si la colina forma un ángulo de 6° con respecto a la horizontal, encuentre el trabajo total realizado por el automóvil.

Diagrama

El diagrama para este problema se muestra en la figura 6.17.

Supuestos

1. Desprecie la resistencia del camino.
2. Desprecie la fricción aerodinámica.
3. La masa del automóvil es constante.

Ecuaciones determinantes

Cuando el automóvil asciende por la colina se realizan dos formas de trabajo, el gravitacional y el de aceleración, por lo que tenemos dos ecuaciones determinantes:

$$W_g = mg(z_2 - z_1)$$
$$W_a = \tfrac{1}{2}m(v_2{}^2 - v_1{}^2)$$

Cálculos

Las cantidades en la definición del problema están dadas como un conjunto combinado de unidades, por lo que primero convertimos al sistema SI las unidades de todas las cantidades. Convirtiendo las velocidades obtenemos:

$$5\frac{\text{mi}}{\text{h}} \times \frac{5280 \text{ ft}}{1 \text{ mi}} \times \frac{1 \text{ m}}{3.2808 \text{ ft}} \times \frac{1 \text{ h}}{3600 \text{ s}} = 2.235 \text{ m/s}$$

Figura 6.17
Ejemplo 6.3.

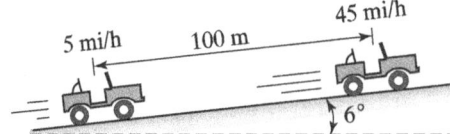

y

$$45\frac{\text{mi}}{\text{h}} \times \frac{5280 \text{ ft}}{1 \text{ mi}} \times \frac{1 \text{ m}}{3.2808 \text{ ft}} \times \frac{1 \text{ h}}{3600 \text{ s}} = 20.12 \text{ m/s}.$$

La posición vertical z_2 del automóvil cuando alcanza una velocidad de 45 mi/h es:

$$z_2 = (100 \text{ m}) \text{ sen } 6° = 10.45 \text{ m}$$

Definiendo la posición del suelo como $z_1 = 0$ m, el trabajo gravitacional es:

$$\begin{aligned} W_g &= mg(z_2 - z_1) \\ &= (1200 \text{ kg})(9.81 \text{ m/s}^2)(10.45 \text{ m} - 0 \text{ m}) \\ &= 1.231 \times 10^5 \text{ J}. \end{aligned}$$

El trabajo de aceleración es:

$$\begin{aligned} W_a &= \tfrac{1}{2}m(v_2{}^2 - v_1{}^2) \\ &= \tfrac{1}{2}(1200 \text{ kg})[(20.12 \text{ m/s})^2 - (2.235 \text{ m/s})^2] \\ &= 2.399 \times 10^5 \text{ J} \end{aligned}$$

El trabajo total es la suma del trabajo gravitacional y de aceleración.

$$\begin{aligned} W_t &= W_g + W_a \\ &= 1.231 \times 10^5 \text{ J} + 2.399 \times 10^5 \text{ J} = 3.630 \times 10^5 \text{ J} = \underline{363 \text{ kJ}} \end{aligned}$$

Verificación de la solución
No se encontraron errores.

Comentarios
Si el automóvil estuviera acelerando colina abajo, el trabajo gravitacional sería negativo, y el trabajo realizado por el motor sería menor, o incluso negativo. En este ejemplo, el trabajo gravitacional es el realizado *por el cuerpo* al vencer la gravedad.

APLICACIÓN

El trabajo de límite durante un proceso de presión constante

En algunos sistemas termodinámicos el trabajo de límite se realiza mientras la presión permanece constante. Un ejemplo común es el calentamiento de un gas contenido en un dispositivo pistón-cilindro, como se ilustra en la figura 6.18(a). Al transferir calor al gas dentro del cilindro, la energía interna del gas aumenta, como lo demuestra el incremento en su temperatura, y el pistón se mueve hacia arriba. Si asumimos que el dispositivo pistón-cilindro no tiene fricción, la presión del gas permanece constante, pero ya que el pistón se mueve, se sigue haciendo trabajo de límite. Suponga que el dispositivo pistón-cilindro sin fricción mostrado en la figura 6.18(a) contiene 2.5 L de nitrógeno a 120 kPa. El calor se transfiere entonces al nitrógeno hasta que el volumen es de 4 L. Encuentre el trabajo de límite realizado por el nitrógeno durante este proceso.

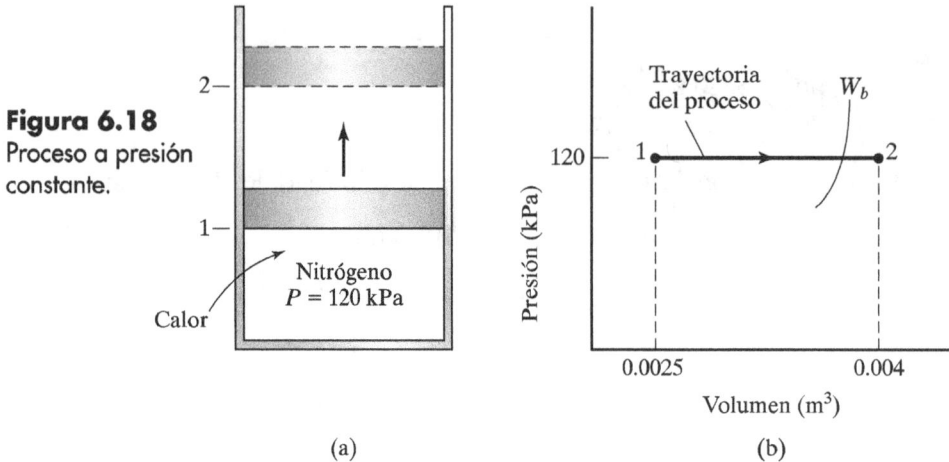

Figura 6.18
Proceso a presión constante.

(a)

(b)

El trabajo de límite W_b está dado por la relación:

$$W_b = \int_1^2 P\,dV$$

donde P es la presión y V el volumen. Ya que el proceso ocurre a presión constante, se puede sacar a P de la integral, lo que da la relación:

$$W_b = P\int_1^2 dV$$

Los volúmenes inicial y final del nitrógeno son:

$$V_1 = 2.5\,\text{L} = 0.025\,\text{m}^3 \qquad V_2 = 4\,\text{L} = 0.004\,\text{m}^3$$

Por tanto, el trabajo de límite es:

$$\begin{aligned} W_b &= P\int_1^2 dV = P(V_2 - V_1) \\ &= (120 \times 10^3\,\text{Pa})(0.004\,\text{m}^3 - 0.025\,\text{m}^3) \\ &= 180\,\text{J} \end{aligned}$$

El trabajo de límite calculado aquí es el trabajo realizado *por* el nitrógeno sobre el pistón, no el realizado por el pistón *sobre* el nitrógeno. En la figura 6.18(*b*) se muestra la *trayectoria* para el proceso a presión constante que ocurre dentro del dispositivo pistón-cilindro. El trabajo de límite de 180 J es el área sombreada bajo la trayectoria del proceso.

¡Practique!

1. Al subir una colina un camión de 2500 kg, cambia su velocidad de 20 a 50 mi/h a lo largo de un tramo recto del camino de 1600 ft. Si la colina tiene una inclinación de 8° respecto de la horizontal, encuentre el trabajo total.
   Respuesta: 2.19 MJ.

2. Un automóvil de 95 slugs cambia su velocidad de 55 a 30 mi/h al subir una colina de 3°. Si el cambio de velocidad ocurre en un tramo recto del camino de 1355 ft, encuentre el trabajo total.
   Respuesta: −198 ft · lb$_f$.

3. Un eje que gira a 1200 rpm (revoluciones por minuto) experimenta un par motor constante de 60 N · m. ¿Cuánto trabajo realiza el eje en una hora?
Respuesta: 27.1 MJ.

4. La presión dentro de un dispositivo pistón-cilindro sin fricción varía de acuerdo con la función $P = a - bV$, donde a y b son constantes y V es el volumen. Los volúmenes inicial y final para el proceso son de 1 m^3 y 0.1 m^3, respectivamente. Si a = 500 Pa, y b = 2000 Pa/m^3, encuentre el trabajo de límite.
Respuesta: 540 J.

5. Un resorte lineal elástico se comprime 3.5 cm desde su posición de reposo. Después el resorte se comprime 7.5 cm adicionales. Si la constante del resorte es de 2600 N/cm, encuentre el trabajo realizado al comprimir el resorte.
Respuesta: 1.57 kJ.

6. Un dispositivo pistón-cilindro sin fricción tiene un diámetro de 10 cm. Al calentarse el gas dentro del cilindro, el pistón se mueve una distancia de 16 cm. Si la presión del gas se mantiene a 120 kPa, ¿cuánto trabajo se realiza?
Respuesta: 151 J.

6.5 PRIMERA LEY DE LA TERMODINÁMICA

La primera ley de la termodinámica es una de las leyes más importantes en ciencias e ingeniería. Con frecuencia se le denomina *ley de conservación de la energía,* y permite a los ingenieros analizar las transformaciones que ocurren entre las diversas formas de energía. Dicho de otra manera, la primera ley de la termodinámica permite a los ingenieros estudiar cómo se convierte una forma de energía en otras formas. Una definición más concisa indica que *la energía se conserva.* Otra forma de establecer esta ley es: *la energía no se crea ni se destruye, sólo cambia de forma.* La primera ley de la termodinámica, a la que en adelante nos referiremos simplemente como "la primera ley", no se puede demostrar matemáticamente. Al igual que las leyes de Newton del movimiento, la primera ley se toma como un axioma, un principio físico sólido basado en innumerables mediciones. No se sabe de alguna transformación de energía, natural o producida por el hombre, que haya violado la primera ley.

Se trata en realidad de un concepto muy intuitivo. Considere el sistema mostrado en la figura 6.19. Éste puede representar cualquier sustancia o región en el espacio elegida para el análisis termodinámico. El límite del sistema es la superficie que lo separa de los alrededores. Podemos construir una representación matemática de la primera ley aplicando un argumento físico simple. Si se suministra una cantidad de energía E_{ent} al sistema,

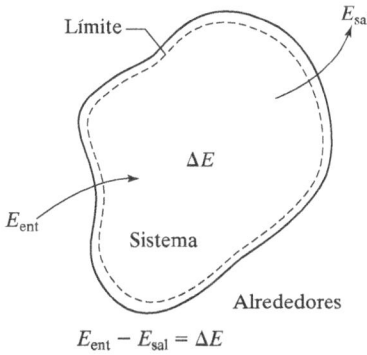

Figura 6.19
Primera ley de la termodinámica.

$$E_{ent} - E_{sal} = \Delta E$$

209

esa energía puede *salir* del sistema, *cambiar* la energía del mismo, o ambos. La energía que abandona el sistema es E_{sal}, y el cambio de energía es ΔE. Por tanto, la que entra al sistema es igual a la energía que lo abandona, más el cambio de energía del sistema. De este modo, la primera ley se puede expresar matemáticamente como:

$$E_{ent} = E_{sal} + \Delta E. \tag{6.28}$$

Vemos que la primera ley no es otra cosa que un simple principio de contabilidad que mantiene balanceado el "libro mayor de la energía" del sistema. De hecho, con frecuencia a la primera ley se le conoce como un *balance de energía*, porque eso es precisamente lo que es. Por lo común, en la mayoría de los textos de ingeniería termodinámica la ecuación (6.28) se escribe en la forma:

$$E_{ent} - E_{sal} = \Delta E. \tag{6.29}$$

Como se muestra en la figura 6.19, E_{ent} y E_{sal} son cantidades de energía que se *transmiten* a través del límite del sistema, mientras que ΔE es el cambio de energía en el propio sistema. Ya que E_{ent} y E_{sal} son formas de energía transferida, estos términos sólo pueden representar energía en las formas de *calor, trabajo* y *flujo másico*. El calor es el transporte de energía a través del límite de un sistema en virtud de una diferencia de temperatura. Para que la transferencia de calor ocurra, debe existir una diferencia de temperatura entre el sistema y sus alrededores. El trabajo puede ser de naturaleza mecánica, como el movimiento del límite del sistema o la rotación de un eje dentro del mismo; o de naturaleza eléctrica, como la transferencia de energía eléctrica por un alambre que penetra a través del límite del sistema. Cuando la masa cruza el límite de un sistema, la energía también lo cruza, porque la masa porta energía consigo. Por tanto, el lado izquierdo de la ecuación (6.29) se convierte en:

$$E_{ent} - E_{sal} = (Q_{ent} - Q_{sal}) + (W_{ent} - W_{sal}) + (E_{masa, ent} - E_{masa, sal}) \tag{6.30}$$

donde Q denota calor, W significa trabajo y E_{masa} representa transferencia de energía mediante flujo másico. Los subíndices *ent* y *sal* se refieren a la energía transferida de entrada y de salida del sistema, respectivamente. Estas cantidades de energía siempre deben indicarse claramente en un diagrama como flechas apuntando hacia dentro o fuera del sistema. El cambio de energía del sistema ΔE es la suma de los cambios de energía potencial, cinética e interna. De ahí que el lado derecho de la ecuación (6.29) sea:

$$\Delta E = \Delta PE + \Delta KE + \Delta U \tag{6.31}$$

donde PE, KE y U representan la energía potencial, cinética e interna, respectivamente. La mayoría de los sistemas termodinámicos de interés práctico son estacionarios con respecto a marcos externos de referencia, por lo que $\Delta PE = \Delta KE = 0$, quedando $\Delta E = \Delta U$. Además, muchos sistemas termodinámicos son *cerrados*, lo que significa que la masa no puede entrar al, o abandonar el sistema. Para sistemas cerrados, las únicas formas posibles de transferencia de energía son trabajo y calor. El análisis de este tipo de sistemas es considerablemente más sencillo que el de aquellos que permiten la transferencia de masa. En este libro sólo consideramos sistemas cerrados. Por tanto, la primera ley de la termodinámica para estos sistemas es:

$$(Q_{ent} - Q_{sal}) + (W_{ent} - W_{sal}) = \Delta U \tag{6.32}$$

El calor y trabajo transferidos a través del límite del sistema producen un cambio en la energía total del sistema. Este cambio altera su estado termodinámico o condición.

Al cambio del estado termodinámico de un sistema se le llama *proceso*. El cambio de energía interna ΔU es simplemente la diferencia entre las energías internas al final y al inicio del proceso. Por tanto, $\Delta U = U_2 - U_1$, donde los subíndices 1 y 2 denotan el principio y final del proceso, respectivamente.

La primera ley se puede expresar en *forma de razones*, dividiendo cada término de la ecuación (6.29) entre el intervalo de tiempo Δt en el cual ocurre el proceso. Al dividir los términos de energía entre el tiempo, las cantidades del lado izquierdo de la ecuación se convierten en cantidades de *potencia*, y la cantidad ΔE se transforma en un cambio de energía que ocurre durante el intervalo de tiempo especificado. Después, la ecuación (6.29) se rescribe como:

$$\dot{E}_{\text{ent}} - \dot{E}_{\text{sal}} = \Delta E / \Delta t \tag{6.33}$$

donde $\dot{E}_{\text{ent}}$ y $\dot{E}_{\text{sal}}$ denotan la *razón* a la cual la energía entra y sale del sistema, respectivamente. Las unidades para $\dot{E}_{\text{ent}}$ y $\dot{E}_{\text{sal}}$ son J/s, que se define como watt (W). Si se establece el problema en términos de razones de energía en lugar de cantidades absolutas de energía, se prefiere el uso de la ecuación (6.33) para la primera ley en lugar de la ecuación (6.29).

En los siguientes ejemplos se utiliza la primera ley para analizar algunos sistemas termodinámicos cerrados básicos. Utilizamos el procedimiento general de análisis de: 1) definición del problema; 2) diagrama; 3) supuestos; 4) ecuaciones determinantes; 5) cálculos; 6) verificación de la solución, y 7) comentarios.

EJEMPLO 6.4

Definición del problema

Un tanque cerrado contiene un líquido caliente cuya energía interna inicial es de 1500 kJ. Una rueda con hélices o rotor conectada a un eje rotatorio imparte 250 kJ de trabajo al líquido, mientras que se pierden 700 kJ de calor del líquido a los alrededores. ¿Cuál es la energía interna final del líquido?

Diagrama

En la figura 6.20 se ilustra un diagrama que representa el sistema. Este sistema es el líquido en el tanque. Se muestra la energía transferida a través del límite del sistema como trabajo y como calor.

Supuestos

1. El sistema es cerrado.
2. El tanque es estacionario, por lo que $\Delta PE = \Delta KE = 0$.
3. El cambio de energía en el rotor es despreciable.

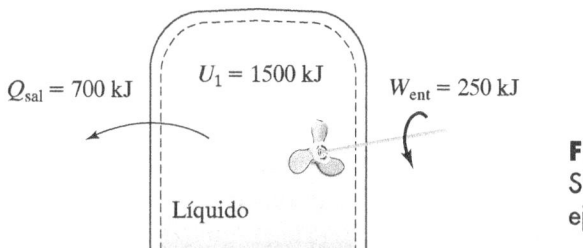

$Q_{\text{sal}} = 700$ kJ $\quad U_1 = 1500$ kJ $\quad W_{\text{ent}} = 250$ kJ

Líquido

Figura 6.20
Sistema para el ejemplo 6.4.

Ecuaciones determinantes

La ecuación determinante para este problema es la primera ley de la termodinámica para un sistema cerrado:

$$(Q_{ent} - Q_{sal}) + (W_{ent} - W_{sal}) = \Delta U = U_2 - U_1.$$

Cálculos

A partir del diagrama vemos que:

$$Q_{sal} = 700 \text{ kJ}, \qquad W_{ent} = 250 \text{ kJ}, \qquad U_1 = 1500 \text{ kJ}$$

pero no existe entrada de calor ni salida de trabajo. Por tanto,

$$Q_{ent} = 0, \qquad W_{sal} = 0$$

Sustituyendo las cantidades conocidas en la primera ley tenemos:

$$(0 - 700)\text{kJ} + (250 - 0)\text{kJ} = U_2 - 1500 \text{ kJ}.$$

Resolviendo para U_2 la energía final del líquido obtenemos:

$$U_2 = \underline{1050 \text{ kJ}}.$$

Verificación de la solución

No se encontraron errores.

Comentarios

La energía interna final del líquido es de 1050 kJ, con un decremento de 450 kJ. La energía interna del líquido debe decrecer porque se retira más energía (700 kJ) del sistema que la que se le suministra (250 kJ).

EJEMPLO 6.5

Definición del problema

El aire en una casa pequeña se mantiene a temperatura constante mediante un sistema de tablero eléctrico que le suministra 5.6 kW. Existen 10 lámparas en la casa y cada una disipa 60 W, mientras que los electrodomésticos mayores (lavavajillas, hornilla, secadora de ropa, etc.) tienen una disipación total de 2 560 W. La vivienda está ocupada por cuatro personas que disipan 110 W cada una. Encuentre la pérdida total de calor de la casa a los alrededores.

Diagrama

En la figura 6.21 se muestra el diagrama para este problema. El aire en la casa es el sistema. La potencia provista a la vivienda por el sistema de tablero, mostrado como una resistencia eléctrica, está representado en el diagrama por la entrada de potencia eléctrica $\dot{W}_{ent}$. La razón de disipación de calor por las lámparas, personas y electrodomésticos se muestra en el diagrama como $\dot{Q}_{ent}$ y la pérdida de calor de la casa a los alrededores se muestra como Q_{sal}. Una lectura cuidadosa de la definición del problema indica que el cambio de la energía interna del sistema es cero, ya que el sistema de tablero mantiene el aire en la casa a temperatura constante.

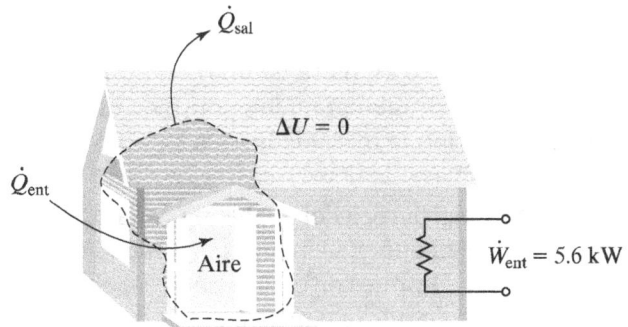

Figura 6.21
Sistema para el ejemplo 6.5.

Supuestos

1. El sistema es cerrado.
2. El cambio de energía en el contenido de la casa es cero.
3. Todas las razones de transferencia de energía son constantes.

Ecuaciones determinantes

La ecuación determinante para este problema es la primera ley, en forma de razones, para un sistema cerrado. Como la casa se mantiene a temperatura constante, $\Delta U = 0$. Por tanto tenemos:

$$(\dot{Q}_{ent} - \dot{Q}_{sal}) + (\dot{W}_{ent} - \dot{W}_{sal}) = 0$$

Cálculos

Existen 10 lámparas que disipan 60 W cada una, 4 personas que disipan 110 W cada una, y electrodomésticos que disipan un total de 2560 W. La razón total de transferencia de calor dentro de la casa es:

$$\dot{Q}_{ent} = \dot{Q}_{lámparas} + \dot{Q}_{personas} + \dot{Q}_{electrodomésticos}$$
$$= 10(60 \text{ W}) + 4(110 \text{ W}) + 2560 \text{ W} = 3600 \text{ W}$$

La potencia eléctrica suministrada a la casa por el sistema de tablero es:

$$\dot{W}_{ent} = 5600 \text{ W}$$

pero no existe pérdida de producción de trabajo, por lo que $\dot{W}_{sal} = 0$. Sustituyendo cantidades conocidas en la primera ley tenemos:

$$(3600 - \dot{Q}_{sal})\text{W} + (5600 - 0)\text{W} = 0$$

Resolviendo para la pérdida de calor $\dot{Q}_{sal}$ obtenemos:

$$\dot{Q}_{sal} = \underline{9.2 \text{ kW}}.$$

Verificación de la solución

Todas las razones de energía se expresan en unidades de W antes de hacer los cálculos. No se encontraron errores.

Comentarios

La pérdida de calor de 9.2 kW representa la razón de transferencia de calor de la casa a los alrededores. Se pierde calor de la vivienda a través de las paredes, techo, ventanas, puertas y cualquier otro miembro del edificio que sea parte del límite del sistema. Como el aire de la casa se mantiene a temperatura constante, la razón de energía suministrada a la casa debe ser igual a la razón de energía perdida por la misma.

1. Se empuja una roca de 2500 kg fuera de un risco de 75 m de altura. ¿Cuál es la velocidad de la roca inmediatamente antes de que golpee el suelo? ¿Cómo afecta a la solución la masa de la roca?
   Respuesta: 38.4 m/s; la masa de la roca es irrelevante.

2. Antes de golpear el suelo, la roca del problema de la práctica 1 convierte toda su energía potencial en energía cinética (suponiendo una fricción aerodinámica despreciable). Después de chocar con el suelo, la roca queda en reposo, convirtiendo su energía cinética en otras formas de energía. ¿Cuáles son estas formas?
   Respuesta: calor, sonido y deformación.

3. El fluido en un recipiente a presión cerrado recibe 500 kJ de calor, mientras que un eje realiza un trabajo de 250 kJ sobre el fluido. Si la energía final interna del fluido es de 1100 kJ, ¿cuál es su energía interna inicial?
   Respuesta: 350 kJ.

4. El fluido en un tanque cerrado pierde 600 Btu de calor a los alrededores, mientras que un eje realiza un trabajo de 850 Btu sobre el líquido. Si la energía interna inicial del fluido es de 250 Btu, ¿cuál es su energía interna final?
   Respuesta: 500 Btu.

5. Se va a acondicionar el aire de una casa pequeña. La casa gana 18,000 Btu/h de calor de los alrededores, mientras que las lámparas, electrodomésticos y ocupantes agregan 6000 Btu/h a sus interiores. Si la casa se va a mantener a temperatura constante, ¿cuál es la capacidad requerida del acondicionador de aire?
   Respuesta: 24,000 Btu/h.

6. Se calienta un dispositivo pistón-cilindro que contiene agua. Durante el proceso de calentamiento se suministran 300 J de energía al agua, mientras que se pierden 175 J de calor a través de las paredes del cilindro a los alrededores. Como consecuencia del calentamiento, el pistón se mueve efectuando un trabajo de límite de 140 J. Encuentre el cambio de energía interna del agua para este proceso.
   Respuesta: −15 J.

Éxito profesional

El lado práctico de la ingeniería

El objetivo de la ingeniería es diseñar y producir dispositivos y sistemas en beneficio de la sociedad. Quienes la practican para ganarse la vida, diseñan y manufacturan cosas, cosas *prácticas* que son útiles en aplicaciones específicas. Dada la naturaleza aplicada de la ingeniería, uno asumiría que la educación en esta disciplina es igualmente aplicada.

Dado que la educación en ingeniería no prepara en realidad a los estudiantes para la práctica industrial, la naturaleza de esta preparación puede no ser lo que usted espera. Hablando de manera general, los cursos de ingeniería son de naturaleza muy teórica y matemática. Si usted ha tomado algunos, sin duda ya lo descubrió. Por lo común, éstos profundizan en la teoría, pero son superficiales en los aspectos prácticos. El resultado es que un estudiante de ingeniería eléctrica puede saber cómo analizar un circuito con el uso de un diagrama esquemático, pero no será capaz de reconocer un componente eléctrico real, como una resistencia, capacitor, inductor o circuito integrado. De manera similar, un estudiante de ingeniería mecánica puede sentirse cómodo al realizar un análisis legal de una caldera, un compresor, una turbina o un cambiador de calor, pero no reconocería uno de estos dispositivos si lo viera.

Entonces, ¿por qué se hace énfasis en la teoría a costa de los aspectos prácticos? Una de las razones principales es que muchos profesores que enseñan cómo convertirse en un ingeniero practicante nunca han practicado la ingeniería. Esto puede sonar bizarro, pero muchos de ellos se incorporan a la enseñanza directamente después de graduarse y haber recibido su doctorado. Han estado enseñando desde entonces, y por tanto tienen poca o ninguna experiencia industrial. Es poco probable que esta situación cambie en el futuro cercano, por lo que depende del estudiante de ingeniería adquirir alguna experiencia práctica. Aquí se indican algunas formas de hacerlo:

- Inscríbase en algún curso vocacional o técnico en la universidad, escuela de la comunidad local o escuela comercial. Por lo común, los programas técnicos ofrecen una amplia variedad de cursos muy prácticos, como soldadura, maquinado, reparación de refrigeradores, automóviles o pequeños motores, arreglo de tuberías, alambrado eléctrico y servicio a computadoras. Debe tomar estos cursos cuando no interfieran con el trabajo de sus clases de ingeniería: durante el verano, por ejemplo.
- Tome cursos adicionales de laboratorio. Algunos cursos de ingeniería tiene laboratorios asociados. Éste es un buen lugar para adquirir habilidades prácticas de ingeniería.
- Lea revistas y diarios de ingeniería, o relacionados con la tecnología. Estas publicaciones contienen artículos acerca de sistemas reales de ingeniería que le ayudarán a establecer un puente entre la teoría y la práctica.
- Participe en proyectos y competencias patrocinadas por su escuela o por las sociedades profesionales de ingeniería. La American Society of Mechanical Engineers (ASME; Sociedad Americana de Ingeniería Mecánica), la Society of Automotive Engineers (SAE; Sociedad de Ingenieros Automotrices), el Institute for Electrical and Electronics Engineers (IEEE; Instituto de Ingenieros Eléctricos y Electrónicos), el American Institute of Aeronautics and Astronautics (AIAA; Instituto Americano de Aeronáutica y Astronáutica) y otras sociedades profesionales patrocinan diversas competencias de ingeniería. La participación local en la National Engineers Week (Semana Nacional de los Ingenieros, en Estados Unidos), en febrero de cada año, es una excelente oportunidad para que los estudiantes refuercen sus habilidades prácticas en la materia.
- Experimente con diversos dispositivos mecánicos y eléctricos. Encuentre un viejo taladro de mano y desármelo. Imagínese cómo funciona. Haga lo mismo con un teléfono, un disco duro de computadora, un pequeño electrodoméstico. Desarmar, estudiar y rearmar cosas le ayudará a descubrir cómo funcionan los dispositivos reales. Incluso quizá quiera realizar algún servicio a su propio automóvil cambiando los frenos, afinándolo o instalando un sistema de sonido.

6.6 MÁQUINAS TÉRMICAS

La primera ley de la termodinámica establece que la energía se puede convertir de una forma a otra, pero no se puede crear o destruir. Por ello es una ley de conservación, un simple principio de contabilidad que nos dice cómo se mantiene balanceado un "libro mayor

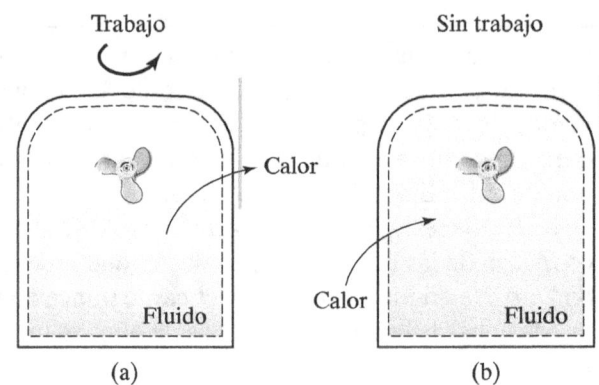

Figura 6.22
El trabajo siempre se puede convertir en calor (a), pero el calor no siempre se puede convertir en trabajo (b).

de energía". No obstante, aunque la primera ley nos dice qué formas de energía están comprendidas en una conversión particular de energía, no nos dice nada acerca de si la conversión es posible o en qué dirección ocurre. Por ejemplo, considere el sistema en la figura 6.22. Un tanque cerrado que contiene un fluido tiene un eje que facilita la transferencia de trabajo al fluido. Cuando el eje gira, se transfiere trabajo al fluido incrementando su energía interna, y de ahí transfiriendo calor del fluido a los alrededores, como se muestra en la figura 6.22(*a*). Durante este proceso, el trabajo se convierte directa y totalmente en calor. Pero cuando se transfiere calor al fluido, como se muestra en la figura 6.22(*b*), el eje no gira y, por tanto, no se realiza trabajo. La primera ley de la termodinámica no impide la conversión de calor a trabajo en este sistema, pero sabemos por experiencia que dicha conversión no ocurre. Con base en este argumento, concluimos que el trabajo se puede convertir directa y totalmente en calor, pero el calor no siempre se puede convertir en trabajo. La conversión directa de calor en trabajo es imposible sin el uso de un dispositivo especial llamado *máquina térmica*.

Una **máquina térmica** *convierte calor en trabajo*. Antes de describir cómo ocurre esta conversión, debemos definir un término termodinámico importante: *depósito de energía térmica*. Éste es un cuerpo con una capacidad térmica muy grande cuya característica distintiva es que puede suministrar o recibir grandes cantidades de energía térmica sin experimentar algún cambio de temperatura. En los sistemas termodinámicos reales, debido a sus grandes masas y capacidades caloríficas, los grandes cuerpos de agua como océanos, lagos o ríos se consideran depósitos de energía térmica. A la atmósfera también se le considera como tal. Cualquier región o cuerpo cuya capacidad térmica es grande en comparación con la cantidad de calor que suministra o recibe, se puede considerar un depósito de energía térmica. Éstos son de dos tipos: la *fuente* de energía térmica y el *sumidero* de energía térmica. Una fuente de energía térmica suministra calor a un sistema, mientras que un sumidero absorbe calor del sistema. Como se ilustra en la figura 6.23, una máquina térmica recibe una cantidad de calor (Q_{ent}) de una fuente de alta temperatura y convierte una parte en trabajo (W_{sal}). Además, rechaza el calor remanente (Q_{sal}) a un sumidero de temperatura baja. Existen varios sistemas termodinámicos que califican como máquinas térmicas, pero el que mejor se ajusta a la definición es la planta termoeléctrica. En una planta termoeléctrica, Q_{ent} es el calor suministrado a una caldera mediante un proceso de combustión o una reacción nuclear. El calor Q_{sal}, rechazado a un sumidero de baja temperatura, es el calor transferido de un cambiador de calor a un lago o río cercano, o a la atmósfera. El trabajo W_{sal} producido por la planta de potencia es la energía generada por una turbina. Un generador eléctrico, que se conecta a la turbina mediante un eje, produce energía eléctrica.

Si inspeccionamos la figura 6.23, veremos que la primera ley de la termodinámica para una máquina térmica es:

$$Q_{ent} = Q_{sal} + W_{sal}. \tag{6.34}$$

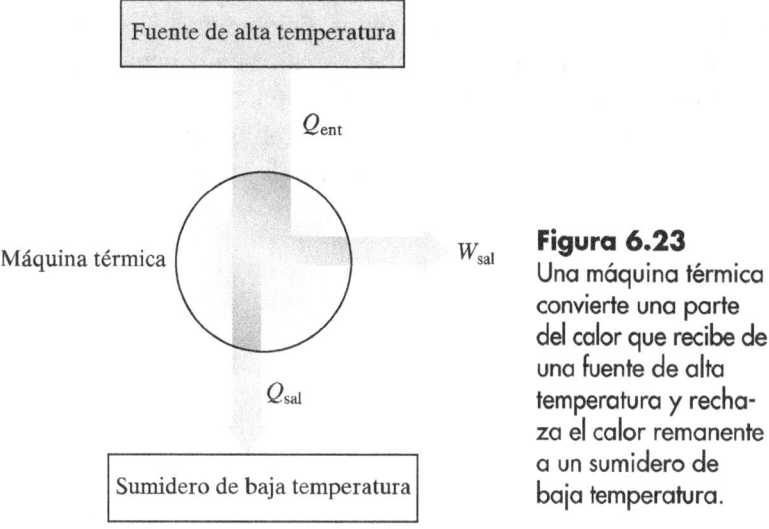

Figura 6.23
Una máquina térmica convierte una parte del calor que recibe de una fuente de alta temperatura y rechaza el calor remanente a un sumidero de baja temperatura.

W_{sal} es el trabajo útil producido por la máquina térmica. Para una planta termoeléctrica, W_{sal} es realmente un trabajo *neto*, porque se tiene que suministrar algún trabajo a una bomba para hacer circular el vapor a través de la caldera y otros componentes de la planta de potencia. El calor Q_{sal} rechazado a un sumidero de baja temperatura es energía desperdiciada. ¿Entonces por qué no simplemente eliminamos Q_{sal} convirtiendo todo el Q_{ent} en trabajo? Resulta que, aunque esta idea suena muy atractiva, la eliminación de Q_{sal} viola la segunda ley de la termodinámica. Es necesaria una cantidad de calor desperdiciado Q_{sal} diferente a cero para que la máquina térmica funcione.

La *eficiencia* es una cantidad útil en ingeniería, usada para medir el desempeño de numerosos sistemas. Una definición general de la eficiencia es:

$$\text{eficiencia} = \frac{\text{salida deseada}}{\text{entrada requerida}}. \tag{6.35}$$

Para las máquinas térmicas, la salida deseada es la salida de trabajo, y la entrada requerida es el calor suministrado por la fuente de alta temperatura. De ahí que la **eficiencia térmica** de una máquina térmica, que se denota como η_{ter}, esté dada por la relación:

$$\eta_{ter} = \frac{W_{sal}}{Q_{ent}}. \tag{6.36}$$

De acuerdo con la primera ley de la termodinámica, ninguna máquina térmica (o cualquier otro dispositivo para el caso) puede producir más energía que la que se le suministra. Por tanto, la eficiencia térmica de una máquina térmica siempre es menor a 1. Este hecho es evidente en la figura 6.23, porque sólo una parte del calor suministrado a la máquina térmica se convierte en trabajo, rechazando el calor remanente a un sumidero de baja temperatura.

EJEMPLO 6.6

Una máquina térmica produce 6 MW de potencia, mientras que absorbe 10 MW de una fuente de alta temperatura. ¿Cuál es la eficiencia térmica de la máquina? ¿Cuál es la razón de transferencia de calor al sumidero de baja temperatura?

Solución

El trabajo de salida y el calor de entrada están dados en términos de razones de energía, no en energía. La relación de la primera ley para una máquina térmica [ecuación (6.34)] se puede expresar en forma de razones dividiendo cada cantidad entre el tiempo. De manera similar, las cantidades de trabajo y calor en la ecuación (6.36) se pueden dividir entre el tiempo. El resultado de esta división nos da la potencia $\dot{W}_{sal}$ y las razones de transferencia de calor $\dot{Q}_{ent}$ y $\dot{Q}_{sal}$, donde el "punto" denota una cantidad en términos de razones. Por tanto, la eficiencia térmica de la máquina térmica es:

$$\eta_{ter} = \frac{\dot{W}_{sal}}{\dot{Q}_{ent}}$$

$$= \frac{(6 \text{ MW})}{10 \text{ MW}} = 0.6 \ (60\%).$$

La razón de transferencia de calor al sumidero de baja temperatura es:

$$\dot{Q}_{sal} = \dot{Q}_{ent} - \dot{W}_{sal}$$

$$= 10 \text{ MW} - 6 \text{ MW} = 4 \text{ MW}.$$

6.7 SEGUNDA LEY DE LA TERMODINÁMICA

La primera ley de la termodinámica establece que la energía se conserva (es decir, se puede convertir de una forma a otra, pero no se puede crear o destruir). También nos dice qué formas de energía están comprendidas en una conversión particular de energía, pero no nos dice nada acerca de si la conversión es posible, o en qué dirección ocurre este proceso. La experiencia común nos dice que una roca cae naturalmente desde un risco hasta el suelo, pero que nunca salta del suelo a la parte superior del propio risco. La primera ley no impide que la roca salte del suelo a la cima del risco, porque la energía (potencial y cinética) se sigue conservando en este proceso. Sabemos por experiencia que una bebida caliente se enfría naturalmente conforme se transmite calor de la bebida a los alrededores más fríos. La energía perdida por la bebida es igual a la energía ganada por los alrededores. Sin embargo, la bebida caliente no se calentará más, porque el calor fluye de una temperatura alta a una baja. La primera ley no impide que la bebida se caliente más en un cuarto frío, siempre que la energía perdida por el cuarto sea igual a la energía ganada por la bebida. La experiencia también nos dice que si usted deja caer un huevo sobre el piso, éste se rompe y produce una gran mancha pegajosa. El proceso inverso no ocurre (es decir, los fragmentos del cascarón no se rearman automáticamente alrededor de la yema y la clara del huevo, y después rebotan del piso a su mano). Una vez más, la primera ley no impide que ocurra el proceso inverso; sin embargo, la arrolladora evidencia experimental nos dice que éste no ocurre. Como ejemplo final, considere el sistema en la figura 6.24. Un tanque cerrado que contiene un fluido tiene un eje que facilita la conversión entre trabajo y calor. Suponga que deseáramos utilizar el aparato como una máquina térmica, un dispositivo que convierte calor en trabajo. Si realmente fuéramos a construir este dispositivo e intentáramos elevar el peso transfiriendo calor al fluido, descubriríamos que el peso no se elevaría. Como

Figura 6.24
Transferir calor al fluido no hace que el eje gire; por tanto, no se realizará trabajo para elevar el peso.

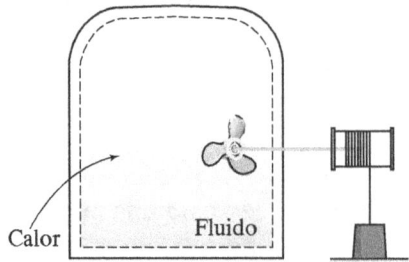

Calor   Fluido

en los ejemplos anteriores, la primera ley no impide la conversión de calor a trabajo en este sistema, pero por experiencia sabemos que esta conversión no ocurre.

Con base en observaciones directas de los sistemas físicos, es claro que los procesos termodinámicos ocurren sólo en cierta dirección. Aunque la primera ley no impone restricciones sobre la dirección en que ocurre un proceso termodinámico, no asegura que el proceso sea *posible*. Para responder esta pregunta necesitamos otro principio o ley que nos diga algo acerca de la dirección natural de los procesos termodinámicos. Ese principio es la segunda ley de la termodinámica. Para que un proceso ocurra, deben satisfacerse *ambas* leyes de la termodinámica, la primera y la segunda. Existen diversas formas de establecer la segunda ley de la termodinámica. Una de las formas más útiles de esta segunda ley, a la que de aquí en adelante simplemente mencionaremos como "la segunda ley", es que *es imposible que una máquina térmica produzca una cantidad de trabajo igual a la cantidad de calor recibida desde un depósito de energía térmica*. En otras palabras, la segunda ley establece que es imposible que una máquina térmica convierta *todo* el calor que recibe de un depósito de energía térmica en trabajo. En la figura 6.25 se ilustra una máquina térmica que viola la segunda ley. Para que funcione, una máquina térmica *debe rechazar algo del calor* que recibe de la fuente de alta temperatura al sumidero de baja temperatura. Una máquina térmica que viola la segunda ley convierte 100 por ciento de este calor en trabajo. Esto es físicamente imposible.

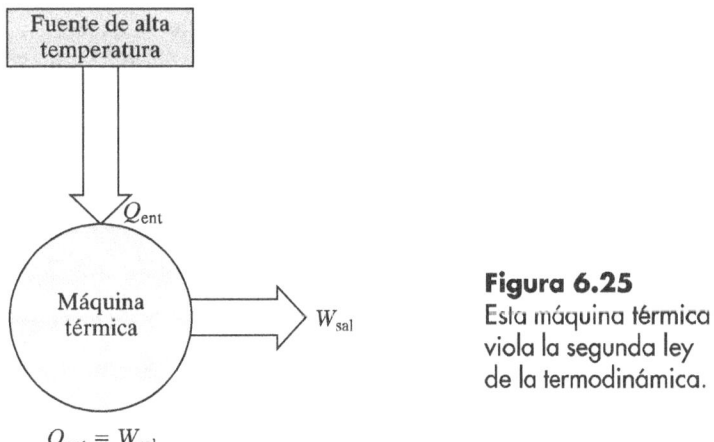

Figura 6.25
Esta máquina térmica viola la segunda ley de la termodinámica.

La segunda ley también se puede expresar como: *ninguna máquina térmica puede tener una eficiencia térmica de 100 por ciento*. La eficiencia térmica de una máquina térmica, denotada por η_{ter}, se define como la relación del trabajo de salida al calor de entrada:

$$\eta_{ter} = \frac{W_{sal}}{Q_{ent}}. \tag{6.37}$$

Claramente, si la eficiencia térmica de una máquina térmica es de 100 por ciento, entonces $Q_{ent} = W_{sal}$. Si la segunda ley impide que una máquina térmica tenga una eficiencia térmica de 100 por ciento, ¿cuál es su máxima eficiencia térmica posible? Como se ilustra en la figura 6.26, una máquina térmica es un dispositivo que convierte en trabajo una parte del calor que se le suministra desde una fuente de alta temperatura. El remanente de calor es rechazado a un sumidero de baja temperatura. La eficiencia térmica de una máquina térmica está dada por la ecuación (6.37). Aplicando la primera ley a la máquina obtenemos:

$$Q_{ent} = Q_{sal} + W_{sal}. \tag{6.38}$$

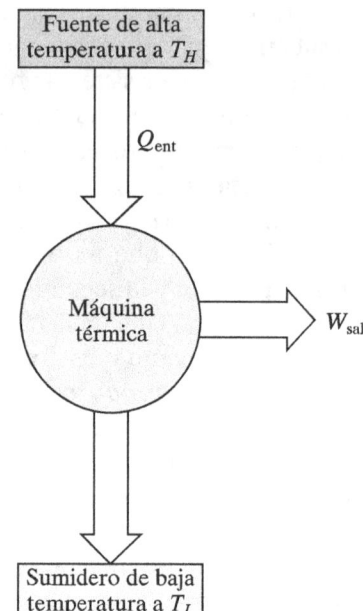

Figura 6.26
Una máquina térmica funcionando entre los depósitos de energía térmica a las temperaturas T_H y T_L, convierte calor en trabajo.

Resolviendo para W_{sal} en la ecuación (6.38) y sustituyendo el resultado en la ecuación (6.37) obtenemos:

$$\eta_{ter} = \frac{Q_{ent} - Q_{sal}}{Q_{ent}} = 1 - \frac{Q_{sal}}{Q_{ent}}. \tag{6.39}$$

Se puede demostrar matemáticamente que, para una máquina térmica ideal que funciona entre las temperaturas de fuente y de sumidero T_H y T_L, respectivamente, la relación del calor suministrado al calor rechazado es igual a la relación de las temperaturas absolutas de la fuente y del sumidero de calor. Por tanto,

$$\frac{Q_{sal}}{Q_{ent}} = \frac{T_L}{T_H}. \tag{6.40}$$

Los detalles de la demostración matemática se pueden encontrar en la mayoría de textos sobre termodinámica. ¿Qué significa que una máquina térmica sea ideal? La respuesta en síntesis es que una máquina térmica se considera ideal si los procesos dentro de ella son reversibles. Un proceso reversible es aquel cuya dirección se puede invertir sin dejar algún rastro en los alrededores. Un ejemplo simple de un proceso reversible es un péndulo sin fricción, el cual puede oscilar en cualquier dirección sin disipar calor a los alrededores. En las referencias al final de este capítulo se puede encontrar una discusión más detallada de este concepto.

Sustituyendo la ecuación (6.40) en la ecuación (6.39), encontramos que la eficiencia térmica para una máquina térmica ideal se convierte en:

$$\eta_{ter,\,ideal} = 1 - \frac{T_L}{T_H} \tag{6.41}$$

donde T_L y T_H denotan las temperaturas absolutas del sumidero de baja temperatura y de la fuente de alta temperatura, respectivamente. Ya que T_L y T_H son temperaturas absolutas, estas cantidades deben expresarse en unidades kelvin (K) o rankine (°R). La eficiencia térmica dada por la ecuación (6.41) es la máxima posible que una máquina térmica puede tener, y con frecuencia se le llama **eficiencia de Carnot** en honor del ingeniero francés Sadi Carnot. Una máquina térmica cuya eficiencia térmica está dada por la ecuación (6.41) es sólo teórica, una idealización que los ingenieros utilizan para compararla con las máquinas térmicas reales, pues ninguna de éstas puede tener una eficiencia térmica mayor que la eficiencia de Carnot, porque ninguna máquina térmica real es reversible. De ahí que las eficiencias de las máquinas térmicas reales, como las plantas termoeléctricas, no deben compararse con el 100 por ciento. En vez de ello deben compararse con la eficiencia de Carnot para una máquina térmica que funciona entre los mismos límites de temperatura. La eficiencia de Carnot es el límite teórico superior de la eficiencia térmica de una máquina térmica. Si se pretende que ésta tenga una eficiencia térmica mayor que la de Carnot, violaría la segunda ley de la termodinámica.

Como se advierte, la primera y segunda leyes de la termodinámica son los principios determinantes fundamentales sobre los que se basan todos los procesos de energía. En resumen: *la primera ley dice que usted no puede obtener algo de nada. La segunda ley dice que ni siquiera se puede acercar a hacerlo.*

Antes, en esta sección, indicamos que existen diversas maneras de establecer la segunda ley de la termodinámica. El objetivo fundamental de la ciencia es explicar el universo en que vivimos. La segunda ley de la termodinámica, más allá de que es muy útil para analizar y diseñar sistemas de ingeniería, es un principio científico que tiene profundas consecuencias. Desde el punto de vista científico, se considera que la segunda ley es una "flecha del tiempo", un principio inmutable que asigna una dirección natural a todos los procesos físicos. Las piedras caen de los riscos, pero nunca regresan. El calor fluye de objetos calientes a objetos fríos, pero nunca al revés. Los huevos crudos que se tiran al suelo lo manchan, pero no se reintegran. La crema se mezcla con el café, pero una vez mezclada, el café y la crema ya no se pueden separar. Los procesos físicos son ordenados: siguen la flecha del tiempo. La materia y la energía se diseminan, reduciendo la calidad de las cosas. De acuerdo con la segunda ley, las cosas se mueven naturalmente del orden al desorden, de mayor a menor calidad, de un estado más útil a uno menos útil. Para abreviar, la segunda ley dice que, si abandonamos las cosas a sí mismas, éstas empeoran. Como se muestra en la figura 6.27, parece que la segunda ley se aplica a cualquier cosa, no sólo a los sistemas de energía.

Figura 6.27
La segunda ley de la termodinámica ha cobrado su cuota a esta estructura.

221

Evaluación de una afirmación sobre una máquina térmica nueva

En una solicitud de patente para una nueva máquina térmica, un inventor afirma que el dispositivo produce 1 kJ de trabajo por cada 1.8 kJ de calor que se le suministran. En la solicitud, el inventor indica que la máquina térmica absorbe energía de una fuente de 350 °C y rechaza energía a un sumidero a 25 °C. Evalúe esta afirmación.

Se puede verificar la viabilidad de la nueva máquina térmica determinando si ésta viola la primera o la segunda leyes de la termodinámica. Si viola la primera ley, la máquina térmica tendría que producir una cantidad de trabajo mayor que la que se le suministra. Debido a que $W_{sal} < Q_{ent}$ (1 kJ < 1.8 kJ) para esta máquina, la primera ley se cumple. Si se viola la segunda ley, la máquina térmica tendría que tener una eficiencia térmica mayor que la eficiencia de Carnot para una máquina térmica que funcionara entre los mismos límites de temperatura. La eficiencia térmica real de la máquina es:

$$\eta_{ter,\,real} = \frac{W_{sal}}{Q_{ent}} = \frac{1\,kJ}{1.8\,kJ} = 0.556(55.6\%).$$

Observando que las temperaturas de la fuente y del sumidero deben expresarse en unidades absolutas, la eficiencia de Carnot es:

$$\eta_{ter,\,Carnot} = 1 - \frac{T_L}{T_H}$$
$$= 1 - \frac{(25 + 273)\,K}{(350 + 273)\,K} = 0.522(52.2\%).$$

La eficiencia térmica real de la máquina térmica es mayor que la eficiencia de Carnot (0.556 > 0.522), por lo que la afirmación del inventor es inválida. Es físicamente imposible que esta máquina térmica produzca 1 kJ de trabajo por cada 1.8 kJ de calor que se le suministren, dadas las temperaturas de la fuente y del sumidero especificadas en la solicitud de patente.

¡Practique!

1. Una fuente de alta temperatura alimenta una máquina térmica con 25 kJ de energía. La máquina rechaza 15 kJ de energía a un sumidero de baja temperatura. ¿Cuánto trabajo produce la máquina?
   Respuesta: 10 kJ.

2. Una máquina térmica produce 5 MW de potencia mientras absorbe 8 MW de una fuente de alta temperatura. ¿Cuál es la eficiencia térmica de esta máquina? ¿Cuál es la razón de transferencia de calor al sumidero de baja temperatura?
   Respuesta: 0.625, 3 MW.

3. Una máquina térmica absorbe 20 MW de un horno a 400 °C y rechaza 12 MW a la atmósfera a 25 °C. Encuentre las eficiencias real y de Carnot de esta máquina térmica. ¿Cuánta potencia produce la máquina?
   Respuesta: 0.400, 0.557, 8 MW.

4. Joe, un reparador casero que se considera ingeniero, le dice a su vecina, la ingeniera Jane, que ha desarrollado una máquina térmica que recibe calor

de agua hirviendo a una presión de 1 atm, y rechaza calor a un congelador a –5 °C. Joe afirma que su máquina produce 1 Btu de trabajo por cada 2.5 Btu de calor que recibe del agua hirviendo. Después de un cálculo rápido, Jane le informa a Joe que si pretende diseñar máquinas térmicas, primero necesita estudiar ingeniería. ¿Es acertado el comentario de Jane? Justifique su respuesta con un análisis.

Respuesta: Sí, porque $\eta_{real} = 0.400$ y $\eta_{Carnot} = 0.282$, lo cual es imposible.

TÉRMINOS CLAVE

calor
eficiencia de Carnot
eficiencia térmica
energía
energía cinética
energía interna
energía potencial
energía potencial elástica

energía potencial gravitacional
ley cero de la termodinámica
máquina térmica
presión
primera ley de la termodinámica

segunda ley de la termodinámica
temperatura
termodinámica
trabajo

REFERENCIAS

Cengel, Y. A. y M. A. Boles, *Thermodynamics: An Engineering Approach*, 6a. ed., McGraw-Hill, Nueva York, 2008.

Sonntag, R. E., C. Borgnakke y G. J. Van Wylen, *Fundamentals of Thermodynamics*, 6a. ed. John Wiley & Sons, Nueva York, 2003.

Moran, M. J. y H. N. Shapiro, *Fundamentals of Engineering Thermodynamics*, 6a. ed., John Wiley & Sons, Nueva York, 2008.

Levenspiel, O., *Understanding Engineering Thermo*, Prentice Hall, Upper Saddle River, Nueva Jersey, 1996.

Hagen, K. D., *Heat Transfer with Applications*, Prentice Hall, Upper Saddle River, Nueva Jersey, 1999.

Incropera, F. P., D. P. DeWitt, T. L. Bergman y A. S. Levine, *Fundamentals of Heat and Mass Transfer*, 6a. ed., John Wiley & Sons, Nueva York, 2007.

PROBLEMAS

Presión y temperatura

6.1 ¿Qué presión manométrica se necesitaría para inflar el neumático de un automóvil en San Diego, California, para alcanzar una presión absoluta de 325 kPa?

6.2 Un manómetro conectado a un tanque indica 375 kPa en un lugar donde la presión atmosférica es de 92 kPa. Encuentre la presión absoluta en el tanque.

6.3 Un dispositivo pistón-cilindro vertical sin fricción contiene un gas. El pistón tiene una masa de 3 kg y un radio de 5 cm, y se le aplica una fuerza hacia abajo de 75 N. Si la presión atmosférica es 100 kPa, encuentre la presión dentro del cilindro. (Véase la figura P6.3.)

6.4 Un medidor de vacío conectado a un tanque indica 5.3 psi en un lugar donde la presión atmosférica es de 13.8 psi. Encuentre la presión absoluta en el tanque.

6.5 Una temperatura interior confortable es de 70 °F, ¿cuál es la temperatura en unidades de °R, °C y K?

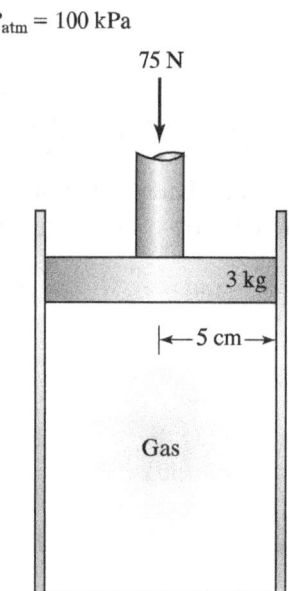

$P_{atm} = 100$ kPa

75 N

3 kg

5 cm

Gas

Figura P6.3

6.6 La temperatura corporal promedio de un adulto sano es de aproximadamente 98.6 °F, ¿cuál es la temperatura en unidades de °R, °C y K?

6.7 Encuentre la temperatura a la cual coinciden las escalas Fahrenheit y Celsius.

6.8 Los cambiadores de calor son dispositivos que facilitan la transferencia de energía térmica de un fluido a otro a través de una pared sólida. En un cambiador de calor particular, entra glicerina a la unidad a una temperatura de 30 °C y sale de ella a una temperatura de 47 °C, ¿cuál es el cambio de temperatura de la glicerina en unidades de °F, °R y K?

Trabajo y calor

6.9 Al recorrer un tramo de un camino horizontal de 1250 pies, un automóvil de 75 slugs cambia su velocidad de 5 mi/h a 60 mi/h. Si la fuerza de fricción que actúa sobre el automóvil es de 25 lb$_f$, ¿cuál es el trabajo total?

6.10 La presión en un dispositivo pistón-cilindro sin fricción varía conforme a la función $P = CV^{-n}$, donde C y n son constantes y V es el volumen. Derive una relación para el trabajo de límite en términos de los volúmenes inicial y final V_1 y V_2, y las constantes C y n. ¿Cuál es la restricción en la constante n?

6.11 Una persona de 180 lb$_m$ asciende una escalera que consta de 150 escalones, cada uno con una elevación vertical de 8 in. ¿Cuánto trabajo contra la gravedad realiza esta persona?

6.12 Un eje conectado a un motor realiza un trabajo de 600 kJ en 5 minutos. Si el eje gira a 1750 rpm, ¿cuál es el par motor en el eje?

6.13 Una caja es arrastrada sobre un piso rugoso mediante una fuerza $F = 120$ N, como se muestra en la figura P6.13. Una fuerza de fricción de 40 N actúa retardando el movimiento de la caja. Si ésta es arrastrada 25 m sobre el piso, ¿cuál es el trabajo realizado por la fuerza de 120 N? ¿Y por la fuerza de fricción? ¿Cuál es el trabajo *neto* efectuado?

Figura P6.13

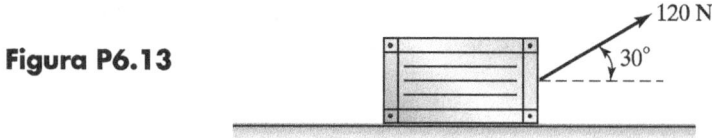

120 N

30°

224

6.14 La transferencia de calor por conducción a través de una pared plana de espesor L y área superficial A se puede calcular utilizando la relación:

$$\dot{Q} = kA\frac{\Delta T}{L}$$

donde k = conductividad térmica de la pared (W/m · °C) y ΔT = diferencia de temperaturas a través de la pared (°C). Para un tablero de madera laminada de 1.74 cm de espesor ($k = 0.12$ *W/m* · °C) y una diferencia de temperatura de 30 °C, ¿cuál es la transferencia de calor por unidad de área superficial?

6.15 La transferencia de calor por convección de una superficie de área A a un fluido circundante se puede calcular utilizando la relación:

$$\dot{Q} = hA(T_s - T_\infty)$$

donde h = coeficiente de transferencia de calor, T_S = temperatura superficial (°C) y T_∞ = temperatura a corriente libre del fluido (°C). Si fluye aire a 25 °C sobre una superficie de 2.8 m^2 que se mantiene a una temperatura de 80 °C, encuentre la transferencia de calor para un coeficiente de transmisión de calor de 40 W/m^2 · °C.

6.16 La transferencia de calor por radiación entre un objeto con un área superficial A y una emisividad ε y el contenedor del objeto se puede calcular utilizando la relación:

$$\dot{Q} = A\epsilon\sigma(T_1^4 - T_2^4)$$

donde $\sigma = 5.669 \times 10^{-8}$ W/m^2 · K^4 (constante de Stefan-Boltzman), y T_1 y T_2 son las temperaturas absolutas (K) del objeto y de su contenedor, respectivamente. Considere una esfera de cobre oxidado de 10 cm de diámetro ($\varepsilon = 0.78$) cuya temperatura es de 500 °C. Encuentre la transferencia de calor si la temperatura del contenedor es de 60 °C.

Para los problemas 17 al 40 utilice el procedimiento general de análisis de: 1) definición del problema; 2) diagrama; 3) supuestos; 4) ecuaciones determinantes; 5) cálculos; 6) verificación de la solución, y 7) comentarios.

Primera ley de la termodinámica

6.17 Se deja caer un bloque de 3 kg desde la posición de reposo sobre un resorte elástico lineal, como se muestra en la figura P6.17. Inicialmente el resorte se encuentra sin deformación y tiene una constante de resorte de 1130 N/m. ¿Cuál es la deformación del resorte cuando el bloque se detiene momentáneamente? (*Sugerencia*: Recuerde que el bloque recorre 2 m *más* una distancia igual a la deformación del resorte.)

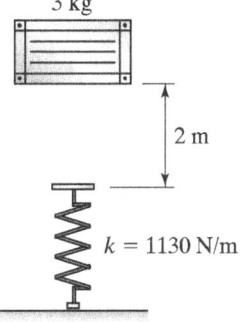

Figura P6.17

6.18 Un dispositivo pistón-cilindro que contiene un gas recibe 25 kJ de calor. Durante el procedimiento, el gas se expande moviendo el pistón hacia fuera, realizando un trabajo límite de 10 kJ. Igualmente, un elemento eléctrico calefactor imparte 6 kJ al gas. Si la pérdida de calor del dispositivo es de 8 kJ, ¿cuál es el cambio de energía interna del gas durante el proceso?

6.19 Un taller para maquinaria se mantiene a una temperatura constante durante el verano mediante pequeñas unidades de acondicionamiento de aire, con una potencia nominal de 8 kW. La razón de transferencia de calor de los alrededores al taller de maquinaria es de 24 kW. Cinco tornos y cuatro fresadoras disipan un total de 4 kW; las luces del taller disipan 2.5 kW y nueve operarios disipan un total de 3.5 kW. ¿Cuántas unidades de acondicionamiento de aire se requieren?

6.20 El dispositivo pistón-cilindro mostrado en la figura P6.20 contiene un fluido que se puede agitar mediante un eje rotatorio. La superficie exterior del dispositivo se cubre con una gruesa capa de aislamiento. El eje imparte 50 kJ al fluido durante un proceso en el que la presión se mantiene constante a 130 kPa conforme el pistón se mueve hacia fuera. Si la energía interna del fluido aumenta 20 kJ durante el proceso, ¿cuál es el desplazamiento axial del pistón?

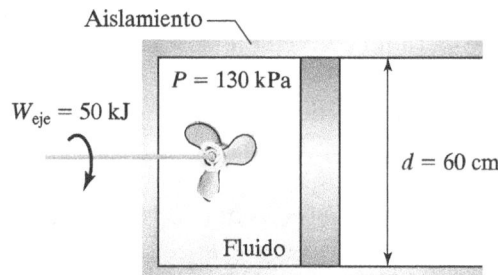

Figura P6.20

6.21 Un tanque cerrado que contiene aire caliente tiene una energía interna inicial de 350 kJ. Durante los siguientes 5 minutos el tanque pierde calor hacia los alrededores a razón de 1.2 kW, mientras que un elemento eléctrico suministra 800 W al aire. Encuentre la energía interna final del aire.

6.22 Una pequeña instalación de investigaciones en una remota región polar se mantiene a una temperatura confortable mediante quemadores de gas propano. La capacidad de almacenamiento de propano de las instalaciones es de 5000 kg. Si la razón de pérdida de calor de las instalaciones es de 40 kW y el calor de la combustión de propano es de 46 MJ/kg, ¿cuánto tiempo puede mantenerse caliente la instalación de forma continua antes de que se agote el propano? Asuma que sólo 70 por ciento del calor de la combustión se utiliza como energía útil.

6.23 Un globo esférico de aire caliente que mide 15 m de diámetro vuela a una altitud constante encendiendo periódicamente el sistema del quemador, manteniendo el aire dentro de la canastilla a temperatura constante. Si la razón de pérdida de calor por metro cuadrado a través de la canastilla es de 110 W/m^2, ¿cuánta energía debe suministrar el quemador durante un periodo de 1 hora? Si el sistema del quemador utiliza propano como combustible, ¿cuánto propano se consume durante este tiempo si el calor de combustión del propano es de 46 MJ/kg? Asuma que todo el calor de la combustión se utiliza para calentar el aire en la canastilla.

6.24 El cambio de energía interna ΔU para un sistema cerrado que pasa por un proceso termodinámico se puede aproximar mediante la relación:

$$\Delta U = mc(T_2 - T_1)$$

donde m es la masa de la sustancia dentro del sistema (kg), c es el calor específico promedio de la sustancia (J/kg · °C), y T_1 y T_2 son las temperaturas inicial y final de la sustancia (°C), respectivamente, para el proceso. Un tanque rígido contiene 10 kg de vapor a 250 °C. Durante los siguientes 5 minutos, la razón de transferencia de calor desde el tanque es de 3 kW. ¿Cuál es la temperatura final del vapor? Para el vapor, permitamos que $c = 1.411$ kJ/kg · °C.

6.25 El cambio de energía interna ΔU para un sistema cerrado que pasa por un proceso termodinámico se puede aproximar mediante la relación:

$$\Delta U = mc(T_2 - T_1)$$

donde m es la masa de la sustancia dentro del sistema (kg), c es el calor específico promedio de la sustancia (J/kg · °C), y T_1 y T_2 son las temperaturas inicial y final de la sustancia (°C), respectivamente, para el proceso. Un tanque rígido contiene 2 kg de aire a 300 °C. Durante los siguientes 10 minutos, la razón de transferencia de calor desde el tanque es de 1.3 kW, mientras que durante el mismo tiempo, un eje rotatorio realiza un trabajo de 500 kJ sobre el aire. ¿Cuál es la temperatura final del aire? Para el aire, $c = 0.718$ kJ/kg · °C.

Máquinas térmicas

6.26 Una fuente de alta temperatura alimenta una máquina térmica con 17 kJ de energía. La máquina térmica rechaza 8 kJ de energía a un sumidero de baja temperatura. ¿Cuánto trabajo produce la máquina?

6.27 Durante un intervalo de tiempo de 1 h, una máquina térmica absorbe 360 MJ de energía de una fuente de alta temperatura, mientras rechaza 40 kW a un sumidero de baja temperatura. ¿Cuánta potencia produce la máquina?

6.28 Una máquina térmica produce 2 MW de potencia mientras rechaza 920 kW al ambiente. ¿Cuál es la razón de transferencia de calor de la fuente de alta temperatura a la máquina?

6.29 Una máquina térmica produce 10 MW de potencia mientras absorbe 18 MW de potencia de una fuente de alta temperatura. ¿Cuál es la eficiencia térmica de la máquina? ¿Cuál es la razón de transferencia de calor al sumidero de baja temperatura?

6.30 Una máquina térmica rechaza 2×10^6 Btu/h a un lago mientras absorbe 5×10^6 Btu/h de un horno. ¿Cuál es la eficiencia térmica de esta máquina? ¿Cuál es la salida de potencia?

6.31 La eficiencia térmica de una máquina térmica es de 60 por ciento. Si la máquina térmica extrae 4 MJ de energía de una fuente de alta temperatura, ¿cuánta energía se rechaza al sumidero de baja temperatura?

Segunda ley de la termodinámica

6.32 Una máquina térmica absorbe 25 MW de una cámara de combustión a 400 °C y rechaza 15 MW a la atmósfera a 30 °C. Encuentre las eficiencias real y de Carnot de esta máquina. ¿Cuánta potencia produce?

6.33 Una planta termoeléctrica de 2 GW, que utiliza un río cercano como sumidero de baja temperatura, tiene una eficiencia térmica real de 55 por ciento. La fuente de alta temperatura es una caldera a 400 °C, y la temperatura del agua del río es de 10 °C. Encuentre la razón de transferencia de calor al río y la eficiencia térmica ideal de la planta de potencia.

6.34 Un ingeniero propone diseñar una máquina térmica que utiliza la atmósfera como fuente de alta temperatura y una profunda caverna como sumidero de baja temperatura. Si las temperaturas de la atmósfera y de la caverna son 25 y 8 °C, respectivamente, ¿cuál es la eficiencia térmica máxima que esta máquina térmica puede alcanzar? ¿Cuál es la salida de potencia máxima posible si la máquina térmica absorbe 260 kW de la atmósfera?

6.35 Una máquina térmica de Carnot específica absorbe energía de un horno y rechaza energía a la atmósfera a 300 K. Grafique la eficiencia de esta máquina térmica como una función de la temperatura del horno. Utilice un intervalo de 350 a 2000 K. ¿Qué se puede concluir a partir de esta gráfica?

6.36 Un inventor presenta una solicitud de patente para una máquina térmica que produce 1 kJ por cada 2.2 kJ que se le suministran. En la solicitud, el inventor indica que esta máquina térmica absorbe energía de una fuente de 250 °C y rechaza energía a un sumidero a 40 °C. Evalúe esta patente.

6.37 Una planta termoeléctrica de Carnot de 9 MW funciona entre los límites de temperatura de 600 y 20 °C. Encuentre las razones de transferencia de calor hacia y desde la máquina térmica.

6.38 Una máquina térmica utiliza energía solar como fuente de energía. La máquina incluye un tablero solar que intercepta un flujo de radiación solar de 900 W/m^2 de la superficie del tablero. Asumiendo que el tablero solar absorbe 85 por ciento de la radiación solar incidente, encuentre el área de la superficie expuesta del tablero requerida para producir una eficiencia térmica de 20 por ciento y una salida de potencia de 3.6 kW para la máquina térmica.

6.39 ¿Cuál es la máxima salida de potencia posible de una máquina térmica que funciona entre los límites de temperatura de 50 y 800 °C si se le suministran 360 MJ de energía durante un periodo de 1 h? ¿Cuál es la salida de potencia real si la máquina térmica rechaza 216 MJ a un sumidero de 50 °C durante el mismo periodo?

6.40 Se pretende diseñar una planta carboeléctrica con el propósito de generar energía eléctrica para una ciudad con una población de 60,000 residentes. Con base en un análisis del orden de magnitudes, se estima que cada residente consumirá una energía promedio de 55 MJ diarios. La caldera alimentada con carbón suministra 70 MW al vapor, mientras que se rechaza energía térmica a un lago cercano cuya temperatura promedio es de 15 °C. ¿Cuál es la temperatura mínima requerida en la caldera para satisfacer las demandas de potencia de la ciudad?

Mecánica de fluidos

Objetivos

Después de leer este capítulo, usted aprenderá:

- La importancia de la mecánica de los fluidos en la ingeniería.
- Acerca de la densidad, el peso específico y la gravedad específica de los fluidos.
- El concepto de compresibilidad.
- Cómo afecta la viscosidad a las fuerzas de corte en los fluidos.
- A utilizar la relación elevación-presión para identificar las fuerzas sobre las superficies sumergidas.
- Cómo calcular los flujos volumétricos y los flujos másicos.
- El uso del principio de la continuidad para analizar sistemas sencillos de flujo.

7.1 INTRODUCCIÓN

Un campo de estudio importante en la ingeniería es la *mecánica de los fluidos*, muchos de sus principios básicos se desarrollaron en paralelo con los de la mecánica de los sólidos, y sus raíces históricas se pueden rastrear en grandes científicos y matemáticos como Arquímedes (287-212 a.C.), Leonardo da Vinci (1425-1519), Isaac Newton (1642-1727), Evangelista Torricelli (1608-1647), Blaise Pascal (1623-1662), Leonhard Euler (1707-1783), Osborne Reynolds (1842-1912) y Ernst Mach (1838-1916). La **mecánica de los fluidos** es *el estudio de los fluidos en reposo y en movimiento*; como subdisciplina de la ingeniería mecánica, se divide en dos categorías: estática y dinámica. La **estática de los fluidos** estudia el comportamiento de los fluidos en reposo y la **dinámica de los fluidos** su comportamiento en movimiento. En la estática de los fluidos, éstos se encuentran en reposo con respecto a un marco de referencia. Esto significa que el fluido no se mueve con respecto a un cuerpo o superficie con el que se encuentra en contacto físico. En la dinámica de los fluidos, éstos se mueven con respecto a un cuerpo o superficie, ejemplos comunes son el flujo de un fluido dentro de un tubo, un canal o alrededor de un cuerpo sumergido, como un submarino o una nave aérea.

Existen dos estados físicos fundamentales de la materia: el sólido y el fluido, este último se divide en estado líquido y estado gaseoso. Un cuarto estado, que se conoce como plasma, se refiere a átomos y moléculas que se encuentran ionizados (eléctricamente cargados). Los plasmas se clasifican como tipos especiales de fluidos que responden a campos electromagnéticos. El análisis de los plasmas es complejo y no se considerará en este libro. Una pregunta fundamental a responder es: "¿Cuál es la diferencia entre un sólido y un fluido?" La simple observación nos dice que los sólidos son "duros", mientras que los fluidos son "suaves". Los sólidos tienen forma y tamaño distintivos y mantienen sus dimensiones básicas aunque se apliquen grandes fuerzas sobre ellos. Los fluidos no tienen una forma distintiva, a menos que se confinen mediante límites sólidos. Cuando se colocan en un contenedor, los fluidos toman la forma de éste. Estos fenómenos ocurren en uno u otro grado en los líquidos y en los gases. Este comportamiento se puede explicar examinando la estructura atómica y molecular de la materia. En los sólidos, el espaciamiento de los átomos o las moléculas es pequeño y existen grandes fuerzas de cohesión entre estas partículas que permiten a los sólidos mantener su forma y tamaño. En los fluidos, el espaciamiento atómico o molecular es mayor y las fuerzas de cohesión son menores, lo que permite a los fluidos mayor libertad de movimiento. A la temperatura ambiente y a la presión atmosférica, el espaciamiento intermolecular promedio es de aproximadamente 10^{-10} m para los líquidos y 10^{-9} m para los gases. Las diferencias en las fuerzas de cohesión en los sólidos, líquidos y gases explican la rigidez de los sólidos, la capacidad de los líquidos para llenar contenedores de abajo hacia arriba y de los gases para llenar totalmente los contenedores donde se les coloca.

Aunque las diferencias entre los sólidos y los fluidos se pueden explicar en términos de estructura atómica o molecular, una explicación más útil para la ingeniería considera la respuesta de los sólidos y de los fluidos a la aplicación de fuerzas externas. Específicamente, un **fluido** se puede definir como *una sustancia que se deforma de manera continua cuando actúa sobre él una fuerza de corte de cualquier magnitud*. El esfuerzo es una fuerza que se aplica sobre un área específica. Un **esfuerzo de corte** se produce cuando una fuerza actúa de manera tangencial sobre una superficie. Cuando un material sólido, como metal, plástico o madera, se somete a una fuerza de corte, el material se deforma en una pequeña porción mientras se le aplique dicho esfuerzo de corte. Si este esfuerzo no es demasiado grande, el material incluso recupera su forma original cuando se retira la fuerza que produce el esfuerzo. Sin embargo, cuando un fluido se somete a una fuerza de corte, el fluido continúa deformándose. A diferencia de los sólidos, los fluidos no pueden soportar un esfuerzo de corte, por lo que se deforman de manera continua (es decir, *fluyen* como respuesta al esfuerzo de corte). Algunas sustancias, como el alquitrán, la pasta de dientes y el mastique, muestran un comportamiento que se encuentra de alguna manera entre los sólidos y los fluidos. Este tipo de sustancias fluyen si el esfuerzo de corte es lo suficientemente grande, pero el análisis de dichas sustancias puede ser complejo. Por lo tanto, restringiremos nuestra atención a los fluidos comunes, como el agua, el aceite y el aire.

En la mayoría de las escuelas y universidades, para las especialidades de ingeniería mecánica, civil y química se requieren uno o más cursos de mecánica de fluidos. Dependiendo de las políticas curriculares de su escuela o departamento, es posible que se requiera tomar un curso de mecánica de fluidos para otras especialidades. Es común que la mecánica de los fluidos se ofrezca como una parte de una secuencia de "termofluidos" integrada por la termodinámica, la mecánica de los fluidos y la transferencia de calor, ya que estas tres disciplinas están estrechamente relacionadas entre sí. Los cursos de estática, resistencia de materiales, circuitos eléctricos y otros cursos orientados al análisis, redondean los planes de estudio de la ingeniería como ciencia.

Los ingenieros utilizan principios de la mecánica de los fluidos para analizar y diseñar una amplia variedad de dispositivos y sistemas. Considere los accesorios de plomería de su casa: el lavabo, la tina de baño o la regadera, la taza de baño, el lavavajillas y la lavadora de ropa se alimentan con agua mediante un sistema de tubos, bombas y válvulas. Cuando usted abre una llave, la razón a la que fluye el agua está determinada por los principios de la mecánica de los fluidos. El análisis y diseño de virtualmente cada tipo de sistema de transporte comprende el uso de la mecánica de fluidos. En el diseño de las aeronaves, vehículos terrestres, submarinos, cohetes y automóviles, se requiere de la aplicación de la mecánica de fluidos. Los ingenieros mecánicos la utilizan para diseñar sistemas de calentamiento y acondicionamiento de aire, turbinas, motores de combustión interna, bombas y compresores de aire. Los ingenieros aeronáuticos utilizan la mecánica de fluidos para diseñar aeronaves, naves espaciales y misiles; los ingenieros químicos para diseñar equipo de proceso químico, como cambiadores de calor y torres de enfriamiento; los ingenieros civiles para diseñar plantas de tratamiento de aguas, sistemas de control de inundaciones, canales de irrigación y presas. Incluso, los principios de la mecánica de fluidos son importantes en el diseño de estructuras construidas sobre el suelo. El colapso del puente Tacoma Narrows en 1940 podría

Figura 7.1
Vista aérea de la
Presa Hoover. Los
ingenieros utilizaron
los principios de la
estática de los fluidos
para determinar las
fuerzas de la presión
que actúan sobre la
estructura. (Cortesía
del U.S. Department
of the Interior Bureau
of Reclamation.
Departamento
Estadounidense de la
Agencia Interna de
Recuperación de
Tierras, Región Baja
del Colorado.)

Figura 7.2
La aerodinámica es
una disciplina
particular dentro de
la mecánica de los
fluidos. Los ingenieros
utilizaron los
principios de la
aerodinámica y otros
principios de
ingeniería para
diseñar la forma
única del avión de
combate F-117
Nighthawk, que elude
el radar. (Cortesía
de Lockheed Martin
Corporation,
Bethesda, MD.)

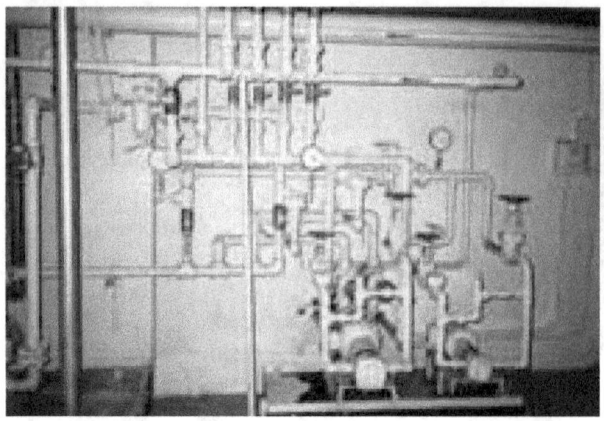

Figura 7.3
Se utilizan los principios de la dinámica de los fluidos para diseñar y analizar sistemas complejos de tubería.

haberse evitado, si los diseñadores hubieran puesto atención en los posibles efectos de las fuerzas del viento sobre los puentes suspendidos. Los principios de la mecánica de fluidos son necesarios para entender las corrientes de los vientos y los océanos. También es necesario entenderla de forma apropiada para estudiar el flujo sanguíneo dentro del sistema circulatorio humano. Ciertamente, la lista de aplicaciones de la mecánica de los fluidos es larga. Las figuras 7.1, 7.2 y 7.3 muestran algunos sistemas de ingeniería que comprenden el uso de la mecánica de los fluidos en su diseño.

7.2 PROPIEDADES DE LOS FLUIDOS

Una *propiedad* es una *característica física o atributo de una sustancia*. En cualquiera de sus estados, sólido o fluido, la materia se puede caracterizar en términos de propiedades. Por ejemplo, el módulo de Young es una propiedad de los sólidos que relaciona el esfuerzo con la deformación específica. La densidad es una propiedad de los sólidos y de los fluidos que provee una medida de la masa contenida en un volumen unitario. En esta sección, examinamos algunas de las propiedades de los fluidos utilizadas más comúnmente. Específicamente, analizaremos: 1) la densidad, el peso específico y la gravedad específica, 2) el módulo volumétrico y 3) la viscosidad.

7.2.1 Densidad, peso específico y gravedad específica

Un fluido es un medio continuo, es decir, una sustancia que se distribuye de forma continua a través de una región en el espacio. Ya que se trata de un medio continuo, sería más bien raro analizar el fluido como una entidad individual con una masa total, m, un peso total, W, o un volumen total V. Es más conveniente analizarlo en términos de la masa de fluido contenida en un volumen específico. La **densidad** se define como la *masa por unidad de volumen*. La densidad es una propiedad que se aplica tanto a los sólidos como a los fluidos. La definición matemática de la densidad ρ es:

$$\rho = \frac{m}{V}.$$ (7.1)

Las unidades que se utilizan más comúnmente para la densidad son el kg/m^3 en el sistema SI y el slug/ft^3 en el sistema inglés. Los valores de la densidad pueden variar de manera amplia para los diferentes fluidos. Por ejemplo, las densidades del agua y del aire a 4 °C y 1 atm de presión son aproximadamente 1000 kg/m^3 (1.94 slug/ft^3) y 1.27 kg/m^3 (0.00246 slug/ft^3), respectivamente. Las densidades de los líquidos son mayores que las de los gases, porque el espaciamiento intermolecular es menor. En cierta medida, las propiedades físicas varían con la temperatura y la presión. En el caso de los líquidos, la densidad no varía de manera significativa con los cambios de temperatura y presión, pero la de los gases se ve fuertemente afectada por estos cambios.

232

Una propiedad de los fluidos que es similar a la densidad es el peso específico. El **peso específico** se define como *peso por unidad de volumen*. La definición matemática del peso específico γ es:

$$\gamma = \frac{W}{V}. \tag{7.2}$$

Las unidades más comúnmente utilizadas para el peso específico son N/m^3 en el sistema SI y lb_f/ft^3 en el sistema inglés. Observe que la unidad para el peso específico en el sistema inglés no es lb_m/ft^3. La unidad lb_m es una unidad de masa, no una unidad de peso. Una rápida inspección de las ecuaciones (7.1) y (7.2) revela que el peso específico es fundamentalmente la misma propiedad que la densidad, sustituyendo la masa con el peso. Se puede obtener una fórmula que relaciona la densidad ρ con el peso específico γ hay que hacer notar que el peso de una unidad de volumen de un fluido es $W = mg$, donde g es la aceleración gravitacional local. Si sustituimos la relación para el peso W en la ecuación (7.2) y combinamos el resultado con la ecuación (7.1), obtenemos la relación:

$$\gamma = \rho g. \tag{7.3}$$

Al utilizar el valor normal de la aceleración gravitacional, $g = 9.81 \text{ m/s}^2$, el agua a 4 °C tiene un peso específico de:

$$\gamma = \rho g$$
$$= (1000 \text{ kg/m}^3)(9.81 \text{ m/s}^2) = 9810 \text{ N/m}^3 = 9.81 \text{ kN/m}^3.$$

Al realizar el mismo cálculo en unidades inglesas, considerando que el valor normal de la aceleración gravitacional es $g = 32.2 \text{ ft/s}^2$, el agua a 4 °C (39.2 °F) tiene un peso específico de:

$$\gamma = \rho g$$
$$= (1.94 \text{ slug/ft}^3)(32.2 \text{ ft/s}^2) = 62.4 \text{ lb}_f/\text{ft}^3.$$

Una forma alternativa de la ecuación (7.3) es:

$$\gamma = \frac{\rho g}{g_c} \tag{7.3a}$$

donde g_c es una constante cuya magnitud y unidades dependen de la elección de unidades utilizada para γ. Por ejemplo, el peso específico del agua en unidades SI se puede calcular como:

$$\gamma = \frac{\rho g}{g_c}$$
$$= \frac{(1000 \text{ kg/m}^3)(9.81 \text{ m/s}^2)}{1\dfrac{\text{kg} \cdot \text{m}}{\text{N} \cdot \text{s}^2}} = 9810 \text{ N/m}^3$$

Si $1 \text{ slug} = 32.2 \text{ lb}_m$, se puede calcular el peso específico del agua en unidades inglesas de la siguiente forma:

$$\gamma = \frac{\rho g}{g_c}$$
$$= \frac{(62.4 \text{ lb}_m/\text{ft}^3)(32.2 \text{ ft/s}^2)}{32.2\dfrac{\text{lb}_m \cdot \text{ft}}{\text{lb}_f \cdot \text{s}^2}} = 62.4 \text{ lb}_f/\text{ft}^3$$

La densidad y peso específico del agua o de cualquier otra sustancia en este caso son numéricamente equivalentes siempre que se utilice el valor normal de g. La razón para encontrar la densidad y el peso específico del agua 4 °C en los comentarios anteriores es que 4 °C es una temperatura de referencia en la que se basa la gravedad específica. La **gravedad específica** se define como *la razón entre la densidad de un fluido y la densidad del agua a la temperatura de referencia*. Por lo común, se considera como 4 °C a la temperatura de referencia, porque la densidad del agua es máxima (aproximadamente 1000 kg/m³) a esta temperatura. La definición matemática de la gravedad específica sg es:

$$sg = \frac{\rho}{\rho_{H_2O,\,4\,°C}} \tag{7.4}$$

Ya que la gravedad específica es la razón entre dos propiedades con las mismas unidades, es una cantidad adimensional. Además, el valor de sg no depende del sistema de unidades utilizado. Por ejemplo, la densidad del mercurio a 20 °C es 13,550 kg/m³ (26.29 slug/ft³). Si se utilizan las unidades del SI, la gravedad específica del mercurio es:

$$sg = \frac{\rho}{\rho_{H_2O,\,4\,°C}}$$

$$= \frac{13{,}550 \text{ kg/m}^3}{1000 \text{ kg/m}^3} = 13.55.$$

Si se usan unidades inglesas, obtenemos el mismo valor.

$$sg = \frac{\rho}{\rho_{H_2O,\,4\,°C}}$$

$$= \frac{26.29 \text{ slug/ft}^3}{1.94 \text{ slug/ft}^3} = 13.55.$$

También se puede definir la gravedad específica como *la razón entre el peso específico de un fluido y el peso específico del agua a una temperatura de referencia*. Esta definición, que se deriva combinando las ecuaciones (7.4) y (7.3), se expresa como:

$$sg = \frac{\gamma}{\gamma_{H_2O,\,4\,°C}}. \tag{7.5}$$

No importa si se utilizan las ecuaciones (7.4) o (7.5) para encontrar sg, porque ambas relaciones producen el mismo valor. Las definiciones dadas por estas ecuaciones se aplican independientemente de la temperatura a la que se esté determinando la gravedad específica. En otras palabras, la temperatura de referencia para el agua es siempre 4 °C, pero la densidad y el peso específico del fluido que se estén considerando se basan en la temperatura especificada en el problema. En la tabla 7.1 se resumen los valores de referencia utilizados en las definiciones de la gravedad específica.

Tabla 7.1 Densidad y peso específico del agua a 4 °C

	ρ	γ
SI	1000 kg/m³	9810 N/m³
Inglés	1.94 slug/ft³	62.4 lbf/ft³

7.2.2 Módulo volumétrico

Una consideración importante en el análisis de los fluidos, es el grado en el que una masa dada de fluido cambia su volumen (y por tanto su densidad) cuando existe un cambio de presión. Dicho de otra forma, ¿qué tan compresible es el fluido? La **compresibilidad** se refiere al cambio de volumen V de un fluido sujeto a un cambio de presión P. La propiedad utilizada para caracterizar la compresibilidad es el **módulo volumétrico** K, definido por la relación:

$$K = \frac{-\Delta P}{\Delta V / V} \tag{7.6}$$

donde ΔP es el cambio de presión, ΔV es el cambio de volumen y V es el volumen antes de que ocurra el cambio de presión. El signo negativo se utiliza en la ecuación (7.6), porque un incremento de la presión causa un decremento de volumen, asignando así un signo negativo a la cantidad ΔV. El signo negativo deja un módulo volumétrico positivo K. Ya que la relación $\Delta V / V$ es adimensional, el módulo volumétrico tiene unidades de presión. Las unidades comunes utilizadas para K son los MPa y psi en los sistemas (SI) internacional e inglés, respectivamente. Un valor grande de K significa que el fluido es relativamente incompresible (es decir, se requiere un gran cambio de presión para producir un pequeño cambio de volumen). La ecuación (7.6) sólo se aplica a líquidos. En comparación con los líquidos, los gases se consideran fluidos compresibles, y la fórmula para el módulo volumétrico depende de ciertas consideraciones termodinámicas. En este libro, sólo consideraremos los líquidos. Por lo general, éstos se consideran fluidos incompresibles porque se comprimen muy poco cuando se someten a grandes cambios de presión. De ahí que el valor de K para los líquidos sea comúnmente grande. Por ejemplo, el módulo volumétrico para el agua a 20 °C es $K = 2.24\ \text{GPa}$. Para el mercurio a 20 °C, $K = 28.5\ \text{GPa}$. En la tabla 7.2 se da una lista de valores para el módulo volumétrico de algunos líquidos comunes.

La compresibilidad es una consideración importante en el análisis y diseño de los sistemas hidráulicos. Éstos se utilizan para transmitir y amplificar fuerzas aplicando presión a un fluido dentro de un cilindro. Un tubo o manguera conecta el fluido del cilindro con un actuador mecánico. El fluido hidráulico llena totalmente el cilindro, la línea de conexión y el actuador, de manera que cuando se aplica una fuerza al fluido dentro del cilindro, el fluido se presuriza con una presión igual en todo el sistema. Una fuerza relativamente baja

Tabla 7.2 Módulo volumétrico para líquidos comunes a 20 °C

Líquido	K(GPa)	K(psi)
Benceno	1.48	2.15×10^5
Tetracloruro de carbono	1.36	1.97×10^5
Aceite de ricino	2.11	3.06×10^5
Glicerina	4.59	6.66×10^5
Heptano	0.886	1.29×10^5
Queroseno	1.43	2.07×10^5
Aceite lubricante	1.44	2.09×10^5
Mercurio	28.5	4.13×10^6
Octano	0.963	1.40×10^5
Agua de mar	2.42	3.51×10^5
Agua	2.24	3.25×10^5

aplicada al fluido dentro del cilindro puede producir una fuerza grande en el actuador debido a que el área transversal de la sección es mucho más grande en el actuador que en el cilindro. Por tanto, la fuerza aplicada al cilindro se amplifica en el actuador. Los sistemas hidráulicos se utilizan en una variedad de aplicaciones, como en equipos pesados para construcción, procesos de manufactura y sistemas de transporte. El sistema de frenos de su automóvil es un sistema hidráulico. Cuando usted oprime el pedal de freno, se presuriza el fluido del sistema de frenos, haciendo que el mecanismo de frenado en las ruedas transmita fuerzas de fricción a estas últimas, frenando así al vehículo. Los fluidos para frenos deben tener valores altos del módulo volumétrico para que el sistema de frenado funcione de manera apropiada. Si el valor del módulo volumétrico del fluido para frenos es muy bajo, un gran cambio de presión producirá un gran cambio de volumen, lo que hará que el pedal del freno llegue hasta el piso del automóvil, en lugar de activar el mecanismo de frenado en las ruedas. Esto es lo que sucede cuando el aire queda atrapado en el sistema de frenado. El fluido de los frenos es incompresible, pero el aire es compresible, por lo que los frenos no funcionan. Como estudiante de ingeniería entenderá los principios en los que se basa esta peligrosa situación. (Véase la figura 7.4.)

Figura 7.4
Un estudiante de ingeniería explica la falla de un sistema de frenos. (Dibujo por Kathryn Hagen.)

7.2.3 Viscosidad

Las propiedades de densidad, peso específico y gravedad específica de los fluidos son medidas del "peso" de un fluido, pero estas propiedades no caracterizan completamente a un fluido. Dos fluidos diferentes, agua y aceite, por ejemplo, tienen densidades similares, pero muestran un comportamiento de flujo distintivo cada uno. El agua fluye con facilidad cuando se vierte de un contenedor, mientras que el aceite, que es un fluido "más grueso", fluye con mayor lentitud. Resulta claro que se requiere una propiedad adicional de los fluidos para describir su comportamiento durante el flujo. La **viscosidad** se puede definir de forma cualitativa como *la propiedad de un fluido que representa la facilidad con la que fluye bajo condiciones específicas.*

Para investigar un poco más sobre la viscosidad, considere el experimento hipotético descrito en la figura 7.5. Dos placas paralelas, una estacionaria y la otra moviéndose a una velocidad constante u, contienen a un fluido. En este experimento observamos que el flui-

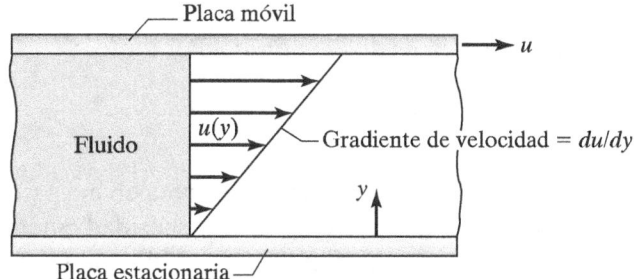

Figura 7.5
Se establece un gradiente de velocidad en un fluido entre una placa estacionaria y una móvil.

do que se encuentra en contacto con ambas placas "se pega" a ellas. De ahí que el fluido que se encuentra en contacto con la placa inferior tiene una velocidad cero y el fluido que se encuentra en contacto con la placa superior tiene una velocidad u, lo que hace que surja un **gradiente de velocidad** en el fluido. Este gradiente de velocidad se expresa como una derivada, du/dy, donde y es la coordenada medida desde la placa inferior. Ya que existe un gradiente de velocidad en el fluido, las "capas" paralelas adyacentes del mismo con valores ligeramente distintos de y tienen velocidades ligeramente diferentes, lo que significa que las capas adyacentes del fluido se deslizan entre sí en la misma dirección que la velocidad u. Como las capas adyacentes del fluido se deslizan una sobre otra, ejercen un esfuerzo de corte τ en el fluido. Nuestro experimento revela que la fuerza de corte τ es proporcional al gradiente de velocidad du/dy, que es la pendiente de la función $u(y)$. Por tanto,

$$\tau \propto \frac{du}{dy}. \tag{7.7}$$

El resultado indica que para fluidos comunes, como el agua, aceite y aire, la proporcionalidad de la ecuación (7.7) se puede sustituir por la igualdad:

$$\tau = \mu \frac{du}{dy} \tag{7.8}$$

a la constante de proporcionalidad μ se le llama **viscosidad dinámica**. A la ecuación (7.8) se le conoce como *ley de Newton de la viscosidad* y a los fluidos que cumplen con esta ley se les llama **fluidos newtonianos**. Los líquidos comunes como el agua, aceite, glicerina y gasolina son fluidos newtonianos, al igual que los gases comunes como el aire, nitrógeno, hidrógeno y argón. El valor de la viscosidad dinámica depende del fluido. Los líquidos tienen viscosidades mayores que los gases, y algunos líquidos son más viscosos que otros. Por ejemplo, el aceite, la glicerina y otros líquidos pegajosos tienen mayor viscosidad que el agua, la gasolina y el alcohol. Sin embargo, las viscosidades de los gases no varían de manera significativa de uno a otro.

El esfuerzo de corte tiene las mismas unidades que la presión. En el (sistema) SI [o sistema internacional] de unidades, el esfuerzo de corte se expresa en N/m^2, que se define como pascal (Pa). En el sistema inglés, es común expresar el esfuerzo de corte como lb_f/ft^2 o lb_f/in^2 (psi). El gradiente de velocidad tiene unidades de s^{-1}, por lo que una rápida inspección de la ecuación (7.8) muestra que la viscosidad dinámica μ tiene unidades de Pa · s en el (sistema) SI. Las unidades de Pa · s se pueden descomponer en sus unidades básicas de kg/m · s. En el sistema inglés, las unidades para μ son lb_f · s/ft^2 o slug/ft · s.

Considere una vez más la configuración ilustrada en la figura 7.5. Al correr el fluido entre las placas, a las fuerzas de corte provocadas por la viscosidad se oponen las fuerzas de inercia del fluido. Las fuerzas de inercia son fuerzas que tienden a mantener un estado de reposo o de movimiento en cualquier materia, como establece la primera ley de Newton. Otro parámetro que denota la relación de las fuerzas de viscosidad con las fuerzas de

237

inercia de un fluido es la viscosidad cinemática. La **viscosidad cinemática** ν se define como *la relación de la viscosidad dinámica a la densidad del fluido*. Por tanto,

$$\nu = \frac{\mu}{\rho}. \tag{7.9}$$

En el (sistema de unidades) SI, la viscosidad cinemática se expresa en m^2/s y en el sistema inglés en ft^2/s. Debido a que con frecuencia la relación de la viscosidad cinemática con la densidad aparece en el análisis de los sistemas de fluidos, es posible que se prefiera la viscosidad cinemática como medida de la viscosidad.

La viscosidad, como todas las propiedades físicas, es una función de la temperatura. En los líquidos, la viscosidad dinámica se reduce de forma dramática al aumentar la temperatura. Sin embargo, en los gases, la viscosidad dinámica disminuye, aunque de forma reducida, al aumentar la temperatura. Es decir, la viscosidad cinemática de los líquidos se comporta igual que la viscosidad dinámica, porque sus densidades cambian poco con la temperatura. Sin embargo, ya que las densidades decrecen de manera abrupta al aumentar la temperatura, las viscosidades cinemáticas de los gases aumentan de forma drástica al aumentar la temperatura.

EJEMPLO 7.1

Un cilindro graduado que contiene 100 mL de alcohol tiene una masa combinada de 280 g. Si la masa del cilindro es de 200 g, ¿cuál es la densidad, peso específico y gravedad específica del alcohol?

Solución

La masa combinada del cilindro y el alcohol es de 280 g. Si restamos, la masa del alcohol es:

$$m = (0.280 - 0.200) \text{ kg} = 0.080 \text{ kg}$$

Al convertir los 100 mL a m^3, obtenemos:

$$100 \text{ mL} \times \frac{1 \text{ L}}{1000 \text{ mL}} \times \frac{1 \text{ m}^3}{1000 \text{ L}} = 1 \times 10^{-4} \text{ m}^3.$$

La densidad del alcohol es:

$$\rho = \frac{m}{V}$$
$$= \frac{0.080 \text{ kg}}{1 \times 10^{-4} \text{ m}^3}$$
$$= 800 \text{ kg/m}^3.$$

El peso del alcohol es:

$$W = mg$$
$$= (0.080 \text{ kg})(9.81 \text{ m/s}^2)$$
$$= 0.7848 \text{ N}$$

Por lo que el peso específico es:

$$\gamma = \frac{W}{V}$$

$$= \frac{(0.7848 \text{ N})}{1 \times 10^{-4} \text{ m}^3}$$

$$= 7848 \text{ N/m}^3.$$

La gravedad específica del alcohol es:

$$sg = \frac{\rho}{\rho H_2O, \, 4\,°C}$$

$$= \frac{800 \text{ kg/m}^3}{1000 \text{ kg/m}^3}$$

$$= 0.800.$$

Encuentre el cambio de presión requerido para disminuir el volumen de agua a 20 °C en 1 por ciento.

Solución

De la tabla 7.2, el módulo volumétrico del agua a 20 °C es $K = 2.24$ GPa. Una disminución del 1 por ciento en el volumen denota que $\Delta V/V = -0.01$. Al reordenar la ecuación (7.6) y resolver para ΔP, obtenemos:

$$\Delta P = -K(\Delta V/V)$$

$$= -(2.24 \times 10^9 \text{ Pa})(-0.01)$$

$$= 22.4 \times 10^6 \text{ Pa} = 22.4 \text{ MPa}.$$

Dos placas paralelas espaciadas 3 mm rodean un fluido. Una placa es estacionaria, mientras que la otra se mueve de forma paralela a la estacionaria, con una velocidad constante de 10 m/s. Ambas placas miden 60 cm × 80 cm. Si se requiere una fuerza de 12 N para mantener la velocidad de la placa móvil, ¿cuál es la viscosidad dinámica del fluido?

Solución

La velocidad varía de cero en la placa estacionaria a 10 m/s en la placa móvil, y el espaciamiento entre las placas es 0.003 m. El gradiente de velocidad de la ley de Newton de la viscosidad se puede expresar en términos de cantidades diferenciales como:

$$\Delta u/\Delta y = (10 \text{ m/s})/(0.003 \text{ m}) = 3333 \text{ s}^{-1}.$$

El esfuerzo de corte se encuentra dividiendo la fuerza entre el área de las placas. Por tanto,

$$\tau = \frac{F}{A}$$

$$= \frac{12\,\text{N}}{(0.6\,\text{m})(0.8\,\text{m})}$$

$$= 25\,\text{N/m}^2 = 25\,\text{Pa}.$$

Al reordenar la ecuación (7.8) y resolver la viscosidad dinámica μ obtenemos:

$$\mu = \frac{\tau}{\Delta u/\Delta y}$$

$$= \frac{25\,\text{Pa}}{3333\,\text{s}^{-1}}$$

$$= 7.50 \times 10^{-3}\,\text{Pa}\cdot\text{s}.$$

¡Practique!

1. Un contenedor cilíndrico con una altura y diámetro de 16 cm y 10 cm, respectivamente, contiene 1.1 kg de líquido. Si el líquido llena el contenedor, encuentre la densidad, peso específico y gravedad específica del líquido.
   Respuesta: 875 kg/m^3, 8585 N/m^3, 0.875.

2. Se va a llenar una piscina que mide 30 ft $\times$ 18 ft $\times$ 8 ft utilizando un camión cisterna de agua con una capacidad de 5500 galones. ¿Cuántos viajes tiene que hacer el camión cisterna para llenar la piscina? Si la densidad del agua es de 1.93 slug/ft^3, ¿cuál es la masa y peso del agua en la piscina después de llenarla?
   Respuesta: 6, 8381 slug, 2.70 $\times$ 10^5 lb$_\text{f}$.

3. Un cilindro que contiene benceno a 20 °C tiene un pistón que comprime el fluido de 0 a 37 MPa. Encuentre el porcentaje de cambio de volumen del benceno.
   Respuesta: –2.50%.

4. Un pistón comprime fluido hidráulico dentro de un cilindro, produciendo un cambio de presión de 40 MPa. Antes de activar el pistón, el fluido hidráulico llena 20 cm de longitud del cilindro. Si el desplazamiento axial del pistón es de 6.5 mm, ¿cuál es el módulo volumétrico del fluido hidráulico?
   Respuesta: 1.231 GPa.

5. Glicerina a 20 °C ($\rho = 1260$ kg/m^3, $\mu = 1.48$ Pa $\cdot$ s) ocupa un espacio de 1.6 mm entre dos placas cuadradas paralelas. Una placa permanece estacionaria mientras que la otra se mueve a una velocidad constante de 8 m/s. Si ambas placas miden 1 m de lado, ¿qué fuerza debe ejercerse sobre la placa móvil para mantener su movimiento? ¿Cuál es la viscosidad cinemática de la glicerina?
   Respuesta: 7400 N, 1.175 $\times$ 10^{-3} m^2/s.

7.3 ESTÁTICA DE LOS FLUIDOS

La mecánica de fluidos se divide de manera amplia en dos categorías: la *estática de los fluidos* y la *dinámica de los fluidos*. La estática de los fluidos analiza su comportamiento en reposo. El fluido se encuentra en reposo con respecto a un marco de referencia. Esto significa que no se mueve con respecto a un cuerpo o superficie con el que se encuentra en contacto físico. Debido a que está en reposo, se encuentra en un estado de equilibrio, donde la suma vectorial de las fuerzas externas que actúan sobre el fluido es cero. Como materia, la estática de los fluidos comprende varias áreas de estudio entre las que incluye las fuerzas sobre superficies sumergidas, la medición de presión y manometría, flotación, estabilidad y masas de fluidos sujetas a aceleración. Nuestro tratamiento de la estática de los fluidos se concentrará en las materias más fundamentales: las fuerzas sobre las superficies sumergidas.

7.3.1 Relación de elevación de la presión

La experiencia común nos dice que la presión aumenta con la profundidad dentro de un fluido. Por ejemplo, un buzo experimenta presiones más elevadas conforme desciende dentro del agua. Si es que vamos a aprender cómo analizar el efecto de las fuerzas ejercidas sobre superficies sumergidas, primero debemos entender cómo cambia la presión con la elevación (distancia vertical) en un fluido estático. Para obtener la relación entre la presión y la elevación dentro de un fluido estático, acuda a la configuración mostrada en la figura 7.6. En ella consideramos un cuerpo estático de fluido con una densidad ρ. Ya que todo el cuerpo del fluido se encuentra en equilibrio, también cada una de sus partículas debe estar en equilibrio. Por tanto, podemos aislar un elemento infinitesimalmente pequeño del fluido para el análisis. Elegimos como nuestro elemento de fluido un cilindro de altura dz, cuya área de superficie superior e inferior es A. Si tratamos el elemento de fluido como un cuerpo libre en equilibrio, observamos que existen tres fuerzas externas actuando sobre el elemento en la dirección z. Dos de las fuerzas son fuerzas de presión que actúan sobre las superficies superior e inferior del elemento. La fuerza de presión que actúa sobre la superficie superior es PA, el producto de la presión a una coordenada z dada por el área de la superficie. La fuerza de presión que actúa sobre la superficie inferior es $(P + dP)A$, el producto de la presión a $z + dz$ por el área de la superficie. La presión que actúa sobre la superficie inferior es $(P + dP)$, porque la presión ha aumentado una cantidad diferencial correspondiente a un cambio de elevación de dz. Observe que ambas fuerzas de presión son fuerzas de compresión. (También existen fuerzas de presión que actúan alrededor del perímetro del cilindro sobre su superficie curva, pero estas fuerzas se cancelan entre sí.) La tercera fuerza que actúa sobre el elemento de fluido es su peso, W.

Si escribimos un equilibrio de fuerzas sobre el elemento de fluido en la dirección z, obtenemos:

$$\Sigma F_z = 0 = PA - (P + dP)A - W \tag{7.10}$$

El peso del elemento de fluido es:

$$W = mg = \rho V g = \rho g A\, dz \tag{7.11}$$

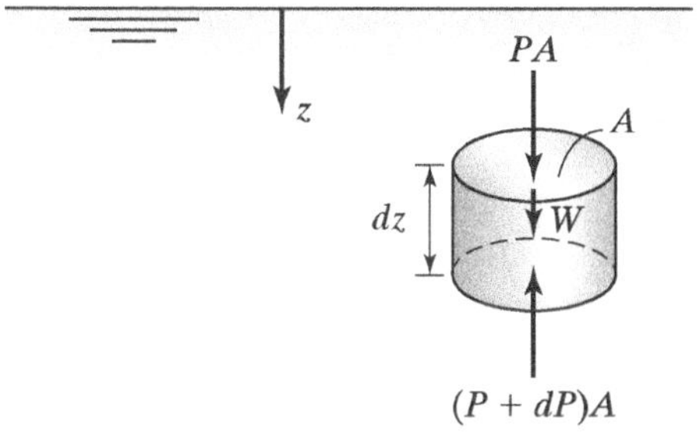

Figura 7.6
Elemento diferencial de fluido utilizado para derivar la relación de la elevación a presión $\Delta P = \gamma h$.

241

donde el volumen del elemento es $V = A\,dz$. Al sustituir la ecuación (7.11) en la ecuación (7.10) y simplificando, obtenemos:

$$dP = \rho g\,dz. \tag{7.12}$$

Ahora se puede integrar la ecuación (7.12). La presión se integra de P_1 a P_2, y la elevación se integra de z_1 a z_2. Por tanto,

$$\int_1^2 dP = \rho g \int_1^2 dz \tag{7.13}$$

que produce:

$$P_2 - P_1 = \rho g(z_2 - z_1). \tag{7.14}$$

En muchas instancias, se considera P_1 como la presión en el origen, $z = z_1 = 0$. Entonces la presión P_2 se convierte en la presión a la profundidad z_2 bajo la superficie libre del fluido. Por lo general, no nos interesa la fuerza ejercida por la presión atmosférica, por lo que la presión P_1 en la superficie libre del fluido es cero (es decir, la presión *manométrica* en la superficie libre es cero, y P_2 es la presión manométrica en z_2). La ecuación (7.14) se puede expresar en forma simplificada, permitiendo que $\Delta P = P_2 - P_1$ y $h = z_2 - z_1$. Al observar que $\gamma = \rho g$, la ecuación (7.14) se reduce a:

$$\Delta P = \gamma h \tag{7.15}$$

donde γ es el peso específico del fluido y h es el cambio de elevación con referencia a la superficie libre. De acuerdo con nuestra experiencia, al aumentar h, la presión aumenta. Podemos obtener algunas conclusiones generales de la relación entre la presión y la elevación dada por la ecuación (7.15):

1. Esta ecuación sólo es válida para un *líquido* estático homogéneo. No se aplica a los gases, porque γ no es constante para los fluidos compresibles.
2. El cambio de presión es directamente proporcional al peso específico del líquido.
3. La presión varía de manera lineal con la profundidad y el peso específico del líquido es la pendiente de la función lineal.
4. La presión aumenta al aumentar la profundidad, y viceversa.
5. Los puntos sobre el mismo plano horizontal tienen la misma presión.

Otra conclusión importante que se puede derivar de la ecuación (7.15) es que, para un líquido dado, el cambio de presión sólo es una función del cambio de elevación h. La presión es independiente de cualquier otro parámetro geométrico. Los contenedores ilustrados en la figura 7.7 se llenan hasta una misma profundidad h, con el mismo líquido, por lo que la presión en el fondo de los contenedores es la misma. Cada contenedor tiene diferente tamaño y forma, por lo tanto, contienen diferentes cantidades de líquidos, pero la presión sólo es una función de la profundidad.

Figura 7.7
Para el mismo líquido, las presiones en estos contenedores a una profundidad dada h son iguales e independientes de la forma o tamaño del contenedor.

7.3.2 Fuerzas sobre superficies sumergidas

Ahora que se ha establecido la relación entre la presión y la elevación en los líquidos estáticos, apliquémosla al análisis de las fuerzas sobre las superficies sumergidas. Examinaremos dos casos fundamentales. El primero comprende las fuerzas ejercidas por los líquidos estáticos sobre las superficies horizontales sumergidas. El segundo, las fuerzas ejercidas por los líquidos estáticos sobre superficies verticales parcialmente sumergidas. En ambos restringiremos nuestro análisis a superficies planas.

En el primer caso encontramos que la fuerza ejercida por un líquido estático sobre una superficie horizontal sumergida se determina mediante la aplicación directa de la ecuación (7.15). Considere un contenedor con una superficie plana horizontal llena con un líquido a una profundidad h, como se muestra en la figura 7.8. La presión en el fondo del contenedor está dada por $P = \gamma h$. Ya que la superficie inferior es horizontal, la presión sobre la superficie es uniforme. La fuerza ejercida sobre la superficie inferior es simplemente el producto de la presión y el área de la superficie. Por tanto, la fuerza ejercida sobre la superficie horizontal sumergida es:

$$F = PA \tag{7.16}$$

donde $P = \gamma h$ y A es el área de la superficie. La ecuación (7.16) es válida independientemente de la forma de la superficie horizontal. La fuerza ejercida sobre una superficie horizontal sumergida es equivalente al peso W del líquido sobre la superficie. Este hecho se hace evidente al escribir la ecuación (7.16) como $F = \gamma(hA) = \gamma V = W$.

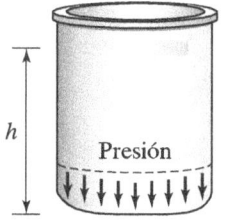

Figura 7.8
La presión es uniforme sobre una superficie horizontal sumergida.

En el segundo caso examinamos las fuerzas ejercidas sobre superficies verticales parcialmente sumergidas. Una de las conclusiones que obtenemos de la ecuación (7.15) es que la presión varía de manera lineal con la profundidad en un líquido estático. Considere la superficie plana vertical parcialmente sumergida en la figura 7.9. La presión (presión manométrica) es cero en la superficie libre del líquido, y aumenta de forma lineal con la profundidad. A una profundidad h, debajo de la superficie libre del líquido, la presión manométrica es $P = \gamma h$. Ya que la presión varía de forma lineal de 0 a P para el intervalo de 0 a h, la presión promedio P_{prom} es simplemente $P/2$. Por tanto,

$$P_{\text{prom}} = \frac{P}{2} = \frac{\gamma h}{2}. \tag{7.17}$$

La presión promedio es una presión constante que, cuando se aplica sobre toda la superficie, equivale a la presión real que varía de manera lineal. Al igual que la presión, la fuerza ejercida por un líquido estático sobre una superficie vertical aumenta de forma lineal con la profundidad. En el diseño estructural y análisis, por lo general estamos interesados en la *fuerza total* o *fuerza resultante*, que actúan sobre la superficie vertical. La fuerza resultante F_R es el producto de la presión promedio P_{prom} por el área A de la superficie sumergida. De ahí que,

$$F_R = P_{\text{prom}}A = \frac{\gamma h A}{2}. \tag{7.18}$$

La fuerza resultante es una fuerza concentrada (una fuerza aplicada en un punto) que equivale a la distribución lineal de fuerzas sobre la superficie vertical. Para utilizar la fuerza

243

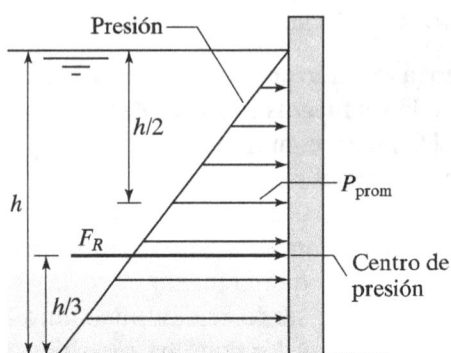

Figura 7.9
Variación de la presión y fuerza resultante sobre una superficie vertical parcialmente sumergida.

resultante, debe conocerse el punto de aplicación de F_R. Con base en los principios de la estática, se puede demostrar que para una distribución de fuerzas que varían de forma lineal, el punto de aplicación de la fuerza resultante equivalente se encuentra a dos tercios de la distancia del extremo con la fuerza cero. En consecuencia, como se muestra en la figura 7.9, la fuerza resultante actúa en un punto a $2h/3$ de la superficie libre del líquido, o a $h/3$ del fondo de la superficie vertical. Al punto donde se aplica la fuerza resultante se le llama **centro de presión**. La fuerza resultante aplicada al centro de presión, tiene el mismo efecto estructural sobre la superficie que la distribución real de fuerzas lineal. La reducción de una fuerza distribuida a una fuerza concentrada simplifica el diseño y análisis de superficies sumergidas, como presas, cascos de embarcaciones y tanques de almacenamiento.

EJEMPLO 7.4

Una pequeña presa consta de una pared vertical plana con una altura y ancho de 5 m y 30 m, respectivamente. La profundidad del agua ($\gamma = 9.81$ kN/m^3) es de 4 m. Encuentre la fuerza resultante sobre la pared y el centro de presión.

Solución
Si utilizamos la ecuación (7.18) y observamos que sólo 4 m de la pared de la presa están sumergidos, encontramos que la fuerza resultante es:

$$F_R = \frac{\gamma h A}{2}$$

$$= \frac{(9810 \text{ N/m}^3)(4 \text{ m})(4 \times 30) \text{ m}^2}{2}$$

$$= 2.35 \times 10^6 \text{ N} = 2.35 \text{ MN.}$$

El centro de presión se localiza a dos tercios de la superficie libre del agua. Por tanto, el centro de presión, que denominamos como z_{cp}, es:

$$z_{\text{cp}} = \frac{2h}{3}$$

$$= \frac{2(4 \text{ m})}{3} = 2.67 \text{ m (desde la superficie libre)}$$

7.4 FLUJOS

El concepto de flujo es fundamental para entender la dinámica elemental de los fluidos. En términos generales, el flujo se refiere al tiempo que se requiere para que una cantidad de fluido pase por una ubicación espccífica. Virtualmente todos los sistemas de ingeniería que incorporan fluidos en movimiento para su operación comprenden el principio del flujo. Por ejemplo, los tubos de su casa conducen agua con cierto flujo a diferentes accesorios y electrodomésticos, como lavabos, tinas de baño y lavadoras de ropa. Los sistemas de calentamiento y acondicionamiento de aire alimentan aire con flujos específicos a los cuartos de un edificio para lograr los efectos deseados de calentamiento o enfriamiento. Se requieren flujos mínimos para producir las fuerzas de elevación que sostienen el vuelo de una aeronave. El diseño de turbinas, bombas, compresores, cambiadores de calor y otros dispositivos basados en fluidos, considera el uso de los flujos.

En la dinámica de fluidos, existen fundamentalmente dos tipos de flujos: el volumétrico y el másico. El **flujo volumétrico** es *la razón a la que un volumen de un fluido pasa por un lugar por unidad de tiempo*. El **flujo másico** es *la razón a la que una masa de un fluido pasa por un lugar por unidad de tiempo*. Éstas son definiciones generales que se aplican a todas las situaciones en la dinámica de los fluidos, pero nuestra aplicación de estas definiciones se limitará al flujo dentro de conductores como tubos, ductos y canales. El flujo volumétrico se calcula utilizando la relación:

$$\dot{V} = Av \qquad (7.19)$$

donde A es el área de la sección transversal interna del conductor y v es la velocidad *promedio* del fluido. Se enfatiza la palabra "promedio", porque la velocidad del fluido en el conducto no es constante. Los efectos de la viscosidad producen un gradiente de velocidad o perfil en el fluido a través de la abertura del conductor. (Tenga cuidado de no confundir la velocidad del fluido v con el volumen V.) Las unidades comunes para el flujo volumétrico son m³/s en el (sistema) SI y ft³/s en el sistema inglés. Otras unidades que se utilizan con frecuencia para el flujo volumétrico son L/min y gal/min o L/h y gal/h. La ecuación (7.19) se aplica a cualquier conducto, independientemente de la forma de su sección transversal. Por ejemplo, si el conductor es un tubo circular, entonces $A = \pi R^2$, donde R es el radio interno, mientras que si el conductor es un ducto con una sección transversal cuadrada, entonces $A = L^2$, donde L es la dimensión interior del ducto. El flujo másico m se calcula utilizando la relación:

$$\dot{m} = \rho \dot{V} \tag{7.20}$$

donde ρ es la densidad del fluido y $\dot{V}$ es el flujo volumétrico dado por la ecuación (7.19). El "punto" sobre la m denota una derivada de tiempo de una cantidad como razón. Las unidades comunes para el flujo másico son kg/s en el (sistema) SI y slug/s o lb$_m$/s en el sistema inglés. Las ecuaciones (7.19) y (7.20) se aplican a todos los líquidos y gases.

EJEMPLO 7.5

Un tubo con un diámetro interno de 5 cm lleva agua a una velocidad promedio de 3 m/s. Encuentre el flujo volumétrico y el flujo másico.

Solución

El área de la sección transversal del tubo es:

$$A = \frac{\pi D^2}{4}$$

$$= \frac{\pi(0.05 \text{ m})^2}{4} = 1.963 \times 10^{-3} \text{ m}^2.$$

El flujo volumétrico es:

$$\dot{V} = Av$$

$$= (1.936 \times 10^{-3} \text{ m}^2)(3 \text{ m/s})$$

$$= 5.89 \times 10^{-3} \text{ m}^3/\text{s}.$$

Si consideramos la densidad del agua como $\rho = 1000$ kg/m³, el flujo másico es:

$$\dot{m} = \rho \dot{V}$$

$$= (1000 \text{ kg/m}^3)(5.89 \times 10^{-3} \text{ m}^3/\text{s})$$

$$= 5.89 \text{ kg/s}.$$

Éxito profesional

Consideraciones en el momento de la "joroba"

En Estados Unidos se requieren cuatro años para terminar una carrera tradicional de licenciatura en ingeniería. Algunas veces, a las etapas que indican la conclusión de cada uno de los cuatro años de la carrera en la escuela se les llama de forma burlona el choque, la joroba, la caída y la depresión, respectivamente. (El hecho que esté leyendo este libro sugiere que aún no choca.) En la etapa de la joroba debería empezar a pensar lo que desea hacer después de la graduación. ¿Debería aceptar un puesto inmediatamente después de la graduación o cursar un posgrado? ¿Qué tal trabajar como ingeniero al tiempo que continúa un posgrado de tiempo parcial? ¿Debería trabajar unos cuantos años y después estudiar un posgrado? ¿Debería obtener su licencia profesional en ingeniería? ¿Intentaría un grado no técnico para complementar sus antecedentes de ingeniería? Éstas son algunas de las preguntas que debería hacerse a la mitad de la licenciatura en ingeniería.

La licenciatura allana el camino para una gratificante carrera con un salario muy respetable, por lo que muchos graduados no intentan continuar un posgrado. Sin embargo, muchas compañías necesitan ingenieros con experiencia en disciplinas técnicas específicas, por lo que los profesionales con posgrados tienen gran demanda. En general, obtienen mayores salarios que sus colegas que sólo cuentan con la licenciatura y, con frecuencia, ocupan buenas posiciones en funciones de supervisión y gerenciales. Si su futuro es un posgrado, es mejor entrar a estudiarlo inmediatamente después de que se gradúe ¿o debería adquirir alguna experiencia en ingeniería primero y después buscar un posgrado mientras trabaja? Eso depende de sus circunstancias personales, la naturaleza de la escuela de posgrado a la que desea asistir y las políticas de su patrón. Muchas personas sienten que su vida ya está lo suficientemente ocupada con un trabajo de tiempo completo, familia y otras responsabilidades, como para agregar el posgrado a la lista. Algunos programas pueden no lucir favorables para los estudiantes de posgrado de tiempo parcial, quienes a causa de los compromisos de trabajo no pueden concentrarse exclusivamente en sus estudios. Sin embargo, muchas escuelas están deseosas de trabajar con (e incluso promueven la entrada de) estudiantes de posgrado de tiempo parcial en sus programas de ingeniería. La mayoría de las compañías ofrecen ayuda a sus ingenieros, que con mucha frecuencia tiene la forma de reembolso por la enseñanza y programas flexibles de trabajo, para que puedan tomar cursos de posgrado en alguna universidad cercana. Para intentar obtener un posgrado en ingeniería o en un campo no técnico, como negocios y administración, debe analizar su educación personal y las metas de su carrera. ¿Quiere avanzar técnicamente en una disciplina específica o desea ascender por la escalera de la administración?

¿Obtendrá una licencia profesional? Independientemente de su respuesta, en Estados Unidos debe considerar seriamente efectuar el examen de Fundamentos de Ingeniería (FE) en el tercero o cuarto año de su programa. Este examen lo patrocina el Estado, se ofrece dos veces al año y se administra en su propia área. El examen FE, o examen EIT (Ingeniería en Capacitación, por sus siglas en inglés), como a veces se le llama, es un examen de 8 horas que cubre los principios fundamentales de la ingeniería, los que se cumplen en un programa de estudios de licenciatura en ingeniería. Algunas escuelas demandan que sus estudiantes aprueben el examen FE para graduarse. Después de haberlo aprobado y trabajado unos cuantos años como ingeniero practicante, puede realizar el examen PE (Ingeniería Profesional, por sus siglas en inglés) específico de su disciplina. Si usted lo acredita y cumple con los otros requisitos para la licenciatura especificados por su estado, puede escribir las siglas PE después de su nombre en documentos oficiales, planos y otros documentos. Un ingeniero es un profesional reconocido oficialmente por el Estado con cualidades demostradas en una disciplina específica de ingeniería. La mayoría de las compañías no requieren que sus ingenieros tengan una licencia profesional, pero algunas firmas, en particular los gobiernos estatales y municipales, tienen reglas estrictas acerca del empleo de ingenieros con licencias profesionales. Por tanto, su decisión de obtener una licencia profesional o no puede basarse en gran medida en los requisitos o recomendaciones de su patrón.

¡Practique!

1. Un tubo de acero conduce gasolina ($\rho = 751$ kg/m^3) a una velocidad promedio de 0.85 m/s. Si el diámetro interior del tubo es de 7 mm, encuentre el flujo volumétrico y el flujo másico.
   Respuesta: 3.271 $\times$ 10^{-5} m^3/s, 0.0246 kg/s.

2. A través de un tubo plástico fluye agua con un flujo volumétrico de 160 gal/min. ¿Cuál es el radio interior del tubo si la velocidad promedio del agua es de 8 ft/s? Exprese su respuesta en pulgadas y centímetros.
   Respuesta: 1.43 in, 3.63 cm.

3. Un soplador conduce aire ($\gamma = 11.7$ N/m^3) a través de un ducto rectangular con una sección transversal interior de 50 cm $\times$ 80 cm. Si la velocidad promedio del aire es de 7 m/s, encuentre el flujo volumétrico y el flujo másico. Exprese el flujo volumétrico en m^3/s y en ft^3/min (CFM, por sus siglas en inglés) y el flujo másico en kg/s y slug/h.
   Respuesta: 2.80 m^3/s, 5933 ft^3/min, 3.339 kg/s, 824 slug/h.

4. Una bomba retira agua de un tanque de almacenamiento de 1200 galones a razón de 0.05 m^3/s. ¿Cuánto tarda la bomba en vaciar el tanque? Si un tubo con un diámetro interno de 6 cm conecta la bomba al tanque, ¿cuál es la velocidad promedio del agua en el tubo?
   Respuesta: 90.9 s, 17.7 m/s.

5. A través de un ducto con una sección transversal rectangular fluye aire a una velocidad promedio de 20 ft/s y un flujo volumétrico de 3000 ft^3/m (CFM). Si la dimensión interior de un lado del ducto mide 18 in, ¿cuál es la dimensión del otro lado?
   Respuesta: 1.667 ft.

7.5 CONSERVACIÓN DE LA MASA

Algunos de los principios fundamentales más importantes utilizados para analizar sistemas de ingeniería son las leyes de conservación. Una ley de conservación es una ley inmutable de la naturaleza que establece que ciertas cantidades físicas se conservan. Definida de otra manera, una ley de conservación establece que la cantidad total de una cantidad física particular es constante durante un proceso. Una ley común de conservación es la Primera Ley de la Termodinámica, que establece que la energía se conserva. Según ella, la energía se puede convertir de una forma a otra, pero la energía total es constante. Otra ley de conservación es la ley de Kirchhoff de la corriente, que establece que la suma algebraica de las corrientes que entran a un nodo de un circuito es cero. Esta ley es una declaración de la ley de conservación de la carga eléctrica. Otras cantidades que se conservan son el momento lineal y el angular.

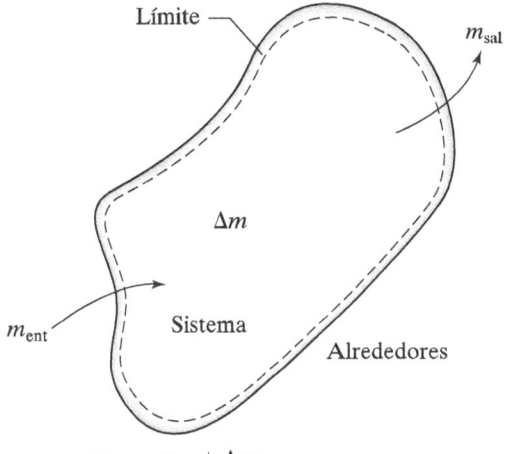

$$m_{\text{ent}} = m_{\text{sal}} + \Delta m$$

Figura 7.10
Ley de conservación
de la masa.

En esta sección examinamos la principal ley de conservación utilizada en la mecánica de los fluidos, la ley de conservación de la masa y, al igual que la primera ley de la termodinámica, es un concepto intuitivo. Para presentar el principio de conservación de la masa, considere el sistema mostrado en la figura 7.10. El sistema puede representar cualquier región en el espacio elegida para el análisis. El límite del sistema es la superficie que lo separa de los alrededores. Podemos construir una representación matemática del principio de conservación de la masa aplicando un argumento físico simple. Si se alimenta una cantidad de masa m_{en} al sistema, dicha masa puede *abandonar* el sistema o *acumularse* dentro de él, o ambos. La masa que abandona el sistema es m_{sal}, y el cambio de masa dentro del sistema es Δm. Por tanto, la masa que entra al sistema es igual a la masa que sale de él, más el cambio de masa dentro del sistema. Por lo tanto, el principio de conservación de la masa se puede expresar de forma matemática como:

$$m_{\text{ent}} = m_{\text{sal}} + \Delta m. \tag{7.21}$$

Vemos que la conservación de la masa no es otra cosa que un simple principio de contabilidad que mantiene balanceado el "libro mayor de la masa" del sistema. De hecho, con frecuencia a esta ley se le llama *balance de masa*, porque eso es precisamente lo que es. La ecuación (7.21) es más útil cuando se expresa como una ecuación de razones. Si dividimos cada término entre un intervalo de tiempo Δt, obtenemos:

$$\dot{m}_{\text{ent}} = \dot{m}_{\text{sal}} + \Delta m/\Delta t \tag{7.22}$$

donde $\dot{m}_{\text{en}}$ y $\dot{m}_{\text{sal}}$ son los flujos másicos de entrada y salida, respectivamente, y $\Delta m/\Delta t$ es la razón de cambio de masa dentro del sistema. A la ley de conservación de la masa se le conoce como el **principio de continuidad**, y a la ecuación (7.22), o a una relación similar, como *ecuación de la continuidad*.

Ahora examinemos un caso particular de la configuración dada en la figura 7.10. Considere el tubo convergente mostrado en la figura 7.11. La línea discontinua describe el límite del sistema de flujo, definido por la región dentro de la pared del tubo y entre las secciones 1 y 2. Un fluido corre a razón constante de la sección 1 a la sección 2. Ya que el fluido no se acumula entre las secciones 1 y 2, $\Delta m/\Delta t = 0$, y la ecuación (7.22) se convierte en:

$$\dot{m}_1 = \dot{m}_2 \tag{7.23}$$

donde los subíndices 1 y 2 denotan la entrada y la salida, respectivamente. Por tanto, la masa de fluido que pasa por la sección 1 por unidad de tiempo es la misma que la masa

249

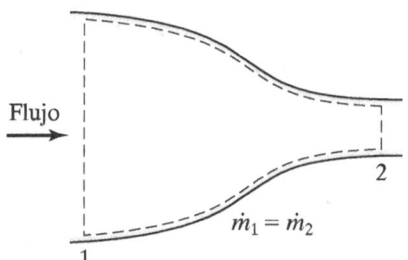

Figura 7.11
El principio de continuidad para un tubo convergente.

del fluido que pasa por la sección 2 por unidad de tiempo. Ya que $\dot{m} = \rho\,\dot{V}$, la ecuación (7.23) también se puede expresar como:

$$\rho_1\,\dot{V}_1 = \rho_2\,\dot{V}_2 \tag{7.24}$$

donde ρ y $\dot{V}$ denotan densidad y flujo volumétrico, respectivamente. La ecuación (7.23) y su forma alternativa, la ecuación (7.24), son válidas para líquidos y gases. De ahí que estas relaciones se apliquen a los fluidos compresibles e incompresibles. Si el fluido es incompresible, su densidad es constante, por lo que $\rho_1 = \rho_2 = \rho$. Al dividir la ecuación (7.24) entre la densidad ρ, produce:

$$\dot{V}_1 = \dot{V}_2 \tag{7.25}$$

que se puede escribir como:

$$A_1 v_1 = A_2 v_2 \tag{7.26}$$

donde A y v se refieren al área de la sección transversal y la velocidad promedio, respectivamente. Las ecuaciones (7.25) y (7.26) se aplican estrictamente a los líquidos, pero estas relaciones también se pueden utilizar para los gases con un pequeño error si la velocidad se encuentra aproximadamente debajo de 100 m/s.

El principio de la continuidad también se puede utilizar para analizar configuraciones de flujo más complejas, como el de una rama de flujo. Una rama de flujo es una unión donde se conectan tres o más conductores. Considere las ramas de tubos mostradas en la figura 7.12. Un fluido entra a la unión desde un tubo de alimentación, donde se divide en dos ramas de tubos. Los flujos en los tubos ramales dependen de su tamaño y de otras características del sistema, pero a partir del principio de la continuidad, es claro que el flujo másico en el tubo de alimentación debe ser igual a la suma de flujo másico de las dos ramas. Por tanto, tenemos:

$$\dot{m}_1 = \dot{m}_2 + \dot{m}_3. \tag{7.27}$$

Las uniones en las ramas de flujo son análogas a los nodos de los circuitos eléctricos. La ley de kirchhoff de la corriente, que es una declaración de la ley de conservación de la carga eléctrica, establece que la suma algebraica de las corrientes que entran a un nodo es cero. Para una rama de flujo, el principio de la continuidad establece que *la suma*

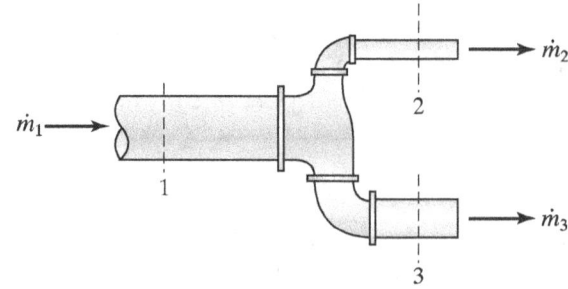

Figura 7.12
Ramas de tubos.

algebraica del flujo másico que entra a una unión es cero. La expresión matemática para este principio es similar a la ley de kirchhoff de la corriente y se escribe como:

$$\Sigma \dot{m}_{en} = 0. \qquad (7.28)$$

La relación de continuidad dada por la ecuación (7.27) para el caso específico ilustrado en la figura 7.12 equivale a la forma general de la relación dada por la ecuación (7.28). Tenemos:

$$\Sigma \dot{m}_{en} = 0$$
$$= \dot{m}_1 - \dot{m}_2 - \dot{m}_3 \qquad (7.29)$$

donde se utilizan signos menos para los flujos másicos $\dot{m}_2$ y $\dot{m}_3$, porque el fluido en cada rama de tubo sale de la unión. El flujo másico $\dot{m}_1$ es positivo porque el fluido del tubo de alimentación entra a la unión.

En el siguiente ejemplo, analizamos un sistema de flujo básico utilizando el procedimiento general de análisis de (1) definición del problema, (2) diagrama, (3) supuestos, (4) ecuaciones determinantes, (5) cálculos, (6) verificación de la solución y (7) comentarios.

EJEMPLO 7.6

Definición del problema
Un ducto convergente conduce oxígeno ($\rho = 1.320$ kg/m^3) con un flujo másico de 110 kg/s. El ducto converge de un área de sección transversal de 2 m^2 a un área de sección transversal de 1.25 m^2. Encuentre el flujo volumétrico y las velocidades promedio en ambas secciones del ducto.

Diagrama
El diagrama para este problema se muestra en la figura 7.13.

Supuestos

1. El flujo es estable.
2. El fluido es incompresible.
3. No existen fugas en el ducto.

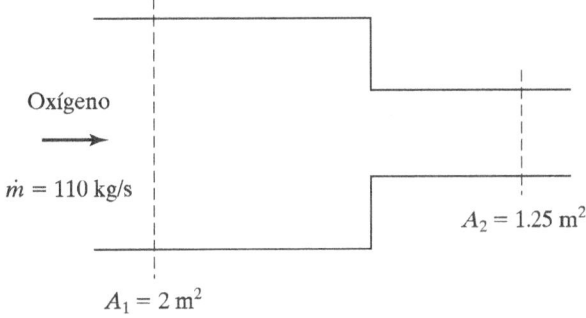

Oxígeno

$\dot{m} = 110$ kg/s

$A_2 = 1.25$ m^2

$A_1 = 2$ m^2

Figura 7.13
Ducto convergente
para el ejemplo 7.6.

Ecuaciones determinantes
Se necesitan dos ecuaciones para resolver este problema: la relación para el flujo másico y la relación de continuidad:

$$\dot{m} = \rho \dot{V}$$
$$\dot{V} = A_1 v_1 = A_2 v_2.$$

251

Cálculos

Por continuidad, el flujo volumétrico y el flujo másico son iguales en las secciones 1 y 2. El flujo volumétrico es:

$$\dot{V} = \frac{\dot{m}}{\rho}$$

$$= \frac{110 \text{ kg/s}}{1.320 \text{ kg/m}^3}$$

$$= \underline{83.33 \text{ m}^3/\text{s}}.$$

La velocidad promedio en la sección grande es:

$$v_1 = \frac{\dot{V}}{A_1}$$

$$= \frac{83.33 \text{ m}^3/\text{s}}{2 \text{ m}^2}$$

$$= \underline{41.7 \text{ m/s}}$$

y la velocidad promedio en la sección pequeña es:

$$v_2 = \frac{\dot{V}}{A_2}$$

$$= \frac{83.33 \text{ m}^3/\text{s}}{1.25 \text{ m}^2}$$

$$= \underline{66.7 \text{ m/s}}.$$

Verificación de la solución

Después de una cuidadosa revisión de nuestra solución, no se encontraron errores.

Comentarios

Observe que la velocidad y el área de la sección transversal se relacionan de manera inversa. La velocidad es baja en la parte grande del ducto y elevada en la parte pequeña del mismo. La velocidad máxima en el ducto se encuentra por debajo de 100 m/s, por lo que el oxígeno se puede considerar como un fluido incompresible con un pequeño error. Por lo tanto, nuestro supuesto de que el fluido es incompresible es válido.

APLICACIÓN ——————————————————————————————

Análisis de una rama de tubos

Con frecuencia, las ramas de tubos se utilizan en los sistemas de tuberías para dividir una corriente en dos o más flujos. Considere una rama de un tubo similar a la mostrada en la figura 7.12. El agua entra a la unión con un flujo volumétrico de 350 gal/min, y se divide en dos ramas. Una rama tiene un diámetro interior de 7 cm y la otra un diámetro interior de 4 cm. Si la velocidad promedio del agua en la rama de 7 cm es de 3 m/s, encuentre el flujo másico y el flujo volumétrico en cada rama y la velocidad promedio en la rama de 4 cm. En la figura 7.14 se muestra un esquema del flujo con la información pertinente.

Primero, convertimos el flujo volumétrico en el tubo de alimentación a m³/s.

$$\dot{V}_1 = 350 \frac{\text{gal}}{\text{min}} \times \frac{1 \text{ m}^3}{264.17 \text{ gal}} \times \frac{1 \text{ min}}{60 \text{ s}} = 0.02208 \text{ m}^3/\text{s}.$$

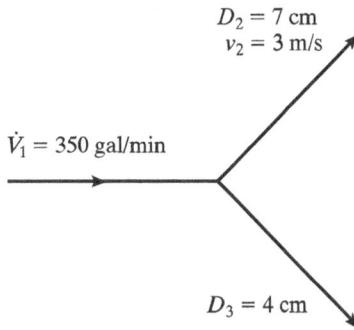

$D_2 = 7$ cm
$v_2 = 3$ m/s

$\dot{V}_1 = 350$ gal/min

$D_3 = 4$ cm

Figura 7.14
Esquema del flujo para una rama de tubos.

Las áreas de la sección transversal de las ramas de tubos son:

$$A_2 = \frac{\pi D_2{}^2}{4}$$

$$= \frac{\pi(0.07 \text{ m})^2}{4} = 3.848 \times 10^{-3} \text{ m}^2$$

$$A_3 = \frac{\pi D_3{}^2}{4}$$

$$= \frac{\pi(0.04 \text{ m})^2}{4} = 1.257 \times 10^{-3} \text{ m}^2.$$

El flujo volumétrico en la rama del tubo de 7 cm es:

$$\dot{V}_2 = A_2 v_2$$

$$- (3.848 \times 10^{-3} \text{ m}^2)(3 \text{ m/s})$$

$$= 0.01154 \text{ m}^3/\text{s}$$

y el flujo másico es:

$$\dot{m}_2 = \rho \dot{V}_2$$

$$= (1000 \text{ kg/m}^3)(0.01154 \text{ m}^3/\text{s})$$

$$= 11.54 \text{ kg/s}.$$

Para encontrar los flujos en la otra rama de tubería, utilizamos la relación:

$$\dot{V}_1 = \dot{V}_2 + \dot{V}_3.$$

Resolviendo para $\dot{V}_3$, obtenemos:

$$\dot{V}_3 = \dot{V}_1 - \dot{V}_2$$

$$= (0.02208 - 0.01154) \text{ m}^3/\text{s}$$

$$= 0.01054 \text{ m}^3/\text{s}$$

y el flujo másico correspondiente es:

$$\dot{m}_3 = \rho \dot{V}_3$$

$$= (1000 \text{ kg/m}^3)(0.01054 \text{ m}^3/\text{s})$$

$$= 10.54 \text{ kg/s}.$$

Finalmente, la velocidad promedio en la rama de 4 cm es:

$$\dot{v}_3 = \frac{\dot{V}_3}{A_3}$$

$$= \frac{0.01054 \text{ m}^3/\text{s}}{1.257 \times 10^{-3} \text{ m}^2}$$

$$= 8.38 \text{ m/s}.$$

El flujo volumétrico que entra a la unión debe ser igual a la suma de los flujos volumétricos que salen de la misma. Por tanto,

$$\dot{V}_1 = \dot{V}_2 + \dot{V}_3$$

$$0.02208 \text{ m}^3/\text{s} = 0.01154 \text{ m}^3/\text{s} + 0.01054 \text{ m}^3/\text{s}.$$

Los flujos se encuentran balanceados, por lo que nuestras respuestas son correctas. Observe que los flujos en las ramas de la tubería son casi iguales (11.54 kg/s y 10.54 kg/s), pero las velocidades son muy diferentes (3 m/s y 8.38 m/s). Esto se debe a la diferencia de diámetros de los tubos. La velocidad es casi tres veces mayor en el tubo de 4 cm que en el tubo de 7 cm.

¡Practique!

1. A través de un tubo convergente fluye agua con un flujo másico de 25 kg/s. Si los diámetros interiores de las secciones del tubo son 7 cm y 5 cm, encuentre el flujo volumétrico y la velocidad promedio en cada sección del tubo.
   Respuesta: 0.025 m³/s, 6.50 m/s, 12.7 m/s.

2. Un fluido se mueve a través de un tubo cuyo diámetro disminuye en un factor de tres de la sección 1 a la sección 2 en la dirección del flujo. Si la velocidad promedio en la sección 1 es de 10 ft/s, ¿cuál es la velocidad promedio en la sección 2?
   Respuesta: 90 ft/s.

3. Entra aire a una unión de un ducto con un flujo volumétrico de 2000 CFM. Dos ramas cuadradas de ducto, una midiendo 12 in × 12 in y la otra midiendo 16 in × 16 in, extraen aire de la unión. Si la velocidad promedio en la rama pequeña es de 20 ft/s, encuentre los flujos volumétricos en cada rama y la velocidad promedio en la rama grande.
   Respuesta: 20 ft³/s, 13.3 ft³/s, 9.98 ft/s.

4. Dos corrientes de agua, una fría y otra caliente, entran a una cámara de mezclado donde ambas se combinan y salen a través de un solo tubo. El flujo másico de la corriente caliente es de 5 kg/s y el diámetro interior del tubo que lleva la corriente fría es de 3 cm. Encuentre el flujo másico de la corriente fría requerido para producir una velocidad de salida de 8 m/s en un tubo con un diámetro interior de 4.5 cm.
   Respuesta: 7.72 kg/s.

REFERENCIAS

Fox, R.W., A.T. McDonald y P.J. Pritchard, *Introduction to Fluid Mechanics*, 6a. ed., Nueva York, John Wiley & Sons, 2004.

Munson, B.R., D.F. Young y T.H. Okiishi, *Fundamentals of Fluid Mechanics*, 5a. ed., Nueva York, John Wiley & Sons, 2006.

Douglas, D.F., J.M. Gasoriek y J.A. Swaffield, *Fluid Mechanics*, 4a. ed., Upper Saddle River, Nueva Jersey, Prentice Hall, 2001.

Mott, R.L., *Applied Fluid Mechanics*, 6a. ed., Upper Saddle River, Nueva Jersey, Prentice Hall, 2006.

White, W.M., *Fluid Mechanics*, 6a. ed., Nueva York, McGraw-Hill, 2008.

PROBLEMAS

Propiedades de los fluidos

7.1 La gravedad específica de un líquido es de 0.920. Encuentre su densidad y peso específico en unidades SI e inglesas.

7.2 Se llena una lata cilíndrica de 12 cm de diámetro a una profundidad de 10 cm con aceite para motor ($\rho = 878$ kg/m^3). Encuentre la masa y el peso del aceite para motor.

7.3 El tanque de combustible de un camión tiene una capacidad de 35 galones. Si se llena el tanque con gasolina (sg = 0.751), ¿cuál es la masa y peso de la gasolina en unidades del SI?

7.4 Un globo esférico de 5 m de diámetro contiene hidrógeno. Si la densidad del hidrógeno es $\rho = 0.0830$ kg/m^3, ¿cuál es la masa y peso del hidrógeno dentro del globo?

7.5 Encuentre el volumen de mercurio (sg = 13.55) que pesa lo mismo que 0.04 m^3 de alcohol etílico (sg = 0.802).

7.6 Encuentre el cambio de presión requerido para producir una disminución de 1.5 por ciento en el volumen de benceno a 20 °C.

7.7 Un pistón comprime fluido hidráulico dentro de un cilindro, produciendo un cambio de presión de 120 MPa. Antes de activar el pistón, el fluido hidráulico llena una longitud de 16 cm del cilindro. Si el desplazamiento axial del pistón es de 8 mm, ¿cuál es el módulo volumétrico del fluido?

7.8 El cambio de presión en un cilindro hidráulico es de 180 MPa para un desplazamiento axial de 15 mm del pistón. Si el módulo volumétrico del fluido hidráulico es de 1.3 Gpa, ¿cuál es la longitud mínima requerida del cilindro?

7.9 ¿Cuál es el porcentaje de cambio de volumen de un líquido cuyo valor de módulo volumétrico es 100 veces el cambio de presión?

7.10 El gradiente de velocidad $u(y)$ cerca de la superficie de una sola placa sobre la que pasa fluido está dado por la función:

$$u(y) = ay + by^2 + cy^3$$

donde y es la distancia desde la superficie de la placa y a, b y c son constantes con los valores de $a = 10.0$ s^{-1}, $b = 0.02$ m^{-1}s^{-1} y $c = 0.005$ m^{-2}s^{-1}. Si el fluido es agua a 20 °C ($\mu = 1.0 \times 10^{-3}$ Pa · s), encuentre el esfuerzo de corte en la superficie de la placa (en $y = 0$).

Para los problemas 11 a 31, utilice el procedimiento general de análisis de: (1) definición del problema, (2) diagrama, (3) supuestos, (4) ecuaciones determinantes, (5) cálculos, (6) verificación de la solución y (7) comentarios.

7.11   Dos placas cuadradas paralelas contienen glicerina a 20 °C ($\mu = 1.48$ Pa · s) como se ilustra en la figura P7.11. La placa inferior es fija y la superior está sujeta a una masa colgante por medio de una cuerda que pasa sobre una polea sin fricción. ¿Qué masa m se requiere para mantener una velocidad constante de 2.5 m/s en la placa superior?

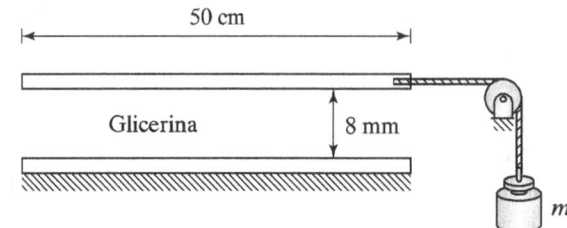

50 cm

Glicerina   8 mm

m

Figura P7.11

Estática de los fluidos

7.12   El punto más profundo conocido en los océanos de la Tierra es la Fosa de las Marianas, al este de las Filipinas, con una profundidad aproximada de 10.9 km. Considerando la gravedad específica del agua de mar a sg = 1.030, ¿cuál es la presión en el fondo de la Fosa de las Marianas? Exprese su respuesta en kPa, psi y atmósferas.

7.13   La profundidad promedio de los océanos del mundo es de 5000 m, y los océanos cubren 71 por ciento de la superficie de la Tierra. ¿Cuál es la fuerza total aproximada ejercida por los océanos sobre la superficie terrestre? La Tierra es casi esférica, con un diámetro promedio de aproximadamente 12.7×10^6 m y el peso específico del agua de mar es $\gamma = 10.1$ kN/m^3.

7.14   Un tanque de almacenamiento que contiene aceite combustible pesado ($\rho = 906$ kg / m^3) se llena a una profundidad de 8 m. Encuentre la presión manométrica en el fondo del tanque.

7.15   Un contenedor tiene tres líquidos inmiscibles, como se muestra en la figura P7.15. Encuentre la presión manométrica en el fondo del contenedor.

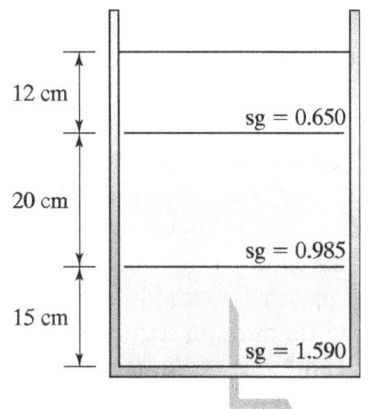

12 cm

sg = 0.650

20 cm

sg = 0.985

Figura P7.15   15 cm

sg = 1.590

7.16   El costado de una barcaza se sumerge 6 m debajo de la superficie del océano ($\gamma = 10.1$ kN/m^3). La longitud de la barcaza es de 40 m. Si consideramos el costado de la barcaza como una superficie vertical plana, ¿cuál es la fuerza total ejercida por el océano sobre dicho costado?

7.17   ¿A qué profundidad tendría que llenarse un contenedor de gasolina (sg = 0.751) para producir la misma presión en el fondo del contenedor con 4.5 in de mercurio (sg = 13.55)?

256

7.18 Calcule la presión manométrica en el fondo de un contenedor abierto de 2 litros lleno con bebida ligera.

7.19 Calcule la fuerza requerida para retirar un tapón de 5 cm de diámetro del drenaje de una bañera, si está llena con agua a una profundidad de 60 cm. No considere la fricción.

Flujos

7.20 Un tubo de vidrio conduce mercurio a una velocidad promedio de 45 cm/s. Si el diámetro interior del tubo es de 4.0 mm, encuentre el flujo volumétrico y el flujo másico.

7.21 Un canal abierto con una sección transversal como la que se muestra en la figura P7.21 conduce agua para irrigación a una velocidad promedio de 2 m/s. Encuentre el flujo volumétrico y el flujo másico.

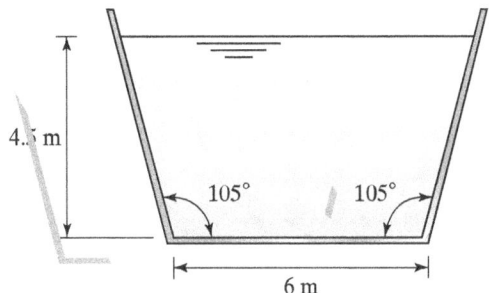

Figura P7.21

7.22 Un dispositivo intravenoso para administrar una solución de sacarosa a un paciente en un hospital deposita una gota de solución en la boca de un tubo de entrega cada dos segundos. Las gotas tienen forma esférica con un diámetro de 3.5 mm. Si el diámetro interior del tubo de entrega es de 2.0 mm, ¿cuál es el flujo másico y la velocidad promedio de la solución de sacarosa en el tubo? Si el recipiente plástico que contiene la solución de sacarosa contiene 500 mL, ¿cuánto tiempo se requiere para vaciarse? La solución de sacarosa tiene un peso específico de $\gamma = 10.8$ kN/m^3.

7.23 Un horno requiere 1250 lb$_m$/h de aire frío para una combustión eficiente. Si el aire tiene un peso específico de 0.064 lb$_f$/ft^3, encuentre el flujo volumétrico requerido.

7.24 Un ducto de ventilación alimenta aire fresco filtrado a un cuarto limpio donde se fabrican dispositivos semiconductores. La sección transversal del medio filtrante es de 90 cm × 1.1 m. Si el flujo volumétrico del aire al cuarto limpio es de 3 m^3/s, encuentre la velocidad promedio del aire al pasar a través del filtro. Si $\rho = 1.194$ kg/m^3 para el aire, encuentre el flujo másico.

Conservación de la masa

7.25 Un ducto convergente rectangular conduce nitrógeno ($\rho = 1.155$ kg/m^3) con un flujo másico de 4 kg/s. La sección pequeña del ducto mide 30 cm × 40 cm y la sección grande 50 cm × 60 cm. Encuentre el flujo volumétrico y la velocidad promedio en cada sección.

7.26 Una boquilla es un dispositivo que acelera el flujo de un fluido. Una boquilla circular que converge de un diámetro interior de 16 cm a 4 cm conduce un gas con un gasto volumétrico de 0.25 m^3/s. Encuentre el cambio en la velocidad promedio del gas.

7.27 Un difusor es un dispositivo que desacelera el flujo de aire para recuperar una presión perdida. Para el difusor mostrado en la figura P7.27, encuentre el flujo másico y la velocidad promedio del aire a la salida del difusor. Para el aire, considere $\rho = 1.194$ kg/m^3.

7.28 En la figura P7.28 se muestra una rama de tubería de forma esquemática. Encuentre el flujo másico 4. ¿El fluido de la rama 4 entra o sale de la unión?

7.29 La velocidad promedio del agua en un tubo de 0.75 in de diámetro conectado a una regadera es de 12 ft/s. El drenaje de la regadera, que se encuentra parcialmente

257

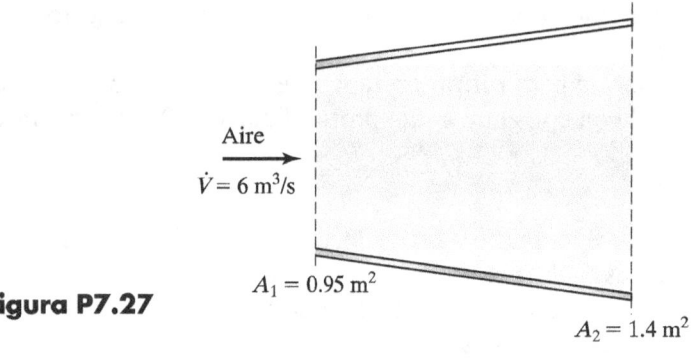

Figura P7.27

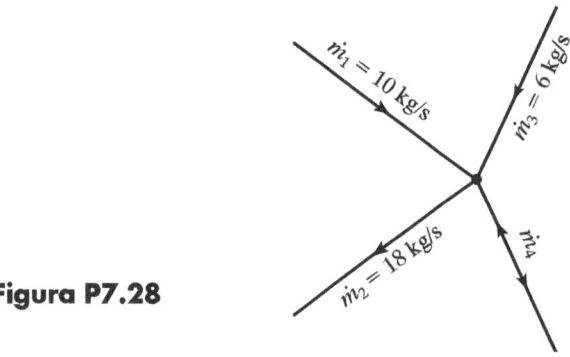

Figura P7.28

tapado con cabello, permite que fluyan 0.03 slugs/s al drenaje. Si el piso de la regadera mide 2.5 ft cuadrados y 4 in de profundidad, ¿cuánto tiempo se requiere para que se derrame el piso de la regadera?

7.30 Un ducto que conduce aire acondicionado de una unidad de refrigeración se divide en dos ductos independientes que alimentan aire frío a diferentes partes de un edificio. El ducto de alimentación tiene una sección transversal interna de 1.8 m × 2.2 m, y las dos ramas tienen secciones transversales de 0.9 m × 1.2 m y 0.65 m × 0.8 m. La velocidad promedio del aire en el ducto de alimentación es de 17 m/s y la velocidad promedio dentro de la rama pequeña del ducto es de 18 m/s. Encuentre los flujos volumétricos y los flujos másicos en cada rama. Para el aire utilice $\rho = 1.20$ kg/m^3.

7.31 La cámara de mezclado mostrada en la figura P7.31 facilita la mezcla de tres líquidos. Encuentre el flujo volumétrico y el flujo másico de la mezcla a la salida de la cámara.

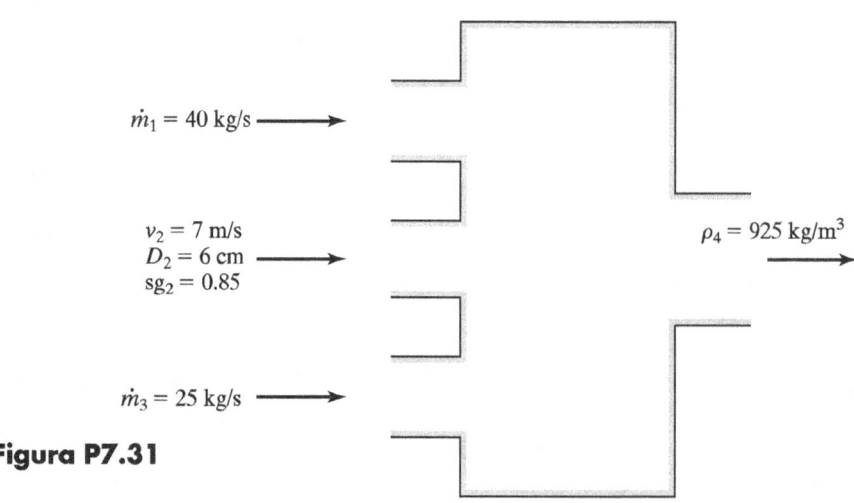

Figura P7.31

8

Análisis de datos: Graficación

Objetivos

Después de leer este capítulo, usted aprenderá:

- Cómo recolectar y registrar datos experimentales.
- Cómo construir gráficas de manera apropiada.
- Cómo ajustar datos a funciones matemáticas comunes.
- Cómo realizar la interpolación y la extrapolación.

8.1 INTRODUCCIÓN

La ingeniería es una disciplina que se comparte y es importante presentar los resultados del trabajo propio a otros de manera efectiva. La vieja máxima "una imagen dice más que mil palabras" se mantiene vigente. Un ensayo de mil palabras no puede capturar totalmente la esencia del lugar mostrado en la figura 8.1.

Describir datos técnicos sin gráficas es, de alguna manera, como describir parques nacionales sin fotografías. En forma verbal o escrita, sólo se puede trasmitir una cierta cantidad de información; para comunicar todo el mensaje deben utilizarse imágenes. Una **gráfica** es *una representación visual particular de la relación entre dos o más cantidades físicas*. Por ejemplo, la figura 8.2 es una gráfica de las calificaciones nacionales del SAT (examen de aptitud académica, por sus siglas en inglés) en Estados Unidos de 1967 a 2005. Se grafican dos cantidades (calificaciones orales y calificaciones matemáticas) como función de la cantidad tiempo medida en años. La gráfica muestra con claridad una caída en las calificaciones, tanto orales como matemáticas, de 1967 a 1981, seguida de un aumento en ambas calificaciones y una encrucijada en 1991, cuando las calificaciones de matemáticas superaron a las orales. Las primeras aumentaron de 492 en 1981 a 520 en 2005 (un incremento de 5.7 por ciento), lo que puede atribuirse al énfasis en la educación matemática y científica en Estados Unidos durante este periodo.

En la figura 8.3 se muestra otro ejemplo de una gráfica. En ésta, el esfuerzo axial en un espécimen de acero dulce se grafica en función de la deformación específica axial. Observe que los puntos de los datos se acercan a una línea recta, por lo que se han ajustado con una línea recta de "ajuste óptimo" para demostrar la relación lineal entre las dos cantidades, esfuerzo y deformación. Esta relación indica que, para un intervalo limitado de esfuerzos, el acero se comporta de forma elástica, lo que significa que el espécimen recupera su longitud original después de que se retira la fuerza que causa el esfuerzo axial. Este tipo de gráfica es útil para investigar ciertas propiedades estructurales de los materiales.

Los ingenieros son diseñadores, analistas, investigadores, consultores y gerentes. Independientemente de la función de ingeniería que asuman, son

Figura 8.1
Isla Wizard, Parque Nacional Crater Lake, Estados Unidos. (Cortesía de Art Lee, Allparks.com, © 2002.)

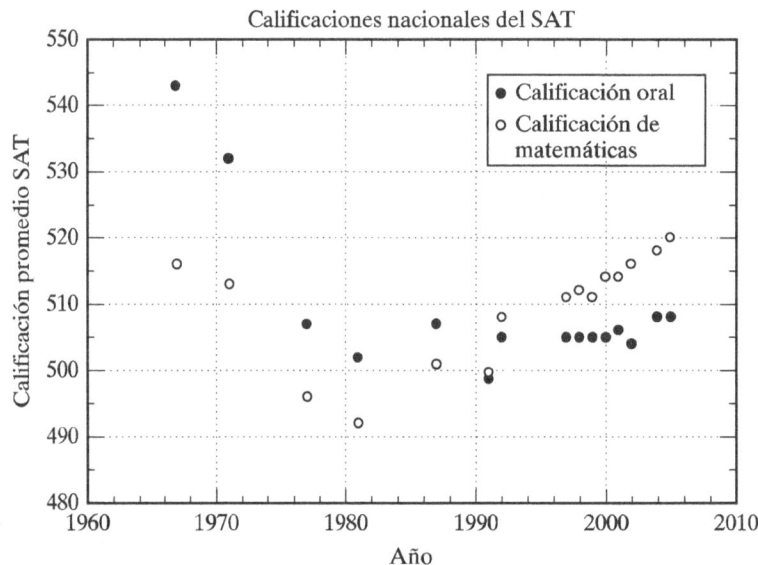

Figura 8.2
Gráfica de las calificaciones nacionales del SAT. (Cortesía del Departamento de Educación de Estados Unidos.)

comunicadores, y las gráficas son formas efectivas de comunicar información técnica. Los ingenieros trabajan en un mundo de datos técnicos que, generalmente, consisten en mediciones de diversas cantidades físicas, como voltaje, esfuerzo, temperatura, velocidad, flujo, viscosidad, frecuencia y muchas otras.

Existen cinco funciones principales para las que se realizan mediciones en ingeniería:

1. La **evaluación del desempeño** comprende la realización de mediciones para determinar si un sistema está funcionando de manera apropiada. Por ejemplo, un detector de presión puede indicar si la presión en una caldera es suficiente para entregar suficiente vapor al sistema de calefacción de un edificio.

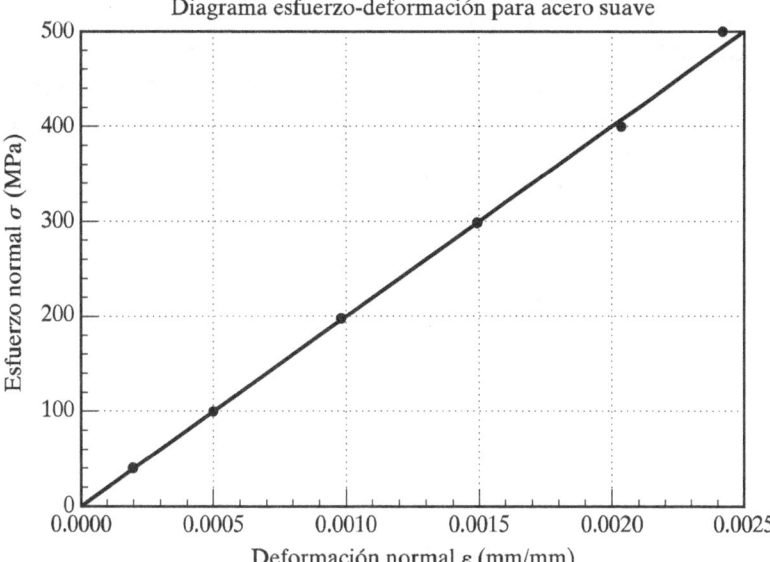

Figura 8.3
Gráfica que representa el diagrama esfuerzo-deformación en la región elástica para acero suave.

2. El **control de procesos** comprende una operación de retroalimentación en la que las mediciones se utilizan para mantener los procesos dentro de las condiciones de operación especificadas. Al supervisar de forma continua la temperatura del aire interior, por ejemplo, los termostatos en nuestros hogares indican a los equipos de calefacción y enfriamiento cuándo encender y apagar, manteniendo de esta manera las condiciones de confort.

3. La **contabilidad** consiste en el registro del uso o flujo de una cantidad específica, como el caudal de agua de un depósito.

4. La **investigación** es el análisis de fenómenos científicos fundamentales. En la investigación en ingeniería se desarrollan experimentos y se efectúan mediciones para dar soporte a, o confirmar nociones teóricas. Por ejemplo, se pueden utilizar detectores miniatura para medir el flujo de sangre en las arterias, que permite a los ingenieros biomédicos desarrollar modelos de flujo para el corazón humano.

5. El **diseño** comprende la prueba de nuevos productos y procesos para verificar su funcionalidad. Por ejemplo, si un ingeniero de materiales diseña un nuevo tipo de aislamiento para controlar el ruido en una aeronave comercial, debe realizar algunas pruebas acústicas para determinar si el nuevo material funciona de manera apropiada para la aplicación que se pretende.

La prueba es casi siempre la "última palabra" en el mundo del diseño en ingeniería. Es raro que los ingenieros diseñen un producto o un proceso sin probarlo antes de fabricarlo y venderlo. Las consideraciones analíticas y teóricas solas, casi nunca son suficientes para establecer la viabilidad de un nuevo diseño. Las pruebas minuciosamente realizadas validan los análisis y las teorías, pero unas pruebas realizadas de forma deficiente no validan nada. En este capítulo presentamos los fundamentos del análisis de datos, que incluye la reunión y graficación de ellos a partir de mediciones.

8.2 RECOLECCIÓN Y REGISTRO DE DATOS

Las mediciones forman la columna vertebral de la ciencia y de la ingeniería, porque las descripciones del mundo físico son imposibles sin ellas. Imagine el intento de caracterizar la operación de un disco duro de una computadora sin medir la razón de reproducción de datos, voltaje, corriente y velocidad de rotación. Antes de que podamos elaborar una

261

gráfica de datos, debemos medir las cantidades que deseamos investigar. La **medición** en ingeniería es *el acto de utilizar instrumentos para determinar el valor numérico de una cantidad física*. Por ejemplo, utilizamos una balanza (el instrumento) para determinar el peso (la cantidad) de una persona, que puede ser de 160 lb_f (el valor numérico). Se utiliza un termómetro (el instrumento) para determinar la temperatura (la cantidad) de aire dentro de un edificio, que puede ser de 70 °F (el valor numérico). Se utiliza un ohmímetro (el instrumento) para determinar la resistencia eléctrica (la cantidad) de una resistencia, que puede ser de 10 kΩ (el valor numérico). Podrían citarse muchos otros ejemplos.

La discusión amplia de la medición en ingeniería rebasa el alcance de este libro, pero resulta provechoso cubrir algunos conceptos fundamentales. Un ingeniero debe ser capaz de identificar los tipos de datos deseados y cómo asociar diversas cantidades. Él o ella, también deben entender que ninguna medición se puede realizar con una exactitud o precisión definitiva, y que tratar con el error es una parte integral de la medición en ingeniería.

8.2.1 Identificación y asociación de datos

Para ayudarnos a entender cómo identificar y asociar datos de manera apropiada, utilicemos un ejemplo simple y familiar. Suponga que deseamos medir el desempeño de un corredor de larga distancia. Primero, tenemos que decidir qué tipo de datos se requieren. Para caracterizar su desempeño, es obvio que deseamos saber qué tan rápido corre. No estamos directamente interesados en su temperatura corporal, la resistencia eléctrica de sus miembros, la viscosidad de su sudor o su presión sanguínea. Deseamos conocer su velocidad, definida como distancia dividida entre tiempo. Por tanto, hemos *identificado* los datos a medir (distancia y tiempo) y *asociado* estas dos cantidades mediante la cantidad (velocidad). La distancia se puede determinar con una cinta métrica o con algún otro instrumento, y el tiempo se puede medir utilizando un cronómetro u otro dispositivo de cronometraje adecuado. Una gráfica de la distancia en función del tiempo, que se muestra en la figura 8.4, revela una relación *significativa* entre estas dos cantidades y el cociente de la distancia y el tiempo da la velocidad promedio del corredor a diferentes tiempos durante la carrera. Además, la gráfica muestra que la velocidad del corredor decrece con el tiempo, lo que indica que puede hacerle falta el acondicionamiento físico para una carrera de larga distancia o que no establece un ritmo apropiado.

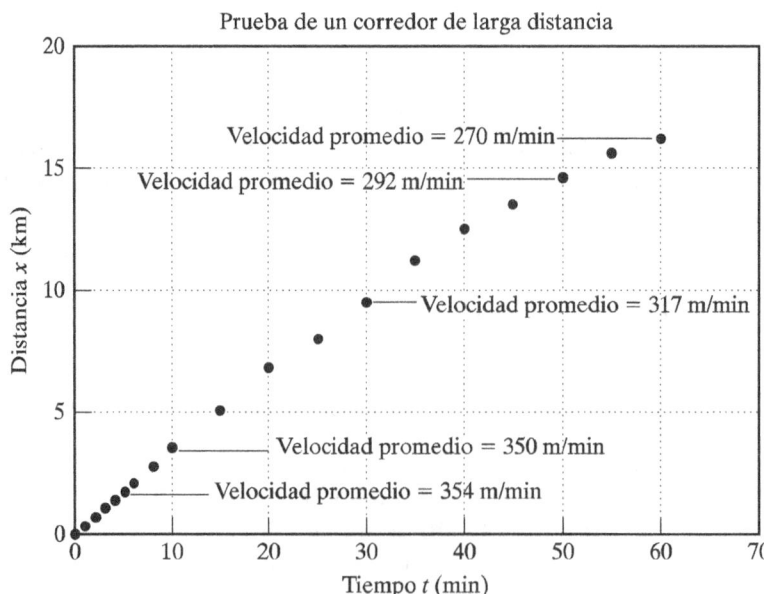

Figura 8.4
La gráfica de las cantidades distancia y tiempo revela una relación significativa para un corredor de larga distancia.

262

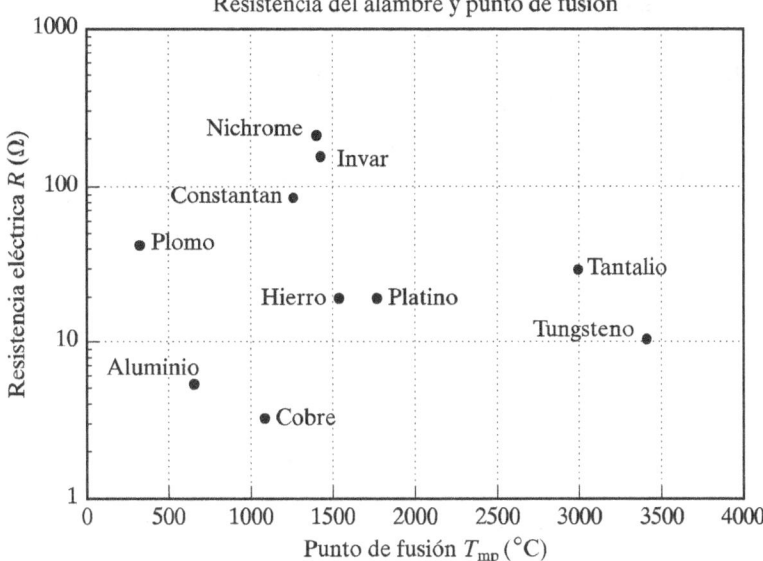

Figura 8.5
Esta gráfica muestra que no existe relación entre la resistencia eléctrica y el punto de fusión de alambres geométricamente idénticos. La resistencia de todos los alambres se basa en una temperatura de 20 °C.

En el ejemplo recién dado, los datos se identificaron y asociaron de manera apropiada, lo que produjo una gráfica significativa. Ahora considere una situación en la que los datos no están identificados ni asociados de manera apropiada. En la figura 8.5, la resistencia eléctrica de especímenes de alambre geométricamente idénticos, fabricados con diferentes aleaciones metálicas, se grafican como una función del punto de fusión de las aleaciones. Ya que los datos se encuentran dispersos al azar en la gráfica, no parece existir alguna relación significativa entre la resistencia eléctrica y el punto de fusión de los alambres. Es claro que la resistencia eléctrica no *depende* del punto de fusión. Dicho de otra forma, el punto de fusión no *afecta* la resistencia eléctrica, por lo que no es útil una gráfica de estas dos cantidades. Sin embargo, esto no significa que nunca deba construirse una gráfica de datos aparentemente no relacionados. En algunos trabajos de ingeniería, en particular en la investigación, podemos no saber por anticipado si ciertos datos están relacionados o no. Al graficarlos se pueden manifestar las relaciones físicas entre las cantidades, lo que de otra manera hubiera pasado inadvertido si no se hubiera realizado la gráfica.

8.2.2 Exactitud, precisión y error

En un momento u otro, virtualmente todos los ingenieros realizan mediciones. La naturaleza de las mediciones de ingeniería con las que se encuentran depende en gran medida del tipo de producto o de proceso que se esté desarrollando o investigando. Por ejemplo, un ingeniero mecánico que trata con el manejo térmico de artículos electrónicos, podría desear determinar si el microprocesador en una computadora no va a fallar térmicamente durante su operación. ¿Qué significa "fallar térmicamente"? Que el microprocesador no funcionará de manera apropiada porque su temperatura cae fuera de los límites de temperatura especificados por el fabricante para dicho dispositivo. Por tanto, el ingeniero identifica la temperatura como la cantidad a medir. Para medir la del microprocesador, debe decidir qué tipo de instrumento utilizar. Obviamente, un instrumento para medir temperatura, pero existen disponibles numerosos tipos de termómetros, como líquido en vidrio, bimetálicos, termopares y termistores. También debe decidir dónde y cómo sujetar el termómetro al microprocesador, así como cuántos termómetros utilizar en un momento dado. ¿Es suficiente un termómetro o se necesitan cinco para medir de manera simultánea la temperatura en diferentes lugares del microprocesador? Para obtener mediciones significativas, el ingeniero debe abordar este tipo de preguntas y muchas otras. Esto es parte de lo que hace tan desafiante efectuar mediciones.

Los temas comunes en todos los tipos de mediciones son la exactitud, la precisión y el error. La **exactitud** se refiere a *cuánto se acerca un valor medido al valor verdadero o correcto*. La **precisión** a *la repetitividad de una medición* (es decir, cuánto se acerca una medición sucesiva a la otra). El **error** es *la desviación del valor medido con respecto al valor verdadero o correcto*. A partir de estas definiciones, es claro que la exactitud y el error se encuentran estrechamente relacionados. El error es la desviación de un valor medido del valor verdadero o correcto, la magnitud de dicha desviación es indicativa de la exactitud de la medición. En la figura 8.6 se ilustra la diferencia entre exactitud y precisión. Suponga que cuatro tiradores disparan a objetivos diferentes, pero idénticos. El tirador *A* es exacto, porque todos sus disparos se encuentran cerca del blanco, y es preciso porque sus disparos se agrupan estrechamente. El tirador *B* es exacto, porque sus disparos se encuentran distribuidos de manera homogénea alrededor del blanco, pero no es preciso porque se ubican ampliamente esparcidos. El tirador *C* es preciso, porque sus disparos se agrupan estrechamente, pero no es exacto porque el grupo se encuentra lejos del blanco. El tirador *D* no es exacto, porque la dispersión de sus disparos no se distribuye de forma homogénea alrededor del blanco, y no es preciso porque no se observan agrupados de manera estrecha. Las razones específicas para la exactitud y precisión deficiente pueden ser la respiración del tirador, su posición corporal, visión y otros factores. Además, es posible que las miras de las armas necesiten un ajuste, el interior del barril puede estar sucio o el viento puede estar soplando de forma estable o con rachas aleatorias. La lista de posibles causas para la distribución de los disparos de los tiradores *B*, *C* y *D* puede ser larga, lo que nos lleva a una discusión del error.

Ninguna medición está exenta de error, por lo que es importante que los ingenieros reconozcan sus fuentes potenciales y cómo minimizarlas. Por lo general, los errores pueden clasificarse como crasos, sistemáticos y aleatorios. Los *errores crasos* virtualmente invalidan la medición y son provocados por el uso indebido de instrumentos, de instrumentos inapropiados o inadecuados, registro incorrecto de datos y no seguir procedimientos apro-

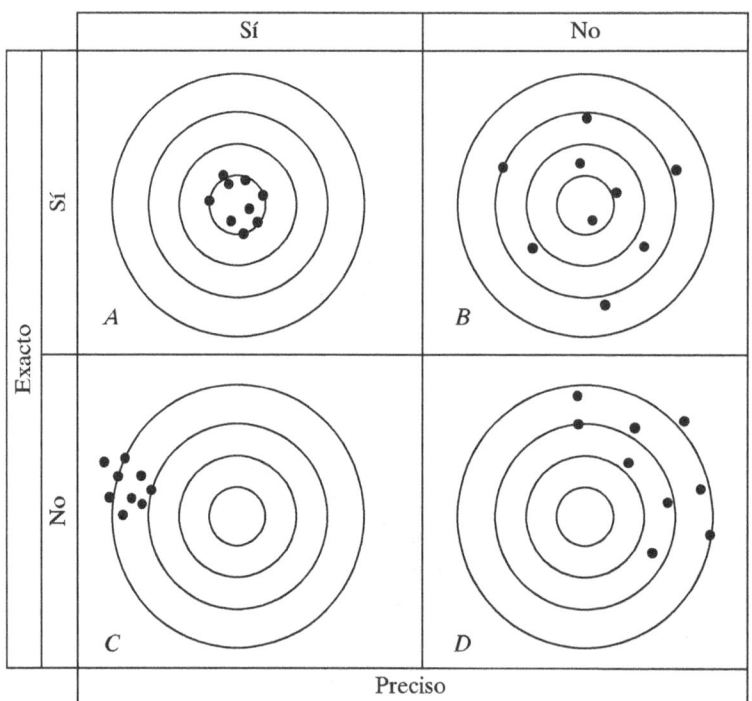

Figura 8.6
Ilustración de exactitud y precisión.

piados de medición. Por ejemplo, en la sección 8.2.2, comentamos acerca de un ingeniero mecánico que deseaba determinar que el microprocesador de una computadora no fallaría térmicamente durante la operación. Un error craso de su parte sería que no esperara a que el microprocesador alcanzara una condición térmica estable antes de registrar los datos. Los dispositivos electrónicos requieren tiempo para calentarse hasta sus temperaturas de operación, por lo que si las mediciones de temperatura se registran poco tiempo después de encender el dispositivo, los datos serán inútiles. Los errores crasos deben eliminarse de la ingeniería.

Los *errores sistemáticos* muestran un comportamiento regular u ordenado y pueden ser provocados por el instrumento de medición, el ambiente o el observador que conduce la medición. Por ejemplo, considere las mediciones de viscosidad del aceite lubricante con el uso de un instrumento viscosímetro de una simple esfera que cae. Durante el curso de las mediciones observamos que el tiempo para que las esferas caigan una distancia dada dentro del aceite decrece de forma gradual. Las pruebas se iniciaron temprano en la mañana y concluyeron alrededor del mediodía. Descubrimos que nuestras mediciones de tiempo reflejan un error sistemático causado por un aumento gradual en la temperatura de la muestra de aceite debido a un calentamiento desequilibrado del edificio y al Sol matutino que brillaba a través de la ventana del laboratorio cercano. Este error sistemático particular, al igual que todos los errores sistemáticos, se puede corregir. En este caso, podría identificarse supervisando de manera simultánea la temperatura de la muestra de aceite para que los datos de tiempo de caída reflejaran la temperatura de la muestra y, por lo tanto, su viscosidad. Una forma diferente de corregir el error sería regular la temperatura de la muestra.

Otro ejemplo de error sistemático es el *paralaje*. El paralaje es un error de observación que puede ocurrir al leer la carátula de un medidor. Para demostrar cómo funciona el paralaje, sostenga la punta de su lápiz aproximadamente 1 cm arriba de la segunda *a* de la palabra *paralaje* en esta oración. Manteniendo firme el lápiz, mueva su cabeza de lado a lado observando la letra directamente detrás de la punta del lápiz con un ojo. Si mueve su cabeza lo suficiente a la derecha, la letra *r* se alinea con la punta del lápiz, pero si la mueve lo suficiente a la izquierda, la letra *l* es la que se alinea con la punta del lápiz. En esta sencilla demostración, la punta del lápiz representa la aguja o la carátula y las letras sobre el papel representan una escala numérica. Un observador que lee la carátula de un medidor de un lado o del otro introduce un error sistemático en los datos.

Un tipo de error sistemático provocado por el instrumento se llama *histéresis*. Un instrumento muestra histéresis cuando existe una diferencia de lecturas dependiendo si el valor de la cantidad medida se acerca desde arriba o desde abajo. La histéresis puede aparecer debido a la fricción mecánica, los campos magnéticos, la deformación elástica o los efectos térmicos dentro del instrumento.

Los *errores aleatorios* son provocados por un fenómeno relacionado con la oportunidad. Consideremos el escenario de los cuatro tiradores, donde una ráfaga de viento es un ejemplo de un error aleatorio. Las ráfagas de viento ocurren en momentos impredecibles y tienen velocidades impredecibles, que pueden desviar de manera aleatoria la trayectoria de una bala. Otro ejemplo de un error aleatorio es que el barril del arma esté sucio o tenga una materia extraña. Algunos barriles pueden estar más limpios que otros, la cantidad de contaminantes en el cañón de un arma es fundamentalmente una variable aleatoria.

Todos los diferentes tipos de errores sistemáticos y aleatorios son tan numerosos que no se cubren en este libro. En la figura 8.7 se muestran las fuentes fundamentales de errores crasos, sistemáticos y aleatorios, clasificados de manera organizada. Observe que algunas causas de error, como la fricción y la vibración, pueden ser sistemáticas o aleatorias. Para analizar con mayor profundidad las fuentes de error, deben consultarse las referencias al final de este capítulo.

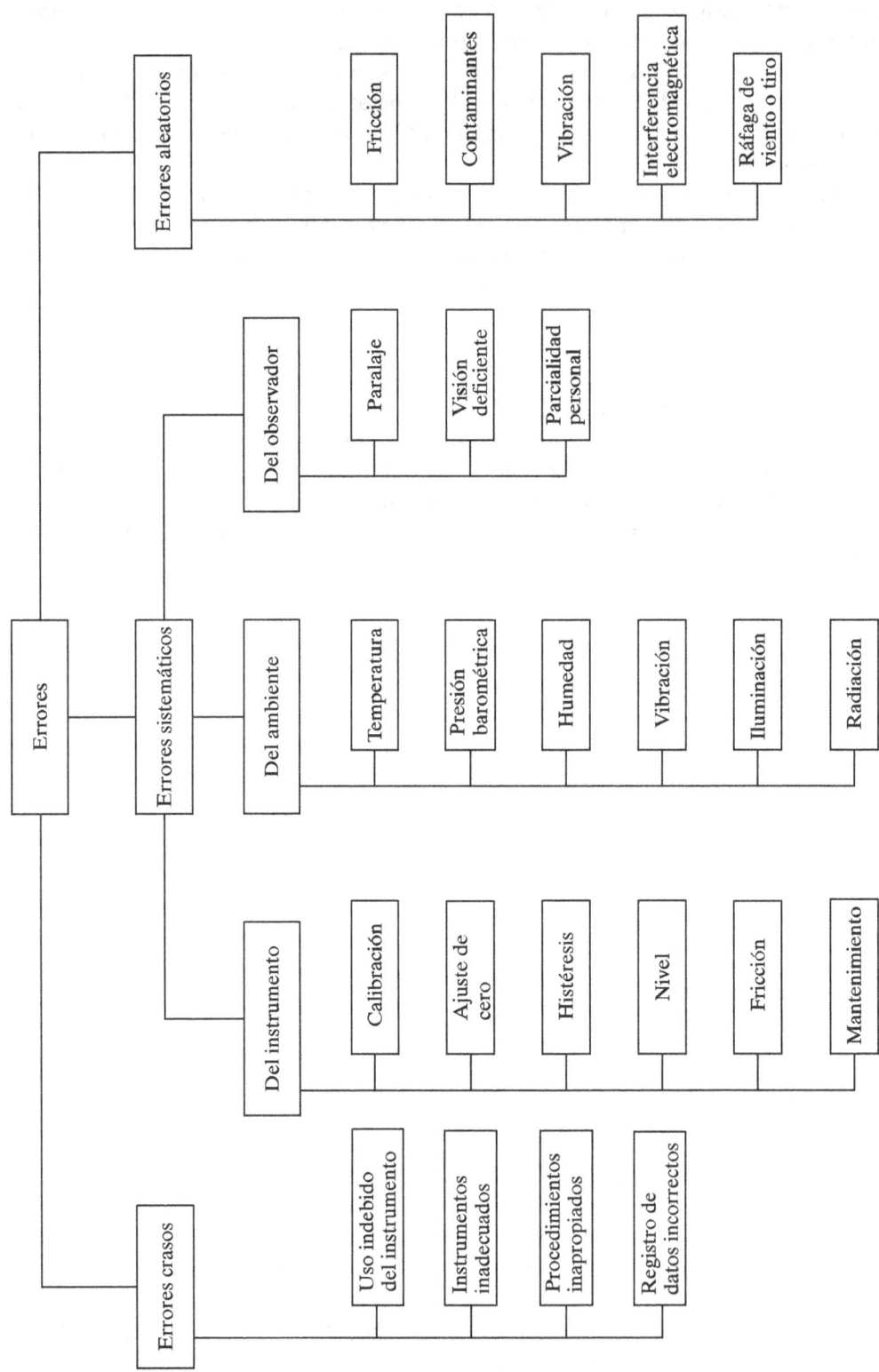

Figura 8.7 Clasificación de los errores crasos, sistemáticos y aleatorios.

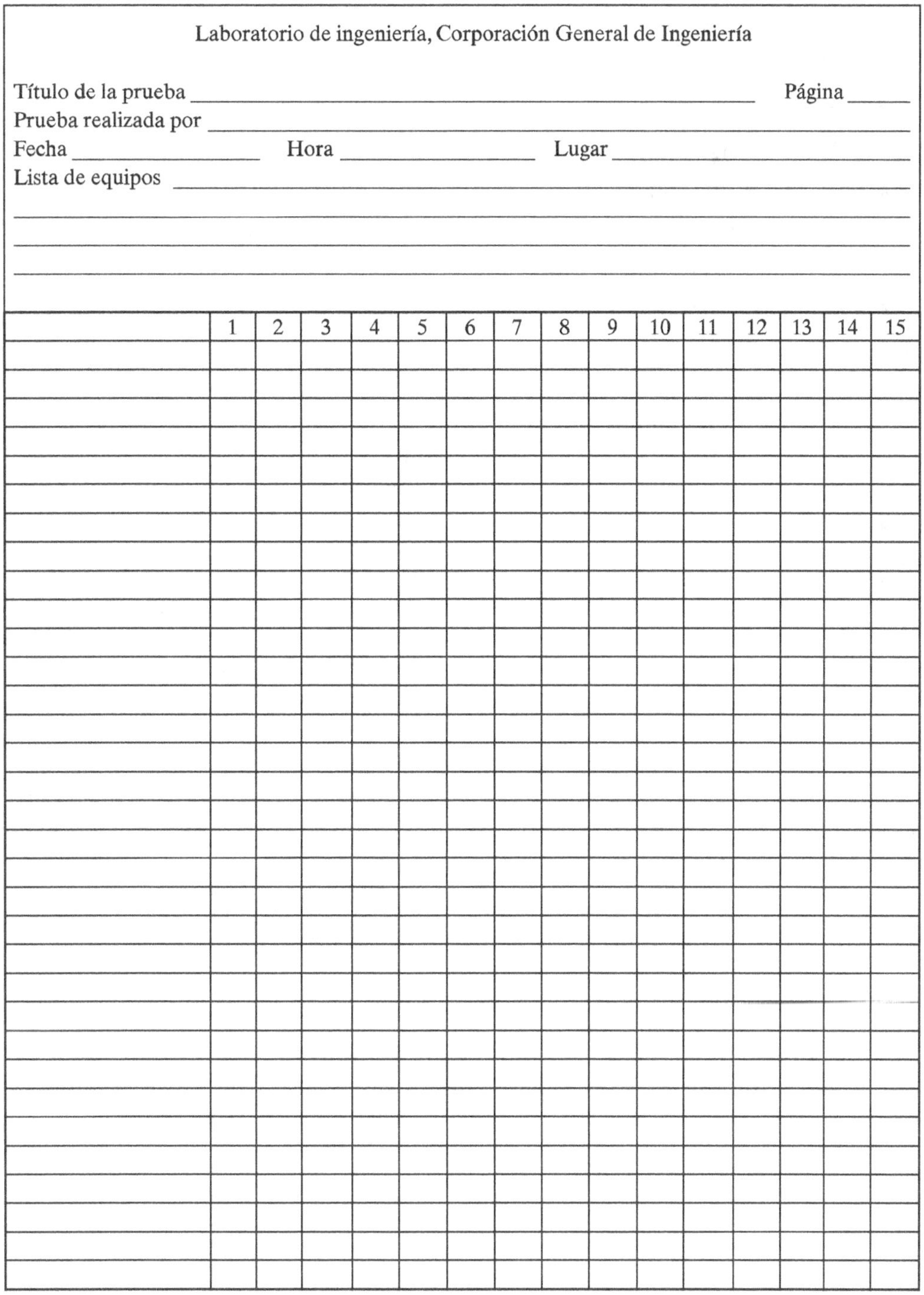

	1	2	3	4	5	6	7	8	9	10	11	12	13	14	15

Laboratorio de ingeniería, Corporación General de Ingeniería

Título de la prueba _____ Página _____

Prueba realizada por _____

Fecha _____ Hora _____ Lugar _____

Lista de equipos _____

Figura 8.8
Hoja de datos
de cuaderno de
laboratorio.

8.2.3 Registro de datos

Al efectuar mediciones, es importante registrar los datos de manera sistemática y organizada cuando se preparan para graficación. Con el fin de que los datos sean significativos, deben seguirse procedimientos meticulosos de registro. La práctica normal de ingeniería dicta el uso de cuadernos de laboratorio con hojas de datos similares a la mostrada en la figura 8.8, para registrar y documentar todos los aspectos de las mediciones. No se recomienda registrar datos en papeles sueltos, ya que las páginas sueltas se pueden perder, dañar o mezclar de forma inapropiada con otras páginas con facilidad.

La siguiente información debe registrarse en un cuaderno de hojas *sujetas*:

- Título de la prueba.
- Nombre de la(s) persona(s) que realiza(n) la prueba.
- Fecha, hora y lugar de prueba.
- Números de páginas.
- Lista de instrumentos y equipos utilizados.
- Diagramas de configuración de la prueba.
- Datos:
    - Claramente escritos.
    - Arreglados en formato tabular.
    - Claramente identificados y marcados con unidades.
    - Registrados con el número correcto de cifras significativas.
- Notas explicativas breves de los datos, según se requiera.

La información contenida en un cuaderno de laboratorio se considera como los "datos primarios" de una prueba y constituyen el fundamento de todas las gráficas, análisis y evaluaciones posteriores de la misma. Por esta razón, de ninguna manera debe manipularse la información registrada en el cuaderno de laboratorio. Bajo ninguna circunstancia deben desecharse, borrarse o alterarse los datos, hacerlo constituye una falta de ética profesional. Si todos o parte de ellos resultan incorrectos por alguna razón, deben tomarse los pasos correctivos para eliminar los problemas que pudieran existir con los instrumentos o con el procedimiento experimental, y la prueba debe realizarse otra vez. Generar datos experimentales significativos puede ser muy laborioso, pero el valor de los mismos hace que el esfuerzo valga la pena.

Mientras que los cuadernos de laboratorio se utilizan para registrar datos de forma manual, también se pueden recolectar de forma electrónica y almacenarlos utilizando registradores de tablas y registradores de datos (que constituyen una interfase con los medidores o detectores que miden las cantidades físicas deseadas). Los registradores de tablas utilizan un marcador mecánico automatizado que produce un registro gráfico de las mediciones. Los registradores de datos convierten señales eléctricas analógicas de los detectores en una forma digital que se puede guardar en una computadora para su proceso posterior. En ocasiones, a los sistemas electrónicos utilizados para recolectar y guardar esa información se les denomina sistemas de adquisición de datos.

¡Practique!

1. Un ingeniero ambiental desea evaluar el suministro de agua para un pueblo localizado en la base de una cadena montañosa. La fuente de agua sólo se basa en el escurrimiento de la nieve que se acumula en las montañas cercanas durante el invierno. Describa los datos que debe recolectar y cómo se podrían utilizar las gráficas para evaluar el suministro de agua del pueblo.

2. En una planta que manufactura tableros de yeso, un ingeniero industrial desea optimizar la producción de hojas de tableros investigando los efectos de la rapidez del calentamiento para curar el yeso mientras los tableros viajan a lo largo de un transportador. Describa los datos que debe recolectar y cómo podrían utilizarse las gráficas para optimizar la producción de tableros.

3. Un ingeniero desea determinar, con base en la producción a diferentes profundidades, cuándo debe terminarse la perforación en un lugar particular.

Describa los datos que debe recolectar y cómo se podrían utilizar las gráficas para tomar la decisión.

4. Clasifique los siguientes errores como craso (G), sistemático (S) o aleatorio (R) (en algunos casos, se puede aplicar más de una clasificación):

Error	Clasificación (G, S o R)
a. No usar un micrómetro de forma apropiada	_____
b. Polvo y grasa en una articulación de equilibrio de masa	_____
c. Leer una carátula de medidor de presión a un ángulo de 60°	_____
d. Voltímetro ajustado a cero de forma incorrecta	_____
e. Corrientes de ventilación en un laboratorio	_____

Respuesta: a. G, b. R, c. S, d. S, e. R.

8.3 PROCEDIMIENTO GENERAL DE GRAFICACIÓN

En esta sección se presenta un procedimiento general para graficar datos. El procedimiento se aplica a todas las disciplinas y funciones de la ingeniería de manera consistente y correcta; lleva a gráficas significativas que permiten que los ingenieros evalúen el desempeño de sistemas, procesos de control, mantengan un registro de cantidades físicas, lleven a cabo investigación y diseñen productos y procesos. Los ingenieros han utilizado este procedimiento general de graficación de una u otra forma por largo tiempo con gran éxito en todas las disciplinas. Es de vital importancia que los estudiantes aprendan procedimientos apropiados de graficación y los apliquen en el curso de su trabajo. La adquisición de buenos hábitos de graficación cuando aún se encuentran en la escuela hará que les sea más fácil una transición exitosa en su práctica profesional.

Una vez recolectados y registrados los datos, se pueden elaborar las gráficas correspondientes. Como se muestra en la figura 8.9, existen numerosos tipos de gráficas que se pueden utilizar para mostrar las relaciones entre los diversos tipos de datos. Las gráficas más utilizadas para las aplicaciones de ingeniería son las de dispersión y de líneas. Una *gráfica de dispersión* sólo se integra de puntos de datos, sin líneas dibujadas entre ellos. (Véanse las figuras 8.4 y 8.5.) Una *gráfica de líneas* consta de una o más líneas sin puntos de datos. Por lo común, las gráficas de líneas se utilizan para mostrar las relaciones entre cantidades continuas generadas por ecuaciones matemáticas. También se utilizan las gráficas con líneas dibujadas entre los puntos de datos. Los otros tipos de gráficas mostrados en la figura 8.9 se usan con menos frecuencia en los trabajos de ingeniería. Por lo general, una *gráfica de barras* muestra distribuciones de cantidades para propósitos de análisis estadístico. Una *gráfica circular* expone porcentajes o fracciones de un todo en aplicaciones financieras y de negocios. Una *gráfica polar* muestra cómo varían las cantidades con los ángulos. Una *gráfica de relieve* la variación de una cantidad sobre una superficie bidimensional. Una *gráfica de superficie 3D* cómo varía una cantidad en el espacio tridimensional. Ya que en los trabajos de ingeniería predomina la gráfica de dispersión, dedicaremos toda nuestra atención a ella.

El procedimiento general para la elaboración de una gráfica de datos experimentales se puede describir paso por paso. En las siguientes secciones se explicará e ilustrará cada etapa del procedimiento, el cual se aplica tanto en la elaboración manual de gráficas, como con el uso de un paquete de software para computadora. Se recomienda que el estudiante aprenda el procedimiento de graficación aplicándolo de forma manual antes de intentar con el software. Una vez que haya dominado las técnicas de graficación con lápiz y papel,

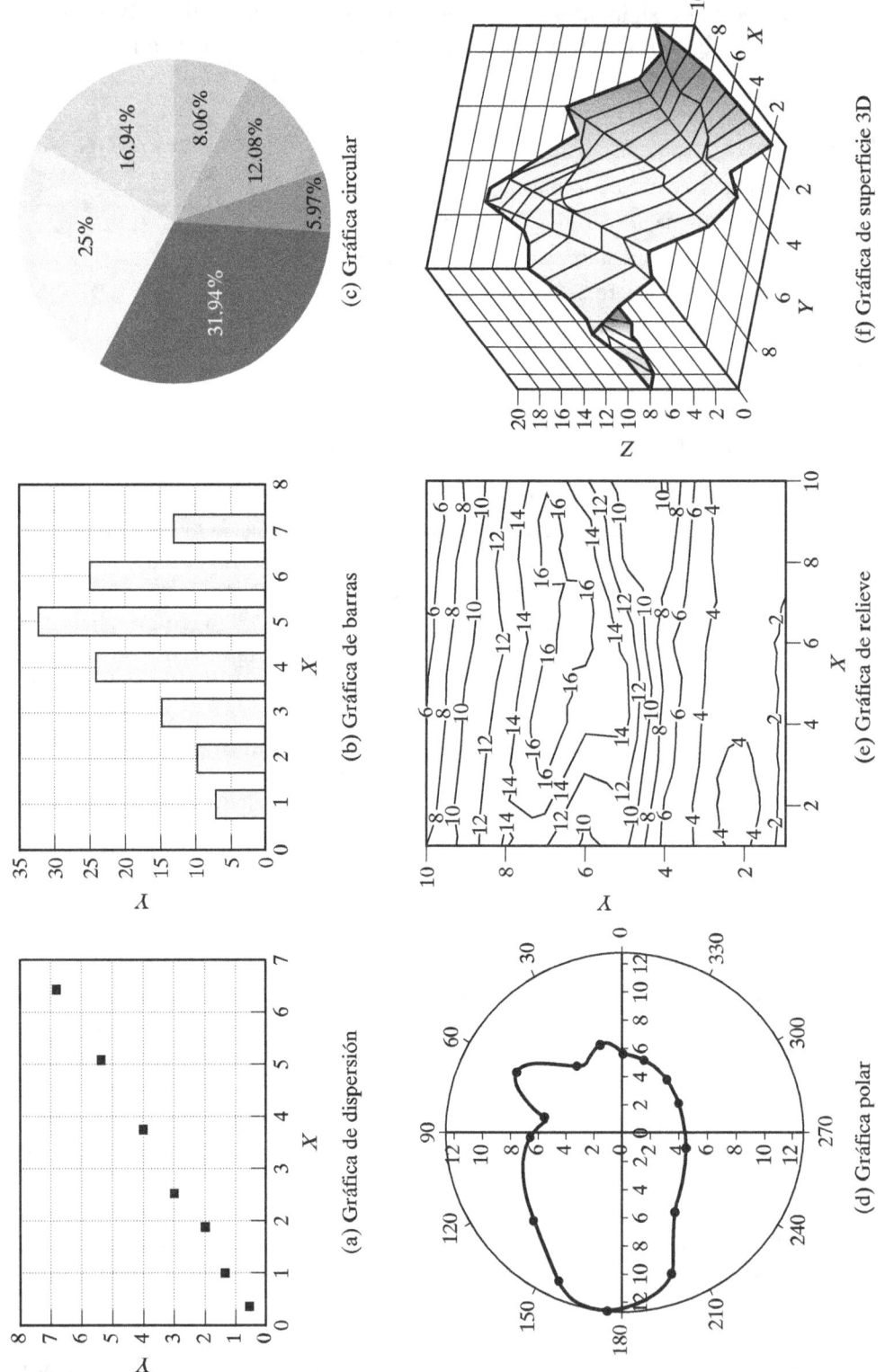

Figura 8.9 Tipos de gráficas.

encontrará que, después de aprender a utilizar el software, la graficación asistida por computadora es sencilla.

Procedimiento general de graficación

El procedimiento general de graficación es el siguiente:

1. Determine qué datos se van a graficar (es decir, la variable *dependiente* y la variable *independiente*). Estos datos se obtienen del cuaderno de laboratorio.
2. Determine el *intervalo* de las variables dependiente e independiente.
3. Seleccione el *papel para gráficas* con base en el tipo de escala deseada: lineal, semilogarítmica o logarítmica. Si elige semilogarítmica o logarítmica, determine cuántos ciclos (potencias de 10) se requieren.
4. Con base en los intervalos de las variables, elija la ubicación de los *ejes* horizontal y vertical en el papel para gráficas.
5. *Calibre* y *gradúe* los ejes.
6. *Nombre* los ejes.
7. *Trace* los puntos de datos utilizando símbolos apropiados.
8. Si se desea ajustar a una curva, dibuje una *curva* o *curvas* a través de los puntos de datos.
9. Identifique múltiples curvas con una *leyenda* y agregue un *título* a la gráfica.

En las siguientes secciones se comenta en detalle cada uno de estos pasos.

8.3.1 Variables dependientes e independientes

Quizá el paso más crucial en la graficación, es identificar de forma apropiada las variables dependientes e independientes. Estas variables se identificaron y asociaron cuando se midieron en el laboratorio, por lo que deben registrarse en el cuaderno de laboratorio, o si se utiliza un sistema de adquisición de datos, deben almacenarse de forma electrónica. Una **variable dependiente** es *una cantidad que depende de otra cantidad*. Dicho de otra manera, una variable dependiente es una cantidad que cambia como respuesta a los cambios de otra variable. La variable dependiente está sujeta a la variable independiente, que es autónoma por lo que se refiere a las mediciones. La **variable independiente** es *la variable que el experimentador puede controlar*. Existe una relación causa-efecto entre las variables dependiente e independiente. La variable independiente (la causa) influye de alguna manera en la variable dependiente (el efecto). En términos matemáticos, decimos que la variable dependiente es una *función* de la variable independiente. Por ejemplo, un ingeniero biomédico puede desear investigar los factores que influyen en la longitud del paso de una persona para poder diseñar una prótesis. La longitud del paso depende de variables como la longitud de las piernas, la resistencia de la cadera y la flexibilidad de la rodilla. De ahí que la longitud de paso es la variable dependiente, y la longitud de las piernas, la resistencia de la cadera y la flexibilidad de la rodilla son variables independientes (es decir, la longitud del paso es una función de estas tres variables).

Un error común que cometen los estudiantes al inicio de sus estudios es confundir las variables dependientes e independientes. Por lo general, se pueden distinguir preguntando qué variable depende de la otra. Supongamos que deseamos estudiar la relación entre la altitud y la densidad del aire mediante la construcción de una gráfica. ¿Cuál de estas cantidades es la variable dependiente y cuál es la variable independiente? ¿La densidad depende de la altitud o la altitud depende de la densidad? Por ejemplo, sabemos que conforme ascendemos una montaña, el aire se vuelve "más delgado", lo que significa que la densidad del aire decrece al aumentar la altitud. Esto sugeriría que la densidad depende de la altitud, pero ¿podemos decir que la altitud depende de la densidad? La densidad del aire se puede cambiar en una variedad de formas, como llenando con aire un neumático desinflado. La presión y, por lo tanto, la densidad del aire dentro del neumático aumenta al introducir más aire dentro de él. Pero, obviamente, la altitud del aire dentro del neumático no cambia. El experimentador puede controlar la altitud, pero ésta no depende de la densidad. Por tanto, la densidad del aire es la variable dependiente y la altitud es la variable independiente.

271

8.3.2 Intervalos de las variables

Después de identificar las variables dependientes e independientes, debe determinarse el intervalo de ambas. El *intervalo* se refiere a la extensión de valores numéricos sobre los que la variable se va a graficar. Por ejemplo, una ingeniera civil puede desear graficar el flujo de agua en un sistema de irrigación natural como una función del tiempo del año. Puede haber registrado gastos de agua de 2 a 30 m^3/s en un cuaderno, pero sólo le interesa graficar los gastos de 5 a 20 m^3/s. Por tanto, el intervalo de los gastos es de 5 a 20 m^3/s. Para graficar de forma apropiada los datos, deben existir algunos datos de gasto entre el valor inferior de 5 m^3/s y el valor mayor de 20 m^3/s. Desde luego, en este intervalo, para cada gasto existe un valor correspondiente de tiempo.

8.3.3 Papel para gráficas

El papel para gráficas se encuentra comercialmente disponible en la mayoría de las librerías y papelerías escolares, y se puede descargar e imprimir desde varios sitios de Internet. El **papel para gráficas** tiene una cuadrícula impresa de líneas horizontales y verticales con un espaciamiento particular. El tipo de papel para una gráfica particular depende de la naturaleza de los datos que se están graficando y la relación entre las variables dependientes e independientes. En general, es de tres tipos, cada uno se distingue por el espaciamiento o *escala* de la cuadrícula: lineal, semilogarítmica y logarítmica. El tamaño más común es el tamaño carta normal ($8^1/_2 \times 11$ pulgadas), pero también existen otros tamaños como $8^1/_2 \times 14$ pulgadas y 11×17 pulgadas.

En el papel *semilogarítmico*, las líneas de la cuadrícula en una dirección se encuentran igualmente espaciadas, como se muestra en la figura 8.10(a). Por lo general, el espaciamiento es de 5, 10 o 20 divisiones por pulgada, pero las líneas de la otra dirección siguen una relación logarítmica. Por lo común, como se muestra en la figura 8.10(b), el espaciamiento en la dirección vertical es logarítmico y en la dirección horizontal es lineal. La escala vertical mostrada en la figura 8.10(b) tiene un *ciclo*, lo que significa que el intervalo máximo de los datos es una potencia de 10. Dicho intervalo puede ser de 1 a 10, de 10 a 100, de 100 a 1000, de 0.01 a 0.1, de 0.1 a 1, o cualquier otro intervalo similar, siempre que cubra una potencia de 10. La cuadrícula de un papel para gráficas semilogarítmicas con dos ciclos cubre un intervalo máximo de dos potencias de 10, como de 0.1 a 10, de 10 a 1000 o de 10^5 a 10^7.

En el papel *logarítmico*, las líneas de la cuadrícula en ambas direcciones siguen una relación logarítmica, como se ilustra en las figura 8.10(c) y 8.10(d). El papel mostrado en la figura 8.10(c) se denomina como de 1×1 ciclos, porque el intervalo máximo de datos en ambas direcciones es una potencia de 10. Sin embargo, los intervalos máximos de datos no tienen que ser idénticos. Por ejemplo, los intervalos en una dirección podrían ser de 10 a 100, mientras que el intervalo en la otra dirección podría ser 0.1 a 1. El papel para gráficas de la figura 8.10(d) se denomina como de 2×2 ciclos, porque el intervalo máximo de datos en ambas direcciones es dos potencias de 10. Una vez más, los intervalos máximos de datos no tienen que ser idénticos.

8.3.4 Ubicación de los ejes

Los *ejes* de una gráfica consisten en dos líneas rectas que se unen en una intersección, por lo general en o cerca de la esquina inferior izquierda del papel para gráficas. El eje horizontal es la *abscisa* (el eje *x*) y el eje vertical es la *ordenada* (eje *y*). El punto de intersección de los dos ejes es el *origen* de la gráfica. Observe que:

> *Es una práctica normal de graficación asociar la variable independiente con la abscisa y la variable dependiente con la ordenada.*

272

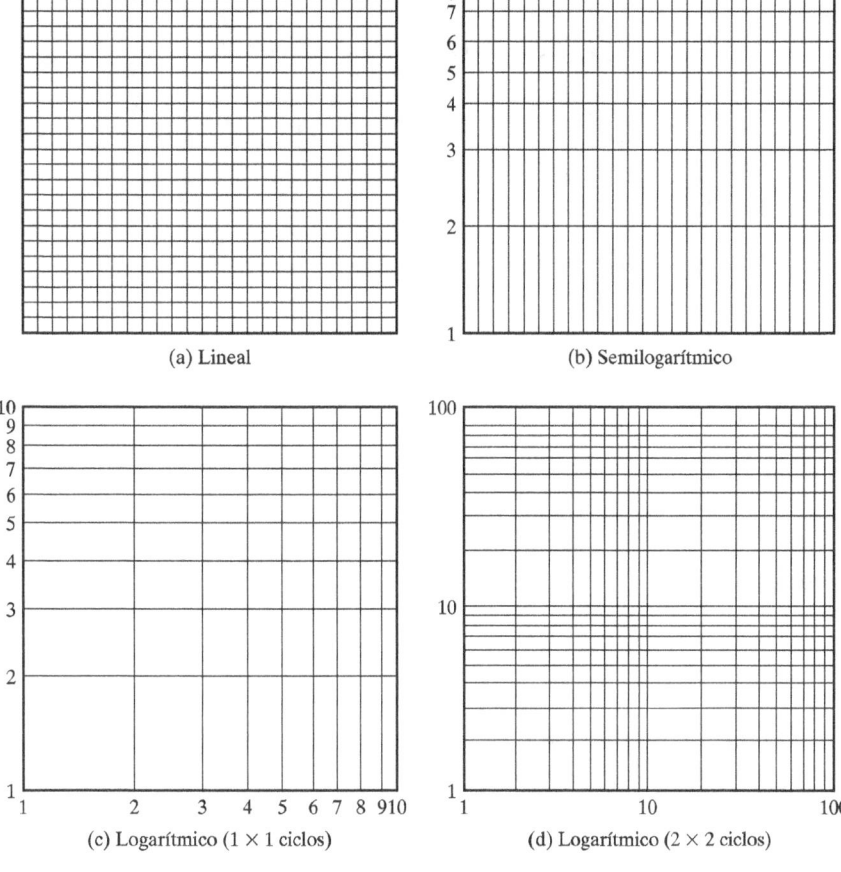

Figura 8.10
Tipos de papel para gráficas.

Esta norma se ilustra en la figura 8.11. Aunque la mayoría de las gráficas de datos de ingeniería siguen la norma, pueden existir algunas excepciones.

En la mayoría de las aplicaciones de la ingeniería, las variables dependientes e independientes se limitan a valores positivos, por lo que el origen de la gráfica se localiza cerca de la esquina inferior izquierda del papel para gráficas. Si las variables contienen tanto valores positivos como negativos, los ejes (y por lo tanto el origen) de la gráfica deben cambiarse para dar cabida a los valores negativos, lo que produce una gráfica que consta de cuatro cuadrantes, como se muestra en la figura 8.12.

No importa dónde se localicen los ejes de una gráfica, debe tenerse cuidado de utilizar la mayor parte del papel para gráficas para hacerla más legible. Esto es posible si se marcan de forma apropiada las calibraciones, que se explican en la siguiente sección.

8.3.5 Graduación y calibración de los ejes

Antes de trazar cualquier punto de datos, se deben graduar y calibrar los ejes. Las *graduaciones* son una serie de marcas sobre el eje que definen el tipo de escala utilizada. Como se comentó en la sección 8.3.3, los tres tipos comunes de escalas en el papel para gráficas son lineal, semilogarítmica y logarítmica. En una escala lineal, las marcas se encuentran igualmente espaciadas, mientras que en una escala logarítmica, las marcas no se encuentran igualmente espaciadas, sino que siguen una función logarítmica. Las *calibraciones* son los valores numéricos asignados a las graduaciones. Después de definir la ubicación

273

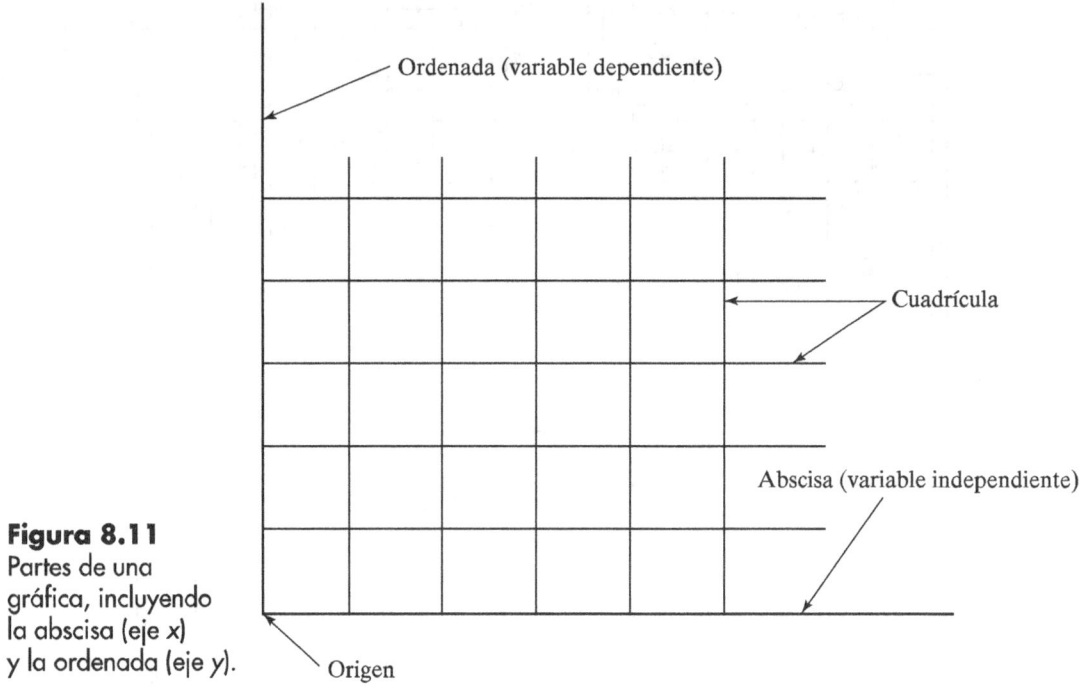

Figura 8.11
Partes de una gráfica, incluyendo la abscisa (eje *x*) y la ordenada (eje *y*).

Ordenada (variable dependiente)

Cuadrícula

Abscisa (variable independiente)

Origen

de los ejes, el siguiente paso es calibrar ambos ejes con base en los intervalos de las variables descritos en el paso 2 del procedimiento de graficación. Los ejes deben calibrarse utilizando la mayor cantidad posible del papel para gráficas. Como ejemplo, suponga que nuestros intervalos de las variables son:

variable independiente: 0 a 300

variable dependiente: 0 a 40.

En caso de que estemos utilizando papel para gráficas con una escala lineal, es preferible calibrar los ejes como se ilustra en la figura 8.13(a), con lo que se aprovecha la ma-

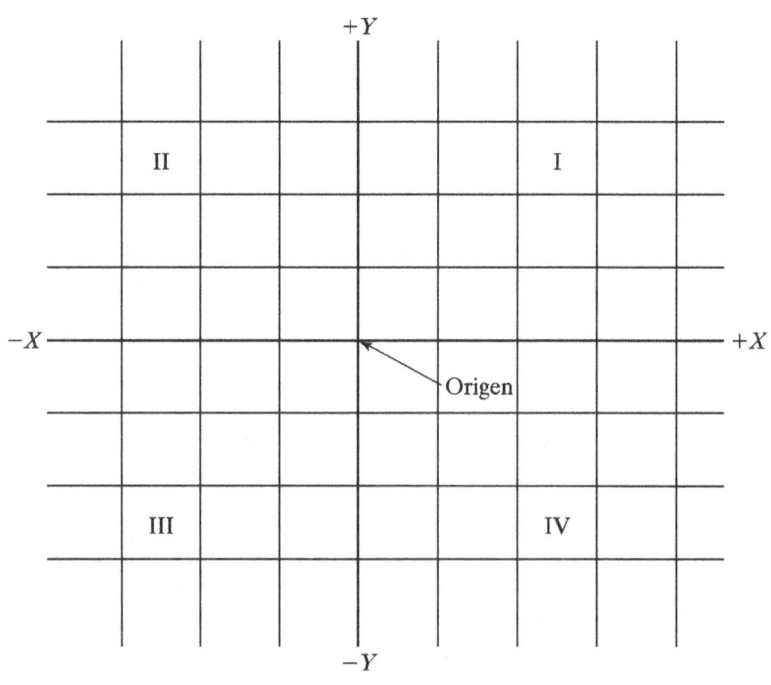

Figura 8.12
Ubicación de los ejes para variables positivas y negativas.

274

yor parte del espacio disponible del papel para gráficas. No se recomienda calibrar los ejes en la manera mostrada en la figura 8.13(b) porque el área real para la gráfica es muy pequeña, lo que dificulta la lectura de las características detalladas. Si la gráfica se elabora con el uso de software para computadora, probablemente el software realice la calibración de forma automática con base en los intervalos de las variables proporcionados por el usuario. La calibración también se puede efectuar de forma manual. Ya sea que la gráfica se elabore de una u otra forma, debe cubrir la mayor cantidad posible de la página para mejorar la legibilidad. Como se muestra en la figura 8.13, si no hay mucho espacio entre los bordes de la gráfica y la orilla del papel, los ejes deben dibujarse ligeramente

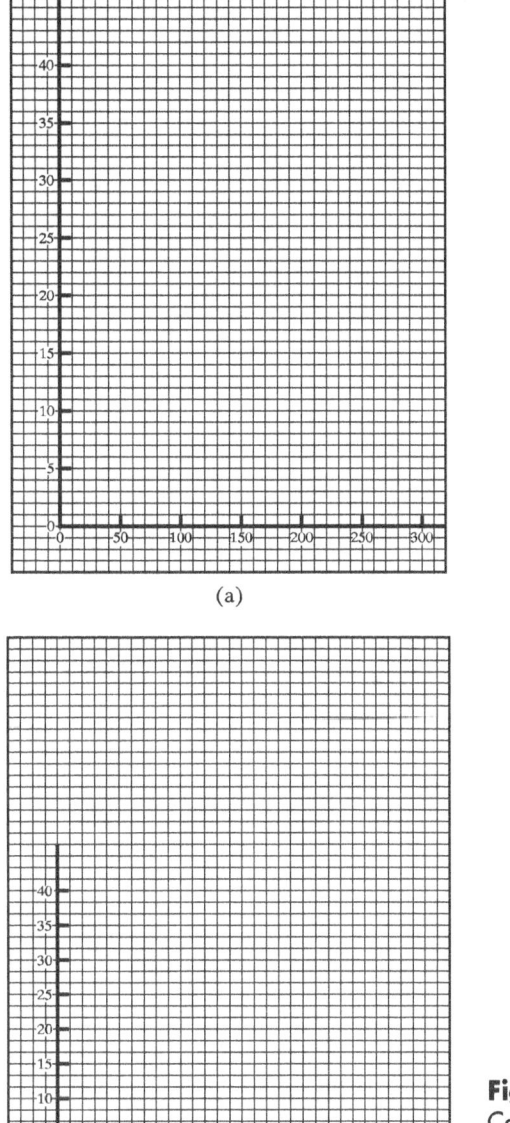

(a)

(b)

Figura 8.13
Calibración de los ejes: (a) correcta y (b) incorrecta.

dentro de los bordes de la gráfica, proporcionando así espacio para la calibración y leyendas de los ejes, que se comentan en la siguiente sección.

A las graduaciones, a las que algunas veces se les llama *divisiones* o *marcas de división*, se les denomina *mayores* o *menores*. Como se muestra en la figura 8.14, por lo general las graduaciones mayores se calibran y dibujan ligeramente más largas que las graduaciones menores. Ya que de forma característica el papel para gráficas consta de líneas verticales y horizontales de cuadrícula que se extienden a todo lo ancho y alto de la gráfica, las graduaciones mayores deben elegirse previamente para que coincidan con las divisiones mayores del papel para gráficas. Las graduaciones mayores se pueden enfatizar dibujando marcas de división. [Véase la figura 8.13(a).] Como se ilustra en la figura 8.15, las marcas de división se pueden dibujar hacia dentro (del otro lado de las calibraciones), hacia fuera (del mismo lado de las calibraciones) o ambas formas.

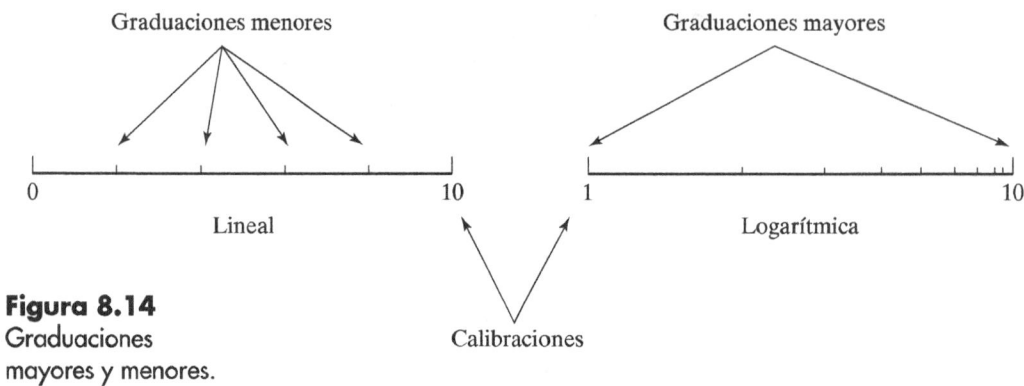

Figura 8.14
Graduaciones
mayores y menores.

Las graduaciones menores se localizan entre las graduaciones mayores y deben seguir la **regla 1, 2, 5**, como se ilustra en la figura 8.16. Esta regla establece que *la menor división para las graduaciones menores es 1, 2 o 5*. La regla 1, 2, 5 permite interpolar datos

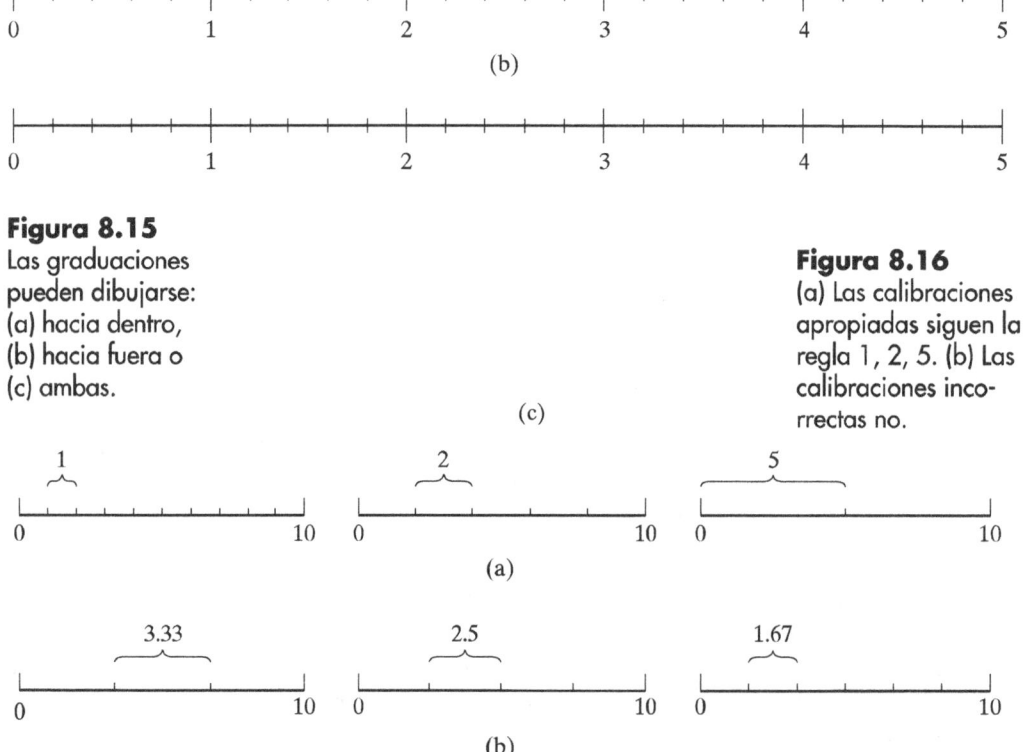

Figura 8.15
Las graduaciones
pueden dibujarse:
(a) hacia dentro,
(b) hacia fuera o
(c) ambas.

Figura 8.16
(a) Las calibraciones
apropiadas siguen la
regla 1, 2, 5. (b) Las
calibraciones inco-
rrectas no.

276

subdividiendo el intervalo entre graduaciones mayores con enteros comúnmente utilizados. Las graduaciones que no siguen la regla 1, 2, 5 son indeseables y producen subdivisiones fraccionarias que hacen que sea engorroso el trazo de los puntos.

Aunque el número de graduaciones a utilizar debe seguir la regla 1, 2, 5, dicho número es discrecional. El error más común es el uso de calibraciones excesivas, ello provoca que el eje luzca saturado, por lo que sólo debe incluirse el número mínimo de calibraciones requeridas para leer la gráfica. El eje mostrado en la figura 8.17(a) se puede leer con facilidad, pero el eje mostrado en la figura 8.17(b), aunque sigue la regla 1, 2, 5, tiene demasiadas calibraciones.

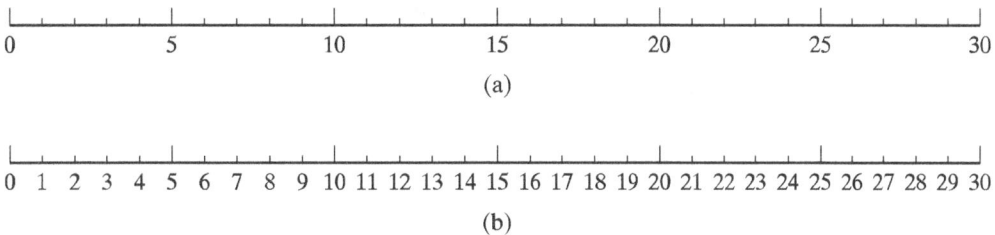

(a)

(b)

Figura 8.17
(a) Las calibraciones se leen con facilidad.
(b) Las calibraciones están saturadas.

8.3.6 Nombres de los ejes

Las graduaciones y las calibraciones no tienen importancia a menos que se nombren los ejes. El *nombre de un eje* es el nombre de la variable y su unidad correspondiente. Si nos remitimos nuevamente a la figura 8.3, vemos que el nombre de la variable independiente es "Deformación normal, ϵ" y la unidad correspondiente (encerrada entre paréntesis) es "mm/mm". El nombre designado para la variable dependiente es "Esfuerzo normal, σ" y la unidad correspondiente es "MPa", encerrada entre paréntesis. Observe que el nombre asignado a ambas variables en la figura 8.3 consiste en una descripción más un símbolo separado por una coma. Un nombre alternativo podría ser la descripción sin el símbolo algebraico, por lo que el nombre para la variable independiente sería "Deformación normal (mm/mm)"; el nombre para la variable dependiente sería "Esfuerzo normal (MPa)". Nombres inadecuados para las variables independiente y dependiente, respectivamente, son "ϵ (mm/mm)" y "σ (MPa)", porque es posible que el lector no conozca los significados físicos de "ϵ" y "σ" si no acude a otro documento o al texto de soporte de la gráfica. Los nombres de los ejes deben especificarse lo suficiente para que la gráfica se sostenga por sus propios méritos sin forzar al lector a consultar otras fuentes.

Los ejes nunca deben nombrarse simplemente como x y y porque así se hizo en los cursos de matemáticas, o porque la abscisa es el "eje x" y la ordenada es el "eje y". Estos nombres genéricos no revelan al lector la verdadera identidad de las variables independientes y dependientes. Dígale con precisión al lector de la gráfica cuáles son las variables utilizando nombres específicos.

Algunas veces, los datos en ingeniería consisten en números muy pequeños o muy grandes. Si una cantidad se expresa en unidades SI, deben utilizarse prefijos para simplificar las calibraciones, como se ilustra en la figura 8.18; observe con cuidado la lectura correcta de las graduaciones mostradas en esta figura. La unidad de energía utilizada en el primer ejemplo es MJ (megajoule), que significa 10^6 J. La escala lineal está calibrada en décimos de MJ, por lo que el intervalo entre dos graduaciones mayores adyacentes es 0.1×10^6 J $= 10^5$ J. La unidad de presión utilizada en el segundo ejemplo es kPa (kilopascal), que significa 10^3 Pa. La escala lineal está calibrada en números enteros de kPa, por lo que el intervalo entre dos

277

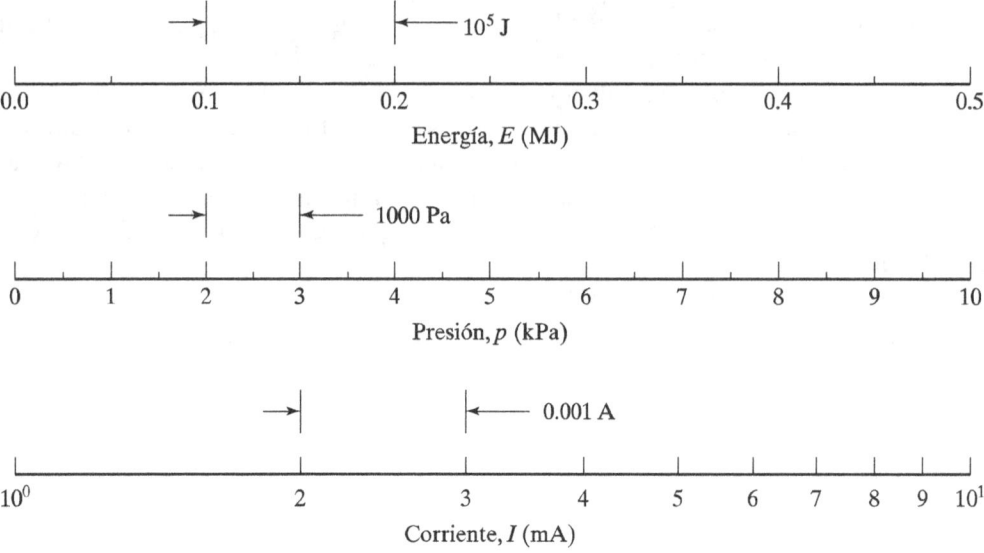

Figura 8.18
Ejemplos de nombres
de ejes, utilizando
prefijos de unida-
des SI.

graduaciones mayores adyacentes es 1×10^3 Pa = 1000 Pa. La unidad de corriente utilizada en el tercer ejemplo es el mA (miliampere), que significa 10^{-3} A. La escala logarítmica está calibrada en números enteros de mA, por lo que el intervalo entre dos graduaciones mayores adyacentes es 1×10^{-3} A = 0.001 A.

Si se utilizan unidades inglesas en el nombre del eje, es común utilizar potencias de 10 en lugar de prefijos, ya que la mayoría de las unidades inglesas no tienen prefijos. Una excepción es la unidad ksi, definida como 10^3 lb$_f$/in^2.

8.3.7 Trazo de los puntos de datos

Recuerde que el cuaderno de laboratorio contiene un registro tabular de datos que representan las variables independientes y dependientes. *Trazar* un punto de datos significa colocar una marca en la gráfica que represente un par de datos correspondientes a las variables independiente y dependiente. Considere la gráfica mostrada en la figura 8.19, que se construyó a partir de los datos de la tabla 8.1. La variable independiente es corriente y la varia-

Figura 8.19
Los símbolos
representan pares
de datos de variables
independientes y
dependientes.
(Refiérase a la
tabla 8.1.)

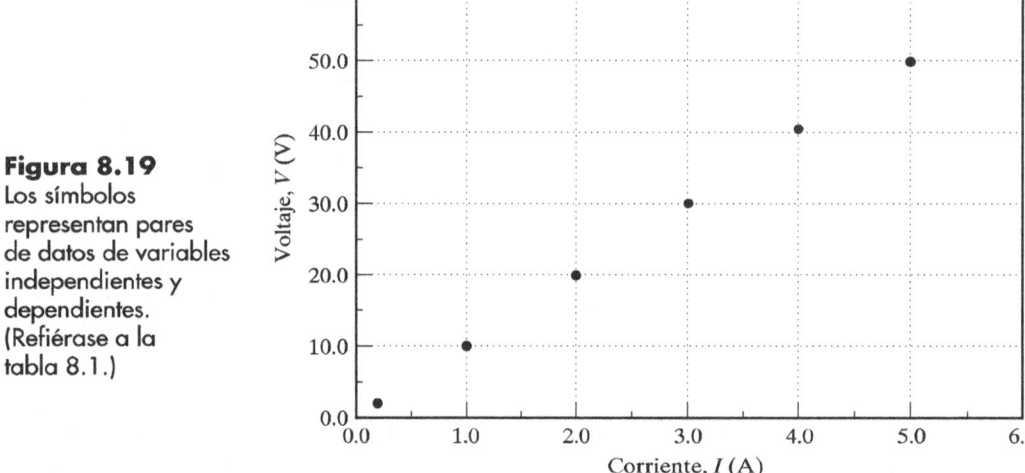

Tabla 8.1 Datos de corriente y voltaje para construir la gráfica mostrada en la figura 8.19

Corriente, *I* (A)	Voltaje, *V* (V)
0.2	2.1
1.0	10.1
2.0	19.8
3.0	30.3
4.0	40.5
5.0	49.5

ble dependiente es el voltaje. Los datos proceden de las mediciones de corriente y voltaje para una resistencia en un circuito de potencia. Existen seis pares de datos en la tabla que corresponden a seis puntos de datos en la gráfica, uno para cada par.

Las marcas que representan puntos de datos experimentales en la gráfica se hacen con *símbolos*. Los símbolos que se utilizan más comúnmente son el círculo, cuadrado, triángulo y diamante. Como se muestra en la figura 8.20, pueden estar en blanco o en negro. Los símbolos mostrados en la figura 8.19 son círculos negros. Al trazar puntos de datos con estos símbolos, existen algunos lineamientos básicos a seguir. Primero, los centros de los símbolos deben coincidir con los valores numéricos de los puntos de datos. Segundo, los símbolos deben ser lo suficientemente grandes para identificarlos con facilidad, pero sin que se traslapen en la gráfica. Tercero, si se trazan dos o más grupos de datos en la misma gráfica, como se ilustra en la figura 8.2, deben utilizarse diferentes símbolos para cada conjunto de datos con el fin de poder distinguirlos. Utilizando los símbolos mostrados en la figura 8.20, se pueden trazar hasta ocho conjuntos diferentes de datos en la misma gráfica, lo cual es suficiente para la mayoría de las gráficas. Si se trazan más de ocho conjuntos de datos, se requieren símbolos adicionales únicos. Si la gráfica se construye manualmente, se pueden utilizar plantillas para crear los símbolos. Si la gráfica se construye mediante un software, éste debe tener una lista de símbolos para usarse, incluidos los mostrados en la figura 8.20.

Figura 8.20
Símbolos comunes de puntos de datos.

8.3.8 Curvas

Una *curva* es una línea dibujada a través de los puntos de datos en una gráfica. La manera en que se dibuja la curva depende del tipo de dato mostrado. Por lo general, los puntos de datos en una gráfica se clasifican como *observados*, *empíricos* o *teóricos*. Los datos observados se presentan en una gráfica de dispersión sin intentar correlacionarlos o ajustarlos a una función matemática. En las figuras 8.2 y 8.4 se muestran gráficas de datos observados. Los datos empíricos se presentan con una curva suave dibujada a través de los símbolos, con el fin de mostrar una correlación o interpretación física. La curva puede ser recta o no, y los símbolos pueden no encontrarse sobre la curva. En la figura 8.3 se muestra una gráfica de datos empíricos. Los datos teóricos se generan mediante funciones matemáticas y se representan mediante curvas suaves continuas sin símbolos. Las gráficas de datos teóricos no muestran símbolos porque la curva no se deriva de mediciones de cantidades físicas discretas. Cada "punto" de la curva es un valor calculado, no medido. En la figura 8.21 se muestra una gráfica de datos teóricos.

279

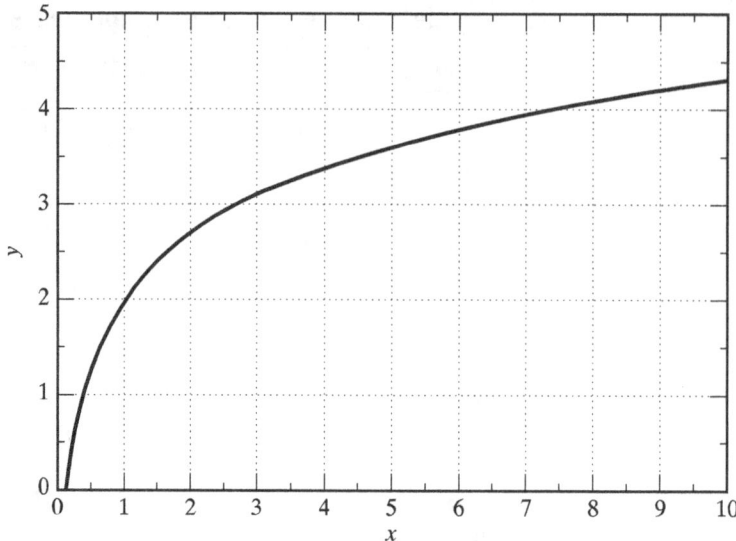

Figura 8.21
Gráfica de la ecuación $y = 2 + \ln(x)$.

Al igual que con los símbolos de puntos de datos, existen algunos tipos estándar de líneas que se utilizan comúnmente para dibujar curvas, como los ilustrados en la figura 8.22. Estos tipos de líneas se pueden dibujar utilizando herramientas manuales de dibujo. (Por lo común, el software permite al usuario seleccionar de una lista existente de tipos de líneas, incluyendo las mostradas aquí.) Se recomienda no dibujar líneas a través de símbolos vacíos, porque podrían ser malinterpretados como símbolos rellenos.

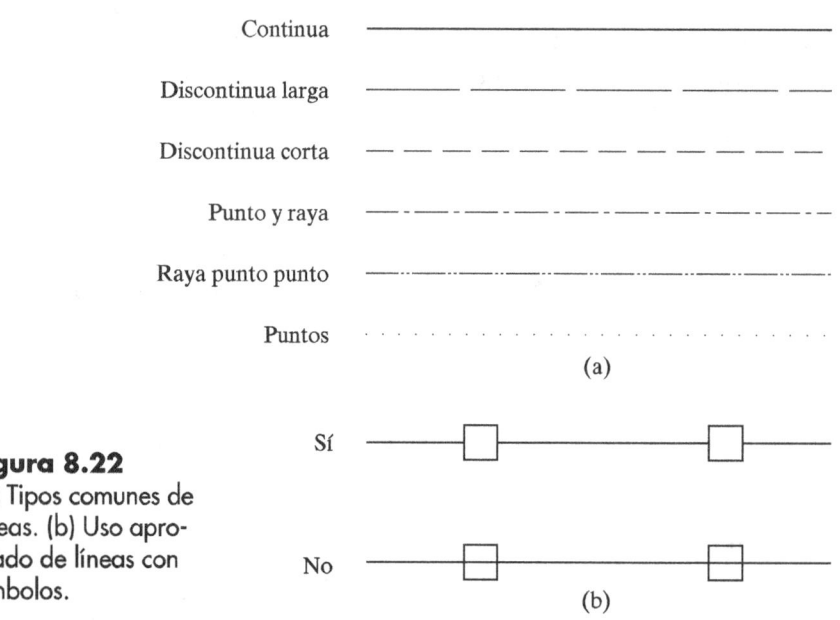

Figura 8.22
(a) Tipos comunes de líneas. (b) Uso apropiado de líneas con símbolos.

8.3.9 Leyendas y títulos

El último paso en el procedimiento general de graficación es colocar una leyenda y un título en la gráfica. Una *leyenda* es una clave que diferencia dos o más conjuntos de datos sobre la misma gráfica nombrando los tipos de símbolos y líneas, o ambos. La gráfica mostrada en la figura 8.2 tiene una leyenda que diferencia las calificaciones orales del SAT (círculos negros) de las calificaciones de matemáticas del SAT (círculos blancos). La mejor ubicación de la leyenda es dentro de los límites de la gráfica, pero si el espacio es limitado, se puede colocar justo afuera de los límites de la gráfica. Sin embargo, para ayudar al lector a localizarla, debe encerrarse en un borde.

Un *título* es un letrero que describe a la gráfica de forma concisa. Los títulos para las gráficas mostradas en las figuras 8.2, 8.3 y 8.4 son "Calificaciones nacionales de SAT", "Diagrama esfuerzo-deformación para acero dulce" y "Prueba de corredor de larga distancia", respectivamente. En impresos, como libros y revistas, el título de una gráfica es por lo general el letrero de la figura y, por lo común, se localiza debajo de la gráfica. En una gráfica elaborada manualmente, el título se puede colocar debajo, arriba o, incluso, dentro de la gráfica, según las preferencias personales. En una gráfica elaborada con el uso de software, éste puede definir la ubicación del título o el usuario puede tener control sobre el lugar donde desea colocarlo.

8.3.10 Graficación con software para computadora

Para el ingeniero, la computadora es una herramienta indispensable: para escribir informes técnicos, elaborar planos, realizar análisis, recolectar datos y, desde luego, construir gráficas. Las ventajas fundamentales del uso de una computadora para graficar son velocidad y apariencia. En caso de que el ingeniero esté familiarizado con la mecánica del software de graficación, probablemente pueda construir una gráfica más rápido por medio de un paquete de software para computadora que incluya lápiz y papel para gráficas. Además, una gráfica elaborada con el uso de una computadora tendrá una presentación más profesional que una elaborada manualmente. Una gráfica construida mediante software también se puede importar de forma electrónica a documentos técnicos (por ejemplo, memoranda e informes).

En el mercado se pueden encontrar varios paquetes de software para graficación. Quizá el software más utilizado es la *hoja de cálculo*. Las hojas de cálculo son paquetes de software que se encuentran ampliamente disponibles y son relativamente económicos, que inicialmente se desarrollaron para aplicaciones de negocios y de contabilidad, pero que se han utilizado extensamente para trabajos científicos y de ingeniería. Las hojas de cálculo consisten en un arreglo de filas y columnas, que los hace ideales para tablas de datos a partir de los cuales se pueden elaborar gráficas. Cuando se utiliza una hoja de cálculo para graficar, el procedimiento a seguir es básicamente el mismo que se describió en las secciones previas. Sin embargo, las hojas de cálculo no tienen la mejor capacidad de graficación y flexibilidad. Por ejemplo, pueden restringir el tipo y número de símbolos y curvas, o no permitir al usuario definir la longitud de las marcas de división mayores y menores. Debido a que estas restricciones y limitaciones son por lo general menores, las hojas de cálculo siguen siendo una herramienta popular de software para graficación en la mayoría de las aplicaciones de ingeniería. La gráfica mostrada en la figura 8.23(a) se construyó utilizando Microsoft® Excel.

Si el ingeniero desea características y capacidades más poderosas de graficación, puede utilizar un software diseñado de manera específica para ello. Estos paquetes de graficación avanzados son más sofisticados que las hojas de cálculo y permiten al ingeniero investigar datos utilizando tipos más avanzados de gráficas y manipular totalmente las características de la gráfica. Además, es común que estos paquetes incluyan rutinas matemáticas y estadísticas avanzadas que las hojas de cálculo no tienen. En la figura 8.23(b) se muestra una gráfica elaborada utilizando SigmaPlot, que es un paquete especializado de graficación. Observe que para la sencilla aplicación ilustrada en la figura 8.23, ambos paquetes de software son capaces de producir gráficas casi idénticas.

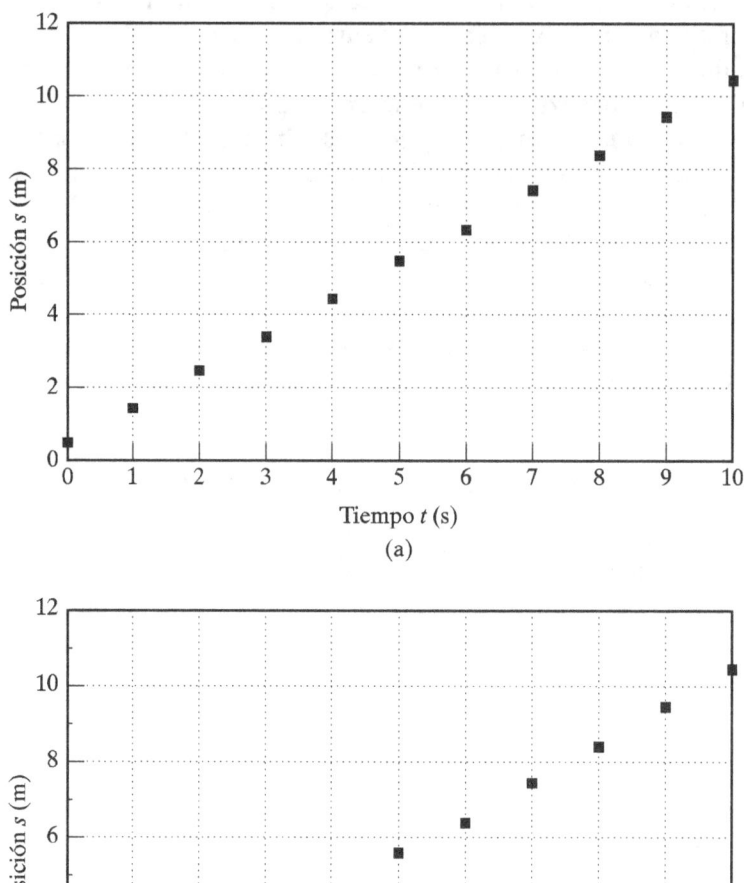

(a)

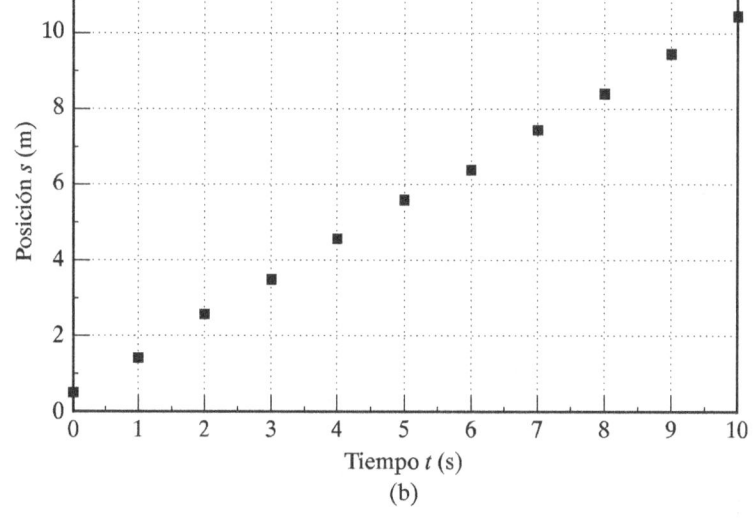

Figura 8.23
Gráfica de la posición en función del tiempo, utilizando: (a) EXCEL, y (b) SigmaPlot. EXCEL es una marca registrada de Microsoft Corp. y SigmaPlot es una marca registrada de SPSS, Inc.

(b)

APLICACIÓN

Graficación de datos del viento para seleccionar un sitio para una turbina de viento

Con el fin de determinar un sitio adecuado para una turbina de viento cerca de la boca de un cañón en las Montañas Rocallosas, un ingeniero efectúa algunas mediciones de la velocidad del viento. En esta ubicación particular en la montaña, el viento sopla en la dirección oeste a través del cañón hacia un amplio valle. Para medir la velocidad del viento, el ingeniero utiliza los anemómetros de copa usados comúnmente por los meteorólogos. Coloca un instrumento en la boca del cañón y un segundo instrumento una milla directamente corriente abajo desde la boca del cañón, donde se abre hacia el valle. Ambos anemómetros están montados en torres de 30 pies de altura. El equipo de adquisición de datos se ajusta para efectuar mediciones a intervalos de 10 segundos y para calcular y registrar los promedios por hora de la velocidad del viento. Los datos mostrados en la tabla 8.2 son los promedios horarios registrados para un periodo de 24 horas el 30 de enero de 2003. La hora se encuentra indicada en tiempos militares para facilitar la graficación, y la velocidad del viento está medida en millas por hora.

Tabla 8.2 Promedio horario de la velocidad del viento para el cañón en la montaña

| Hora (h) | Velocidad del viento (mi/h) | |
	En la boca	1 mi corriente abajo de la boca
0100	7.8	6.7
0200	7.5	6.4
0300	8.5	8.0
0400	8.4	6.5
0500	11.1	6.9
0600	14.5	11.5
0700	22.6	15.6
0800	34.9	20.0
0900	30.0	18.5
1000	29.5	18.0
1100	21.3	14.5
1200	20.5	13.4
1300	18.4	13.0
1400	15.6	8.9
1500	14.0	8.5
1600	13.9	8.8
1700	13.0	7.4
1800	11.8	6.3
1900	12.4	6.8
2000	13.4	5.4
2100	5.6	4.7
2200	6.7	3.6
2300	4.2	3.2
2400	5.9	3.8

En la figura 8.24 se muestra una gráfica de dispersión de los datos de la tabla 8.2. Ambos conjuntos de datos se trazan en la misma gráfica para comparar la velocidad del viento en ambos lugares. La gráfica muestra claramente que la velocidad del viento alcanza un valor máximo a las 8:00 a.m. en ambos lugares, y que para una hora dada del día, la velocidad promedio del viento siempre es mayor en la boca del cañón que en un punto localizado 1 milla directamente corriente abajo de la boca del cañón. Este fenómeno es consistente con una versión meteorológica del principio de conservación de la masa en la mecánica de fluidos. Uno esperaría una mayor velocidad del viento en la boca del cañón que 1 milla corriente abajo, porque al salir del cañón hacia el valle, se permite que el aire se distribuya a lo largo de un área de sección transversal mucho mayor que la propia boca del cañón, sufriendo así una reducción de la velocidad.

283

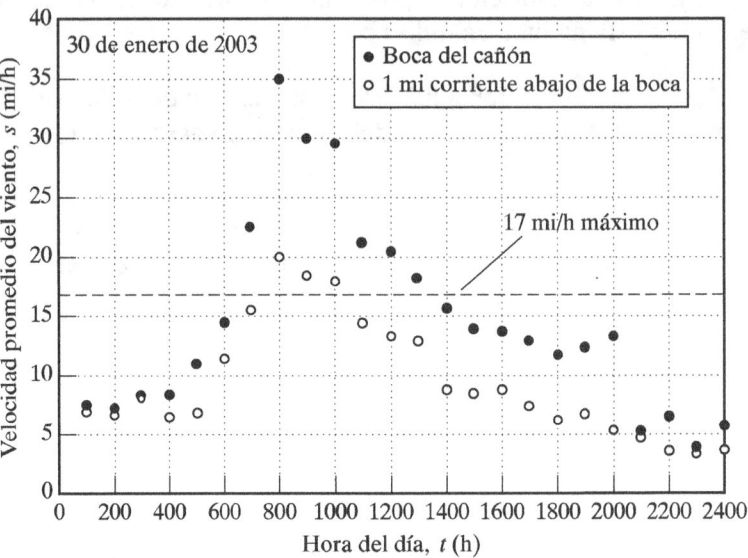

Figura 8.24
Gráfica de la velocidad del viento que podría utilizarse para determinar un sitio adecuado para una turbina de viento cerca de la boca del cañón de una montaña.

Para esta aplicación particular de turbina de viento, la velocidad máxima del viento no debe exceder las 17 mi/h durante un periodo apreciable para minimizar el potencial de daño al rotor. En la boca del cañón, la velocidad promedio excede 17 mi/h de aproximadamente las 6:00 a.m. a las 2:00 p.m., un intervalo de casi ocho horas, mientras que 1 milla corriente abajo de la boca del cañón, la velocidad promedio del viento excede 17 mi/h por aproximadamente tres horas. De la gráfica como herramienta para tomar decisiones, concluimos que la turbina de viento no debe localizarse en la boca del cañón, sino a una ubicación más adecuada corriente abajo, donde las velocidades del viento sean más moderadas. Desde luego, la gráfica mostrada en la figura 8.24 sólo se aplica para un día de invierno, pero se podría utilizar un proceso de graficación similar para determinar una ubicación adecuada para la turbina de viento registrando las mediciones de velocidad del viento durante todo un mes o un año.

¡Practique!

Para caracterizar la economía de combustible de tres automóviles diferentes, considere el siguiente conjunto de datos:

Economía de combustible			
Velocidad (mi/h)	Vehículo A	Vehículo B	Vehículo C
5.0	29.4	26.7	24.6
10.0	30.3	27.5	26.5
20.0	31.0	28.3	27.0
30.0	32.4	30.7	28.9
40.0	34.5	31.2	28.1
50.0	33.8	31.9	27.4
60.0	32.6	29.5	26.2
70.0	28.1	26.8	25.0

Con el procedimiento general de graficación descrito en esta sección, construya una gráfica adecuada de los datos, ¿qué conclusiones pueden obtenerse acerca de la economía de combustible de cada vehículo?

8.4 AJUSTE DE CURVAS

Con frecuencia, los datos de una gráfica indican una interpretación física específica. Por ejemplo, la gráfica mostrada en la figura 8.19 sugiere una relación lineal entre la corriente eléctrica en una resistencia y el voltaje en sus extremos. Esta relación es una evidencia experimental de una ley física conocida como la ley de Ohm, que establece que el voltaje V es directamente proporcional a la corriente I:

$$V \propto I \tag{8.1}$$

Al introducir una constante de proporcionalidad R, la ecuación (8.1) se puede escribir como una igualdad:

$$V = RI \tag{8.2}$$

donde R es la resistencia. Un simple reordenamiento de la ecuación (8.2) muestra que la resistencia R es el voltaje dividido entre la corriente. Si se traza una línea recta de ajuste óptimo a través de los puntos de datos, como se ilustra en la figura 8.25, se puede obtener el valor de R. La pendiente (elevación sobre distancia) de la línea es la resistencia R. Una rápida inspección de la gráfica indica que la resistencia es aproximadamente de 10 Ω.

La línea dibujada a través de los puntos de datos en la figura 8.25 es un ejemplo del ajuste de curvas. El **ajuste de curvas** significa *dibujar una línea suave a través de los puntos de datos para el propósito de aproximar una relación matemática o función*. En el ejemplo citado, la relación matemática es la ley de Ohm, y la línea es una recta. En general, una línea puede ser recta o curva, y no tiene que pasar directamente por todos los puntos. De hecho, la línea raramente pasa por todos los puntos de datos, porque los errores producen alguna *dispersión* alrededor de la tendencia esperada, lo que da aproximadamente el mismo número de puntos de datos a ambos lados de la línea.

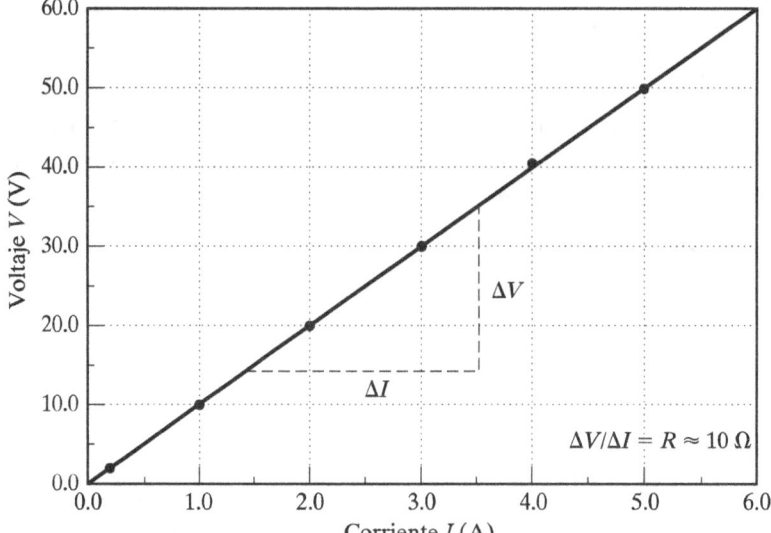

Figura 8.25
La resistencia es la pendiente de una línea recta de ajuste óptimo dibujada a través de los datos de corriente y voltaje.

Antes de cubrir métodos específicos de ajuste de curvas, son convenientes unos breves comentarios de algunas funciones matemáticas comunes.

8.4.1 Funciones matemáticas comunes

El mundo físico muestra un orden notable, lo que permite que los científicos e ingenieros hagan uso de las matemáticas como herramienta de modelado. Muchos sistemas y procesos físicos siguen relaciones matemáticas simples. Acabamos de ver que el voltaje y la corriente en una resistencia tienen una relación lineal: $V = RI$. A partir de la física fundamental, sabemos que la distancia a que cae un objeto (despreciando la fricción del aire) varía de forma cuadrática con el tiempo según la relación $y = \frac{1}{2}gt^2$, donde y es la distancia, g es la aceleración gravitacional y t es el tiempo. La desintegración radiactiva sigue la relación exponencial $N = N_0 e^{-\lambda t}$, donde N es el número de núcleos presentes en el tiempo t, N_0 es el número de núcleos presentes en el tiempo $t = 0$ y λ es la constante de desintegración.

Los tres ejemplos anteriores tipifican las clases de fenómenos físicos que se pueden describir utilizando funciones matemáticas comunes. Estas funciones se denotan como lineales, de potencias y exponenciales. Una **función lineal** se expresa en la forma familiar $y = mx + b$, donde m es la pendiente de la línea y b es la intersección con y. La ley de Ohm es una versión específica de la función lineal con $b = 0$. Una **función de potencia** tiene la forma $y = bx^m$, donde b y m son constantes. Una **función exponencial** tiene la forma $y = be^{mx}$, donde nuevamente b y m son constantes.

Cuando se traza una función lineal $y = mx + b$ en una gráfica lineal aparece como una línea recta. Sin embargo, las funciones de potencia y exponenciales no representan relaciones lineales entre las variables x y y, por lo que debe hacerse algo para ajustar curvas a los datos descritos por estas funciones. Las funciones de potencias y exponenciales se pueden transformar en funciones lineales con un poco de álgebra. Para la función de potencias, los pasos son los siguientes:

función de potencias

$$y = bx^m$$
$$\log(y) = \log(bx^m)$$
$$\log(y) = \log(x^m) + \log(b)$$
$$\log(y) = m\log(x) + \log(b). \tag{8.3}$$

286

Compare la ecuación (8.3) con la función lineal estándar $y = mx + b$. La ecuación (8.3) es una función lineal en $\log(y)$ y $\log(x)$, donde m es la pendiente de la línea y $\log(b)$ es la intersección con y. Observe que también podría utilizarse el logaritmo natural ln. *Los datos que siguen una función de potencias aparecen como una línea recta cuando y se grafica como una función de* x *en una gráfica logarítmica.* De manera equivalente, los datos que siguen una función de potencias aparecen como una línea recta cuando $\log(y)$ se grafica como una función de $\log(x)$ en una gráfica lineal. La linealización de la función exponencial es similar a la de la función de potencias, pero es más fácil utilizar el logaritmo natural:

función exponencial

$$y = be^{mx}$$
$$\ln(y) = \ln(be^{mx})$$
$$\ln(y) = \ln(e^{mx}) + \ln(b)$$
$$\ln(y) = mx + \ln(b). \tag{8.4}$$

La ecuación (8.4) es una función lineal en $\ln(y)$ y x, donde m es la pendiente de la línea y $\ln(b)$ es la intersección en y. *Los datos que siguen una función exponencial aparecen como una línea recta cuando y se grafican como una función de* x *en una gráfica semilogarítmica (donde la escala del eje* x *es lineal y la escala del eje* y *es logarítmica).* Además, los datos que siguen una función exponencial aparecen como una línea recta cuando $\ln(y)$ se grafica como una función de x en una gráfica lineal.

En resumen, el ajuste de curvas para nuestros propósitos significa dibujar una línea suave a través de los puntos de datos en una gráfica con la intención de aproximar los datos a una función lineal, de potencias o exponencial. Si la función es una función de potencias o exponencial, los datos deben linealizarse antes de aplicar los dos métodos de ajuste de curvas comentados aquí: (1) el método de los puntos seleccionados y (2) la regresión lineal de mínimos cuadrados.

8.4.2 Método de los puntos seleccionados

El **método de los puntos seleccionados** se basa en un ajuste óptimo *visual* de una línea recta a los datos en una gráfica. En el siguiente procedimiento, y se refiere a la variable dependiente y x a la variable independiente.

Procedimiento: método de los puntos seleccionados

Un procedimiento para el método de los puntos seleccionados es el siguiente:

1. Grafique y como una función de x en una gráfica con una escala *lineal*. Si los puntos de datos sugieren una línea recta, tenemos una función lineal. Prosiga con el paso 4.
2. Grafique y como una función de x en una gráfica de escala logarítmica. Si los puntos de datos sugieren una línea recta, tenemos una función de potencias. Prosiga con el paso 4.
3. Grafique y como una función de x en una gráfica con escala *semilogarítmica*. Si los puntos de datos sugieren una línea recta, tenemos una función exponencial. Prosiga con el paso 4.
4. Utilizando una regla recta transparente, dibuje una línea a través de los puntos de datos, de manera que la línea se acerque lo más posible a todos los puntos de datos, con aproximadamente el mismo número de puntos de cada lado de la línea. (Una regla recta transparente hace un poco más fácil esta tarea porque se pueden ver todos los símbolos al mismo tiempo).
5. Seleccione dos puntos *sobre la línea* que se encuentren bien separados. (Estos puntos no deben ser puntos de datos). Registre los valores de estos puntos en un papel por separado y nómbrelos como A y B.
6. Si la función es *lineal*, sustituya los valores de los puntos A y B en las dos ecuaciones:
$$A_y = mA_x + b \qquad B_y = mB_x + b.$$

Resuelva estas ecuaciones de forma simultánea para la pendiente m y la intersección b en y. Ahora se ha determinado una función lineal $y = mx + b$ que se ajusta a los datos.

7. Si la función es una función *de potencias*, sustituya los valores de los puntos A y B en las dos ecuaciones:

$$\log(A_y) = m \log(A_x) + \log(b)$$
$$\log(B_y) = m \log(B_x) + \log(b).$$

Resuelva estas ecuaciones de forma simultánea para la pendiente m y la intersección b en y. Ahora se ha determinado una función de potencias $y = bx^m$ que se ajusta a los datos.

8. Si la función es una función exponencial, sustituya los valores de los puntos A y B en las dos ecuaciones:

$$\ln(A_y) = mA_x + \ln(b)$$
$$\ln(B_y) = mB_x + \ln(b).$$

Resuelva estas ecuaciones de forma simultánea para la pendiente m y la intersección b en y. Ahora se ha determinado una función exponencial $y = be^{mx}$ que se ajusta a los datos.

En los siguientes ejemplos se ilustra el método de los puntos seleccionados para funciones lineales, de potencia y exponenciales.

EJEMPLO 8.1

Mida la posición de un actuador lineal de una máquina en tiempos específicos, como se muestra en la siguiente tabla. Por medio del método de los puntos seleccionados determine una función matemática que se ajuste a los datos.

Tiempo, t (s)	Posición, s (cm)
0.0	0.40
1.0	2.49
2.0	4.37
3.0	5.66
4.0	7.92
5.0	8.47
6.0	11.8
7.0	12.4

Solución

Después de trazar los datos en una gráfica con una escala lineal vemos que, como se muestra en la figura 8.26, los datos sugieren una función lineal. Con una regla recta transparente dibujamos una línea recta de ajuste óptimo a través de los datos. Después seleccionamos dos puntos en la línea que estén bien separados. Para los dos puntos elegimos al azar 0.5 y 6.5 como las coordenadas x (coordenadas de tiempo), que producen 1.5 y 11.9, respectivamente, para las coordenadas y (coordenadas de posición). Por tanto,

$$A_x = 0.5 \quad A_y = 1.5$$
$$B_x = 6.5 \quad B_y = 11.9$$

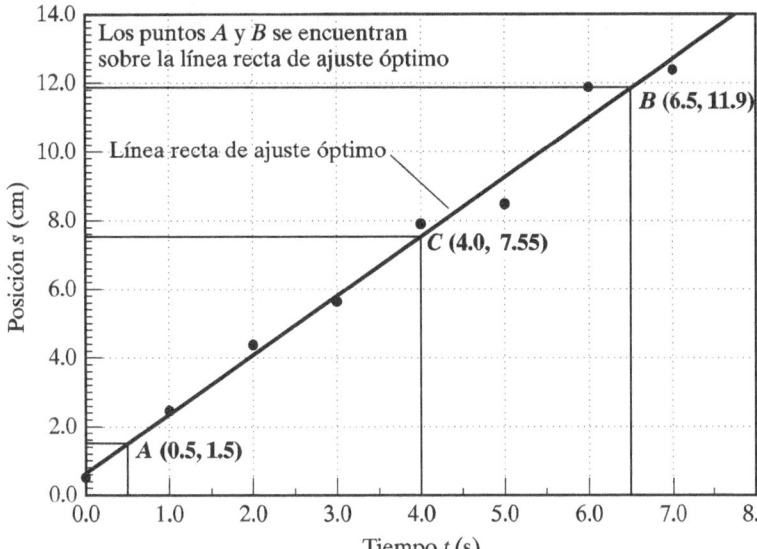

Figura 8.26
Método de los puntos seleccionados para el ejemplo 8.1.

Los puntos A *y* B, *y los otros elementos ilustrativos de la figura 8.26 se muestran en la gráfica sólo para fines de instrucción y no deben aparecer en la gráfica real.* Al continuar con el paso 6 establecemos dos ecuaciones simultáneas,

$$1.5 = m(0.5) + b$$

$$11.9 = m(6.5) + b$$

Al resolver para la pendiente m y la intersección en y, b, obtenemos:

$$m = 1.73 \text{ cm/s} \qquad b = 0.63 \text{ cm.}$$

De ahí que la ecuación para la posición del actuador lineal como función del tiempo es:

$$s = 1.73\,t + 0.63 \quad \text{(cm)}$$

Ahora que tenemos una ecuación que se ajusta a los datos podemos determinar la posición del actuador lineal para otros valores de tiempo. Como verificación de nuestra solución sustituimos $t = 4.0$ s en la ecuación,

$$s = (1.73 \text{ cm/s})(4.0 \text{ s}) + 0.63 \text{ cm}$$

$$= 7.55 \text{ cm}$$

que en la gráfica concuerda con las coordenadas del punto C.

EJEMPLO 8.2

Como se muestra en la siguiente tabla, se mide la potencia disipada por un transformador grande con una resistencia de 5 Ω para varios valores de corriente que pasa por sus devanados. Con el método de los puntos seleccionados determine una función matemática que se ajuste a estos datos.

Solución
Después de trazar los datos en una gráfica con una escala lineal, mostrada en la figura 8.27, vemos que los datos no sugieren una función lineal. Al graficar los datos en una escala

Corriente, I (A)	Poder, P (W)
1.05	5.63
1.25	7.58
1.75	16.9
2.50	32.1
3.0	48.0
4.0	78.2
5.0	126.0
6.0	188.0
8.0	315.1
10.0	490.3

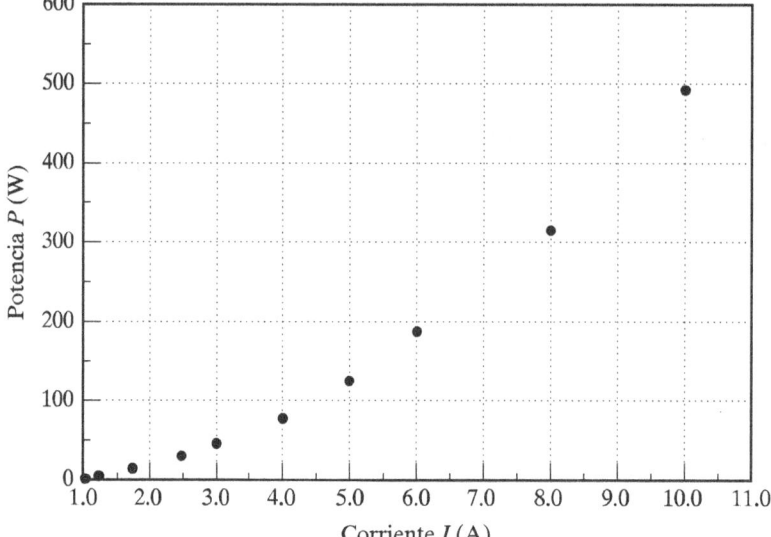

Figura 8.27
Gráfica de disipación de potencia para el ejemplo 8.2. Los puntos de los datos no sugieren una función lineal.

logarítmica, mostrada en la figura 8.28, observamos que los datos sugieren una línea recta, lo que significa que tenemos una función de potencias. Con una regla recta transparente dibujamos una línea recta de ajuste óptimo a través de los datos. Para los dos puntos elegimos al azar 1.0 y 9.0 como las coordenadas x (coordenadas de la corriente), que producen 5.3 y 410, respectivamente, para las coordenadas y (coordenadas de la potencia). Por tanto,

$$A_x = 1.0 \qquad A_y = 5.3$$
$$B_x = 9.0 \qquad B_y = 410.$$

Una vez más, *los puntos A y B, y los otros elementos ilustrativos de la figura 8.26 se muestran en la gráfica sólo para fines de instrucción y no deben aparecer en la gráfica real*. Al continuar con el paso 7, establecemos dos ecuaciones simultáneas,

$$\log(5.3) = m \log(1.0) + \log(b)$$
$$\log(410) = m \log(9.0) + \log(b).$$

Debido a nuestra selección para el punto A, no es necesaria una solución simultánea para resolver para b porque $\log(1.0) = 0$, lo que da un valor de $b = 5.30\ \Omega$ directamente de

290

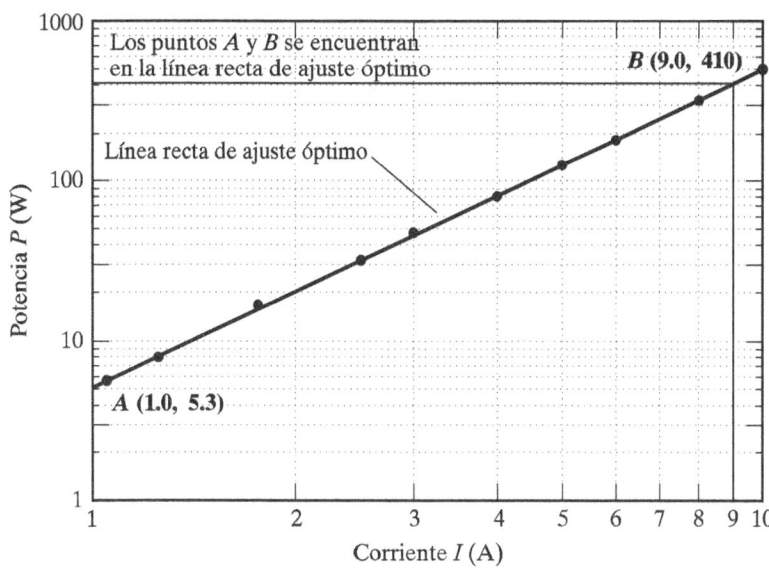

Figura 8.28
Método de los puntos seleccionados para el ejemplo 8.2.

la primera ecuación. En la pendiente obtenemos $m = 1.98$. La cantidad m es un exponente y no tiene unidades. De ahí que la ecuación para la potencia disipada por el transformador en función de la corriente es:

$$P = 5.30\, I^{1.98} \quad (\text{W})$$

donde I se expresa en A. El resultado es consistente con la ecuación fundamental para la teoría de los circuitos eléctricos,

$$P = I^2 R$$

donde R es la resistencia. Observe la similitud entre esta ecuación y la ecuación resultante del ajuste de la curva. El valor de b es aproximadamente igual a la resistencia del transformador, 5 Ω, y el exponente de la corriente I es de 1.98, que es muy cercano al valor teórico de 2.

EJEMPLO 8.3

Se mide la densidad del aire atmosférico a diversas altitudes, como muestra la siguiente tabla. Por medio del método de los puntos seleccionados, determine una función matemática que se ajuste a los datos.

Altitud, z (m)	Densidad, ρ (kg/m^3)
0	1.225
400	1.179
1000	1.112
2000	1.007
3000	0.909
4000	0.819
5000	0.736
7000	0.590
10,000	0.413

291

Altitud, z (m)	Densidad, ρ (kg/m^3)
14,000	0.227
18,000	0.121
20,000	0.088
25,000	0.0395
30,000	0.018

Solución

Después de trazar los datos en una gráfica con una escala lineal y una escala logarítmica, como se muestra en las figuras 8.29 y 8.30, respectivamente, vemos que los datos no sugieren una función lineal o una función de potencias. Si graficamos los datos en una escala semilogarítmica, como se muestra en la figura 8.31, vemos que los datos sugieren una lí-

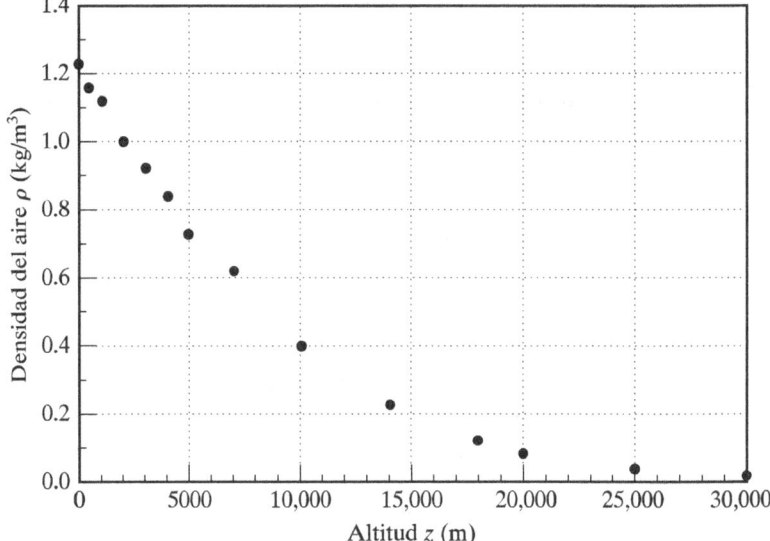

Figura 8.29
Gráfica de densidad del aire para el ejemplo 8.3. Los puntos de los datos no sugieren una función lineal.

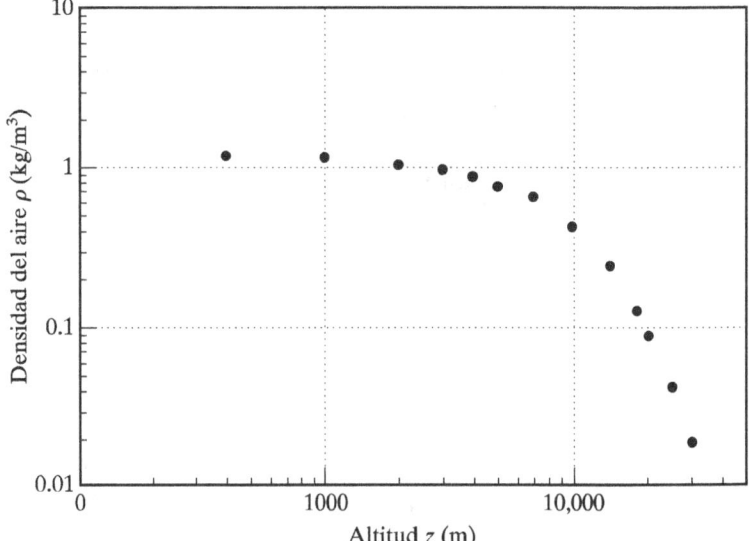

Figura 8.30
Gráfica de densidad del aire para el ejemplo 8.3. Los puntos de los datos no sugieren una función de potencias.

292

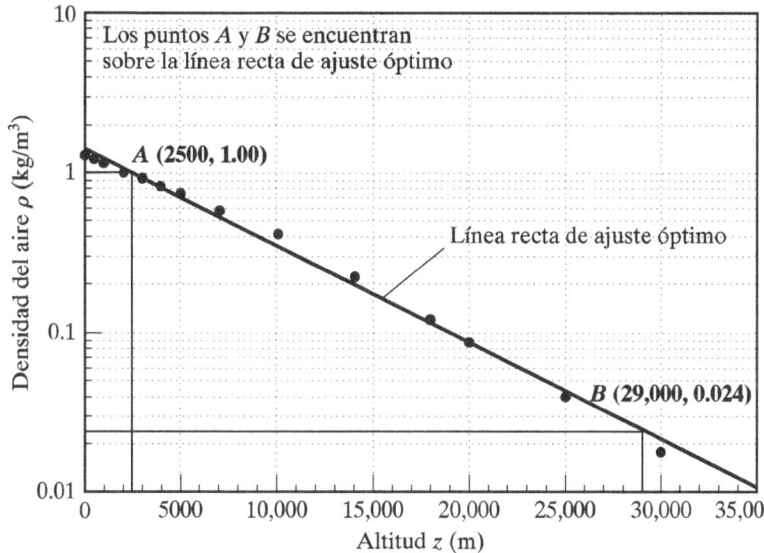

Figura 8.31
Método de los puntos
seleccionados para el
ejemplo 8.3.

nea recta, lo que significa que tenemos una función exponencial. Con una regla recta transparente dibujamos una línea recta de ajuste óptimo a través de los datos. Para los dos puntos elegimos al azar 2500 y 29,000 como las coordenadas x (coordenadas de la altitud), que producen 1.00 y 0.024, respectivamente, para las coordenadas y (coordenadas de la densidad). De ahí que,

$$A_x = 2500 \qquad A_y = 1.00$$
$$B_x = 29{,}000 \qquad B_y = 0.024.$$

Una vez más, *los puntos* A *y* B, *y los otros elementos ilustrativos de la figura 8.26 se muestran en la gráfica sólo para fines de instrucción y no deben aparecer en la gráfica real.* Con el paso 8 establecemos dos ecuaciones simultáneas:

$$\ln(1.00) = m(2500) + \ln(b)$$
$$\ln(0.024) = m(29{,}000) + \ln(b).$$

Al resolver para la pendiente m y la intersección en y, b, obtenemos:

$$m = -1.41 \times 10^{-4}\,\text{m}^{-1} \qquad b = 1.42\,\text{kg/m}^3.$$

La función exponencial para la densidad se puede simplificar expresando la altitud en unidades de km, en lugar de m, que tiene el efecto de cambiar el valor de la pendiente a:

$$m = -0.141\,\text{km}^{-1} \quad (z \text{ en km}).$$

De ahí que la ecuación para la densidad del aire atmosférico en función de la altitud es:

$$\rho = 1.42\,e^{-0.141\,z} \quad (\text{kg/m}^3)$$

Se puede verificar la exactitud de esta función sustituyendo diversos valores de altitud z en unidades de km, y comparando los valores calculados para la densidad con los obtenidos visualmente a partir de la gráfica.

8.4.3 Regresión lineal de mínimos cuadrados

La principal desventaja del método de los puntos seleccionados es que se basa en el juicio de la persona que realiza el ajuste de la curva. Esto es particularmente problemático si los datos muestran una dispersión considerable. Si diez personas diferentes utilizaran el método de los puntos seleccionados para ajustar unos datos con una amplia dispersión a una línea recta, probablemente obtendríamos 10 pendientes diferentes y 10 diferentes intersecciones con y. La regresión lineal de mínimos cuadrados es superior al método de los puntos seleccionados porque emplea una técnica matemática precisa con el fin de encontrar la línea recta de ajuste óptimo para los datos. La idea fundamental que implica la **regresión lineal de mínimos cuadrados** es *encontrar una línea recta tal que la diferencia entre un punto de datos y el punto correspondiente predicho por la línea se minimice para todos los puntos de datos de la gráfica*. Al considerar como referencia la figura 8.32, el objetivo es minimizar las diferencias o residuos d_i, que resulta en una línea recta que se acerca lo más posible a todos los puntos de datos. El residuo d_i se define como la diferencia entre un punto de datos y el punto correspondiente en la línea:

$$d_i = y_i - (mx_i - b) \tag{8.5}$$

donde el subíndice i es un índice que se refiere al número del punto de datos 1, 2, 3,... Como se muestra en la figura 8.32, los residuos tienen tanto valores positivos como negativos, dependiendo de si el punto de datos se encuentra arriba o debajo de la línea. La línea recta de ajuste óptimo se obtiene minimizando la suma S de los cuadrados de todos los residuos, lo que se escribe como:

$$S = \sum d_i^2 = d_1^2 + d_2^2 + \cdots + d_n^2 = \sum [y_i - (mx_i + b)]^2 \tag{8.6}$$

donde el símbolo Σ denota una suma y n es el número de puntos de datos. La minimización de la ecuación (8.6) implica el cálculo de derivadas parciales, que no se contempla en este libro. Después de minimizar y resolver para la pendiente m y la intersección en y, b, obtenemos:

$$m = \frac{n(\sum x_i y_i) - (\sum x_i)(\sum y_i)}{n(\sum x_i^2) - (\sum x_i)^2} \tag{8.7}$$

$$b = \frac{\sum y_i - m(\sum x_i)}{n}. \tag{8.8}$$

Una vez encontradas la pendiente y la intersección en y por medio de la regresión lineal de mínimos cuadrados, la pregunta sigue siendo "¿qué tan bien se ajusta la línea a los da-

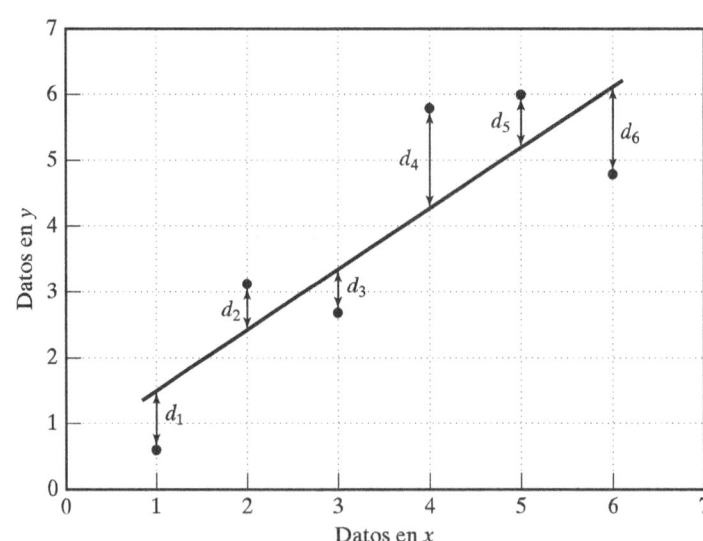

Figura 8.32
La regresión lineal de los mínimos cuadrados se basa en minimizar los residuos, d_i.

tos?" Es claro que si todos los puntos de datos caen precisamente sobre la línea descrita por la ecuación $y = mx + b$, entonces el ajuste sería "perfecto". Esto raramente ocurre, sin embargo, el grado en que la línea se "correlaciona" con los datos es una consideración importante en el ajuste de la curva. Para determinar la "bondad del ajuste" de una línea recta con los datos, se utiliza un parámetro estadístico llamado **coeficiente de determinación** (r^2). El coeficiente de determinación está dado por la ecuación:

$$r^2 = \frac{n(\sum x_i y_i) - (\sum x_i)(\sum y_i)}{\sqrt{n(\sum x_i^2) - (\sum x_i)^2}\sqrt{n(\sum y_i^2) - (\sum y_i)^2}}. \qquad (8.9)$$

El intervalo de valores de r^2 es de 0 a 1. Dentro de este intervalo, los valores altos de r^2 indican un buen ajuste, mientras que los valores bajos indican un ajuste deficiente. Observe que muchos de los términos que aparecen en la ecuación (8.9) también se observan en las ecuaciones (8.7) y (8.8).

EJEMPLO 8.4

Por medio de la regresión lineal de mínimos cuadrados resuelva el ejemplo 8.1, encuentre el coeficiente de determinación r^2.

Solución

A continuación se repite la tabla de datos de tiempos y posiciones del actuador lineal:

Tiempo t (s)	Posición s (cm)
0.0	0.40
1.0	2.49
2.0	4.37
3.0	5.66
4.0	7.92
5.0	8.47
6.0	11.8
7.0	12.4

En la regresión lineal de mínimos cuadrados resulta benéfico elaborar una tabla especial que nos permita calcular con facilidad los términos de las ecuaciones (8.7), (8.8) y (8.9). (Véase la tabla 8.3.) A partir de la ecuación (8.7), la pendiente de la línea es:

$$m = \frac{n(\sum x_i y_i) - (\sum x_i)(\sum y_i)}{n(\sum x_i^2) - (\sum x_i s)^2} = \frac{8(259.84) - (28.0)(53.51)}{8(140.00) - (28.0)^2}$$

$$= 1.728 \text{ cm/s}$$

y de la ecuación (8.8), la intersección con y es:

$$b = \frac{\sum y_i - m(\sum x_i)}{n} = \frac{53.51 - 1.728(28.0)}{8}$$

$$= 0.641 \text{ cm}$$

Tabla 8.3 Datos para el ejemplo 8.4

Punto de datos i	Tiempo t(s) x_i	Posición s(cm) y_i	$x_i y_i$	x_i^2	y_i^2
1	0.0	0.40	0.00	0.00	0.16
2	1.0	2.49	2.49	1.00	6.20
3	2.0	4.37	8.74	4.00	19.10
4	3.0	5.66	16.98	9.00	32.04
5	4.0	7.92	31.68	16.00	62.73
6	5.0	8.47	42.35	25.00	71.74
7	6.0	11.8	70.80	36.00	139.24
8	7.0	12.4	86.80	49.00	153.76
$n = 8$	$\sum x_i = 28.0$	$\sum y_i = 53.51$	$\sum x_i y_i = 259.84$	$\sum x_i^2 = 140.00$	$\sum y_i^2 = 484.97$

Por tanto, la ecuación para la posición del actuador en función del tiempo es:

$$s = 1.728\,t + 0.641 \quad \text{(cm)}$$

Con el método de los puntos seleccionados encontramos que los valores de m y b eran 1.73 y 0.63, respectivamente; en este problema el método de los puntos seleccionados producía un ajuste excelente de curva para estos datos. En la ecuación (8.9) el coeficiente de determinación es:

$$r^2 = \frac{n(\sum x_i y_i) - (\sum x_i)(\sum y_i)}{\sqrt{n(\sum x_i^2) - (\sum x_i)^2}\sqrt{n(\sum y_i^2) - (\sum y_i)^2}}$$

$$= \frac{8(259.84) - (28.0)(53.51)}{\sqrt{8(140.00) - (28.0)^2}\,\sqrt{8(484.97) - (53.51)^2}}$$

$$= 0.993$$

Lo que indica un excelente ajuste.

EJEMPLO 8.5

Con base en la regresión lineal de mínimos cuadrados resuelva el ejemplo 8.2. Encuentre también el coeficiente de determinación.

Solución

Recuerde que los datos de este ejemplo siguen una función de potencias. Esto significa que para utilizar la regresión lineal de mínimos cuadrados deben manipularse los datos antes de que podamos utilizar las ecuaciones (8.7), (8.8) y (8.9). Como sugiere la ecuación (8.3), en lugar de la variable independiente x, utilizamos $\log(x)$, en lugar de la variable dependiente y, utilizamos $\log(y)$ y en lugar de la intersección en y, b, utilizamos $\log(b)$. Nuevamente elaboramos una tabla especial que nos permita calcular los términos de las ecuaciones. (Véase la tabla 8.4.)

Corriente I (A)	Potencia P (W)
1.05	5.63
1.25	7.58
1.75	16.9
2.50	32.1
3.0	48.0
4.0	78.2
5.0	126.0
6.0	188.0
8.0	315.1
10.0	490.3

Tabla 8.4 Datos para el ejemplo 8.5

Punto de datos i	Corriente I (A) $\log(x_i)$	Potencia P (W) $\log(y_i)$	$(\log x_i)(\log y_i)$	$(\log x_i)^2$	$(\log y_i)^2$
1	0.0212	0.7505	0.0159	4.49×10^{-4}	0.5633
2	0.0969	0.8797	0.0852	9.39×10^{-3}	0.7739
3	0.2430	1.2279	0.2984	0.0590	1.5077
4	0.3979	1.5065	0.5995	0.1583	2.2695
5	0.4771	1.6812	0.8022	0.2276	2.8264
6	0.6021	1.8932	1.1398	0.3625	3.5842
7	0.6990	2.1004	1.4681	0.4886	4.4117
8	0.7782	2.2742	1.7696	0.6056	5.1720
9	0.9031	2.4984	2.2563	0.8156	6.2420
10	1.0000	2.6905	2.6905	1.0000	7.2388
$n = 10$	$\Sigma \log x_i = 5.2185$	$\Sigma \log y_i = 17.5025$	$\Sigma(\log x_i)(\log y_i) = 11.1255$	$\Sigma(\log x_i)^2 = 3.7270$	$\Sigma(\log y_i)^2 = 34.5895$

De la ecuación (8.7), la pendiente de la línea es:

$$m = \frac{n\Sigma(\log x_i)(\log y_i) - (\Sigma \log x_i)(\Sigma \log y_i)}{n\Sigma(\log x_i)^2 - (\Sigma \log x_i)^2}$$

$$= \frac{10(11.1255) - (5.2185)(17.5025)}{10(3.7270) - (5.2185)^2}$$

$$= 1.984$$

y de la ecuación (8.8), tenemos:

$$\log(b) = \frac{\Sigma \log y_i - m(\Sigma \log x_i)}{n} = \frac{17.5025 - 1.984(5.2185)}{10}$$

$$= 0.715.$$

De ahí que la intersección con y es:

$$b = 10^{0.715} = 5.19.$$

Por lo tanto, la ecuación para la potencia disipada por el transformador en función de la corriente es:

$$P = 5.19\, I^{1.984} \quad (\text{W})$$

donde I se expresa en A. Por medio del método de los puntos seleccionados encontramos que los valores de m y b eran 1.98 y 5.30, respectivamente, en coincidencia con los valores calculados en este momento al utilizar la regresión lineal de mínimos cuadrados. De la ecuación (8.9), el coeficiente de determinación es:

$$r^2 = \frac{n\sum(\log x_i)(\log y_i) - (\sum \log x_i)(\sum \log y_i)}{\sqrt{n\sum(\log x_i)^2 - (\sum \log x_i)^2}\sqrt{n\sum(\log y_i)^2 - (\sum \log y_i)^2}}$$

$$= \frac{10(11.1255) - (5.2185)(17.5025)}{\sqrt{10(3.7270) - (5.2185)^2}\sqrt{10(34.5895) - (17.5025)^2}}$$

$$= 0.999$$

lo que indica un excelente ajuste.

La regresión lineal de mínimos cuadrados se puede aplicar de forma manual utilizando las ecuaciones (8.7), (8.8) y (8.9), pero esto puede ser tedioso cuando se trata con un número grande de puntos de datos. La forma más eficiente para aplicar el método es utilizar un paquete de software que tenga integrada la rutina de la regresión lineal de mínimos cuadrados. Virtualmente todos los paquetes de graficación y de hoja de cálculo consisten en una rutina de regresión lineal de mínimos cuadrados, que calcula con facilidad la pendiente y la intersección con y de la línea de ajuste óptimo, así como el coeficiente de determinación. Algunos paquetes, en particular los de graficación, tienen rutinas de ajuste de curvas más avanzadas que también permiten al usuario ajustar los datos a diversas funciones no lineales.

¡Practique!

Con la regresión lineal de mínimos cuadrados resuelva el ejemplo 8.3. Encuentre también el coeficiente de determinación.

8.5 INTERPOLACIÓN Y EXTRAPOLACIÓN

Algunas veces, durante el proceso de análisis de datos, puede ser necesario determinar puntos de datos que no son parte del conjunto original de datos utilizados para construir la gráfica. La **interpolación** es *un proceso que se usa para encontrar puntos de datos entre puntos de datos conocidos*, mientras que la **extrapolación** es *un proceso utilizado para encontrar puntos de datos fuera de los puntos de datos conocidos*. Considere la gráfica mostrada en la figura 8.33. El valor y del punto de datos extrapolado en $x = 8$ se estima con base en la forma de la curva y su pendiente en el punto $x = 5$, el último punto de datos conocido. La extrapolación puede ser un proceso riesgoso porque el comportamiento de los datos más allá del último punto de datos medido puede ser impredecible, por lo que por lo general no se recomienda la extrapolación. Si se desean datos confiables más allá del conjunto actual de datos, deben efectuarse mediciones adicionales. Por otro lado, la interpolación es

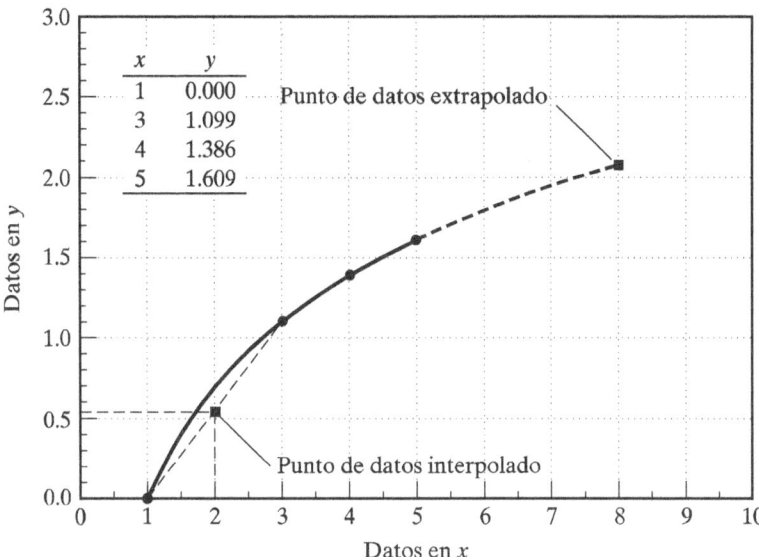

Figura 8.33
Interpolación y extrapolación.

generalmente confiable porque los puntos de datos conocidos a ambos lados del punto de datos desconocido sirven como límites inferior y superior, lo que permite acotar el valor del punto de datos desconocido dentro de un intervalo conocido.

Nuevamente con base en la figura 8.33, suponga que deseamos calcular el valor de y correspondiente a $x = 2$, que no se encuentra en el conjunto original de datos y, por lo tanto, no fue trazado en la gráfica. En ausencia de una ecuación para la curva suave dibujada a través de los puntos de datos, no podemos calcular este valor (aunque podemos estimarlo de forma gráfica). Para calcular el valor de y para $x = 2$, aproximamos la curva entre los puntos de datos conocidos adyacentes como una línea recta, que se conoce como *interpolación lineal*. Para ilustrar cómo funciona la interpolación lineal, examinemos la parte inferior izquierda de la gráfica que se muestra en la figura 8.34. En esta figura, x_1 y y_1 son las coordenadas del punto de datos conocido a la izquierda del punto interpolado, y x_2 y y_2 son las coordenadas del punto de datos conocido a la derecha del punto interpolado. Las coordenadas del punto interpolado son x y y. Una forma directa de derivar una fórmula para el valor de y del punto de datos desconocido es utilizar un concepto conocido de la geometría: los triángulos semejantes. Tenemos dos triángulos semejantes que tienen un ángulo

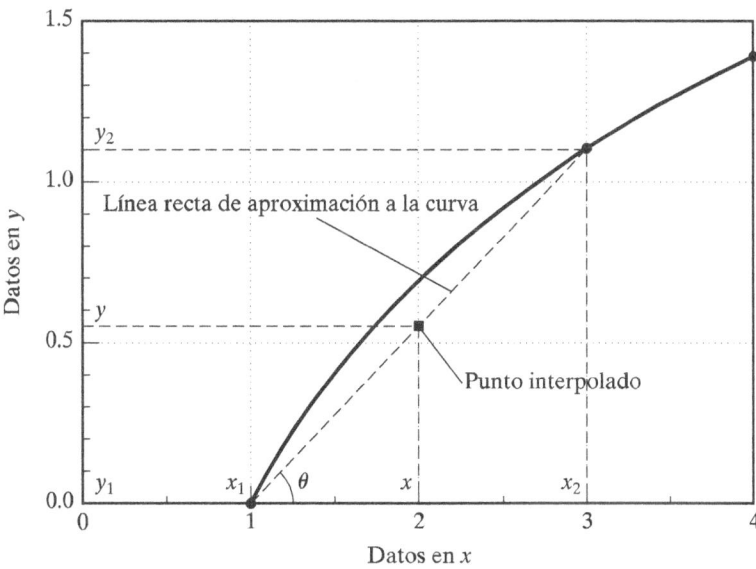

Figura 8.34
Interpolación lineal.

299

común θ, con la línea recta de aproximación como hipotenusa. Para los triángulos semejantes, la relación de los catetos opuestos entre los adyacentes es la misma. Con base en las coordenadas de los vértices de los triángulos, la igualdad se escribe como:

$$\frac{y_2 - y_1}{x_2 - x_1} = \frac{y - y_1}{x - x_1}. \tag{8.10}$$

Al resolver para la y desconocida, obtenemos:

$$y = y_1 + \frac{y_2 - y_1}{x_2 - x_1}(x - x_1) \tag{8.11}$$

Al utilizar la interpolación lineal, la ecuación (8.11) es una fórmula general para el valor de y de un punto de datos.

Si aplicamos la ecuación (8.11) a los datos dados, obtenemos:

$$y = y_1 + \frac{y_2 - y_1}{x_2 - x_1}(x - x_1) = 0 + \frac{1.099 - 0}{3 - 1}(2 - 1) = 0.550.$$

De ahí que, al utilizar la interpolación lineal, las coordenadas del punto de datos interpolado son $x = 2, y = 0.550$. Los puntos de datos en la figura 8.33 se seleccionaron de forma deliberada para ajustarse a la función $y = \ln x$. El valor real de y para $x = 2$ es $y = \ln(2) = 0.693$. Para los primeros dos puntos de datos, la interpolación lineal realiza un trabajo más bien deficiente al aproximar el valor de y para $x = 2$. Sin embargo, como se muestra en la figura 8.33, la función $y = \ln x$ comienza a parecerse a una línea recta con valores crecientes de x, por lo que la interpolación lineal debe ser más exacta para los otros puntos de datos. Utilicemos la interpolación lineal con el fin de calcular el valor de y para $x = 4.5$:

$$y = y_1 + \frac{y_2 - y_1}{x_2 - x_1}(x - x_1) = 1.386 + \frac{1.609 - 1.386}{5 - 4}(4.5 - 4) = 1.498.$$

El valor real de y para $x = 4.5$ es $y = \ln(4.5) = 1.504$, una mejora notable comparada con la interpolación anterior. Obviamente, la interpolación lineal es más exacta si los puntos de datos describen una relación lineal. Si los puntos de datos describen una relación no lineal, como se ilustra en la figura 8.34, la interpolación lineal produce un valor aproximado, cuya exactitud depende del tipo de función descrita por los puntos de datos, la región de los datos donde se realiza la interpolación y qué tan cerca se encuentran entre sí los dos puntos de datos conocidos.

La interpolación lineal se puede realizar en datos tabulados sin acudir a una gráfica. Considere los valores de las temperaturas y presiones de saturación del agua en la tabla 8.5. Un concepto fundamental de la termodinámica es que la temperatura y presión de saturación son propiedades dependientes (es decir, para cada valor de temperatura de satu-

Tabla 8.5 Temperatura y presión de saturación del agua

Temperatura, T (°C)	Presión, P (kPa)
65.0	25.03
70.0	31.19
75.0	38.58
80.0	47.39
85.0	57.83

Tabla 8.6 Tabla de interpolación para los datos de la tabla 8.5

Temperatura, T (°C)	Presión, P (kPa)
x_1	y_1
75.0	38.58
x ———— 77.0	y
80.0	47.39
x_2	y_2

ración existe un valor único de presión de saturación). Suponga que deseamos determinar la presión de saturación del agua a una temperatura de saturación de 77.0 °C. Esta temperatura no está relacionada en la tabla 8.5, por lo que no podemos simplemente leer en la tabla un valor correspondiente de presión. Sin embargo, podemos estimar una presión de saturación utilizando la interpolación lineal. Una temperatura de saturación de 77.0 °C se encuentra entre dos temperaturas conocidas, 75.0 °C y 80.0 °C. Las presiones de saturación correspondientes para 75.0 °C y 80.0 °C son 38.58 kPa y 47.39 kPa, respectivamente.

Al concentrarnos en la parte que nos interesa de la tabla 8.5, elaboramos una tabla de interpolación. (Véase la tabla 8.6.) Si denominamos las temperaturas de saturación como los valores x y las presiones de saturación como los valores y, buscamos calcular el valor y correspondiente a $x = 77.0$. Al utilizar la interpolación lineal, la ecuación (8.11) es la fórmula general para el valor y de punto de datos. De ahí que tenemos:

$$y = y_1 + \frac{y_2 - y_1}{x_2 - x_1}(x - x_1) = 38.58 + \frac{47.39 - 38.58}{80.0 - 75.0}(77.0 - 75.0)$$

$$= 42.10.$$

Por tanto, la presión de saturación correspondiente a una temperatura de saturación de 77.0 °C es de 42.10 kPa.

Es muy claro que se puede efectuar la interpolación lineal al reconocer que y debe encontrarse en la misma fracción del intervalo (y_1, y_2), ya que x reside en el intervalo (X_1, x_2). Con la tabla 8.6 como ejemplo, encontramos que la temperatura de 77.0 °C se encuentra a 0.4 de 75 y 80 °C, por lo que y se encuentra a 0.4 de 38 y 58 kPa. La versión matemática de este enunciado es la ecuación (8.10), que se derivó de consideraciones geométricas.

Conforme avance en los trabajos de sus cursos de ingeniería, sin duda encontrará numerosas situaciones en las que se requiere la interpolación lineal de datos tabulados. La ecuación (8.11) se puede utilizar para cualquier clase de datos tabulados, independientemente de si x y y tienen valores numéricos ascendentes o descendentes. Además, como un apoyo en sus cálculos, es posible que desee escribir un programa simple de interpolación lineal en su calculadora científica. Sin embargo, después de un tiempo, es probable que se vuelva experto en el uso de la interpolación lineal y sea capaz de hacer los cálculos sin consultar la ecuación (8.11).

¡Practique!

1. Para los datos en la tabla 8.5 tome como base la interpolación lineal a fin de encontrar la presión para una temperatura de 66.5 °C.
   Respuesta: 26.88 kPa.

2. Para los datos en la tabla 8.5 utilice la interpolación lineal con el objetivo de encontrar la temperatura para una presión de 50.0 kPa.
   Respuesta: 81.3 °C.

3. En los datos de la tabla 8.5 utilice la extrapolación con el objetivo de estimar la presión para una temperatura de 90.0 °C.
Respuesta: 69 kPa.

TÉRMINOS CLAVE

ajuste de curvas
coeficiente de
    determinación
error
exactitud
extrapolación
función de potencias

función exponencial
función lineal
gráfica
interpolación
medición
método de los puntos
    seleccionados

papel para gráficas
precisión
regla 1, 2, 5
regresión lineal de mínimos
    cuadrados
variable dependiente
variable independiente

REFERENCIAS

Tufte E.R., *The Visual Display of Quantitative Information*, 2a. ed. Cheshire, Graphics Press, Connecticut, 2001.

Tufte, E.R., *Visual Explanations: Images and Quantities, Evidence and Narrative*, Cheshire, Graphics Press, Connecticut, 1997.

Taylor, J.R., *An Introduction to Error Analysis*, 2a. ed., Herndon, University Science Books, Virginia, 1997.

Henry, G.T., *Graphing Data: Techniques for Display and Analysis*, Thousand Oaks, SAGE Publications, California, 1995.

Harris, R.L., *Information Graphics: A Comprehensive Illustrated Reference*, Oxford, Oxford University Press, Nueva York, 1999.

Holman, J.P., *Experimental Methods for Engineers*, 7a. ed., McGraw-Hill, Nueva York, 2000.

PROBLEMAS

Recolección y registro de datos

8.1 Un ingeniero químico desea analizar los efectos del cloruro de sodio en una nueva medicina que se está desarrollando. Con base en la masa, la medicina consiste en 85 por ciento de agua, un máximo de 10 por ciento de otros productos químicos y un máximo de 5 por ciento de cloruro de sodio. Describa los tipos de datos que debe recolectar el ingeniero y cómo podrían utilizarse las gráficas de los mismos para evaluar la nueva medicina.

8.2 En unas instalaciones para producción donde se maquinan pistones en tornos de control numérico, un ingeniero en manufactura desea estudiar el efecto de la velocidad de alimentación de la producción y el acabado superficial de las piezas. Para maximizar la velocidad de producción se busca alcanzar una alta velocidad de alimentación, pero si es demasiado elevada produce un acabado superficial deficiente. Describa los tipos de datos que el ingeniero debe recolectar y cómo podría emplear las gráficas de los datos para determinar la velocidad apropiada de alimentación.

8.3 Un ingeniero eléctrico desea evaluar los efectos de la temperatura, la humedad y la presión barométrica en la resistencia eléctrica de una resistencia cerámica grande de alambre enrollado. Los intervalos esperados de estas variables ambientales son:

temperatura: 10 °C a 80 °C

humedad: 20 por ciento a 90 por ciento de humedad relativa

presión barométrica: 0.8 atm a 1.1 atm

Estime cuántas mediciones únicas deben efectuarse para caracterizar la resistencia de forma adecuada. ¿Cuál de estas variables piensa que deben tener un mayor efecto en la resistencia? ¿Cómo podría usar el ingeniero las gráficas de los datos para evaluar los efectos de estas variables sobre la resistencia?

8.4 Clasifique los siguientes errores como crasos (G), sistemáticos (S) o aleatorios (R) (en algunos casos puede aplicar más de una clasificación):

Error	Clasificación (G, S o R)
a. Dejar caer un micrómetro sobre el piso	_____
b. El aire acondicionado funcionando de 3 p.m. a 7 p.m. en el laboratorio	_____
c. No ajustar a cero el balance de masa	_____
d. No nivelar la placa superficial	_____
e. Ajustar el ohmímetro a una escala incorrecta	_____
f. Flujómetro calibrado hace cinco años	_____
g. Pruebas electromagnéticas sensibles efectuadas cerca de un radiotransmisor	_____
h. Usar una cinta métrica para medir distancias con una exactitud de ±0.02 pulgadas	_____

Procedimiento general de graficación

8.5 La gráfica mostrada en la figura P8.5 se dibujó de forma incorrecta. Consulte el procedimiento general de graficación e identifique los problemas.

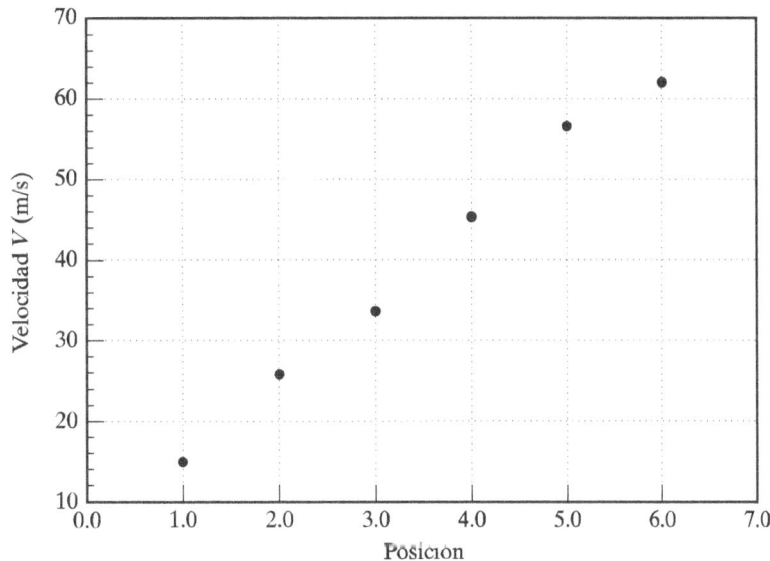

Figura P8.5

8.6 La gráfica mostrada en la figura P8.6 se dibujó de forma incorrecta. Con base en el procedimiento general de graficación identifique los problemas.

8.7 La gráfica mostrada en la figura P8.7 se dibujó de forma incorrecta y se utilizó el método de los puntos seleccionados para ajustar los datos a una línea recta. Identifique los problemas.

8.8 En la tabla P8.8 se indica el salario anual de un ingeniero de 1976 a 2007. Con el procedimiento general de graficación construya una gráfica de los datos.

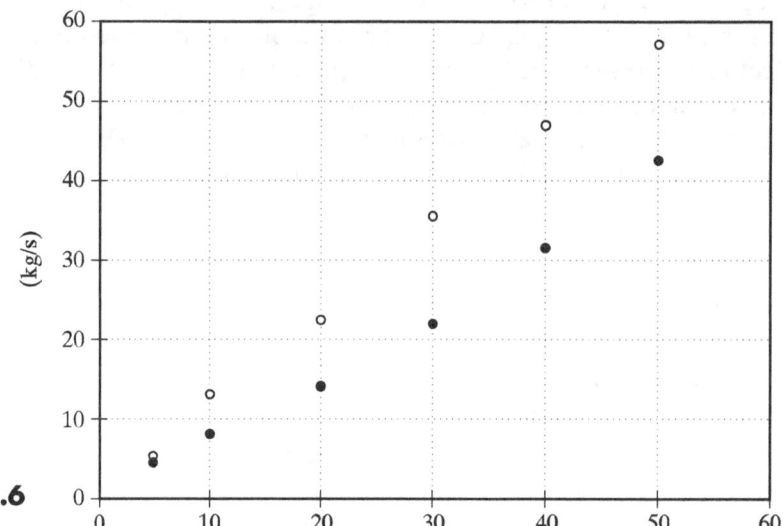

Figura P8.6

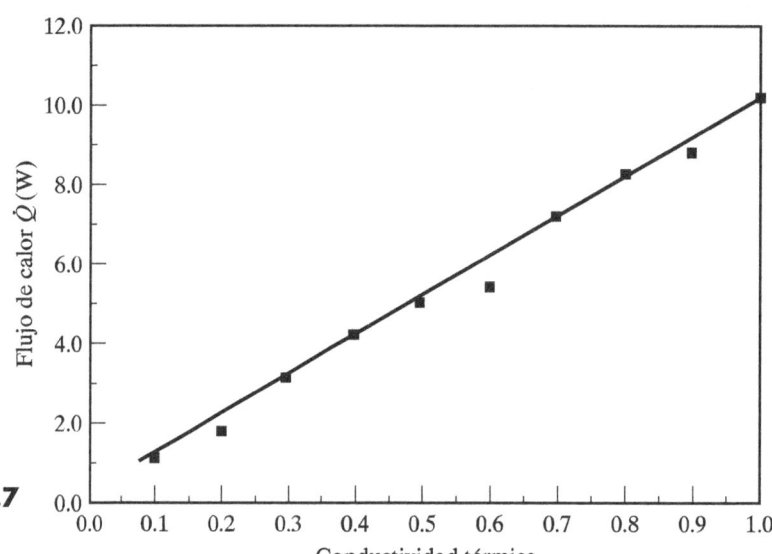

Figura P8.7

Tabla P8.8

Año	Salario, $	Año	Salario, $
1976	15,450	1994	47,540
1977	16,120	1995	50,125
1978	17,840	1996	52,980
1979	18,900	1997	55,050
1980	20,680	1998	57,160
1981	21,975	1999	59,850
1982	23,050	2000	62,100
1983	24,800	2001	64,740
1984	26,100	2002	67,250
1985	27,960	2003	70,865

1986	29,200	2004	73,981
1987	32,450	2005	77,042
1988	34,250	2006	80,125
1989	36,300	2007	84,339
1990	38,100		
1991	40,560		
1992	42,850		
1993	44,995		

8.9 La intensidad solar medida en W/m^2 para una superficie horizontal, como se muestra en la tabla P8.9, se mide a intervalos de una hora durante un día parcialmente nublado. Por medio del procedimiento general de graficación construya una gráfica de los datos.

Tabla P8.9

Tiempo, t (h)	Intensidad solar, $I(W/m^2)$
0500	9.7
0600	35.9
0700	43.0
0800	228
0900	357
1000	518
1100	624
1200	739
1300	701
1400	612
1500	456
1600	178
1700	41.5
1800	13.2
1900	3.5

Ajuste de curvas

8.10 En la tabla P8.10 se relacionan las velocidades rotatorias medidas en rpm de una bomba y la descarga correspondiente de la bomba en galones por minuto.

(a) Identifique las variables independiente y dependiente.

(b) Utilice el método de los puntos seleccionados a fin de obtener una ecuación para la curva.

(c) Por medio de la ecuación encontrada en la parte (b), identifique la descarga de la bomba para las velocidades de 150, 300 y 475 rpm.

8.11 Con la regresión lineal de mínimos cuadrados resuelva el problema 10 y encuentre el coeficiente de determinación.

Tabla P8.10

Velocidad rotacional de la bomba, S (rpm)	Descarga de la bomba, $\dot{V}$ (gal/min)
0	0
100	0.52
230	1.45
325	2.80
400	4.30
500	6.10

8.12 Se conecta una fuente de voltaje independiente de 10 V en las terminales de una resistencia variable cuya resistencia varía de 2 kΩ a 10 kΩ. Se utiliza un amperímetro para medir la corriente. En la tabla P8.12 se relacionan los valores de la resistencia y la corriente.

(a) Identifique las variables independiente y dependiente.

(b) Utilice el método de los puntos seleccionados para obtener una ecuación para la curva.

(c) Con la ecuación encontrada en la parte (b), identifique la corriente para los valores de resistencia de 2.8, 5.2 y 8.9 kΩ.

Tabla P8.12

Resistencia, R (kΩ)	Corriente, I (mA)
2.0	5.66
3.0	3.37
4.0	2.42
5.0	2.01
6.0	1.62
8.0	1.18
10.0	0.995

8.13 Por medio de la regresión lineal de mínimos cuadrados resuelva el problema 12 y encuentre el coeficiente de determinación.

8.14 En la tabla P8.14 se da la velocidad del aire y la fuerza de resistencia en una prueba de túnel de viento para un nuevo plano aerodinámico.

(a) Identifique las variables independiente y dependiente.

(b) Utilice el método de los puntos seleccionados con el fin de obtener una ecuación para la curva.

(c) Con base en la ecuación encontrada en la parte (b), identifique la fuerza de resistencia para las velocidades de 8, 32 y 70 m/s.

Tabla P8.14

Velocidad, v (m/s)	Fuerza de resistencia, F (N)
2	3.5
5	22
15	176
20	330
30	728
50	1970
75	4560

8.15 Con la regresión lineal de mínimos cuadrados resuelva el problema 14 y encuentre el coeficiente de determinación.

8.16 En la tabla P8.16 se muestra el historial de la temperatura medida de una pequeña forja metálica después de retirarla del horno de tratamiento térmico.

   (a) Identifique las variables independiente y dependiente.

   (b) Utilice el método de los puntos seleccionados y obtenga una ecuación para la curva.

   (c) Con base en la ecuación encontrada en la parte (b), identifique la temperatura para los tiempos de 3.5, 12 y 17 s.

Tabla P8.16

Tiempo, t (s)	Temperatura, T (°C)
0	200
1	180
2	166
3	151
4	132
5	125
10	72
15	46
20	28

8.17 Con la regresión lineal de mínimos cuadrados resuelva el problema 16 y encuentre el coeficiente de determinación.

8.18 En la tabla P8.18 se muestra el voltaje, medido en mV, producido por un termopar tipo K para diversas temperaturas de la unión.

   (a) Identifique las variables independiente y dependiente.

   (b) Utilice el método de los puntos seleccionados para obtener una ecuación para la curva.

   (c) Con la ecuación encontrada en la parte (b), identifique el voltaje para las temperaturas de 150, 575 y 850 °C.

Tabla P8.18

Temperatura, T (°C)	Voltaje, V (mV)
50	1.98
100	4.35
200	7.76
300	12.51
400	16.70
500	19.62
700	29.43
1000	42.02

8.19 por medio de la regresión lineal de mínimos cuadrados resuelva el problema 18 y encuentre el coeficiente de determinación.

8.20 En la tabla P8.20 se muestra la variación de la solubilidad, medida en kg de bicarbonato de calcio $Ca(HCO_3)_2$ en 100 kg de agua con respecto del tiempo.

(a) Identifique las variables independiente y dependiente.

(b) Utilice el método de los puntos seleccionados con el fin de obtener una ecuación para la curva.

(c) Con la ecuación encontrada en la parte (b), identifique la solubilidad para las temperaturas de 277, 309 y 330 K.

Tabla P8.20

Temperatura, T (K)	Solubilidad, S (kg)
273	16.15
280	16.30
290	16.53
300	16.75
310	16.98
320	17.20
350	17.88
373	18.40

8.21 Use la regresión lineal de mínimos cuadrados para resolver el problema 20 y encontrar el coeficiente de determinación.

8.22 En una operación de taladrado se mide la razón de remoción de material (MRR, por sus siglas en inglés) para un intervalo de diámetros de brocas, como se muestra en la tabla P8.22.

(a) Identifique las variables independiente y dependiente.

(b) Utilice el método de los puntos seleccionados y obtenga una ecuación para la curva.

(c) Use la ecuación encontrada en la parte (b) e identifique la razón de remoción de material para los diámetros de broca de 0.875 y 1.25 in.

Tabla P8.22

Diámetro, d (in)	MRR, M (in^3/min)
0.375	1.41
0.500	2.36
0.625	4.06
0.750	5.43
1.000	10.8
1.500	21.3

8.23 Con la regresión lineal de mínimos cuadrados resuelva el problema 22 y encuentre el coeficiente de determinación.

8.24 En la tabla P8.24 se muestra la potencia requerida por un automóvil para superar la resistencia aerodinámica a diversas velocidades.

(a) Identifique las variables independiente y dependiente.

(b) Utilice el método de los puntos seleccionados y obtenga una ecuación para la curva.

(c) Por medio de la ecuación encontrada en la parte (b) identifique la potencia para las velocidades de 35 y 55 mi/h.

Tabla P8.24

Velocidad, s (mi/h)	Potencia, P (hp)
10	0.060
20	0.478
30	1.61
40	3.83
50	7.47
60	12.9

8.25 Use la regresión lineal de mínimos cuadrados y resuelva el problema 24 y encuentre el coeficiente de determinación.

Interpolación y extrapolación

8.26 La tabla P8.26 muestra la variación del calor específico del agua líquida con la temperatura. Con la interpolación lineal calcule el calor específico para las temperaturas de 27, 125 y 192 °C.

Tabla P8.26

Temperatura, T (°C)	Calor específico, c (kJ/kg · °C)
0	4.217
10	4.193
20	4.182
30	4.179
50	4.181
100	4.216
150	4.310
200	4.497

8.27 La tabla P8.27 muestra la variación de la viscosidad del agua con la temperatura. Tome como base la interpolación lineal y calcule la viscosidad para las temperaturas de 21, 62 y 88 °C.

Tabla P8.27

Temperatura, T (°C)	Viscosidad, μ(Pa · s)
0	1.75×10^{-3}
20	1.02×10^{-3}
40	6.51×10^{-4}
60	4.60×10^{-4}
80	3.50×10^{-4}
100	2.82×10^{-4}

8.28 La tabla P8.28 muestra el esfuerzo radial en un disco sólido rotatorio en función de la velocidad angular. Con base en la interpolación lineal calcule el esfuerzo radial para las velocidades angulares de 750, 1200 y 2750 rad/s.

Tabla P8.28

Velocidad angular, ω (rad/s)	Esfuerzo radial, σ_r (MPa)
100	0.112
500	2.80
1000	11.19
2000	44.77
5000	279.8

8.29 La tabla P8.29 muestra la variación de la resistencia eléctrica de 1000 m de alambre de cobre para una gama de números de calibre de alambre. Con base en la extrapolación estime la resistencia de 1000 m de alambre de cobre para el calibre número 34 del mismo alambre.

Tabla P8.29

Número de calibre del alambre	Resistencia (Ω)
20	33.31
22	52.96
24	84.21
26	133.9
28	212.9
30	338.6

Análisis de datos: Estadística

9.1 INTRODUCCIÓN

La **estadística** es *una rama de las matemáticas aplicadas que trata de la recolección, presentación, análisis e interpretación de datos.* La estadística se utiliza para estudiar fenómenos en los que participa la aleatoriedad o la incertidumbre. Por ejemplo, el simple acto de lanzar una moneda es un proceso aleatorio que se puede describir mediante las herramientas de la estadística. Con los métodos estadísticos se pueden proyectar los resultados de las elecciones políticas, predecir las condiciones del clima y los resultados de los eventos deportivos. Ya que la aleatoriedad y la incertidumbre son partes integrales de estos y otros fenómenos, la estadística sólo puede proporcionar información que es imperfecta e incompleta. La información es imperfecta debido a una inevitable variación aleatoria en las mediciones y es incompleta porque rara vez conocemos o podemos medir todas las variables que influyen y afectan los fenómenos. De ahí que la estadística no nos proporciona la "verdad" absoluta, sino una aproximación de ella. Pero cuando se utiliza de forma apropiada, nos ayuda a dirigirnos hacia la verdad; sin embargo, no puede garantizar que la alcancemos, ni puede decirnos si ya la alcanzamos. También nos permite hacer evaluaciones científicas honestas acerca de la *probabilidad* de ciertos fenómenos.

Cuando se utiliza de forma errónea o se malinterpreta, nos lleva a conclusiones que son, en el mejor de los casos, engañosas y, en el peor, totalmente erróneas. Una estadística social citada en una disertación doctoral establecía: "Cada año, desde 1950, se ha duplicado el número de niños asesinados con armas de fuego". Examinemos esta declaración. Si se supone que sólo un niño había sido asesinado con arma de fuego en 1950, debían haberse asesinado de esa forma dos niños en 1951, cuatro en 1952, ocho en 1953 y así en adelante. Para 1995, el año de la publicación, deberían haberse asesinado aproximadamente 2×10^{13} niños, aproximadamente cien veces la población mundial. ¿De dónde vino esta estadística errónea? El autor la obtuvo del Children's Defense Fund (Fondo para la Defensa de los Niños) de Estados Unidos, en cuyo anuario de 1994 indicaba: "El número de niños estadounidenses asesinados con armas de fuego se ha duplicado desde 1950". Observe la diferencia en la redacción. La declaración original era que el número de niños asesinados por arma de fuego se había duplicado para el periodo de 1950 a 1995; sin embargo, el estudiante de doctorado malinterpretó la estadística y aseguró que el número de niños asesinados por armas de fuego de 1950 a 1995 se había duplicado *cada año*, lo que producía un significado completamente diferente. La noción de que necesitamos cuidarnos de las malas estadísticas no es nueva. Sin duda, ha escuchado el adagio, "usted puede demostrar cualquier cosa con la estadística". El famoso aforismo del estadista británico Benjamin Disraeli (1804-1881) es: "Existen tres tipos de mentiras: mentiras, mentiras malditas y la estadística".

Aunque existe alguna sustancia en estas máximas irónicas, no debemos minimizar la importancia de la estadística en la vida diaria y en la ingeniería. Es una herramienta indispensable para la toma de decisiones y para el diseño. Por ejemplo, los ingenieros de transporte utilizan la estadística para determinar por anticipado la vida de las carreteras, autopistas y puentes. Los ingenieros químicos y los investigadores médicos se valen de ella para identificar drogas y medicinas efectivas. Los ingenieros de manufactura e industriales para asegurar la calidad de los productos y los procesos. Los ingenieros nucleares para evaluar la confiabilidad de los sistemas de seguridad en las plantas nucleares de potencia. Los ingenieros de materiales y los científicos con el fin de optimizar las propiedades de nuevas aleaciones metálicas y combinaciones de metales para aplicaciones aeroespaciales y médicas. Por medio de ella, los ingenieros eléctricos reducen el ruido de las señales transmitidas en los sistemas de comunicaciones. Éstas son sólo algunas de las aplicaciones de la estadística en la ingeniería.

De manera tradicional, a los ingenieros se les ha enseñado a aproximarse a un problema analítico en términos de un *modelo determinístico* sin considerar la variabilidad de las cantidades. Un modelo determinístico es aquel estricta y exactamente descrito por una ecuación determinante derivada de alguna ley de conservación o algún otro principio físico fundamental. Un ejemplo característico es la ley de Ohm, que establece que el voltaje V es igual al producto de la corriente I por la resistencia R:

$$V = IR. \tag{9.1}$$

De acuerdo con la ley de Ohm, si se conocen la corriente y la resistencia, entonces el voltaje se determina con exactitud. Pero si organizamos un experimento simple de laboratorio donde 25 estudiantes midan el voltaje en las terminales de la misma resistencia a través de la cual fluya la misma corriente, obtendríamos 25 voltajes diferentes. Esto no significa que la ley de Ohm sea inválida. Las 25 mediciones de voltaje se acercarían al valor obtenido en la ecuación (9.1) y las pequeñas diferencias se deberían a desviaciones inherentes en las mediciones. Un modelo *estadístico* de esta ley considera las desviaciones de los valores obtenidos del modelo *determinístico* dado por la ecuación (9.1) y se expresaría de la siguiente manera:

$$V = IR + \epsilon \tag{9.2}$$

donde ϵ representa las desviaciones del voltaje esperado. De manera similar, se pueden escribir modelos estadísticos de otros modelos determinísticos en la ciencia y la ingeniería.

En general, la estadística se puede clasificar como *descriptiva* o *deductiva*. El objetivo de la estadística descriptiva es definir las principales características de un conjunto de datos, sin deducir conclusiones que superen los datos. El objetivo de la estadística deductiva es hacer predicciones generales con base en un limitado conjunto de datos. Para ilustrar la diferencia entre estas dos categorías, suponga que deseamos determinar la estatura promedio de los residentes en un pueblo hipotético en Estados Unidos, Anytown, cuya población total es de 5 mil personas. En la estadística, la **población** se define como el número total de objetos observables. En este ejemplo, la población es de 5 mil. Ya que es impráctico medir la estatura de cada residente, seleccionamos de forma aleatoria cada quincuagésimo residente, lo que hace un total de 100 mediciones. El total 100 es un subconjunto representativo de la población y se define como **muestra**. Si la estatura promedio para la muestra es de 5.43 ft, simplemente podemos establecer que 5.43 ft describe la estatura promedio de 100 residentes seleccionados de forma aleatoria en dicho pueblo, sin intentar obtener alguna conclusión sobre la estatura promedio de todos los 5 mil residentes. En forma alternativa, podríamos inferir que la estatura de 5.43 ft de la muestra debe relacionarse de manera específica con la estatura promedio de la población. En este capítulo se comentan técnicas básicas para relacionar las características de una muestra con la población.

9.2 CLASIFICACIÓN DE DATOS Y DISTRIBUCIÓN DE FRECUENCIAS

A los datos no procesados registrados en un cuaderno de laboratorio se les llama *datos primarios*. Un análisis estadístico completo requiere que los datos primarios se procesen de manera significativa. Una forma de procesar los datos primarios es *ordenarlos* en una lista de valores ascendentes o descendentes. Una vez que se hayan ordenado, se pueden agrupar en *clases*. Para ilustrar cómo funciona esto, regresemos a nuestro estudio hipotético de la estatura de los residentes de Anytown, Estados Unidos. Una vez más, nos referimos al conjunto de 100, representativo de la población total y lo registramos en una tabla. (Véase la tabla 9.1.) Ya que nuestras mediciones a 100 residentes son al azar, los números en la tabla no se encuentran ordenados de alguna manera particular. Los valores se enlistan en el orden en que se realizaron las mediciones.

Lineamientos para la clasificación de los datos

Los datos de las estaturas de la tabla 9.1 se pueden clasificar siguiendo algunos lineamientos sencillos:

1. Seleccione las clases (intervalos) de los datos. Una regla práctica es subdividir los datos en $\sqrt{n}$ clases, donde n es el número de puntos de datos. Deben utilizarse no menos de seis clases.
2. Seleccione clases que comprendan todo el alcance de los datos.

Tabla 9.1 Estaturas de 100 residentes de Anytown, Estados Unidos (ft)

4.98	5.23	5.46	4.36	4.94
5.01	5.92	5.98	4.23	4.79
5.42	4.76	5.38	5.85	5.10
4.75	5.02	5.88	5.65	5.43
6.05	5.67	5.32	4.97	5.55
5.87	6.12	5.68	5.39	5.99
4.93	5.27	5.59	6.20	4.96
5.03	5.26	5.29	5.40	6.31
4.65	5.19	5.38	5.78	5.99
4.82	6.22	5.45	5.21	5.87
5.07	5.68	5.34	5.34	5.06
5.33	5.89	5.01	6.10	6.29
4.67	5.20	5.31	5.78	5.92
4.81	6.19	5.47	5.01	5.87
5.09	5.69	5.37	5.56	5.93
5.05	5.63	5.35	4.43	5.59
5.84	6.10	5.77	5.33	5.01
4.91	6.02	5.56	6.25	4.99
4.56	5.60	5.23	5.25	5.89
5.24	5.87	5.43	5.98	6.03

3. Seleccione clases de manera que ningún punto de datos quede incluido en más de una clase.
4. Haga que los intervalos de las clases tengan el mismo tamaño.

Existen 100 puntos de datos, por lo que los subdividimos en 10 clases. Una inspección de los datos en la tabla 9.1 revela que las estaturas mínima y máxima son 4.23 ft y 6.31 ft, respectivamente. Si definimos el alcance de los datos de 4.00 ft a 6.50 ft, obtenemos 10 clases con un tamaño de 0.25 ft cada una. En la tabla 9.2 se muestra la clasificación de los datos de estatura. La *frecuencia* denota el número de puntos de datos que quedan dentro de cada clase. La suma de las frecuencias es igual al número total de los puntos de datos, que es 100 para este ejemplo. Los datos de la tabla 9.2 se pueden mostrar de manera conveniente en una gráfica de barras en la que la frecuencia se grafica como una función de la estatura, esto se muestra en la figura 9.1. A este tipo de gráfica se le llama **histograma**. Cada barra del histograma representa una clase de datos (es decir, un intervalo de estaturas). Las calibraciones a lo largo del eje horizontal denotan los límites en el intervalo de estaturas para cada clase indicada en la tabla 9.2. La primera barra representa estaturas de 4.00 ft a 4.25 ft y tiene una frecuencia de 1. La segunda barra representa estaturas de 4.26 a 4.50 ft y tiene una frecuencia de 2. La tercera barra representa estaturas de 4.51 ft a 4.75 ft y tiene una frecuencia de 4 y así en adelante.

Tabla 9.2 Clasificación de los datos de estatura de la tabla 9.1

Clase	Intervalo de estaturas (ft)	Conteo	Frecuencia
1	4.00–4.25	|	1
2	4.26–4.50	||	2
3	4.51–4.75	||||	4
4	4.76–5.00	卌 卌 |	11
5	5.01–5.25	卌 卌 卌 |||	18
6	5.26–5.50	卌 卌 卌 卌 |	21
7	5.51–5.75	卌 卌 ||	12
8	5.76–6.00	卌 卌 卌 || ||	19
9	6.01–6.25	卌 卌	10
10	6.26–6.50	||	2
		Total	100

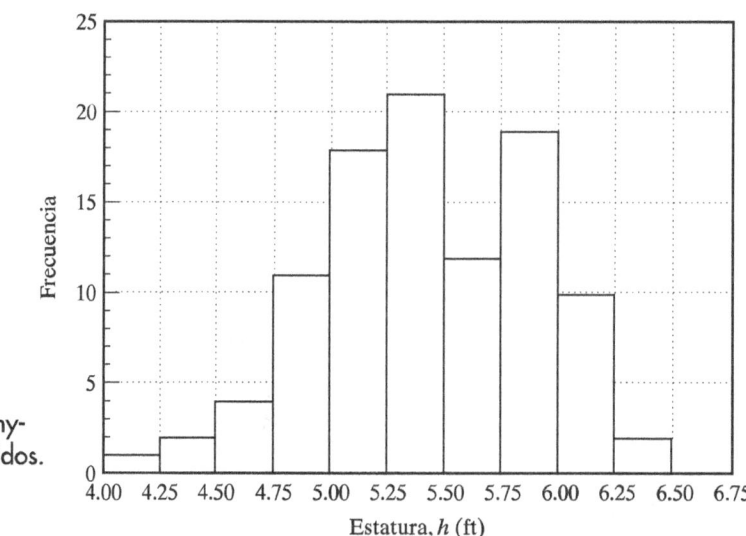

Figura 9.1
Histograma de Anytown, Estados Unidos.

Los histogramas son herramientas estadísticas valiosas que muestran la **distribución de frecuencias** de los datos. A partir de la distribución de frecuencias, por lo general podemos obtener ciertas conclusiones acerca de los datos. La información de ubicación, dispersión y forma mostrada por el histograma nos puede proporcionar pistas relativas a la función del proceso físico que hayan generado los datos. También puede sugerir la naturaleza de y las mejoras potenciales para los mecanismos físicos que trabajan en el proceso. Por ejemplo, considere los diámetros de varillas metálicas maquinadas compradas a un proveedor. Las especificaciones del cliente requieren que el diámetro de las varillas sea de 5.000 ± 0.002 cm, lo que significa que el diámetro deseable es de 5.000 cm, pero el intervalo aceptable de diámetros es de 4.998 a 5.002 cm. Supongamos que se miden 100 varillas. Si los diámetros de las varillas siguen una distribución de frecuencias *normal* o en *forma de campana*, el histograma se vería como la figura 9.2(a), lo que sugiere que la mayoría de las varillas tienen diámetros muy cercanos a 5.000 cm y que el número de varillas con diámetros menores o mayores forman "colas" simétricas a ambos lados de la "joroba". Si los diámetros de las varillas están *sesgados* hacia 4.998 cm o 5.002 cm, el histograma sería como las figuras 9.2(b) o 9.2(c), respectivamente. Observe que los términos "sesgo a la derecha" y "sesgo a la izquierda" se refieren a la ubicación de la cola de la distribución de frecuencias, no a la cresta. Una distribución sesgada de frecuencias puede indicar un error sistemático de algún tipo en el equipo de maquinado. Si el histograma se parece a la mitad izquierda o derecha de un histograma normal, a la distribución de frecuencias se le llama *truncada*. Una distribución truncada, mostrada en la figura 9.2(d), puede sugerir que el operador de la máquina, de forma deliberada, produjo piezas con diámetros de menos de 5.000 cm o más de 5.000 cm, o que una inspección provocó el retiro de las varillas con diámetros mayores o menores. Si aparecen dos crestas en el histograma, como se muestra en la figura 9.2(e), a la distribución de frecuencias se le llama *bimodal*. Una distribución bimodal sugiere que el maquinado se realizó en más de una máquina, o por más de un operador o en más de una vez. Una frecuencia de distribución *uniforme*, como se muestra en la figura 9.2(f), indica

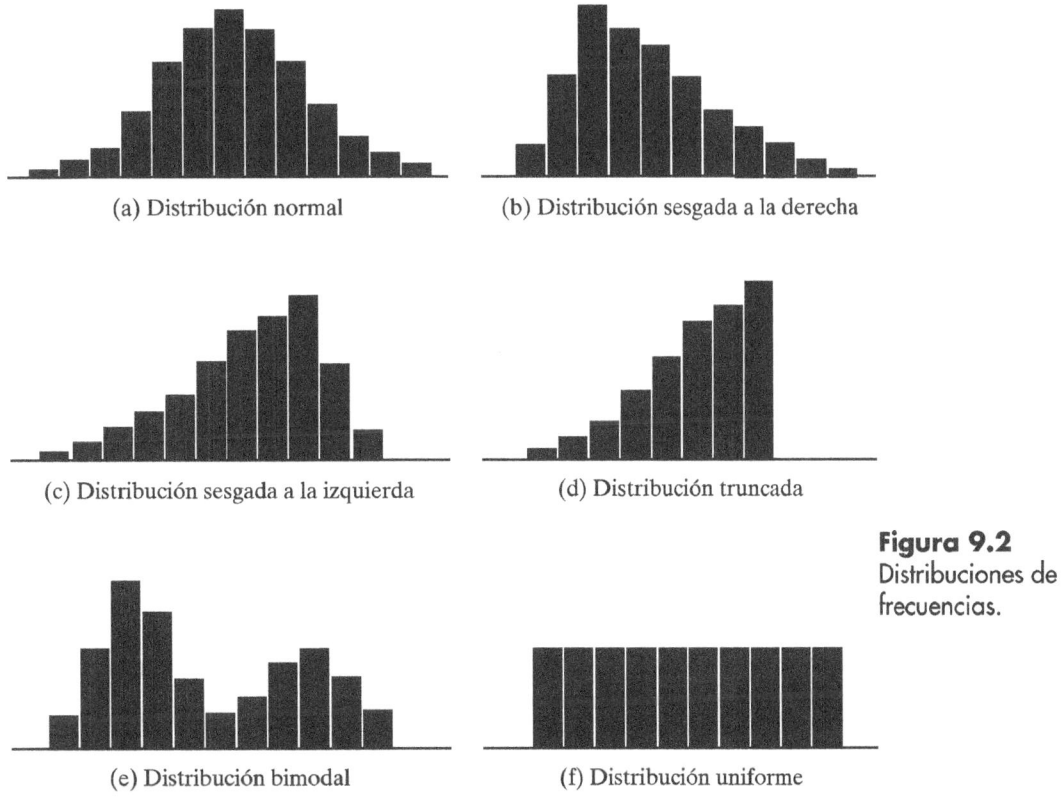

(a) Distribución normal

(b) Distribución sesgada a la derecha

(c) Distribución sesgada a la izquierda

(d) Distribución truncada

(e) Distribución bimodal

(f) Distribución uniforme

Figura 9.2
Distribuciones de frecuencias.

que no existe variación en los datos. Para nuestro ejemplo, una distribución uniforme sugiere que el número de varillas con un diámetro de 5.000 cm es igual al número de varillas con cualquier otro diámetro.

¡Practique!

1. Un fabricante de carros de juguete ordena un suministro de ruedas de plástico de un proveedor de moldeo por inyección. Las ruedas deben tener un diámetro de 0.750 ± 0.010 in. Un ingeniero de calidad selecciona 30 ruedas al azar como muestra y mide los siguientes diámetros:

0.741	0.750	0.759	0.755	0.754
0.750	0.747	0.743	0.746	0.752
0.751	0.745	0.748	0.757	0.755
0.748	0.752	0.749	0.753	0.752
0.750	0.747	0.758	0.754	0.751
0.749	0.750	0.754	0.752	0.749

Con base en los lineamientos de clasificación de datos, subdivídalos en clases y construya un histograma. ¿Qué tipo de distribución de frecuencias sugiere el histograma?

9.3 MEDIDAS DE TENDENCIA CENTRAL

En la ingeniería y en la ciencia, con frecuencia es deseable caracterizar los datos mediante un solo número representativo al que se le llama *medida descriptiva*. Estas medidas son valores numéricos que cuantifican todo el conjunto de datos en una forma significativa y se pueden comunicar con facilidad a otras personas. A una de estas medidas se le llama *medida de tendencia central*. Como su nombre indica, una medida de tendencia central es un número que representa el centro de un conjunto de datos. Consideraremos tres medidas de tendencia central: la *media*, la *mediana* y la *moda*.

9.3.1 Media

Usted está familiarizado con el término *promedio* porque esta palabra se utiliza con frecuencia en nuestro lenguaje diario. Es posible que escuche a alguien decir: "Tiene una inteligencia superior al promedio", o "La temperatura de hoy está muy abajo del promedio de la estación". En general, en estadística, no utilizamos el término *promedio*. En su lugar, aplicamos el término *media* o *media aritmética*. Para un conjunto de n números, la **media** se define como *la suma de los números dividida entre n*. Por ejemplo, suponga que deseamos encontrar la media de los promedios de calificaciones de exámenes (GPA, por sus siglas en inglés) de cinco estudiantes que se sientan en la primera fila de una clase de ingeniería. Sus GPA son 2.98, 3.50, 3.25, 3.74 y 3.18. La media es:

$$\text{media} = \frac{x_1 + x_2 + x_3 + x_4 + x_5}{n} = \frac{2.98 + 3.50 + 3.25 + 3.74 + 3.18}{5} = 3.33.$$

Una notación matemática abreviada más conveniente para la suma de los números es:

$$\sum_{i=1}^{n} x_i = x_1 + x_2 + x_3 + \cdots + x_n$$

donde el símbolo Σ denota una suma, n es el número de puntos de datos e i es un índice de sumatoria que se refiere al número del punto de datos 1, 2, 3, ... n. La suma se define para todos los números del conjunto de datos, por lo que el índice de sumatoria i comienza en 1 y termina en n, el número de puntos de datos.

La notación matemática utilizada para la media depende de si el conjunto de datos representa la población o una muestra de ella. Para una *población*, la notación utilizada para la media es la letra griega μ (que se pronuncia *mu*). Por tanto:

$$\mu = \frac{\sum_{i=1}^{N} x_i}{N} \qquad N = \text{tamaño de la población.} \qquad (9.3)$$

Para una *muestra*, la notación utilizada para la media es x con una barra encima ($\bar{x}$). Por lo tanto:

$$\bar{x} = \frac{\sum_{i=1}^{n} x_i}{n} \qquad n = \text{tamaño de la muestra.} \qquad (9.4)$$

En la ecuación (9.3) la sumatoria es para todos los números de la población, mientras que en la ecuación (9.4) la sumatoria es sólo para los números de la muestra.

Se puede utilizar una analogía mecánica para representar la media. Imagine que los números del conjunto de datos están arreglados en orden y espaciados de forma apropiada a lo largo de una viga sin masa soportada por un punto de apoyo. Este sistema se representa en la figura 9.3, donde dibujamos los datos de los GPA comentados antes en la sección 9.3. Ahora asumimos que los números representan "masas" iguales. Para que la viga se encuentre en un estado de equilibrio, el punto de apoyo debe colocarse precisamente en la media del conjunto de datos. Por lo tanto, puede considerarse que la media es el "centro de gravedad" de los datos.

La media es una medida de tendencia central útil y popular, porque es fácil calcularla, considera todos los números del conjunto de datos y se puede utilizar en otros cálculos estadísticos. A pesar de ello, la media tiene la desventaja de ser susceptible a errores crasos en el conjunto de datos. Por ejemplo, suponga que el quinto GPA del ejemplo anterior se registró de forma errónea como 3.81 en lugar de 3.18. La media sería:

$$\bar{x} = \frac{\sum x_i}{n} = \frac{2.98 + 3.50 + 3.25 + 3.74 + 3.81}{5} = 3.46$$

en lugar del valor correcto de 3.33. Estos errores se pueden minimizar utilizando una medida de tendencia central diferente, la mediana.

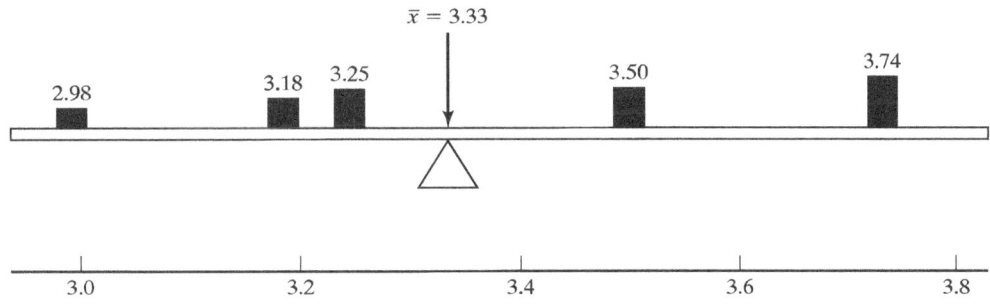

Figura 9.3
La media es el "centro de gravedad" de los datos.

9.3.2 Mediana

La **mediana** es *el valor del número en el centro de unos datos arreglados en orden ascendente o descendente.* Al enlistar los números en nuestro ejemplo de los GPA en orden ascendente, tenemos 2.98, 3.18, 3.25, 3.50 y 3.74. Entonces, la mediana para este grupo de datos es 3.25, porque se encuentra en el centro del conjunto de datos. En el caso de los grupos de datos con un número non de elementos, como nuestro conjunto de GPA, la mediana siempre es el número central. Para los conjuntos de datos con un número par de elementos, la mediana se define como la media de los dos números centrales. Por ejemplo, la mediana para el conjunto de datos 2, 3, 6, 7, 12, 15 es $(6 + 7)/2 = 6.5$. Observe que aunque todos los números en el conjunto de datos son enteros, la mediana es un número decimal.

Tanto la media como la mediana describen el centro del conjunto de datos, pero lo hacen de forma diferente. La media es el centro de gravedad de los datos y la mediana los divide en dos mitades. Para un conjunto dado de datos, la media y la mediana pueden o no tener valores cercanos entre sí y raramente coinciden.

9.3.3 Moda

La **moda** es *uno o más grupos de números que ocurren con la mayor frecuencia en un conjunto de datos.* A diferencia de la media y la mediana, que siempre existen, la moda puede no existir, ya que algunos conjuntos de datos no tienen algún grupo de número que ocurran con más frecuencia que otros en el conjunto de datos. Para ilustrar cómo encontrar la moda, considere los siguientes tres conjuntos de datos:

Conjunto 1 de datos	2, 2, 5, 7, 9, 9, 9, 10, 10, 11, 12, 18
Conjunto 2 de datos	2, 3, 4, 4, 4, 5, 5, 7, 7, 7, 9
Conjunto 3 de datos	3, 5, 8, 10, 12, 14, 17, 19, 22, 26.

El conjunto 1 tiene una moda de 9, porque el número 9 ocurre con la mayor frecuencia. A un conjunto de datos con una moda se le llama *unimodal.* El conjunto 2 tiene dos modas, 4 y 7, porque *ambos* números ocurren con la mayor frecuencia. Cuando ocurren dos modas en un conjunto de datos, se le llama *bimodal.* El conjunto 3 no tiene moda, porque ningún número del conjunto ocurre con mayor frecuencia que otro.

Las modas se muestran de forma gráfica en las distribuciones de frecuencias en los histogramas. Los histogramas de la figura 9.2(a), (b) y (c) muestran distribuciones unimodales y el histograma en la figura 9.2(e) una distribución bimodal. Los histogramas en la figura 9.2(d) y (f) no tienen modas.

EJEMPLO 9.1
_____

El profesor Gauss tiene 125 estudiantes en su clase de ingeniería eléctrica. Después de calificar el examen final de su clase, selecciona de forma aleatoria las siguientes 30 calificaciones para hacer un análisis estadístico:

84	92	76	84	86	65
44	59	68	95	72	80
78	49	67	79	63	54
97	61	79	53	87	84
77	66	48	60	76	73

Con los datos del profesor Gauss, construya un histograma y encuentre la media, la mediana y la moda.

Solución

Primero, ordenamos los datos en clases. Utilizamos el número mínimo recomendado de clases (seis) y construimos una tabla de las frecuencias a partir de la cual se puede construir un histograma. (Véase la tabla 9.3.) El histograma se muestra en la figura 9.4. Las calibraciones debajo de cada barra denotan el límite superior para cada clase.

El conjunto de datos de 30 calificaciones es una muestra tomada de la población de 125 estudiantes, por lo que la media se obtiene de la ecuación (9.4):

$$\overline{x} = \frac{\sum\limits_{i=1}^{n} x_i}{n} = \frac{2156}{30} = 71.9.$$

Para encontrar la mediana, arreglamos las calificaciones del examen en orden ascendente:

44, 48, 49, 53, 54, 59, 60, 61, 63, 65, 66, 67, 68, 72, 73,

76, 76, 77, 78, 79, 79, 80, 84, 84, 84, 86, 87, 92, 95, 97

Tabla 9.3 Clasificación de calificaciones de examen para el ejemplo 9.1

Clase	Intervalo de calificaciones	Frecuencia
1	41–50	3
2	51–60	4
3	61–70	6
4	71–80	9
5	81–90	5
6	91–100	3

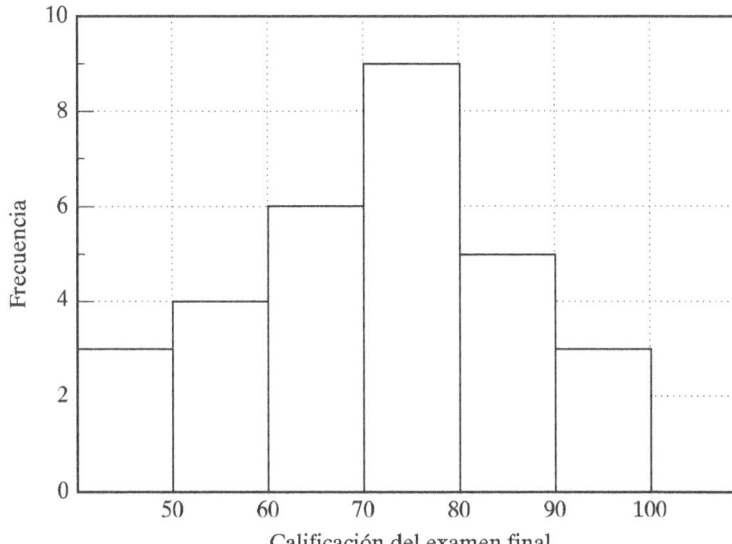

Figura 9.4
Histograma para el ejemplo 9.1.

Observe que tenemos un número par de calificaciones. Las dos calificaciones en el centro de los datos son 73 y 76, la 15ª y 16ª calificaciones. Por tanto, la mediana es:

$$\text{mediana} = \frac{(73 + 76)}{2} = 74.5.$$

La moda es el número con la mayor frecuencia en el conjunto de datos. La calificación 84 ocurre tres veces, más que ninguna otra calificación, por lo tanto, es la moda. La distribución es unimodal y de alguna manera se parece a una distribución normal, similar a la mostrada en la figura 9.2(a). Otro nombre para la distribución normal es distribución *gaussiana*.

Éxito profesional

Toma de decisiones

Por lo general, es fácil identificar a los ingenieros exitosos. Son buenos comunicadores, buenos analistas, buenos diseñadores y buenos experimentadores. Otra característica que hace bueno a un ingeniero es la capacidad para tomar decisiones importantes. La toma de decisiones es una habilidad crítica, en particular para los gerentes de ingeniería. No todos los ingenieros son gerentes, pero todos los ingenieros deben ser capaces de tomar decisiones. Una decisión es una elección entre alternativas y se puede efectuar utilizando técnicas analíticas o no analíticas. Las técnicas analíticas constituyen el principal segmento de las materias académicas de ingeniería, en donde se enfatizan temas como el análisis de circuitos, el análisis estructural, el análisis energético y el análisis estadístico. Las técnicas no analíticas se utilizan para elegir una especialidad académica, una carrera, el lugar de residencia, esposa y otras materias.

Mientras que es común que las técnicas no analíticas se basen en el juicio o la intuición, las técnicas analíticas consideran un método más sistemático, que se puede desglosar en los siguientes pasos:

- Reconocer y definir el aspecto a decidir.
- Identificar alternativas.
- Evaluar y seleccionar la(s) alternativa(s).
- Implantar la(s) alternativa(s) seleccionada(s).
- Evaluar los resultados de la decisión.
- Continuar mejorando.

Estos pasos de alguna manera nos recuerdan el procedimiento general de análisis de definición del problema, diagrama, supuestos, ecuaciones determinantes, cálculos, verificación de la solución y comentarios. En el sentido más amplio, la ingeniería se puede considerar como un proceso de toma de decisiones. Las ciencias de ingeniería, las ciencias físicas y las matemáticas aplicadas, incluida la estadística, ayudan a los ingenieros a tomar la mejor decisión posible.

9.4 MEDIDAS DE VARIACIÓN

En la última sección consideramos las medidas de tendencia central. Otro tipo de medida descriptiva que se utiliza para cuantificar un conjunto de datos es lo que se llama una medida de variación o medida de dispersión. Como su nombre lo indica, una **medida de variación** es *un número que indica la medida en la cual los datos están dispersos o concentrados alrededor de la media*. Para ayudarnos a entender la medida de variación, considere los siguientes dos conjuntos de datos de promedios de calificaciones:

Conjunto 1 de datos	2.99 3.21 3.33 3.31 3.38 3.29 3.25 3.08
Conjunto 2 de datos	3.01 2.89 3.45 3.89 2.76 3.34 3.01 3.49.

La media de ambos conjuntos de datos es 3.23, pero resulta claro que la dispersión en ambos no es la misma. En el primer conjunto de datos, los GPA se encuentran concentrados más estrechamente alrededor de la media que en el segundo conjunto. Esto puede mostrarse de forma sencilla restando la media del número más grande del conjunto de datos:

Conjunto 1 de datos	$x_{\text{máx}} - \overline{x} = 3.38 - 3.23 = 0.15$
Conjunto 2 de datos	$x_{\text{máx}} - \overline{x} = 3.89 - 3.23 = 0.66.$

Llegamos a la misma conclusión restando la media del número menor del conjunto de datos.

Para caracterizar la variación de todo el conjunto de datos, una definición matemática formal debe tomar en cuenta todos los datos. Podemos ampliar nuestra sencilla demostración restando la media de cada número del conjunto de datos, sumar los resultados y dividirlos entre el número de puntos de datos n. Para el conjunto 1 de datos este método da:

$$\frac{\sum (x - \overline{x})}{n} = \frac{\begin{array}{c}(2.99 - 3.23) + (3.21 - 3.23) + (3.33 - 3.23) + (3.31 - 3.23) \\ +(3.38 - 3.23) + (3.29 - 3.23) + (3.25 - 3.23) + (3.08 - 3.23)\end{array}}{8}$$
$$= 0$$

que no es un resultado útil. También obtendríamos un valor de cero para el conjunto 2 de datos. La suma de las *desviaciones* de la media siempre es cero. Para evitar que se cancelen, elevamos al cuadrado cada desviación, sumamos los cuadrados, dividimos la suma entre el número de puntos de datos y obtenemos la raíz cuadrada. Al resultado se le llama **desviación estándar**. Para una población, la desviación estándar σ está dada por la fórmula:

$$\sigma = \left[\frac{\sum_{i=1}^{N}(x_i - \mu)^2}{N} \right]^{1/2} \tag{9.5}$$

donde la letra griega σ (sigma) denota la desviación estándar de una población. Observe que en la ecuación (9.5) se utiliza la media de una población (μ) y que ésta no se conoce sin medir toda la población. Para calcular la desviación estándar de una muestra, utilizamos la media de la muestra $\overline{x}$ en lugar de μ. Sin embargo, los analistas estadísticos han descubierto que esto subestima la desviación estándar y que si n se sustituye con $n - 1$, el resultado es más exacto. Por tanto, la desviación estándar de la muestra se define como:

$$s = \left[\frac{\sum (x_i - \overline{x})^2}{n - 1} \right]^{1/2}. \tag{9.6}$$

Una segunda medida de variación se llama varianza. La **varianza** es *simplemente el cuadrado de las expresiones* en las ecuaciones (9.5) y (9.7). Por tanto, la varianza de una población, una muestra grande y una muestra pequeña son, respectivamente:

$$\sigma^2 = \frac{\sum_{i=1}^{N}(x_i - \mu)^2}{N} \qquad \text{(población)} \qquad (9.7)$$

$$s^2 = \frac{\sum_{i=1}^{n}(x_i - \overline{x})^2}{n - 1} \qquad \text{(muestra).} \qquad (9.8)$$

EJEMPLO 9.2

Los conjuntos de datos comentados en la sección 9.4 representan muestras de GPA de dos diferentes clases de ingeniería. Encuentre la desviación estándar y la varianza para cada clase. A continuación se repiten los GPA:

Clase 1	2.99	3.21	3.33	3.31	3.38	3.29	3.25	3.08
Clase 2	3.01	2.89	3.45	3.89	2.76	3.34	3.01	3.49.

Solución

Si recordamos que $\overline{x} = 3.23$ para ambas clases, las desviaciones estándar son:

$$\text{Clase 1} \qquad s = \left[\frac{\sum(x_i - \overline{x})^2}{n - 1}\right]^{1/2} = \left[\frac{0.1234}{8 - 1}\right]^{1/2} = 0.133$$

y

$$\text{Clase 2} \qquad s = \left[\frac{\sum(x_i - \overline{x})^2}{n - 1}\right]^{1/2} = \left[\frac{0.9970}{8 - 1}\right]^{1/2} = 0.377.$$

Con base en nuestras observaciones anteriores, estos resultados ya se esperaban. En la primera clase, los GPA están estrechamente agrupados alrededor de la media, mientras que los GPA de la segunda clase tienen una dispersión amplia. En consecuencia, tenemos una desviación estándar más pequeña en la clase 1 que en la clase 2. La varianza es el cuadrado de la desviación estándar:

$$\text{Clase 1} \qquad s^2 = \frac{0.1234}{8 - 1} = 0.0176$$

$$\text{Clase 2} \qquad s^2 = \frac{0.9970}{8 - 1} = 0.142.$$

Las medidas de tendencia central y medidas de variación ampliamente utilizadas son funciones estándar en las calculadoras científicas, las hojas de cálculo y otras herramientas computarizadas. Se le anima para que se familiarice con estas herramientas y aprenda cómo utilizarlas en sus cursos.

9.5 DISTRIBUCIÓN NORMAL

Anteriormente examinamos la distribución de estaturas para una muestra de residentes en un pueblo hipotético. Comenzamos el estudio ordenando los datos de estatura en clases. A partir de los datos ordenados, construimos un histograma, un tipo especial de gráfica que muestra la distribución de frecuencias de una cantidad medida. Para ilustrar nuestro tema, consideremos la distribución de estaturas para una muestra de residentes en un pueblo un poco más grande llamado Anyville, Estados Unidos. Después de ordenar los datos de estaturas en clases, construimos el histograma mostrado en la figura 9.5. Las calibraciones en el eje horizontal representan los límites para cada clase de datos. El histograma se construyó dividiendo los datos en 13 clases de 0.2 ft cada una, de una muestra con un tamaño de 102.

Al igual que todos los histogramas, el de la figura 9.5 es una gráfica de cantidades *discretas*, cada barra representa la frecuencia para un intervalo de estaturas individuales distintas. El área de cada barra representa la probabilidad de que la estatura de una persona en Anyville quede dentro de un intervalo específico. (Ya que el ancho de todas las barras es igual, podemos decir que la longitud vertical de cada barra representa igualmente estas probabilidades.) Por ejemplo, la probabilidad de que una persona tenga una estatura entre 5.0 ft y 5.2 ft es de 16 en 102 o 0.157. La probabilidad de que una persona tenga una estatura de entre 5.8 ft y 6.0 ft es de 8 de 102 o 0.0784, y así en adelante. Los histogramas no son como las gráficas de cantidades *continuas*, como longitud, flujo, esfuerzo o voltaje. Sin embargo, los valores discretos de un histograma se pueden aproximar a una cantidad continua dibujando una curva de ajuste óptimo a través de la parte superior de las barras, como se ilustra en la figura 9.6. De esta manera, se deriva una distribución continua de frecuencias a partir de una distribución discreta de frecuencias. También se puede explicar una distribución continua de frecuencias visualizando una situación idealizada en la que el número de residentes de nuestra muestra de Anyville se aproxima al infinito, produciendo así barras infinitesimalmente estrechas en este histograma. Ya que cada barra se reduciría de modo fundamental a una línea vertical, una curva suave dibujada a través de los puntos en la parte superior de cada línea produciría la distribución continua descada. Si utilizamos la distribución continua, encontramos que la probabilidad de que un residente de Anyville tenga una estatura en un valor dado es el área bajo la porción de la curva correspondiente a ese valor, como se ilustra en la figura 9.7. La probabilidad de que una persona tenga *cualquier* estatura es el área bajo *toda* la curva y tiene un valor de la unidad.

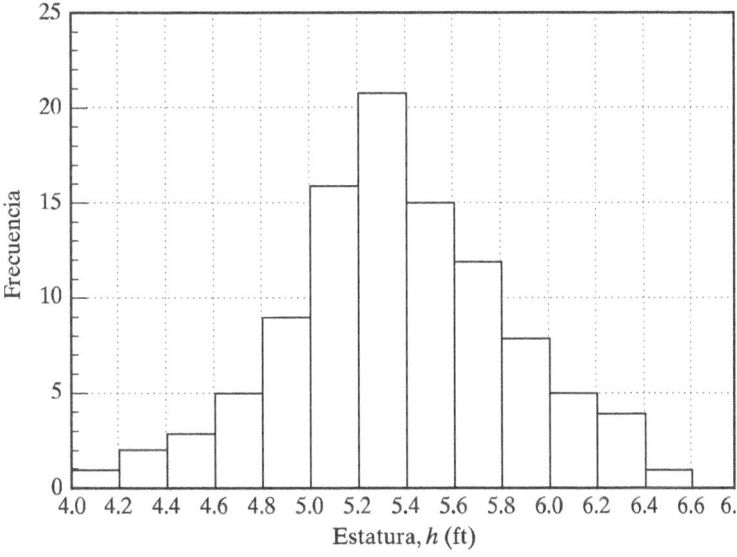

Figura 9.5
Histograma de estaturas para Anyville, Estados Unidos.

323

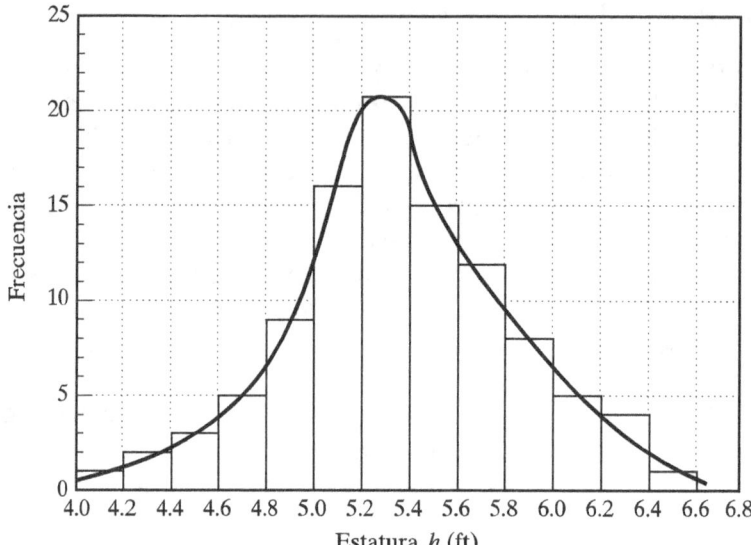

Figura 9.6
Una distribución continua se aproxima a un conjunto de valores discretos.

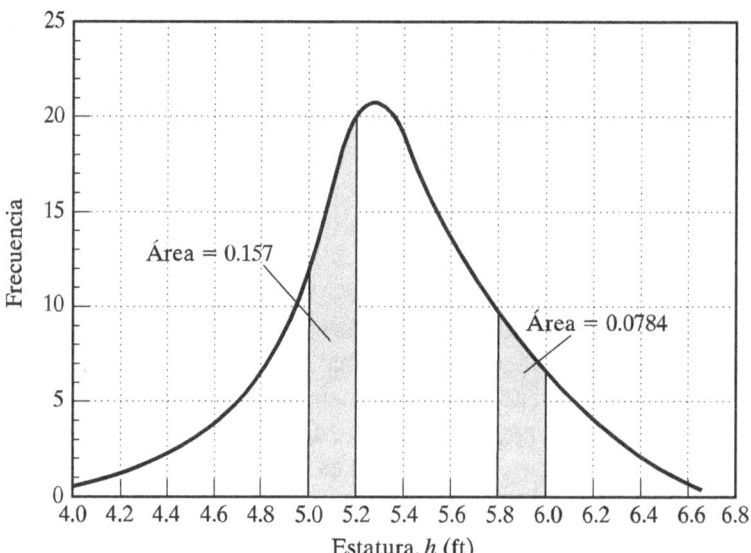

Figura 9.7
El área bajo una parte de una distribución continua de frecuencias representa una probabilidad.

Como puede uno ver a partir del histograma en la figura 9.5 y la distribución continua correspondiente en la figura 9.7, la distribución de estaturas para los residentes de Anyville es casi simétrica alrededor de la cresta central. Para efectuar un análisis estadístico de datos que se aproxime a una distribución simétrica, utilizamos una distribución teórica particular llamada *distribución normal* o *distribución gaussiana*, nombrada así en honor del matemático alemán Carl Gauss (1777-1855). Una **distribución normal** es *una curva con una forma característica de campana, que es simétrica con respecto a la media y se extiende indefinidamente en ambas direcciones*, como se ilustra en la figura 9.8. La curva con forma de campana se acerca asintóticamente al eje horizontal en ambos lados y es simétrica con respecto a la media. La ubicación y forma de la distribución normal está especificada por dos cantidades, la media μ, que localiza el centro de la distribución, y la desviación estándar σ, que describe la dispersión o difusión de los datos alrededor de la media. La distribución normal está dada por la fórmula matemática:

$$f(x) = \frac{1}{\sigma\sqrt{2\pi}}e^{-\frac{1}{2}(x-\mu)^2/\sigma^2} \tag{9.9}$$

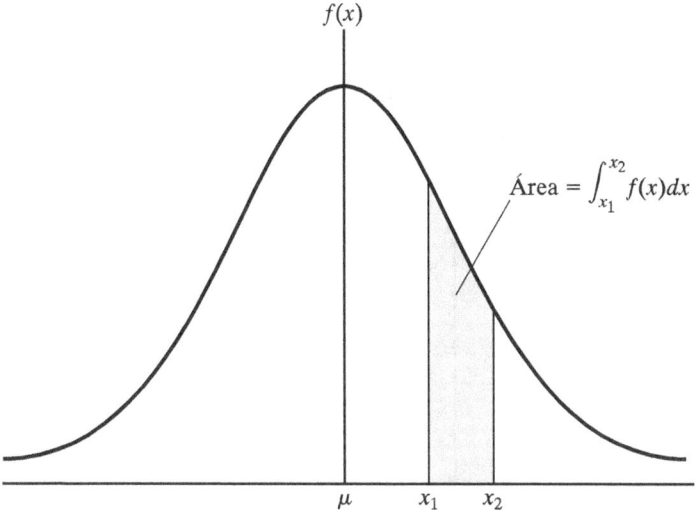

Figura 9.8
Distribución normal.

donde x representa la cantidad continua que se está estudiando, que en nuestro ejemplo previo era estatura. Esta ecuación se puede utilizar para encontrar la probabilidad de que la cantidad que está estudiando quede dentro de un intervalo particular de valores. Como vimos antes, dicha probabilidad está representada por el área bajo la parte de la curva que corresponde a ese intervalo. Con base en el cálculo, él área bajo la curva se encuentra integrando a lo largo del intervalo de interés. Por tanto, el área (probabilidad) para un intervalo específico de valores de x está dada por la relación:

$$área = \int_{x_1}^{x_2} f(x)\,dx \tag{9.10}$$

donde x_1 y x_2 son los límites inferior y superior para el intervalo de interés, como se muestra en la figura 9.8, y la función $f(x)$ está dada por la ecuación (9.9). Esta integración es engorrosa, por lo que se ha elaborado una tabla particular quc evita que se realice la integración cada vez que surge un nuevo problema. Más adelante se comentará el uso de la tabla.

La ecuación (9.10) da un área que depende de valores específicos de la media μ y la desviación estándar σ. Esto significa que tendría que elaborarse una tabla independiente para cada valor diferente de μ y σ, que sería extremadamente inconveniente. Para evitar esta dificultad, se transforma la función de la distribución normal dada por la ecuación (9.11), de manera que se pueda utilizar una sola tabla. Al aplicar la transformación:

$$z = \frac{x - \mu}{\sigma} \tag{9.11}$$

se normaliza la distribución a una distribución normal estándar que tiene $\mu = 0$ y $\sigma = 1$. De ahí que $f(x)dx$ se convierte en $\phi f(z)dz$ con:

$$\phi(z) = \frac{1}{\sqrt{2\pi}} e^{-\frac{1}{2}z^2}. \tag{9.12}$$

Para encontrar áreas bajo la curva normal estándar, convertimos valores de x en valores de z utilizando la ecuación (9.11). La transformación produce un cambio de escala para la distribución normal mostrada en la figura 9.8. La escala x tiene una media de μ y está graduada en términos de valores positivos y negativos de σ a partir de la media, mientras que la escala z tiene una media de 0 y está graduada en términos de números positivos y negativos a partir de la media. Por ejemplo, un valor de un dato que se encuentra a 2 desviaciones

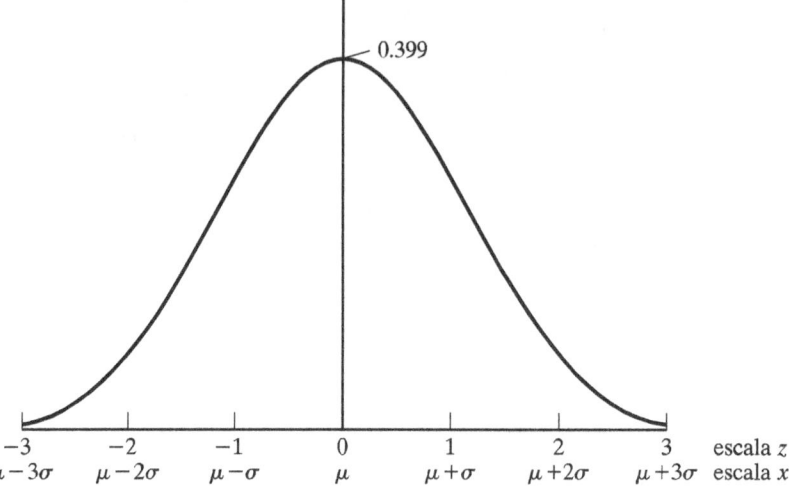

Figura 9.9
Distribución normal estándar, que muestra la escala transformada.

estándar de la media (2σ de μ) tiene un valor z de $z = (x - \mu)/\sigma = (2\sigma - 0)/\sigma = 2$. En la figura 9.9 se ilustra la distribución normal estándar que muestra las escalas x y z. En consecuencia, el área bajo una parte específica de la curva de distribución normal estándar está dada por la relación:

$$\text{área} = \int_{z_1}^{z_2} \phi(z)\, dz = \frac{1}{\sqrt{2\pi}} \int_{z_1}^{z_2} e^{-\frac{1}{2}z^2} \tag{9.13}$$

donde z es la variable transformada dada por la ecuación (9.11) y z_1 y z_2 son los límites inferior y superior, respectivamente para el intervalo de nuestro interés.

Antes indicamos que la integración de la función de distribución normal es engorrosa y que requiere el uso de una tabla especial. La transformación que lleva a la ecuación (9.13) no hace más fácil la integración, pero la transformación nos permite elaborar una *sola* tabla que se pueda utilizar para todos los valores de μ y σ. Como se muestra en la figura 9.9, la distribución normal estándar es simétrica con relación a $z = 0$, por lo que sólo necesitamos evaluar la integral en la ecuación (9.13) de $z = 0$ a $z = z_2$ para encontrar cualquier área de interés. La integración en la ecuación (9.13) se ha evaluado para los intervalos de 0 a z, donde z asume una variedad de valores de 0 a aproximadamente 4. Los resultados se muestran en la tabla 9.4.

Antes de utilizar la tabla 9.4 para resolver algunos ejemplos, expliquemos cómo debe leerse. La primera columna de la tabla contiene valores de z de 0 a 3.9 en incrementos de 0.1. Los números en la fila superior se utilizan si el valor de z tiene un dígito de centésimos diferente de cero. Por ejemplo, el área bajo la curva de $z = 0$ a $z = 1.50$ es 0.4332. El área bajo la curva de $z = 0$ a $z = 1.57$ es 0.4418. Ya que la distribución es simétrica con respecto a $z = 0$, también podemos tratar con los valores negativos de z. Por ejemplo, el área bajo la curva de $z = -1.46$ a $z = 0$ es de 0.4279. El área bajo la curva de $z = -2.33$ a $z = 1.78$ es (0.4901 + 0.4625) = 0.9526. Observe que el área de $z = 0$ a $z = 3.9$ es de 0.5000, la mitad del área bajo toda la curva. Para valores de z superiores a 3.9, la curva normal está tan cerca del eje horizontal, que no se obtiene alguna área significativa adicional.

No debemos perder de vista el significado físico de estas "áreas". Recuerde, el área bajo una región específica de una curva de distribución de frecuencias representa la probabilidad de que el valor de un dato quede dentro de una región o intervalo. Por ejemplo, si asumimos que nuestros datos siguen una distribución normal, la probabilidad de que el valor de un dato quede dentro del intervalo $z = -1.32$ a $z = 0.87$ es (0.4066 + 0.3078) = 0.7144

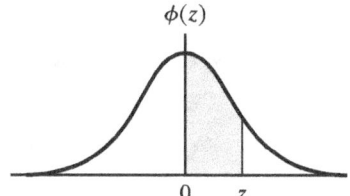

Tabla 9.4 Áreas bajo la curva normal estándar de 0 a z

z	.00	.01	.02	.03	.04	.05	.06	.07	.08	.09
0.0	.0000	.0040	.0080	.0120	.0160	.0199	.0239	.0279	.0319	.0359
0.1	.0398	.0438	.0478	.0517	.0557	.0596	.0636	.0675	.0714	.0754
0.2	.0793	.0832	.0871	.0910	.0948	.0987	.1026	.1064	.1103	.1141
0.3	.1179	.1217	.1255	.1293	.1331	.1368	.1406	.1443	.1480	.1517
0.4	.1554	.1591	.1628	.1664	.1700	.1736	.1772	.1808	.1844	.1879
0.5	.1915	.1950	.1985	.2019	.2054	.2088	.2123	.2157	.2190	.2224
0.6	.2258	.2291	.2324	.2357	.2389	.2422	.2454	.2486	.2518	.2549
0.7	.2580	.2612	.2642	.2673	.2704	.2734	.2764	.2794	.2823	.2852
0.8	.2881	.2910	.2939	.2967	.2996	.3023	.3051	.3078	.3106	.3133
0.9	.3159	.3186	.3212	.3238	.3264	.3289	.3315	.3340	.3365	.3389
1.0	.3413	.3438	.3461	.3485	.3508	.3531	.3554	.3577	.3599	.3621
1.1	.3643	.3665	.3686	.3708	.3729	.3749	.3770	.3790	.3810	.3830
1.2	.3849	.3869	.3888	.3907	.3925	.3944	.3962	.3980	.3997	.4015
1.3	.4032	.4049	.4066	.4082	.4099	.4115	.4131	.4147	.4162	.4177
1.4	.4192	.4207	.4222	.4236	.4251	.4265	.4279	.4292	.4306	.4319
1.5	.4332	.4345	.4357	.4370	.4382	.4394	.4406	.4418	.4429	.4441
1.6	.4452	.4463	.4474	.4484	.4495	.4505	.4515	.4525	.4535	.4545
1.7	.4554	.4564	.4573	.4582	.4591	.4599	.4608	.4616	.4625	.4633
1.8	.4641	.4649	.4656	.4664	.4671	.4678	.4686	.4693	.4699	.4706
1.9	.4713	.4719	.4726	.4732	.4738	.4744	.4750	.4756	.4761	.4767
2.0	.4772	.4778	.4783	.4788	.4793	.4798	.4803	.4808	.4812	.4817
2.1	.4821	.4826	.4830	.4834	.4838	.4842	.4846	.4850	.4854	.4857
2.2	.4861	.4864	.4868	.4871	.4875	.4878	.4881	.4884	.4887	.4890
2.3	.4893	.4896	.4898	.4901	.4904	.4906	.4909	.4911	.4913	.4916
2.4	.4918	.4920	.4922	.4925	.4927	.4929	.4931	.4932	.4934	.4936
2.5	.4938	.4940	.4941	.4943	.4945	.4946	.4948	.4949	.4951	.4952
2.6	.4953	.4955	.4956	.4957	.4959	.4960	.4961	.4962	.4963	.4964
2.7	.4965	.4966	.4967	.4968	.4969	.4970	.4971	.4972	.4973	.4974
2.8	.4974	.4975	.4976	.4977	.4977	.4978	.4979	.4979	.4980	.4981
2.9	.4981	.4982	.4982	.4983	.4984	.4984	.4985	.4985	.4986	.4986
3.0	.4987	.4987	.4987	.4988	.4988	.4989	.4989	.4989	.4990	.4990
3.1	.4990	.4991	.4991	.4991	.4992	.4992	.4992	.4992	.4993	.4993
3.2	.4993	.4993	.4994	.4994	.4994	.4994	.4994	.4995	.4995	.4995
3.3	.4995	.4995	.4995	.4996	.4996	.4996	.4996	.4996	.4996	.4997
3.4	.4997	.4997	.4997	.4997	.4997	.4997	.4997	.4997	.4997	.4998
3.5	.4998	.4998	.4998	.4998	.4998	.4998	.4998	.4998	.4998	.4998

(Continúa)

Tabla 9.4 Áreas bajo la curva normal estándar de 0 a z (*Continuación*)

z	.00	.01	.02	.03	.04	.05	.06	.07	.08	.09
3.6	.4998	.4998	.4999	.4999	.4999	.4999	.4999	.4999	.4999	.4999
3.7	.4999	.4999	.4999	.4999	.4999	.4999	.4999	.4999	.4999	.4999
3.8	.4999	.4999	.4999	.4999	.4999	.4999	.4999	.4999	.4999	.4999
3.9	.5000	.5000	.5000	.5000	.5000	.5000	.5000	.5000	.5000	.5000

o 71.44 por ciento. En muchas aplicaciones de ingeniería consideramos intervalos de datos centrados sobre la media en $z = 0$, que tienen dispersiones con valores enteros de la desviación estándar σ. Con base en la tabla 9.4, la probabilidad de que un valor se encuentre dentro de una desviación estándar de la media (es decir, dentro de $\pm 1\sigma$ de μ) es:

$$\frac{1}{\sqrt{2\pi}} \int_{-1}^{+1} e^{-\frac{1}{2}z^2}\, dz = 2(0.3413) = 0.6826$$

lo que significa que $\pm 1\sigma$ alrededor de la media comprende 68.26 por ciento de los datos. La probabilidad de que un valor se encuentre dentro de dos desviaciones estándar de la media (es decir, dentro de $\pm 2\sigma$ de μ) es:

$$\frac{1}{\sqrt{2\pi}} \int_{-2}^{+2} e^{-\frac{1}{2}z^2}\, dz = 2(0.4772) = 0.9544$$

lo que significa que $\pm 2\sigma$ alrededor de la media comprende 95.44 por ciento de los datos. La probabilidad de que un valor se encuentre dentro de tres desviaciones estándar de la media (es decir, dentro de $\pm 3\sigma$ de μ) es:

$$\frac{1}{\sqrt{2\pi}} \int_{-3}^{+3} e^{-\frac{1}{2}z^2}\, dz = 2(0.4987) = 0.9974$$

lo que significa que $\pm 3\sigma$ alrededor de la media comprende 99.74 por ciento de los datos. Estas probabilidades se ilustran en la figura 9.10. Si integramos de menos infinito a más infinito, obtenemos una probabilidad de uno o 100 por ciento.

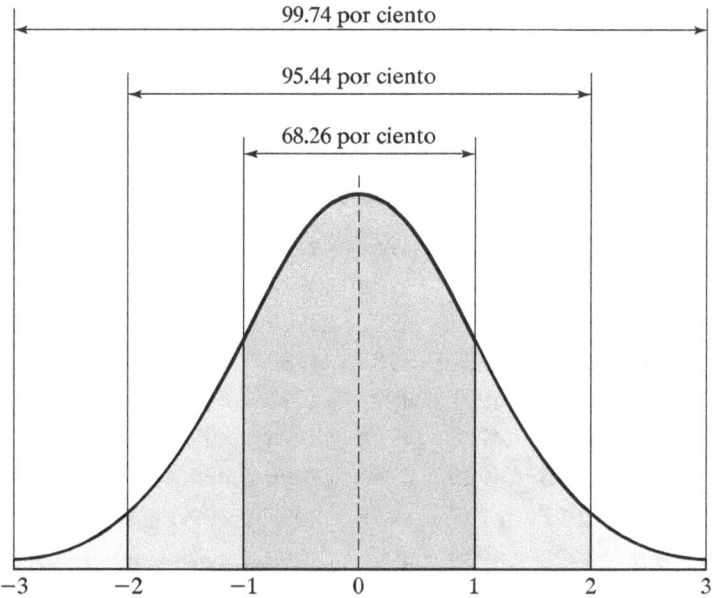

Figura 9.10
Intervalos de $\pm 1\sigma, \pm 2\sigma, y \pm 3\sigma$ centrados en la media.

En la mayoría de los análisis estadísticos de datos de ingeniería, no conocemos los parámetros μ y σ de las poblaciones, pero conocemos la media y la desviación estándar de una muestra tomada de una población. Siempre que el tamaño de la muestra sea mayor a aproximadamente 30, podemos sustituir los parámetros de la muestra en los parámetros de la población en la distribución normal.

EJEMPLO 9.3

En una corrida de producción de resistencias de carbón, la resistencia media es $\mu = 100\ \Omega$ y la desviación estándar es $\sigma = 4.7\ \Omega$. En una distribución normal de las resistencias ¿cuál es la probabilidad de que una de ellas tenga una resistencia R que se encuentre en el intervalo de $95\ \Omega < R < 109\ \Omega$?

Solución

Para utilizar la curva normal estándar de la tabla 9.4, debemos transformar la variable z. Definimos nuestros límites inferior y superior como:

$$x_1 = 95,\ x_2 = 109.$$

Observando que $\mu = 100$ y $\sigma = 4.7$, obtenemos:

$$z_1 = \frac{x_1 - \mu}{\sigma} = \frac{95 - 100}{4.7} = -1.06$$

y

$$z_2 = \frac{x_2 - \mu}{\sigma} = \frac{109 - 100}{4.7} = 1.91.$$

La probabilidad de que una resistencia tenga un valor en el intervalo $95\ \Omega < R < 100\ \Omega$ es la probabilidad que z se encuentre en el intervalo $0 < z < 1.06$. Al utilizar la tabla 9.4, encontramos que esta probabilidad es de 0.3554. De forma similar, la probabilidad de que una resistencia tenga un valor en el intervalo $100\ \Omega < R < 109\ \Omega$ es la probabilidad de que z se encuentre en el intervalo $0 < z < 1.91$.

Nuevamente con base en la tabla 9.4, encontramos que esta probabilidad es de 0.4719. Estas dos probabilidades están representadas como áreas bajo la curva normal en la figura 9.11. La probabilidad de que una resistencia tenga un valor dentro del intervalo $95\ \Omega < R < 109\ \Omega$ es $0.3554 + 0.4719 = 0.8273$. De ahí que, 83 por ciento de las resistencias tengan un valor dentro de este intervalo. El restante 17 por ciento de las resistencias tendrá valores que son inferiores a $95\ \Omega$ o superiores a $109\ \Omega$.

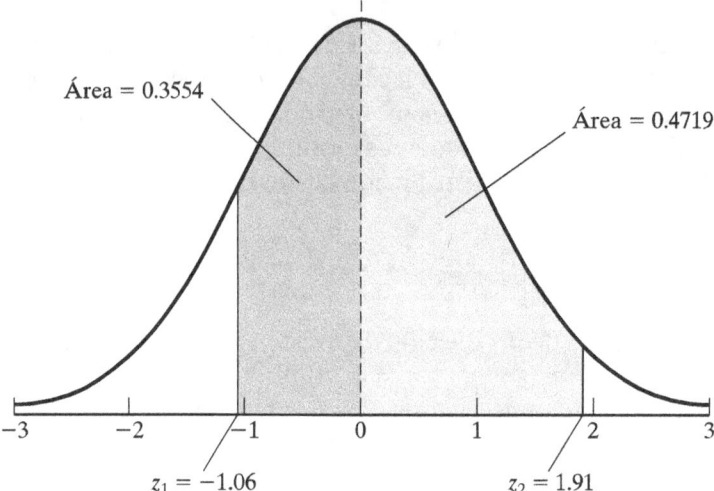

Figura 9.11
Probabilidades para
el ejemplo 9.3.

Área = 0.3554

Área = 0.4719

$z_1 = -1.06$ $z_2 = 1.91$

APLICACIÓN

Uso de la distribución normal para evaluar el tiempo de vida de las lámparas

Una de las aplicaciones más amplias de la estadística es la evaluación de productos manufacturados. La vida útil de las lámparas es un parámetro crucial en la industria de la iluminación porque es común imprimir este número en el paquete del producto para que lo vean los consumidores. Junto con las pruebas de laboratorio, los fabricantes de lámparas se valen de la estadística para evaluar la vida útil de las mismas.

Un producto relativamente nuevo en el mercado es la lámpara fluorescente compacta, que consume menos energía eléctrica, produce más luz por cantidad de energía eléctrica que se le alimenta y dura aproximadamente 10 veces más que las lámparas incandescentes normales. La vida útil común de una lámpara incandescente es de mil horas, mientras que la vida útil característica de una lámpara fluorescente compacta es de 10 mil horas. Las lámparas fluorescentes compactas cuestan más que las lámparas incandescentes normales, pero su vida larga es una característica atractiva para muchos consumidores debido a la conveniencia de obtener un programa de reposición muy largo.

Con base en las reclamaciones de los clientes, el departamento de ventas de un fabricante importante de lámparas fluorescentes compactas afirma que 11 por ciento de las lámparas vendidas se "queman" después de sólo 8700 horas de uso. Para atender esta reclamación, un ingeniero de calidad en las instalaciones de manufactura extrae una muestra de 100 lámparas de la línea de producción para realizar pruebas. Con base en ellas, el ingeniero determina que la vida media útil de la muestra es de 10,800 horas, con una desviación de 1150 horas. Si asumimos que la vida útil de la lámpara sigue una distribución normal, tenemos:

$$z_1 = \frac{x_1 - \mu}{\sigma} = \frac{8700 - 10{,}800}{1150} = -1.83.$$

Con base en la tabla 9.4 encontramos que el área correspondiente a este valor de z es de 0.4664, que significa que la probabilidad de que una lámpara falle después de sólo 8700 horas de uso es:

$$1 - (0.4664 + 0.5000) = 0.0336 \ \ (3.36 \text{ por ciento})$$

En la figura 9.12 se muestra esta probabilidad.

330

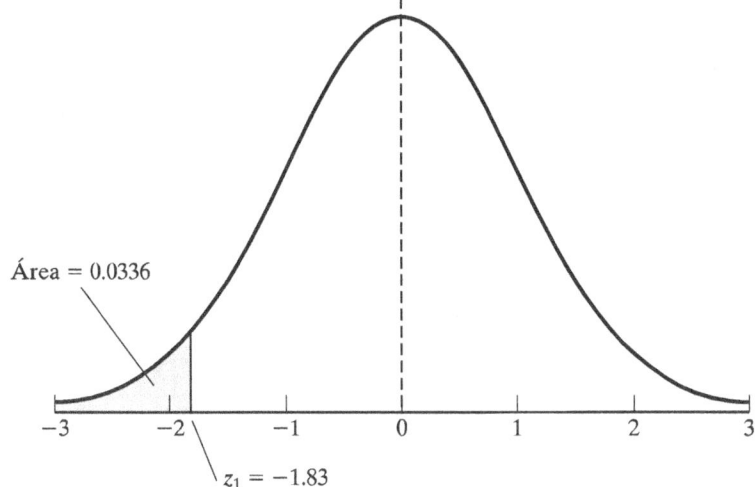

Figura 9.12
Un análisis estadístico muestra que aproximadamente 3.34 por ciento de las lámparas fallarán después de 8700 horas de uso.

Área = 0.0336

$z_1 = -1.83$

La reclamación del departamento de ventas de que 11 por ciento de las lámparas fallan después de 8700 horas de uso no coincide con el análisis estadístico, que afirma que el porcentaje es mucho menor, aproximadamente de 3.4 por ciento. La discrepancia podría deberse a una recolección inexacta de datos por parte del departamento de ventas. Sin embargo, una razón del 11 por ciento de fallas podría indicar algún lote de producción con un defecto de manufactura. El problema podría investigarse más efectuando un segundo análisis estadístico en otra muestra o solicitando algunas de las lámparas defectuosas para probarlas.

TÉRMINOS CLAVE

desviación estándar	histograma	moda
distribución de frecuencias	media	muestra
distribución normal	mediana	población
estadística	medida de variación	varianza

REFERENCIAS

Ayyub, B.M. y R.H. McCuen, *Probability, Statistics, and Reliability for Engineers and Scientists*, 2a. ed., Boca Raton, Florida, Chapman & Hall/CRC, 2002.

Devore, J.L., *Probability and Statistics for Engineering and the Sciences*, 7a. ed., Belmont, California, Brooks/Cole, 2007.

Petruccelli, J.D., Nandram B. y M. Chen, *Applied Statistics for Engineers and Scientists*, Upper Saddle River, Nueva Jerey, Prentice Hall, 1999.

Vining, G.G. y S. Kowalski, *Statistical Methods for Engineers*, 2a. ed., Belmont, California, Thomson, 2005.

Vardeman, S.B., *Statistics for Engineering Problem Solving*, Boston, Massachussets, PWS Publishing Company, 1994.

PROBLEMAS

Clasificación de datos y distribución de frecuencias

9.1 Los promedios de calificaciones de exámenes (GPA) en una clase de primer año de ingeniería están dados en la tabla P9.1. Subdivida los GPA en seis clases cuando menos y construya un histograma.

Tabla P9.1

2.34	3.37	3.02	3.17	2.59	2.23	2.84	2.76
3.68	3.20	2.84	1.80	2.95	2.70	3.40	2.70
2.85	1.56	2.70	3.22	2.30	2.10	2.74	2.45
1.90	3.33	2.95	3.22	2.40	3.21	2.85	3.45
3.15	2.95	2.40	2.20	2.70	2.95	3.19	2.11
2.60	2.72	2.85	3.05	2.60	2.98	3.22	2.84

9.2 En la tabla P9.2 se muestran los pesos (en onzas) de latas llenas de sopa conforme salen de la línea de producción. Subdivida los pesos en seis clases cuando menos y construya un histograma.

Tabla P9.2

15.73	16.25	16.10	16.69	16.05	15.92	16.10	16.30
15.30	15.02	15.85	16.23	16.80	16.40	15.91	15.42
15.70	16.10	16.23	16.33	16.66	15.70	15.85	16.20
16.41	16.54	16.37	15.80	16.19	16.33	15.81	16.18

Medidas de tendencia central

9.3 En el problema 1 encuentre la media, la mediana y la moda.

9.4 En el problema 2 encuentre la media, la mediana y la moda.

Medidas de variación

9.5 En el problema 1 encuentre la desviación estándar.

9.6 En el problema 2 encuentre la desviación estándar.

Distribución normal

9.7 Con base en la tabla 9.4, encuentre el área bajo la curva normal en cada uno de los casos de la (a) a la (g) en la figura P9.7.

9.8 En una fábrica que manufactura resistencias eléctricas se elige al azar una muestra de 35 resistencias de 1 kΩ de la línea de producción y se miden y registran sus valores, como se muestra en la tabla P9.8. La tolerancia deseada en las resistencias es ±10 por ciento, lo que significa que el intervalo aceptable de resistencia es de 900 a 1100 Ω.

(a) Subdivida las resistencias cuando menos en seis clases y construya un histograma.

(b) Encuentre la media y la desviación estándar.

(c) Si suponemos una distribución normal, ¿cuántas desviaciones estándar a cada lado de la media representan ±10 por ciento de tolerancia?

(d) ¿Cuáles resistencias de la muestra quedan fuera del intervalo de $\pm1\sigma$? ¿Cuáles resistencias quedan fuera del intervalo de $\pm2\sigma$?

9.9 Se toma al azar una muestra de 40 "chips" de microprocesadores de una corrida de producción y se prueban para determinar sus velocidades de proceso, como se indica en la tabla P9.9. Los "chips" que tengan velocidades menores a un valor de -2σ se encuentran fuera de las especificaciones y se desecharán.

(a) Subdivida las velocidades cuando menos en seis clases y construya un histograma.

(b) Encuentre la media y la desviación estándar.

(c) ¿Cuáles "chips" de la muestra se van a desechar?

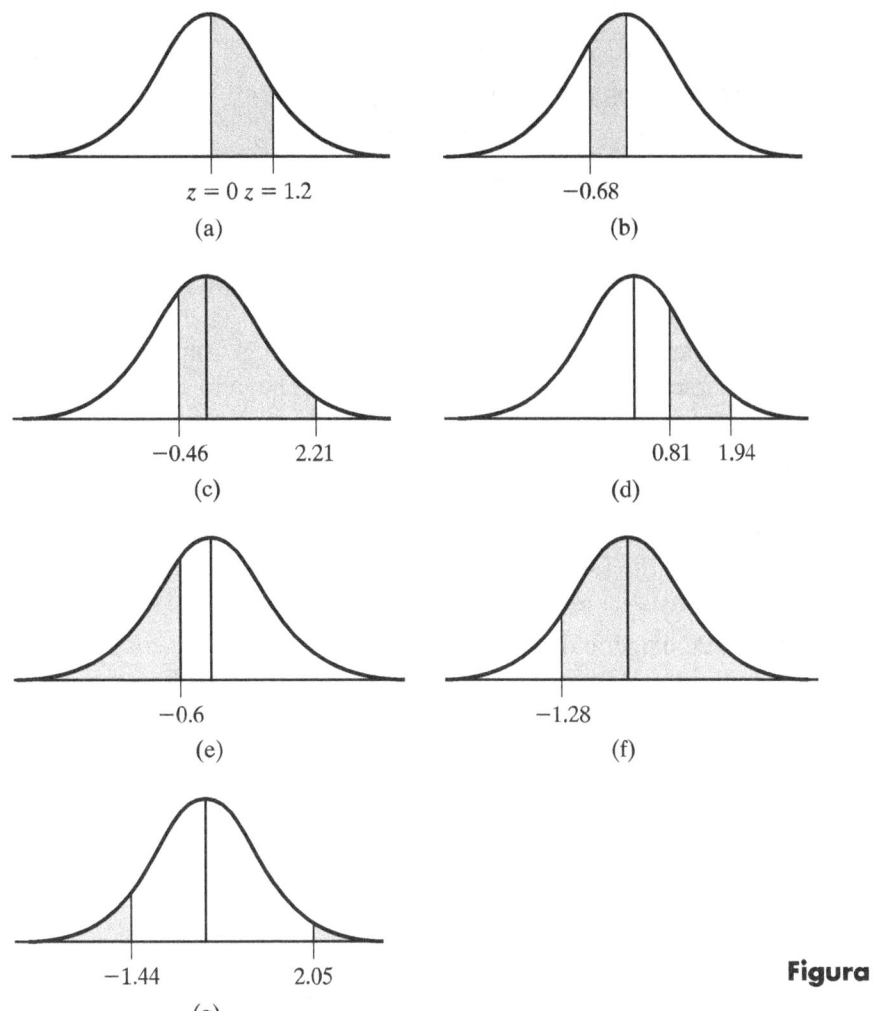

Figura P9.7

9.10 Un ingeniero de calidad en una planta de fabricación de sujetadores elige una muestra al azar de 45 pernos de cabeza hexagonal de una línea de ensamble para determinar si cumplen con las especificaciones que establecen que la longitud de los

Tabla P9.8

1005	1036	1082	940	972	1002	995
1060	900	1015	985	1055	1040	1010
955	1045	1090	1008	980	930	972
993	1020	1072	1045	928	1012	1032
1061	1018	978	952	1016	977	1019

Tabla P9.9

3.05	3.30	2.80	3.90	2.26	3.20	2.85	3.65
3.02	3.15	3.45	2.52	3.60	3.33	2.70	3.40
2.78	3.55	3.35	2.70	2.72	3.12	3.19	3.28
2.79	2.27	3.02	3.08	3.54	2.92	2.80	3.03
3.31	3.45	3.10	3.36	2.82	3.21	3.05	3.37

Tabla P9.10

2.003	1.999	1.998	2.007	1.996	1.992	2.002	1.991	2.011
2.005	2.000	1.988	1.995	1.993	2.000	2.007	2.003	2.000
1.996	1.998	2.007	2.004	1.995	2.003	2.000	1.997	2.012
2.000	2.004	1.994	1.991	2.004	2.001	1.995	2.000	2.003
2.007	1.995	2.003	2.000	1.994	2.000	2.003	1.995	1.999

pernos debe estar comprendida dentro de $\pm 2\sigma$ de una longitud media de 2.000 in o deben desecharse. Con los datos de la tabla P9.10 haga lo siguiente:

(a) Subdivida la longitud de los pernos cuando menos en seis clases y construya un histograma.

(b) Encuentre la media y la desviación estándar.

(c) Si suponemos que se trata de una distribución normal, ¿cuántos pernos se desechan al día si se fabrican 40 mil pernos diarios?

(d) ¿Qué tolerancia de longitud, medida en pulgadas, representa $\pm 2\sigma$?

9.11 El cobre libre de oxígeno de alta conductividad (OFHC, por sus siglas en inglés) tiene un nivel mínimo de pureza de 99.99 por ciento de cobre. Este tipo de cobre se utiliza en aplicaciones eléctricas y otras donde se requiere cobre de alta pureza. En un laboratorio de prueba de materiales se realizan análisis elementales de muestras de cobre OFHC para determinar si tienen el nivel mínimo de pureza. En una muestra de 50, el nivel medio de pureza es de 99.995 por ciento y la desviación estándar es de 0.0045 por ciento. Si suponemos una distribución normal:

(a) ¿Cuántas desviaciones estándar de la media representan 99.99 por ciento de pureza?

(b) Si se producen 10,000 piezas al día de este cobre OFHC, ¿cuántas piezas diarias no calificarían como fabricadas con cobre OFHC?

9.12 La media del diámetro interno de una muestra de 200 rondanas fabricadas en una máquina es de 0.502 in y la desviación estándar es de 0.005 in. La aplicación de las rondanas permite una tolerancia en el diámetro de 0.496 a 0.508 in. Si el diámetro se encuentra fuera de esta tolerancia se considera que las rondanas son defectuosas y se venden como desecho. Al suponer una distribución normal de los diámetros de las rondanas:

(a) ¿Qué porcentaje de rondanas se desecha?

(b) Si se fabrican 20 mil rondanas diarias, ¿cuántas rondanas se descartan al día?

(c) Veinticinco rondanas tienen una masa combinada de 1 lb_m. Si el comprador de desecho paga $0.85/$lb_m$, ¿cuánto dinero se recupera al día por la venta de rondanas de desecho?

9.13 La precipitación media anual para Dilberville es de 44 in, con una desviación estándar de 6.5 in. Si se supone que la precipitación sigue una distribución normal:

(a) Encuentre la probabilidad de que la precipitación en cualquier año sea mayor a 55 in.

(b) Encuentre la probabilidad de que la precipitación en cualquier año sea menor a 35 in.

9.14 El esfuerzo de compresión de unos especímenes de concreto sigue una distribución normal con un valor medio de 2.75 ksi y una desviación estándar de 0.30 ksi. Si el esfuerzo aplicado es de 2.5 ksi, ¿cuál es la probabilidad de falla?

9.15 La resistencia media de fluencia a la tensión de una muestra grande de especímenes de acero estructural es de 250 MPa. Se observa que 15 por ciento de los especímenes falla en una prueba de tensión cuando se ejerce un esfuerzo de tensión de 225 MPa sobre ellos. Al suponer una distribución normal de esfuerzos de fluencia, encuentre el número de desviaciones estándar que corresponde a esta razón de falla.

9.16 Se sabe que la producción diaria de ácido sulfúrico sigue una distribución normal con una media de 300 toneladas diarias y una desviación estándar de 75 toneladas al día.

(a) Encuentre la probabilidad de que la producción de hoy rinda entre 260 y 350 toneladas.

(b) Encuentre la probabilidad de que la producción de hoy rinda menos de 230 toneladas.

9.17 Para evaluar el desempeño de cierta marca de baterías alcalinas, los investigadores de un laboratorio de pruebas para el consumidor miden la vida útil de 160 baterías de 1.5 volts. Para este estudio se define que la vida útil de las baterías es el tiempo que transcurre para que el voltaje caiga a 1.0 V bajo una carga eléctrica normal. Los investigadores determinan que la media de la vida útil es de 48.3 horas, con una desviación estándar de 15.7 horas. Si se supone una distribución normal de la vida de las baterías:

(a) Encuentre la probabilidad de que el voltaje de una batería caiga debajo de 1.0 V después de 20 horas de uso.

(b) Encuentre la probabilidad de que el voltaje de una batería caiga debajo de 1.0 V después de 70 horas de uso.

(c) Si la razón de producción diaria de baterías de 1.5 V es de 25 mil, ¿cuántas baterías al día tendrán una vida útil de 20 horas o menos, y de 70 horas o más?

9.18 Los cojinetes se rectifican a un diámetro medio de 2.0002 in, con una desviación de 0.0004 in. Si suponemos que los diámetros siguen una distribución normal, ¿qué fracción de los cojinetes se encuentran dentro de las especificaciones si el diámetro permisible es de 2.0000 ± 0.0005 in?

9.19 Una compañía fabrica remaches de aluminio para uso en la industria aeronáutica. De una muestra de mil remaches se determina que el diámetro medio de los remaches es de 25.5 mm y la desviación estándar es de 0.8 mm. La compañía rechaza remaches que no cumplan con la especificación del diámetro de 25.2 ±1.0 mm. Si el costo de la mano de obra y los materiales es de $1.05/remache, encuentre la pérdida financiera en que se incurre por mil remaches fabricados asumiendo una distribución normal del diámetro del remache. ¿Cuál sería la pérdida financiera si la especificación fuera 25.2 ± 0.5 mm?

9.20 A una altitud de crucero, el motor de un avión comercial consume un promedio de 850 galones de combustible por hora, con una desviación estándar de 48 galones por hora. Si asumimos que el consumo de combustible sigue una distribución normal a una altitud de crucero, encuentre la probabilidad de que el consumo horario de combustible sea:

(a) Entre 700 y 950 galones.

(b) Menos de 750 galones.

(c) Más de mil galones.

9.21 El costo del combustible para el avión comercial del problema 20 es de $0.75/galón. Si el avión comercial recorre en crucero 225 horas al mes, encuentre la probabilidad de que el costo mensual del combustible exceda $150 mil.

9.22 Big Brother Electronics, Inc. fabrica reproductores de discos compactos (CD). Su departamento de investigación y desarrollo (R&D, por sus siglas en inglés) determinó que la vida media de un rayo láser en sus reproductores es de 4500 horas, con una desviación estándar de 400 horas. Big Brother Electronics desea otorgar una garantía para los reproductores de manera que no más de 5 por ciento fallen durante su periodo de garantía. Ya que el láser de lectura es la parte que más probablemente falle primero, el periodo de garantía se basará en el dispositivo del rayo láser. Si suponemos una distribución normal, ¿cuántas horas de reproducción debe cubrir la garantía?

Fórmulas matemáticas

A.1 ÁLGEBRA

A.1.1 Ecuación cuadrática

La ecuación cuadrática:

$$ax^2 + bx + c = 0 \quad (a \neq 0)$$

tiene la solución:

$$x = \frac{-b \pm \sqrt{b^2 - 4ac}}{2a}$$

Las dos raíces de la ecuación cuadrática son: (a) ambas reales, o (b) conjugadas complejas.

A.1.2 Leyes de los exponentes

$$
\begin{aligned}
x^m x^n &= x^{m+n} \\
(x^m)^n &= x^{mn} \\
(xy)^n &= x^n y^n \\
(x/y)^n &= x^n/y^n \qquad &(y \neq 0) \\
(x^m/x^n) &= x^{m-n} \qquad &(x \neq 0) \\
x^m/x^n &= 1 \qquad &\text{si } m = n \\
x^0 &= 1 \\
x^{-n} &= 1/x^n \qquad &(x \neq 0)
\end{aligned}
$$

A.1.3 Logaritmos

En las siguientes relaciones, al parámetro a se le llama *base*. Estas relaciones son ciertas cuando $a > 0$ y $a \neq 1$. Por lo común, $a = 10$ (logaritmo común o logaritmo natural). Es usual escribir el logaritmo común como $\log(x)$, y el logaritmo natural como $\ln(x)$:

$$v = \log_a u \qquad\qquad si\ a^v = u$$
$$x = \log_a a^x$$
$$\log_a(xy) = \log_a x + \log_a y$$
$$\log_a(x/y) = \log_a x - \log_a y$$
$$\log_a 1 = 0$$
$$\log_a(x^c) = c \log_a x$$
$$\log_a a = 1$$

A.1.4 Función exponencial

Las mismas relaciones aplicadas a las leyes de los exponentes se aplican a la función exponencial $\exp(x) = e^x$:

$$e^m e^n = e^{m+n}$$
$$(e^m)^n = e^{mn}$$
$$(e^m/e^n) = e^{m-n}$$
$$e^m/e^n = 1 \qquad si\ m = n$$
$$e^0 = 1$$
$$e^{-n} = 1/e^n$$

La función exponencial $\exp(x)$ y el logaritmo natural $\ln(x)$ son funciones inversas. Por tanto,

$$\ln(\exp(x)) = x$$
$$\exp(\ln(x)) = x$$

A.2 GEOMETRÍA

A.2.1 Áreas

Rectángulo $\qquad A = ab$

Paralelogramo $\qquad A = bh$

Trapezoide $\qquad A = \frac{1}{2} h(a + b)$

Triángulo $\qquad A = {}^1\!/_2\, bh$

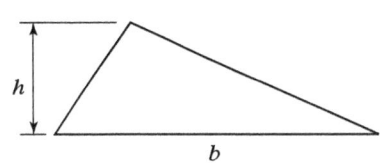

Círculo $\qquad A = \pi R^2 = {}^1\!/_4\, \pi D^2$

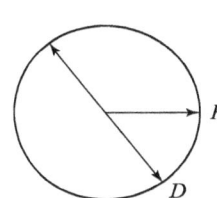

Sector circular $\qquad A = {}^1\!/_2\, R^2\theta$ (θ en radianes)

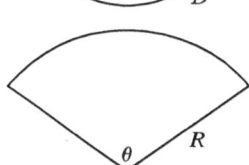

Segmento circular $\qquad A = {}^1\!/_2\, R^2(\theta - \text{sen}\,\theta)$
(θ en radianes)

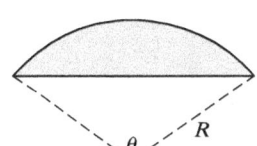

Polígono regular $\qquad A = nr^2 \tan(180°/n)$
$\qquad\qquad = {}^1\!/_2\, nR^2 \,\text{sen}(360°/n)$
$n =$ número de lados

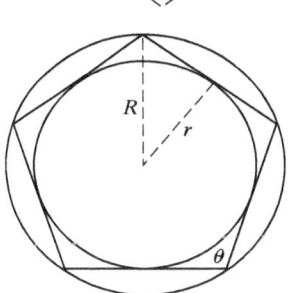

A.2.2 Sólidos

$A =$ Área de la superficie
$V =$ Volumen

Paralelepípedo $\qquad A = 2(ab + ac + bc)$
$\qquad\qquad V = abc$

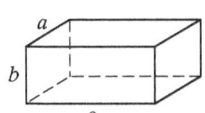

Cilindro $\qquad A = 2\pi RL = \pi DL$ (excluyendo los extremos)
$\qquad\qquad A = 2\pi R(L + R)$ (total)
$\qquad\qquad V = \pi R^2 L$

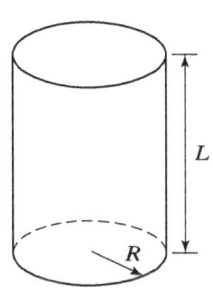

339

Esfera

$$A = 4\pi R^2 = \pi D^2$$
$$V = \frac{4\pi R^3}{3} = \frac{\pi D^3}{6}$$

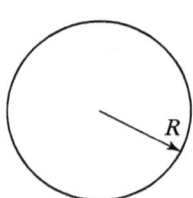

Cono

$$A = \pi R(R^2 + h^2)^{1/2} \text{ (excluyendo la base)}$$
$$A = \pi R[R + (R^2 + h^2)^{1/2}] \text{ (total)}$$
$$V = \frac{\pi R^2 h}{3}$$

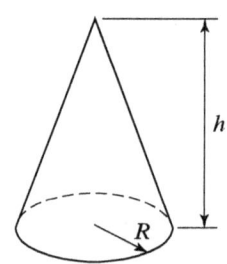

Anillo

$$A = 4\pi^2 Rr$$
$$V = 2\pi^2 Rr^2$$

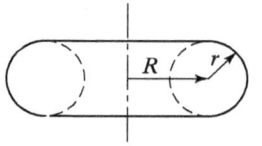

A.3 TRIGONOMETRÍA

A.3.1 Funciones trigonométricas

$$\text{sen } \theta = \frac{\text{cateto opuesto}}{\text{hipotenusa}} = \frac{b}{c}$$

$$\cos \theta = \frac{\text{cateto adyacente}}{\text{hipotenusa}} = \frac{a}{c}$$

$$\tan \theta = \frac{\text{sen } \theta}{\cos \theta} = \frac{\text{cateto opuesto}}{\text{cateto adyacente}} = \frac{b}{a}$$

$$\cot \theta = \frac{1}{\tan \theta} = \frac{a}{b}$$

$$\sec \theta = \frac{1}{\cos \theta} = \frac{c}{a}$$

$$\csc \theta = \frac{1}{\text{sen } \theta} = \frac{c}{b}$$

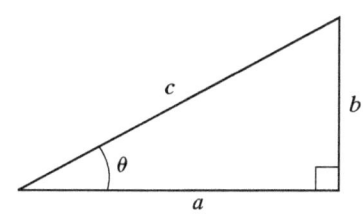

A.3.2 Identidades y relaciones

$$\text{sen}(-\theta) = -\text{sen}(\theta)$$
$$\cos(-\theta) = \cos(\theta)$$
$$\tan(-\theta) = -\tan(\theta)$$
$$\text{sen}^2 \theta + \cos^2 \theta = 1$$
$$1 + \tan^2 \theta = \sec^2 \theta$$

$$1 + \cot^2 \theta = \csc^2 \theta$$
$$\operatorname{sen} \theta = \cos(90° - \theta) = \operatorname{sen}(180° - \theta)$$
$$\cos \theta = \operatorname{sen}(90° - \theta) = -\cos(180° - \theta)$$
$$\tan \theta = \cot(90° - \theta) = -\tan(180° - \theta)$$
$$\operatorname{sen}(\theta \pm \alpha) = \operatorname{sen} \theta \cos \alpha \pm \cos \theta \operatorname{sen} \alpha$$
$$\cos(\theta \pm \alpha) = \cos \theta \cos \alpha \mp \operatorname{sen} \theta \operatorname{sen} \alpha$$
$$\tan(\theta \pm \alpha) = \frac{\tan \theta \pm \tan \alpha}{1 \mp \tan \theta \tan \alpha}$$
$$\operatorname{sen} 2\theta = 2 \operatorname{sen} \theta \cos \theta$$
$$\cos 2\theta = \cos^2 \theta - \operatorname{sen}^2 \theta = 2 \cos^2 \theta - 1 = 1 - 2 \operatorname{sen}^2 \theta$$
$$\tan 2\theta = \frac{2 \tan \theta}{1 - \tan^2 \theta}$$
$$\operatorname{sen}(\theta/2) = \pm\sqrt{\frac{1 - \cos \theta}{2}}$$
$$\cos(\theta/2) = \pm\sqrt{\frac{1 + \cos \theta}{2}}$$
$$\tan(\theta/2) = \frac{\operatorname{sen} \theta}{1 + \cos \theta} = \frac{1 - \cos \theta}{\operatorname{sen} \theta}$$

A.3.3 Leyes de los senos y los cosenos

Ley de los senos $\quad \dfrac{\operatorname{sen} A}{a} = \dfrac{\operatorname{sen} B}{b} = \dfrac{\operatorname{sen} C}{c}$

Ley de los cosenos
$$a^2 = b^2 + c^2 - 2bc \cos A$$
$$b^2 = a^2 + c^2 - 2ac \cos B$$
$$c^2 = a^2 + b^2 - 2ab \cos C$$

A.4 CÁLCULO

En las siguientes fórmulas, u y v representan funciones de x, mientras que a y n representan constantes.

A.4.1 Derivadas

$$\frac{d(a)}{dx} = 0$$
$$\frac{d(x)}{dx} = 1$$
$$\frac{d(au)}{dx} = a\frac{du}{dx}$$
$$\frac{d(uv)}{dx} = u\frac{dv}{dx} + v\frac{du}{dx}$$
$$\frac{d(u^n)}{dx} = nu^{n-1}\frac{du}{dx}$$

$$\frac{d(\ln u)}{dx} = \frac{1}{u}\frac{du}{dx}$$

$$\frac{d(e^u)}{dx} = e^u\frac{du}{dx}$$

$$\frac{d(\operatorname{sen} u)}{dx} = \frac{du}{dx}(\cos u)$$

$$\frac{d(\cos u)}{dx} = -\frac{du}{dx}(\operatorname{sen} u)$$

A.4.2 Integrales

$$\int a\,dx = ax$$

$$\int a\,f(x)\,dx = a\int f(x)\,dx$$

$$\int x^n\,dx = \frac{x^{n+1}}{n+1} \quad (n \neq -1)$$

$$\int e^x\,dx = e^x$$

$$\int e^{ax}\,dx = \frac{e^{ax}}{a}$$

$$\int \ln(x)\,dx = x\ln(x) - x$$

Conversión de unidades

Aceleración	$1\ m/s^2$	$= 3.2808\ ft/s^2$
		$= 39.370\ in/s^2$
		$= 4.252 \times 10^7\ ft/h^2$
		$= 8053\ mi/h^2$
Área	$1\ m^2$	$= 10^4\ cm^2 = 10^6\ mm^2$
		$= 10.7636\ ft^2$
		$= 1550\ in^2$
	1 acre	$= 43,560\ ft^2$
Densidad	$1\ kg/m^3$	$= 1000\ g/m^3 = 0.001\ g/cm^3$
		$= 0.06243\ lb_m/ft^3$
		$= 3.6127 \times 10^{-5}\ lb_m/in^3$
		$= 0.001940\ slug/ft^3$
Energía, trabajo, calor	1055.06 J	= 1 Btu
	1.35582 J	$= 1\ ft \cdot lb_f$
	4.1868 J	= 1 cal
	252 cal	= 1 Btu
	1 kWh	= 3412 Btu = 3600 kJ
Fuerza	1 N	$= 10^5$ dinas
		$= 0.22481\ lb_f$
	$1\ lb_f$	$= 32.174\ lb_m \cdot ft/s^2$
Transferencia de calor, potencia	1 W	= 1 J/s
		= 3.6 kJ/h
		= 3.4121 Btu/h
	745.7 W	= 1 hp
		$= 550\ lb_f \cdot ft/s$
		= 2544.4 Btu/h

	1.3558 W	$= 1\ lb_f \cdot ft/s$
Longitud	1 m	$= 100\ cm\ = 1000\ mm$
		$= 3.2808\ ft$
		$= 39.370\ in$
		$= 3.0936\ yd$
	2.54 cm	$= 1\ in$
	1 ft	$= 12\ in$
	5280 ft	$= 1\ mi$
	1 km	$= 0.6214\ mi\ = 0.5400\ mi$ náutica
Masa	1 kg	$= 1000\ g$
		$= 2.20462\ lb_m$
		$= 0.06852\ slug$
	1 slug	$= 32.174\ lb_m$
	1 tonelada corta	$= 2000\ lb_m$
	1 tonelada larga	$= 2240\ lb_m$
Flujo másico	1 kg/s	$= 2.20462\ lb_m/s$
		$= 7937\ lb_m/h$
		$= 0.06852\ slug/s$
		$= 246.68\ slug/h$
Presión	$1\ kN/m^2$	$= 1\ kPa$
		$= 20.8855\ lb_f/ft^2$
		$= 0.14504\ lb_f/in^2 = 0.14504\ psi$
		$= 0.2953\ in\ Hg$
		$= 4.0146\ in\ H_2O$
	101.325 kPa	$= 1\ atm$
		$= 14.6959\ lb_f/in^2 = 14.6959\ psi$
		$= 760\ mm\ Hg$ en $0\ °C$
	1 bar	$= 10^5\ Pa$
Calor específico	$1\ kJ/kg \cdot °C$	$= 1\ kJ/kg \cdot K = 1\ J/g \cdot °C$
		$= 0.2388\ Btu/lb_m \cdot °F$
		$= 0.2388\ Btu/lb_m \cdot °R$
Esfuerzo, módulo	$1\ kN/m^2$	$= 1\ kPa$
		$= 0.14504\ lb_f/in^2 = 0.14504\ psi$
	$1\ MN/m^2$	$= 1\ MPa$
		$= 1000\ kPa$
		$= 145.04\ lb_f/in^2 = 145.04\ psi$
	$1\ GN/m^2$	$= 1\ GPa$
		$= 1000\ MPa$
		$= 1.4504 \times 10^5\ lb_f/in^2$
		$= 1.4504 \times 10^5\ psi$
		$= 145\ ksi$
Temperatura	T(K)	$= T(°C) + 273.15$
		$= T(°R)/1.8$
		$= [T(°F) + 459.67]/1.8$

	$T(°F)$	$= 1.8\, T(°C) + 32$
Diferencia de temperaturas	$\Delta T(K)$	$= \Delta T(°C)$
		$= \Delta T(°F)/1.8$
		$= \Delta T(°R)/1.8$
Velocidad	1 m/s	$= 3.2808$ ft/s
		$= 11{,}811$ ft/h
		$= 2.2369$ mi/h
		$= 3.6000$ km/h
		$= 0.5400$ knot
Viscosidad (dinámica)	$1 \text{ kg/m} \cdot \text{s}$	$= 1 \text{ Pa} \cdot \text{s} = 10 \text{ poises}$
		$= 0.6720 \text{ lb}_m/\text{ft} \cdot \text{s}$
		$= 2419 \text{ lb}_m/\text{ft} \cdot \text{h}$
Viscosidad (cinemática)	$1 \text{ m}^2/\text{s}$	$= 10{,}000$ stokes
		$= 10.7639 \text{ ft}^2/\text{s}$
		$= 38{,}750 \text{ ft}^2/\text{h}$
Volumen	1 m^3	$= 1000$ L
		$= 35.3134 \text{ ft}^3$
		$= 61{,}022 \text{ in}^3$
		$= 264.17$ gal

Propiedades físicas de los materiales

Tabla C.1 Propiedades físicas de los sólidos a 20 °C

Definición de propiedades

ρ = densidad

c_p = calor específico a presión constante

E = módulo de elasticidad

σ_y = límite elástico, a la tensión

σ_u = esfuerzo de ruptura, a la tensión[a]

Material	ρ (kg/m^3)	c_p (J/kg · °C)	E (GPa)	σ_y (MPa)	σ_u(MPa)
Metales					
Aluminio (99.6% Al)	2710	921	70	100	110
Aluminio 2014-T6	2800	875	75	400	455
Aluminio 6061-T6	2710	963	70	240	260
Aluminio 7075-T6	2800	963	72	500	570
Cobre					
Libre de oxígeno (99.9% Cu)	8940	385	120	70	220
Bronce rojo, rolado en frío	8710	385	120	435	585
Bronce amarillo, rolado en frío	8470	377	105	410	510
Aleaciones de hierro					
Acero estructural	7860	420	200	250	400
Hierro fundido, gris	7270	420	69		655[a]

Acero AISI 1010, rolado en frío	7270	434	200	300	365
Acero AISI 4130, rolado en frío	7840	460	200	760	850
Inoxidable AISI 302, rolado en frío	8055	480	190	520	860
Magnesio (AZ31)	1770	1026	45	200	255
Monel 400 (67% Ni, 32% Cu) trabajado en frío	8830	419	180	585	675
Titanio (6% Al, 4% V)	4420	610	115	830	900
No metálicos					
Concreto, de alta resistencia	2320	900	30		40[a]
Vidrio	2190	750	65		50[a]
Plásticos					
Acrílico	1180	1466	2.8	52	
Nylon 6/6	1140	1680	2.8	45	75
Polipropileno	905	1880	1.3	34	
Poliestireno	1030	1360	3.1	55	90
Cloruro de polivinilo (PVC)	1440	1170	3.1	45	70
Minerales					
Granito	2770	775	70		240[a]
Arenisca	2300	745	40		85[a]
Madera					
Abeto	470		13		50[a]
Roble	660		12		47[a]
Pino	415		9		36[a]

[a] Esfuerzo de ruptura a compresión.

Tabla C.2 Propiedades físicas de los fluidos a 20 °C

Definición de propiedades

ρ = densidad

c_p = calor específico a presión constante

μ = viscosidad dinámica

ν = viscosidad cinemática

Fluido	ρ (kg/m³)	C_p (J/kg·°C)	μ (kg/m·s)	ν (m²/s)
Líquidos				
Amoniaco	600	4825	1.31×10^{-4}	2.18×10^{-7}
Aceite para motores (SAE10W-30)	878	1800	0.191	2.17×10^{-4}
Alcohol etílico	802	2457	1.05×10^{-3}	1.31×10^{-6}
Gasolina	751	2060	5.29×10^{-4}	7.04×10^{-7}
Glicerina	1260	2350	1.48	1.18×10^{-3}
Mercurio	13,550	140	1.56×10^{-3}	1.15×10^{-7}

Fluido	ρ (kg/m^3)	C_p (J/kg·°C)	μ (kg/m·s)	ν (m^2/s)
Agua	998	4182	1.00×10^{-3}	1.00×10^{-6}
Agua/etilenglicol (mezcla 50/50)	1073	3281	3.94×10^{-3}	3.67×10^{-6}
Gases (a 1 atm de presión)				
Aire	1.194	1006	1.81×10^{-5}	1.52×10^{-5}
Bióxido de carbono (CO$_2$)	1.818	844	1.46×10^{-5}	8.03×10^{-6}
Monóxido de carbono (CO)	1.152	1043	1.72×10^{-5}	1.49×10^{-5}
Helio (He)	0.165	5193	1.95×10^{-5}	1.18×10^{-4}
Hidrógeno (H)	0.0830	14,275	8.81×10^{-6}	1.06×10^{-4}
Nitrógeno (N$_2$)	1.155	1041	1.75×10^{-5}	1.52×10^{-5}
Oxígeno (O$_2$)	1.320	919	2.03×10^{-5}	1.54×10^{-5}
Vapor de agua, saturado (H$_2$O)	0.0173	1874	8.85×10^{-6}	5.12×10^{-4}

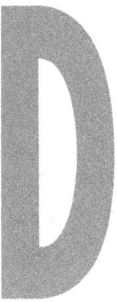

Áreas bajo la curva normal, de 0 a z

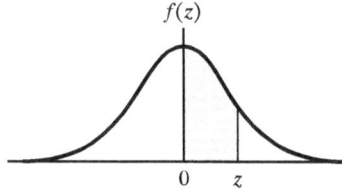

z	.00	.01	.02	.03	.04	.05	.06	.07	.08	.09
0.0	.0000	.0040	.0080	.0120	.0160	.0199	.0239	.0279	.0319	.0359
0.1	.0398	.0438	.0478	.0517	.0557	.0596	.0636	.0675	.0714	.0754
0.2	.0793	.0832	.0871	.0910	.0948	.0987	.1026	.1064	.1103	.1141
0.3	.1179	.1217	.1255	.1293	.1331	.1368	.1406	.1443	.1480	.1517
0.4	.1554	.1591	.1628	.1664	.1700	.1736	.1772	.1808	.1844	.1879
0.5	.1915	.1950	.1985	.2019	.2054	.2088	.2123	.2157	.2190	.2224
0.6	.2258	.2291	.2324	.2357	.2389	.2422	.2454	.2486	.2518	.2549
0.7	.2580	.2612	.2642	.2673	.2704	.2734	.2764	.2794	.2823	.2852
0.8	.2881	.2910	.2939	.2967	.2996	.3023	.3051	.3078	.3106	.3133
0.9	.3159	.3186	.3212	.3238	.3264	.3289	.3315	.3340	.3365	.3389
1.0	.3413	.3438	.3461	.3485	.3508	.3531	.3554	.3577	.3599	.3621
1.1	.3643	.3665	.3686	.3708	.3729	.3749	.3770	.3790	.3810	.3830
1.2	.3849	.3869	.3888	.3907	.3925	.3944	.3962	.3980	.3997	.4015
1.3	.4032	.4049	.4066	.4082	.4099	.4115	.4131	.4147	.4162	.4177
1.4	.4192	.4207	.4222	.4236	.4251	.4265	.4279	.4292	.4306	.4319
1.5	.4332	.4345	.4357	.4370	.4382	.4394	.4406	.4418	.4429	.4441
1.6	.4452	.4463	.4474	.4484	.4495	.4505	.4515	.4525	.4535	.4545
1.7	.4554	.4564	.4573	.4582	.4591	.4599	.4608	.4616	.4625	.4633

z	.00	.01	.02	.03	.04	.05	.06	.07	.08	.09
1.8	.4641	.4649	.4656	.4664	.4671	.4678	.4686	.4693	.4699	.4706
1.9	.4713	.4719	.4726	.4732	.4738	.4744	.4750	.4756	.4761	.4767
2.0	.4772	.4778	.4783	.4788	.4793	.4798	.4803	.4808	.4812	.4817
2.1	.4821	.4826	.4830	.4834	.4838	.4842	.4846	.4850	.4854	.4857
2.2	.4861	.4864	.4868	.4871	.4875	.4878	.4881	.4884	.4887	.4890
2.3	.4893	.4896	.4898	.4901	.4904	.4906	.4909	.4911	.4913	.4916
2.4	.4918	.4920	.4922	.4925	.4927	.4929	.4931	.4932	.4934	.4936
2.5	.4938	.4940	.4941	.4943	.4945	.4946	.4948	.4949	.4951	.4952
2.6	.4953	.4955	.4956	.4957	.4959	.4960	.4961	.4962	.4963	.4964
2.7	.4965	.4966	.4967	.4968	.4969	.4970	.4971	.4972	.4973	.4974
2.8	.4974	.4975	.4976	.4977	.4977	.4978	.4979	.4979	.4980	.4981
2.9	.4981	.4982	.4982	.4983	.4984	.4984	.4985	.4985	.4986	.4986
3.0	.4987	.4987	.4987	.4988	.4988	.4989	.4989	.4989	.4990	.4990
3.1	.4990	.4991	.4991	.4991	.4992	.4992	.4992	.4992	.4993	.4993
3.2	.4993	.4993	.4994	.4994	.4994	.4994	.4994	.4995	.4995	.4995
3.3	.4995	.4995	.4995	.4996	.4996	.4996	.4996	.4996	.4996	.4997
3.4	.4997	.4997	.4997	.4997	.4997	.4997	.4997	.4997	.4997	.4998
3.5	.4998	.4998	.4998	.4998	.4998	.4998	.4998	.4998	.4998	.4998
3.6	.4998	.4998	.4999	.4999	.4999	.4999	.4999	.4999	.4999	.4999
3.7	.4999	.4999	.4999	.4999	.4999	.4999	.4999	.4999	.4999	.4999
3.8	.4999	.4999	.4999	.4999	.4999	.4999	.4999	.4999	.4999	.4999
3.9	.5000	.5000	.5000	.5000	.5000	.5000	.5000	.5000	.5000	.5000

APÉNDICE

E

Alfabeto griego

Nombre de la letra	Símbolo mayúsculas	Símbolo minúsculas	Nombre de la letra	Símbolo mayúsculas	Símbolo minúsculas
Alfa	A	α	Nu	N	ν
Beta	B	β	Xi	Ξ	ξ
Gamma	Γ	γ	Ómicron	O	o
Delta	Δ	δ	Pi	Π	π
Épsilon	E	ε	Ro	P	ρ
Zeta	Z	ζ	Sigma	Σ	σ
Eta	H	η	Tau	T	τ
Teta	Θ	θ	Ípsilon	Y	υ
Iota	I	ι	Fi	Φ	φ
Kapa	K	κ	Chi	X	χ
Lambda	Λ	λ	Psi	Ψ	ψ
Mu	M	μ	Omega	Ω	ω

Respuestas a problemas seleccionados

CAPÍTULO 1

1.2

$y_{máx}$ (mm)	h (mm)	b (mm)
2.16	200	100
2.70	200	80
4.04	175	80
1.11	250	100
3.94	125	225
1.85	175	175
3.42	150	150

CAPÍTULO 2

2.2 El argumento de cualquier función matemática debe ser adimensional. Ya que el argumento [L][t] no es una cantidad adimensional, la ecuación no es dimensionalmente consistente.

2.4 Sí, ya que el argumento MM^{-1} de la función coseno es adimensional y TNT aparece en ambos lados de la ecuación.

2.6 $1 \, N \cdot m = 1 \, J(joule)$; trabajo, energía, calor.

2.8 $P = I^2 R$.

2.10 50 kW

2.12 3.66×10^6 kg, 36.0 MN

2.14 a. 4 lb_f, b. 1.51 lb_f

2.16 2.30 kg, 22.6 N

2.18 182

2.20 15.0 mi/h, 6.71 m/s

2.22 $-40°$

2.24 1.51 MJ

2.26 13.2 lb_m/s, 1480 slug/h

2.28 36.1 °C, 36.1 K, 65 °R

2.30 2.678×10^6 s

2.32 287 N, 64.5 lb$_f$

2.34 3986 Pa, 0.578 psi

2.36 1.21×10^7 Btu/h · ft^3

2.38 3.15×10^{-4} m^3/s, 40.1 ft^3/h

2.40 216 MJ, 2.05×10^5 Btu, 5.16×10^7 cal

2.42 8.72×10^6

2.44 1007 J/kg · K, 0.241 Btu/lb$_m$ · °F

CAPÍTULO 3

3.10 b. 9.807, c. 0.00216, d. 9000 e. 7000. f. 12.00 g. 1066 h. 106.07 i. 0.02880 j. 163.07 k. 1.207×10^{-3}

3.12 1230 N

3.14 8.2 V

3.16 240

3.18 0.32 MN

3.20 3

3.22 170 kΩ, 0.587 mA
20 kΩ: $V = 11.7$ V; 150 kΩ: $V = 88.1$ V; 250 Ω: $V = 0.147$ V

CAPÍTULO 4

4.2 $-7.01\,\mathbf{i} + 13.3\,\mathbf{j}$ N

4.4 $\mathbf{F}_R = 0\,\mathbf{i} - 37.9\,\mathbf{j}$ lb$_f$, $F_R = 37.9$ lb$_f$, $\theta = -90°$

4.10 $a = -8, b = 3, c = 1$

4.12 $F = 1040$ N, $\theta = 35.2°$

4.14 85.5 lb$_f$

4.16 40.6 lb$_f$

4.18 $T_{AB} = T_{AC} = T_{BC} = 117$ N, $T_{BD} = T_{CE} = 219$ N

4.20 17.5 cm

4.22 $\sigma_{AB} = 177$ MPa, $\sigma_{BC} = 78.6$ MPa, $\delta = 0.599$ mm

4.24 horizontal: $\varepsilon = 2.90 \times 10^{-4}$, $\delta = 0.0348$ mm
vertical: $\varepsilon = 2.18 \times 10^{-4}$, $\delta = 0.0261$ mm

4.26 No. El factor de seguridad es aceptable en FS = 1.57, pero la deformación es $\delta = 3.82$ cm, que excede la deformación permisible.

4.28 1.57

CAPÍTULO 5

5.2 $t = 0.25$ s: $q = 0.25$ C
$t = 0.75$ s: $q = 1.30$ C

5.4 2.48, 5.70

5.6 0.546 A; No, una gran parte de la potencia eléctrica se convierte en calor.

5.10 C.

5.12 196, 148 Ω

5.14 2179 Ω

5.16 85 Ω

5.18 1 Ω

5.22 8.56 Ω, 34.2 V, 137 W

5.24 7.95 V
      80 Ω: $I = 99.3$ mA
      1 kΩ: $I = 7.95$ mA
      100 Ω: $I = 79.5$ mA
      600 Ω: $I = 13.3$ mA

5.26 22 Ω: $V = 13.2$ V, $I = 0.601$ A
      75 Ω: $V = 36.8$ V, $I = 0.490$ A
      333 Ω: $V = 36.8$ V, $I = 0.111$ A

5.28 20 Ω: $V = 9.23$ V, $I = 0.462$ A, $P = 4.26$ W
      75 Ω: $V = 30.8$ V, $I = 0.410$ A
      100 Ω: $V = 5.12$ V, $I = 51.2$ mA, $P = 0.263$ W
      500 Ω: $V = 25.6$ V, $I = 51.2$ mA

5.30 5 Ω: $V = 2.50$ V, $I = 0.5$ A
      10 Ω: $V = 1.67$ V, $I = 0.167$ A
      50 Ω: $V = 8.33$ V, $I = 0.167$ A
      25 Ω: $V = 8.33$ V, $I = 0.333$ A
      5 Ω: $V = 1.67$ V, $I = 0.333$ A

5.32 7 Ω: $V = 1.40$ V, $I = 0.200$ A
      1 Ω: $V = 0.200$ V, $I = 0.200$ A
      25 Ω: $V = 1.15$ V, $I = 46.1$ mA
      5 Ω: $V = 0.231$ V, $I = 46.1$ mA
      10 Ω: $V = 0.461$ V, $I = 46.1$ mA
      3 Ω: $V = 0.107$ V, $I = 35.7$ mA
      40 Ω: $V = 1.43$ V, $I = 35.7$ mA
      2 Ω: $V = 0.308$ V, $I = 0.154$ A
      13 Ω: $V = 1.54$ V, $I = 0.118$ A

CAPÍTULO 6

6.2 467 kPa

6.4 8.5 psi

6.6 558.3 °R, 37.0 °C, 310.2 K

6.8 30.6 °F, 30.6 °R, 17 K

6.10 $W_b = C \dfrac{(V_2^{1-n} - V_1^{1-n})}{1 - n}, n \neq 1$

6.12 10.9 N · m

6.14 207 W/m^2

6.16 479 W

6.18 13 kJ

6.20 0.816 m

6.22 46.6 días

6.24 186 °C

6.26 9 kJ

6.28 2.92 MW

6.30 0.60, 3 × 10^6 Btu/h

6.32 10 MW, 0.40, 0.550

6.34 0.0570, 14.8 kW

6.36 0.455, 0.402

6.38 23.5 m^2

6.40 361 °C

CAPÍTULO 7

7.2 0.993 kg, 9.74 N

7.4 5.43 kg, 53.3 N

7.6 22.2 MPa

7.8 0.108 m

7.10 0.01 Pa

7.12 110 × 10^3 kPa, 1.60 × 10^4 psi, 1.09 × 10^3 atm

7.14 71.1 kPa

7.16 7.27 MN

7.18 2.49 kPa (asumiendo que h = 25.4 cm y γ = 9810 N/m^3)

7.20 $\dot{V}$ = 5.65 × 10^{-6} m^3/s, $\dot{m}$ = 0.0766 kg/s

7.22 $\dot{m}$ = 1.24 × 10^{-5} kg/s, v = 3.57 × 10^{-3} m/s, t = 12.4 h

7.24 v = 3.03 m/s, $\dot{m}$ = 3.58 kg/s

7.26 Δv = 187 m/s

7.28 2 kg/s (entra a la unión)

7.30 ramal pequeño: $\dot{V}$ = 9.36 m^3/s, $\dot{m}$ = 11.2 kg/s

ramal grande: $\dot{V}$ = 18.4 m^3/s, $\dot{m}$ = 22.0 kg/s

CAPÍTULO 8

8.4 a. G   b. S,R   c. S   d. S   e. G   f. S   g. S,R   h. G

8.6 Rotulación incompleta en el eje y, rótulo faltante en el eje x, no existe leyenda, no existen graduaciones menores

8.10 (a) variable independiente: velocidad de la bomba S
variable dependiente: descarga de la bomba $\dot{V}$

(b) $\dot{V}$ = 3.95 × 10^{-4} $S^{1.54}$ gal/min

(c) S = 150 rpm, $\dot{V}$ = 0.887 gal/min

S = 300 rpm, $\dot{V}$ = 2.58 gal/min

S = 475 rpm, $\dot{V}$ = 5.23 gal/min

8.12 (a) variable independiente: resistencia R
variable dependiente: corriente I
(b) $I = 11.2\, R^{-1.08}$ mA
(c) $R = 2.8$ kΩ, $I = 3.68$ mA
$R = 5.2$ kΩ, $I = 1.89$ mA
$R = 8.9$ kΩ, $I = 1.06$ mA

8.14 (a) variable independiente: velocidad v
variable dependiente: fuerza de resistencia F
(b) $F = 0.89\, v^{1.97}$ N
(c) $v = 8$ m/s, $F = 53.5$ N
$v = 32$ m/s, $F = 821$ N
$v = 70$ m/s, $F = 3839$ N

8.16 (a) variable independiente: tiempo t
variable dependiente: temperatura T
(b) $T = 200\, e^{-0.099t}$ °C
(c) $t = 3.5$ s, $T = 141$ °C
$t = 12$ s, $T = 61.0$ °C
$t = 17$ s, $T = 37.2$ °C

8.18 (a) variable independiente: temperatura T
variable dependiente: voltaje V
(b) $V = -0.28 + 0.042\, T$ mV
(c) $T = 150$ °C, $V = 6.02$ mV
$T = 575$ °C, $V = 23.9$ mV
$T = 850$ °C, $V = 35.4$ mV

8.20 (a) variable independiente: temperatura T
variable dependiente: solubilidad S
(b) $S = 10.0 + 0.023\, T$ kg
(c) $T = 277$ K, $S = 16.37$ kg
$T = 309$ K, $S = 17.11$ kg

8.22 (a) variable independiente: diámetro d
variable dependiente: razón de remoción de material M
(b) $M = 9.95\, d^{2.00}$ in³/min
(c) $d = 0.875$ in, $M = 7.62$ in³/min
$d = 1.25$ in, $M = 15.5$ in³/min

8.24 (a) variable independiente: velocidad s
variable dependiente: potencia P
(b) $P = 6.03 \times 10^{-5}\, s^{3.0}$ hp
(c) $s = 35$ mi/h, $P = 2.59$ hp
$s = 55$ mi/h, $P = 10.0$ hp

8.26 $T = 27$ °C, $c = 4.180$ kJ/kg $\cdot$ °C
$T = 125$ °C, $c = 4.263$ kJ/kg $\cdot$ °C
$T = 192$ °C, $c = 4.467$ kJ/kg $\cdot$ °C

8.28 $\omega = 750$ rad/s, $\sigma_r = 7.00$ MPa
$\omega = 1200$ rad/s, $\sigma_r = 17.91$ MPa
$\omega = 2750$ rad/s, $\sigma_r = 103.5$ MPa

CAPÍTULO 9

9.4 $\overline{x}$ = 16.08 oz, mediana = 16.14 oz, moda = 16.10 oz

9.6 s = 0.398 oz

9.8 (b) 1005.7 Ω, 45.5 Ω
  (c) lado izquierdo: −2.32, lado derecho: 2.07
  (d) ±1σ: 940 Ω, 900 Ω, 955 Ω, 930 Ω, 928 Ω, 952 Ω;
          1082 Ω, 1060 Ω, 1055 Ω, 1090 Ω, 1072 Ω, 1061 Ω
    ±2σ: 900 Ω

9.10 (b) 2.000 in, 0.00529 in
  (c) 1824
  (d) ±0.0106 in

9.12 (a) 4.56 por ciento
  (b) 912
  (c) $31.01

9.14 20.2 por ciento

9.16 (a) 45.1 por ciento
  (b) 17.5 por ciento

9.18 73.3 por ciento

9.20 (a) 98.1 por ciento
  (b) 1.86 por ciento
  (c) 0.09 por ciento

9.22 4550 h

www.ingramcontent.com/pod-product-compliance
Lightning Source LLC
Chambersburg PA
CBHW080823220526
45467CB00008B/2180